中等职业教育国家规划教材
全国中等职业教育教材审定委员会审定

综 合 地 质

(国土资源调查专业)

主　　编　彭真万　韩运宴
责任主审　毕孔彰
审　　稿　许绍倬　区永和

中国建筑工业出版社

图书在版编目（CIP）数据

综合地质/彭真万，韩运宴主编. —北京：中国建筑工业出版社，2002

中等职业教育国家规划教材. 国土资源调查专业
ISBN 978-7-112-05430-5

Ⅰ. 综… Ⅱ. ①彭…②韩… Ⅲ. 地质学-专业学校-教材 Ⅳ. P5

中国版本图书馆 CIP 数据核字（2002）第 100369 号

本书是根据教育部职教司组织制订的中等职业学校三年制国土资源调查专业"综合地质"课程教学大纲基本精神编写的，是教育部面向 21 世纪中等职业教育国家规划教材。

本书共分五篇二十章。主要内容包括：地球概况与地质作用、结晶学基础与矿物、岩石、古生物基础与地史、构造地质。

与有关章节内容相应的实习共 39 次，合编成综合地质实习指导书放于书末。

本书适用于全日制中等职业学校国土资源调查专业，适用学时 200～260 学时；可作为全日制中等职业学校地质矿产普查专业、矿业开发与管理专业、水文地质与工程地质专业的选用教材；也可供岩土工程、物理探矿、钻探工程、坑探工程、岩矿分析专业参考；同时也是一本一般地质工作人员的实用参考书。

中等职业教育国家规划教材
全国中等职业教育教材审定委员会审定

综 合 地 质
（国土资源调查专业）

主　编　彭真万　韩运宴
责任主审　毕孔彰
审　稿　许绍倬　区永和

*

中国建筑工业出版社出版（北京西郊百万庄）
各地新华书店、建筑书店经销
廊坊市海涛印刷有限公司印刷

*

开本：787×1092 毫米　1/16　印张：22¾　字数：551 千字
2003 年 2 月第一版　2013 年 7 月第四次印刷
定价：28.00 元
ISBN 978-7-112-05430-5
(11044)

版权所有　翻印必究
如有印装质量问题，可寄本社退换
（邮政编码　100037）

中等职业教育国家规划教材出版说明

　　为了贯彻《中共中央国务院关于深化教育改革全面推进素质教育的决定》精神，落实《面向21世纪教育振兴行动计划》中提出的职业教育课程改革和教材建设规划，根据教育部关于《中等职业教育国家规划教材申报、立项及管理意见》（教职成［2001］1号）的精神，我们组织力量对实现中等职业教育培养目标和保证基本教学规格起保障作用的德育课程、文化基础课程、专业技术基础课程和80个重点建设专业主干课程的教材进行了规划和编写，从2001年秋季开学起，国家规划教材将陆续提供给各类中等职业学校选用。

　　国家规划教材是根据教育部最新颁布的德育课程、文化基础课程、专业技术基础课程和80个重点建设专业主干课程的教学大纲（课程教学基本要求）编写，并经全国中等职业教育教材审定委员会审定。新教材全面贯彻素质教育思想，从社会发展对高素质劳动者和中初级专门人才需要的实际出发，注重对学生的创新精神和实践能力的培养。新教材在理论体系、组织结构和阐述方法等方面均作了一些新的尝试。新教材实行一纲多本，努力为教材选用提供比较和选择，满足不同学制、不同专业和不同办学条件的教学需要。

　　希望各地、各部门积极推广和选用国家规划教材，并在使用过程中，注意总结经验，及时提出修改意见和建议，使之不断完善和提高。

教育部职业教育与成人教育司
2002年10月

前　言

　　本书是根据教育部职教司组织制定的"综合地质"课程教学大纲基本精神和为近年创办的新专业——国土资源调查专业而编写的一本教材。由于中等职业教育及教学的改革和发展，编写一本适宜培养国土资源调查一线岗位的高素质劳动者和满足中、初级专门人才的需要；内容上既保证基础教材的要求，又尽可能反映行业的新理论、新方法；适用性广，可为国土资源调查专业使用及相关专业选用；理论知识与实践技能紧密结合；结构层次科学合理、文字通俗易懂的教材，是本书全体编者的努力目标。

　　本书由于总信息量大、知识面宽、总学时数多及内容的体系特点突出，编写时采用了相对独立的模块式结构，但模块间的有机联系是紧密的。全书共分五篇二十章，第一篇阐述地球概况及各种地质作用；第二篇介绍结晶学知识和矿物总论与各论；第三篇介绍岩浆岩、沉积岩、变质岩三大岩类的基本理论及岩石特征，同时介绍了我国目前国土资源调查中正在试行实施的花岗岩类区 1:50000 区域地质填图新方法中的新理论和新内容；第四篇介绍古生物基础与地史知识，其中介绍了沉积地层基本层序—区域地层格架—区域地层模型的概念等有关新理论；第五篇阐述构造地质的基本内容。书中带有"*"者为选学内容。

　　本书的编写分工为：江西应用技术职业学院徐有华（第一章、第二章一、二节）、周仁元（第二章三~十节）；湖北国土资源工程学校韩运宴（第三~五章、实习一~十二）；江西应用技术职业学院彭真万（绪论、第六~十二章、实习十三~二十六）、徐敏（第十三章一~四节、第十四章一~二节）、蔡汝青（第十三章五~六节、第十四章三~五节）、王昭雁（第十五~十七章、实习二十七~三十二）、鲍洪均（第十八~二十章、实习三十三~三十九）。全书由彭真万统编定稿。全书由国土资源部咨询研究中心的毕孔彰教授、许绍倬教授和中国地质大学的区永和教授主审。

　　在编写过程中，得到了江西应用技术职业学院领导的大力支持和帮助，许多同行提出了宝贵的意见；书中引用了大量前人工作成果和现行相关教材的有关内容，对此，编者深表谢意。鉴于编者水平有限，成书时间仓促，书中难免有错误和不妥之处，热切地希望广大读者批评指正。

编　者

目　　录

绪论 ………………………………………………………………………………… 1

第一篇　地球概况与地质作用

第一章　地球概况 ………………………………………………………………… 5
第一节　地球的形态 ……………………………………………………………… 5
第二节　地球的主要物理性质 …………………………………………………… 7
第三节　地球的圈层构造 ………………………………………………………… 10
第四节　地壳物质组成和地球年龄 ……………………………………………… 13

第二章　地质作用 ………………………………………………………………… 16
第一节　地质作用及其分类 ……………………………………………………… 16
第二节　风化作用 ………………………………………………………………… 18
第三节　地面流水的地质作用 …………………………………………………… 20
第四节　地下水的地质作用 ……………………………………………………… 24
第五节　湖泊及沼泽的地质作用 ………………………………………………… 28
第六节　海洋的地质作用 ………………………………………………………… 30
第七节　冰川的地质作用 ………………………………………………………… 33
第八节　风的地质作用 …………………………………………………………… 36
第九节　地壳运动 ………………………………………………………………… 38
*第十节　地震作用 ………………………………………………………………… 39

第二篇　结晶学基础与矿物

第三章　矿物结晶学基础 ………………………………………………………… 43
第一节　晶体概述 ………………………………………………………………… 43
*第二节　晶体的对称 ……………………………………………………………… 47
*第三节　晶体的理想形状——单形和聚形 ……………………………………… 53
*第四节　晶体的规则连生 ………………………………………………………… 64

第四章　矿物通论 ………………………………………………………………… 67
第一节　矿物的化学组成 ………………………………………………………… 67
第二节　矿物的形态 ……………………………………………………………… 71
第三节　矿物的物理性质 ………………………………………………………… 75
第四节　矿物的成因 ……………………………………………………………… 81
第五节　矿物的鉴定法和研究法 ………………………………………………… 84

第五章　矿物各论 ………………………………………………………………… 90

第一节	矿物的分类和命名	90
第二节	自然元素大类	91
第三节	硫化物大类	93
第四节	氧化物及氢氧化物大类	99
第五节	卤化物大类	104
第六节	含氧盐大类	105

第三篇 岩 石

第六章 岩浆岩概论 126
- 第一节 岩浆岩及其物质成分 126
- 第二节 岩浆岩的结构和构造 131
- 第三节 岩浆岩的产状 134
- 第四节 岩浆岩的分类 135

第七章 岩浆岩各论 139
- 第一节 橄榄岩——苦橄岩类（超基性岩类） 139
- 第二节 辉长岩——玄武岩类（基性岩类） 140
- 第三节 闪长岩——安山岩类（中性岩类） 141
- 第四节 花岗岩——流纹岩类（酸性岩类） 141
- 第五节 正长岩——粗面岩类（中性过渡性岩类） 142
- 第六节 霞石正长岩——响岩类（碱性岩类） 143
- 第七节 碳酸岩类 144
- 第八节 脉岩类 145

第八章 岩浆岩的成因 147
- 第一节 岩浆岩多样性的原因 147
- 第二节 主要岩浆岩的成因 148

第九章 花岗岩类同源岩浆演化序列及岩石谱系单位 150
- 第一节 花岗岩类同源岩浆演化序列 150
- 第二节 花岗岩类岩石谱系单位 156

*第十章 CIPW标准矿物计算法 159

第十一章 沉积岩概论 165
- 第一节 沉积岩的概念及其研究意义 165
- 第二节 沉积岩的形成过程 165
- 第三节 沉积岩的物质成分 169
- 第四节 沉积岩的结构、构造和颜色 171
- 第五节 沉积岩的分类 173

第十二章 沉积岩各论 174
- 第一节 陆源碎屑岩类 174
- 第二节 火山碎屑岩类 179
- 第三节 泥质岩类 182

| 第四节 | 碳酸盐岩类 | 184 |
| 第五节 | 其他沉积岩类 | 189 |

第十三章　变质岩概论　191
第一节	变质作用及变质岩	191
第二节	变质作用的因素	191
第三节	变质作用的方式	192
第四节	变质作用的类型	193
第五节	变质岩的物质成分	194
第六节	变质岩的结构构造	195

第十四章　变质岩各论　199
第一节	接触变质岩类	199
第二节	气成热液变质岩类	201
第三节	动力变质岩类	202
第四节	区域变质岩类	204
第五节	混合岩类	206

第四篇　古生物基础与地史

第十五章　古生物基础　209
| 第一节 | 古生物概述 | 209 |
| 第二节 | 主要古生物类别简介 | 211 |

第十六章　地史概论　220
第一节	地层的划分、对比及地质年代表	220
第二节	岩相分析	224
第三节	沉积地层的基本层序、地层格架和地层模型	227

第十七章　地史简述　229
第一节	前古生代简述	229
第二节	古生代简述	234
第三节	中生代、新生代简述	243

第五篇　构　造　地　质

第十八章　构造地质基础　252
| 第一节 | 岩层的成层构造及其产状 | 252 |
| *第二节 | 岩石应变分析基础 | 260 |

第十九章　地质构造的类型及特征　265
第一节	褶皱构造	265
第二节	节理	272
第三节	断层	275
第四节	劈理和线理	282

第二十章　地质图的判读　287

第一节　地质图的概念……………………………………………287
　　第二节　地质图的判读……………………………………………288
综合地质实习指导书……………………………………………………292
参考文献…………………………………………………………………354

绪 论

一、综合地质研究的内容及任务

综合地质是地质科学中的一部分。地质学是研究地球的一门自然科学，目前主要研究地球的表层——地壳。地质学研究的内容十分广泛，按其内容和性质可划分为许多方面，并相应地形成许多分支学科。

研究地壳物质组成及变化规律，其学科有结晶学、矿物学、岩石学、矿床学及地球化学等；研究地壳构造和运动及地表形态，其学科有构造地质学、大地构造学、动力地质学、地貌学等；研究地壳演变历史及古生物发展演化规律，其学科有古生物学、地史学、地层学等；研究地下资源的找寻和勘探方法，以及地质环境评价和对策的学科，有找矿勘探地质学、遥感地质学、水文地质学、工程地质学、探矿工程学、地球物理勘探学、地球化学勘探学、环境地质学、数学地质学、地震学等。

综合地质包含了普通地质、矿物与岩石、古生物地史、构造地质等多门中等职业学校地质专业基础课的基本内容，是多门地质基础课程的综合。但在深度和广度上要小，同时，增添了部分新的理论知识和方法。综合地质具体研究的内容包括以下几个方面：

了解地球的基本概况，包括地球的形状、大小、表面特征、物理性质及其分层。研究地表及地下发生的各种地质作用。

了解地壳的物质组成，着重研究组成地壳的主要矿物和岩石。

了解地球上生物的发展和演化，研究各个地史时期生物种类、进化及地壳的演变历史。

了解地壳运动，研究地壳运动产生的各种地质构造的特征等。

人类生活在地球上，一切生活资料和生产资料都取之于地球。因此，只有了解并掌握地球的现状、特点及其发展和变化规律，才能更好地开发和利用地下的矿产资源、能源和水资源，才能更确切地预防和预报地震、火山爆发、山崩、地滑、洪水、风沙、地面沉降等各种自然灾害。学生通过本课程的学习，了解和掌握地质学的基本理论、基础知识和地质工作的基本情况，才能将来更好地为国土资源调查事业服务。

二、地质学发展概况

地质学和其他科学一样，是人类在长期的生产实践和科学探索过程中发展起来的。

人类社会的文明，是与劳动工具的制造以及矿产资源的开发利用分不开的。人类利用矿物、岩石，要追溯到二三百万年以前。我们的祖先在穴居时代，就利用石英、燧石作为劳动工具，在四五十万年以前的北京猿人就会使用各种石器。

早在4000多年前，我们的祖先就已开采陶土、铜、锡之类的矿产。在2000多年前我国人民已经掌握了铁的冶炼技术；并已知道运用磁铁矿的磁性，发明了世界上最早的"司南"（指南针）。魏晋时期，煤、石油、天然气已用做生活燃料。成书于2000多年前的《山海经》，记述了100多种矿产，并对山脉、河流、海陆变迁以及自然地理等方面进行了描述和记载。唐朝学者颜真卿对化石已有一定的认识，并根据化石而论证了某些沉积岩的形成环境。明朝药物学家李时珍在《本草纲目》中，记载了 200 多种药用矿物和岩石，并对其中的许多矿物、岩石做了比较详细的描述。我国古代劳动人民在生产实践中不断积累和总结了许多地质方面的知识，对矿物和矿床的形成、特征和分布，对矿产的寻找、开采，对矿石的冶炼和应用，对地质作用和地质现象以及化石和地层等方面都有一定的认识和研究。

17 世纪欧洲资本主义生产发展和 18 世纪产业革命的推动，促进了矿冶业的兴起，人们从大量的地质调查和矿产开采的实践中获得了丰富的实际资料，并进行系统的研究和总结，地质学逐渐成为一门独立的学科。第一个使现代地质学初步系统化的是德国矿物学家魏尔纳（1749～1817 年），他于 1775 年在德国富来堡矿业学院第一个开设了地质学这门新课。英国著名地质学家莱伊尔（1797～1875 年），在掌握了大量丰富的第一手地质资料的基础上，建立了著名的"将今论古"的现实主义原则。认为说明过去地质现象的原理应在现在的地质作用中寻找。提出了过去和现在的地质作用的同一性概念，为地质学理论的发展起了重要的推动作用。他于 1830～1833 年分三册相继出版了他的主要论著《地质学原理》。为地质科学体系的建立，奠定了重要的基础。这是一部反映 19 世纪地质学理论发展水平的经典性作品，被誉为自然科学史上划时代的名著。

我国古代劳动人民虽然很早就有了关于地质学的许多萌芽思想。但由于长期的封建统治，没有得到发展。现代地质学出现后，由于帝国主义的相继侵略，使我国沦为半封建、半殖民地的国家。我国的地质学和其他科学一样，一直也得不到顺利发展，而且还受到严重的摧残。解放前的旧中国，只有 200 多名地质人员和 14 台破旧钻机，仅对 18 种矿产进行过粗略勘查。但是，即使在这样艰难困苦的条件下，以章鸿钊、李四光为代表的一批地质学家仍然做了大量地质调查和研究工作，为推动我国的地质科学发展做出了重要贡献。

新中国成立后，我国的地质事业得到了很大的发展，取得了巨大成就。我国的地质队伍现在已发展成为具有一定科学技术水平的百万地质大军。目前，1∶200000 区域地质调查工作已基本完成，1∶50000 区域地质调查正在许多地区展开，新一轮的国土资源大调查正在启动。我国已发现的矿产有 160 多种；已探明储量的有近 150 种；其中钨、钼等 20 多种矿产的探明储量居世界前列。建国 50 多年来，我国地质教育事业也得到了迅速发展，为国家培养了大批地质技术人员。在大量地质工作基础上，获得了丰富的地层、古生物、地质构造、矿物、岩石、矿床、地球物理和地球化学等方面的资料和研究成果，不仅为经济建设和国防建设提供了重要资料，同时在地质理论方面也取得很大成就。我国人民与世界人民一起，将地质学发展到了一个很高的水平。

三、综合地质在国民经济建设中的作用

矿产资源是工农业建设和国防建设不可缺少的物质基础。探明矿产资源、提供各种地质资料是加速实现我国现代化的重要保证。

工农业建设与人民生活都离不开煤、石油、天然气等。煤、石油、天然气等不仅能作为动力原料，而且经过提炼加工还可以生产制造尼龙、橡胶、塑料、医药、化肥及化工原料等各种产品，它们是极有价值的重要矿产资源。

发展工业需要各种矿产资源。例如钢铁企业需要铁矿石、锰矿石、萤石、菱镁矿等；特种钢的生产还需要铬、镍、钒、钛等；有色冶金工业少不了铜、铅、锌、铝、锡、锑等

矿产。现代的尖端工业，如原子能工业需要铀和钍；半导体工业需要硅和锗；航空、航天工业需要铝和钛。发展农业需要氮、磷、钾等矿产资源。

水是宝贵的资源。工农业生产、人民生活都必须用水。地下水是水资源的重要组成部分，合理开发和利用地下水资源，需要地质工作提供必要的水文地质资料。

工程建设如铁路、公路、桥梁、水库、港口、厂矿等，都必须有相应的工程地质、地震地质等资料作为依据。国土整治、农业灾害的防治、水土保持、土壤改良、土地资源的开发与利用等都离不开地质工作。

此外，地质学的研究和应用，在消除和防治自然灾害方面，如地震预报、滑坡、泥石流的防治，城市地面沉降的处理等方面都取得了较大的进展，为保障人民生命和财产安全，及保证国民经济的发展起到了一定的作用。

综上所述，地质工作在发展国民经济中具有重大的作用。工业、农业、国防和科学技术现代化等都离不开它。要搞好地质工作，要有大批地质人才，只有牢固地掌握地质的基本理论和基本技能，才能运用地质学理论和方法指导地质工作实践，才能为祖国实现四个现代化作出贡献。

四、学习综合地质应该注意的问题

综合地质是国土资源调查专业的一门专业课，其内容性质与语文、数学、物理、化学等基础课不同，它有自己独具的特点，所以学习方法也有较大的差别。

1. 综合地质是一门工科类课程，但也具有许多文科类的性质，对同学们来说是一门生疏的新课。所以同学们在学习时除了充分理解有关的理论、定义外，头脑中需要记忆一定量的讲课内容。尤其是矿物、岩石、古生物化石的特征，需在通过实习的基础上不断地熟悉记忆下来，只有头脑中课程内容信息量多了，才能学好本课程和提高分析运用能力。

2. 综合地质的研究对象具有整体规模宏伟、个体差异巨大的特点，综合地质是以整个地壳为研究对象，具体研究各种地质作用及其产物。其中如一个矿物、一块古生物化石，它们是有形、直观及个体小的，可直接在室内进行观察、描述和研究；而如一个岩体、一套地层，其规模则可能是宏大的，但也是有形、直观的，需要运用掌握的理论知识到野外才能研究清楚；当要研究某个地史时期的地壳运动，则研究对象是无形的、宏伟的，它可能涉及整个地壳表面的海陆变迁。

而地质作用及其产物又具有形成时间漫长、久远及复杂性、规律性明显的特点。如地壳中岩体的形成，不是几百、几千年可以完成的，而是以百万年为单位，是几百万年或上亿年以前经过数百万年的时间形成的。雄伟的喜马拉雅山系据有关地质专家推算，从印度板块与亚欧板块发生碰撞开始至形成现今的山系，经历了2500万年。

复杂性体现在各种作用及其产物的形成环境、形成过程、影响因素的复杂，而各种产物形成以后，又经历了漫长地史时期的复杂改造，还有不同地区的差异性等。规律性表现为各种地质作用及其产物不是任意发生形成的，而是有其发生发展的必然规律，大家从煤、石油、山川地貌的形成就不难理解这两方面的情况。

针对以上特点，我们学习本课程时，就要建立起认识地质事件的时空观，从宏观到微观，从整个地壳到大洋、大陆；从山系、盆地到褶皱、断层，从岩体、地层到矿物、岩石、化石标本。确定研究对象的尺度，针对性地进行学习和研究。要用辩证的思维方法，要有整体与局部、发展与变化的观念，常用由表及里的方法、"将今论古"的方法，理解、分析、归纳以至掌握每种地质作用的发生、发展及其变化规律，各种地质作用产物的特征、成因及其相互关系。再一个重要的就是实践，综合地质是一门实践性很强的科学。除了主要在室内、野外实习教学中不断加深理解和掌握有关内容外，还要经常有意识地将所学内容与自然界见到的各种自然现象、地质现象联系起来，学以致用，从不断的观察、对比、分析中，来加深理解所学的知识。

第一篇　地球概况与地质作用

第一章　地球概况

第一节　地球的形态

一、地球的形状和大小

随着生产发展和科学进步，人们对地球的形状和大小的认识愈来愈准确。地球不是一个圆球体，而是一个实心椭球体，它的赤道半径稍大，两极半径稍小。目前通过人造卫星观测和计算，已能较精确地获得地球形状和大小的数据，现根据1975年第16届国际大地测量和地球物理协会公布的有关地球形状和大小的修订数据介绍如下：

赤道半径 a　　　　　　　　　6378.140km
两极半径 c　　　　　　　　　6356.755km
平均半径 $R=(a^2c)^{1/3}$　　　　6371.004km
长短半径差 $a-c$　　　　　　　21.385km
扁率 $(a-c)/a$　　　　　　　　1/298.253
表面积 $4\pi R^2$　　　　　　　　510064472km^2
体积 $4/3\pi R^3$　　　　　　　　10832×10^{8}km^3

根据人造卫星轨道参数分析测算所得出的地球真实形状，北极比旋转椭球体凸出约10m，南极凹进约30m，中纬度在北半球稍凹进，而在南半球稍凸出（不到10m）。据此可以推论：第一，地球极近似于旋转椭球体，这是地球自转所致，表明它具有弹塑性；第二，地球不是严格的旋转椭球体，表明其内部物质分布不均匀。

二、地球的表面形态特征

地球的表面高低不平，以海平面为界，分为海洋盆地与大陆两大地理单元。前者总面积有 $3.61×10^8$km^2，占地球表面积的70.8%，后者总面积有 $1.49×10^8$km^2，占地球表面积的29.2%。海洋盆地的平均深度为3729m，最深处在西太平洋马里亚纳海沟的中段，最深点达11034m。大陆的平均高度为875m，最高处为喜马拉雅山脉的珠穆朗玛峰，其高度为8848m，地球表面最高点与最低点之差近20km。

（一）陆地地形

按高程和起伏特征，将陆地分为以下几类地形单元：

1. 山地

一般把海拔高程大于500m、切割深度大于200m的正地形称为山或山地。其中500～1000m的地区，称低山区；1000～3500m的地区，称中山区；3500～5000m的地区，称高山区；超过5000m的地区，称极高山区。呈线状延伸的山地称山脉。我国是一个多山的国家，海拔超过500m的地区面积（包括山地和高原）占全国总面积的84%。

2. 丘陵

海拔低于500m、具有一定起伏（相对高差在200m以下）的地区，称为丘陵，如闽浙丘陵、两广丘陵等。

3. 平原

海拔低于500m的广阔而平坦的地区，称为平原，如华北平原、长江中下游平原等。

4. 高原

海拔600m以上，广阔而较为平坦的地区，称为高原，如青藏高原、蒙古高原等。

5. 盆地

四周被山地（或较高的高地）包围、中间较低且起伏不大的地区，称为盆地，如塔里木盆地、四川盆地等。

（二）海底地形

通过大量的海洋测深而绘成的洋底地形图显示，洋底地形与陆地类似，但其规模更宏伟。洋底地形可划分为三大地形单元：大陆边缘、大洋盆地和洋中脊。

1. 大陆边缘

大陆与大洋相连接的过渡地带，称大陆边缘。其总面积有$80.7 \times 10^6 km^2$，占洋底总面积的22.3%，相当于大陆面积的54%。按海平面以下的深度和形态特征，可细分为大陆架、大陆坡、大陆基，以及海沟和岛弧等地形单元（图1-1）。

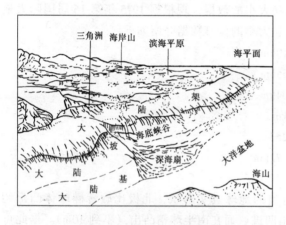

图1-1 大陆边缘地形示意图

（据叶俊林等编，《地质学概述》，1996）

(1) 大陆架 大陆架（又称陆棚）是指围绕大陆分布的浅水台地，其表面平坦，平均坡度小于0.3°。其外缘坡度明显变陡的部分，属于大陆坡。明显变陡部位（坡折点）的水深平均约130m。坡度变化不明显的地区通常以200m水深处作为大陆架与大陆坡的分界。大陆架在各大陆周围宽度不等，最宽的超过1000km，窄的仅数千米。世界大陆架平均宽度约75km。我国的大陆架宽度超过200km。

(2) 大陆坡 大陆架以外坡度明显变陡的斜坡地带称为大陆坡，其平均坡度约4°，最陡的可超过20°。大陆坡下界的平均水深约2000m。其外侧为坡度甚缓的大陆基。大陆坡的宽度平均30km，最宽的部位可超过100km。大陆坡上常发育有海底峡谷，谷壁陡峭，剖面形态呈"V"字形。有的峡谷穿过大陆架与大陆的河口相连。

(3) 大陆基 大陆基（又称大陆裙）是介于大陆坡与大洋盆地之间的缓坡地带，其下界水深约4000m，展布宽度数百千米。大陆基表面坡度一般小于1°，通常是浊流和滑塌作用在大陆坡麓堆积而成的平坦地形。在海沟发育的地区没有这一地形单元。

(4) 海沟和岛弧 大洋盆地边缘深度超过6000m的带状凹地，称为海沟。海沟宽度仅数千米至数十千米,长度最大可达几千千米。

太平洋盆地东缘的海沟东侧为南北美洲西缘的安底斯山脉。太平洋西北侧的海沟则多呈弧形,沿其凸出的一侧排列着大小岛屿,称为岛弧。岛弧地区的岛屿多数是火山岩岛。

2. 洋脊

贯穿于洋盆中央或一侧、延伸几万千米的洋底山脉,称为洋脊。洋脊的中央地带常分布有一条裂谷,深 1~2km。仅东太平洋的洋脊顶部未见中央裂谷。洋脊底宽 1000~3000km,顶部高出洋底 2000m 以上,有的地段可高出海面。

3. 大洋盆地

大洋盆地又称洋盆。洋盆是指大洋盆地中位于海沟与洋脊之间辽阔而平坦的洼地,一般深度 4000~5000m。洋盆的面积约 $157.2 \times 10^6 km^2$,占大洋盆地总面积的 43.5%,为大陆面积的 1.005 倍。洋盆内可分为洋底丘陵、海山和洋底平原等三类大型地形单元。

(1) 洋底丘陵　洋底分布有高几十米至几百米的火山丘组成的丘陵地形。在太平洋中这类地形覆盖了约 80% 的洋底,成为岩石圈表面分布最广的地形单元。

(2) 洋底平原　该类地形是洋底极为平坦的地区,表面坡度小于 1/1000。洋底平原多见于大西洋底。

(3) 海山　洋底上相对高度超过 500m 的孤立高地,称海山;相对高度超过 1000m 者,称海峰。这些地形多由火山喷发物堆积而成。有些海山、海峰呈链状分布,伸展上千千米。

第二节　地球的主要物理性质

地球的主要物理性质包括它的密度、压力、重力、磁性、温度。

一、地球的质量和密度

根据牛顿万有引力定律计算出地球的质量为 $5.976 \times 10^{24} kg$。再除以地球的体积,则得出地球的平均密度为 $5.517 \times 10^3 kg/m^3$,但是,按实际测地表岩石的平均密度为 $2.7 \times 10^3 ~ 2.8 \times 10^3 kg/m^3$;覆盖着地表面积达 3/4 的水的密度更小。因此,推测地球内部物质应具有更大的密度。这个推测为地震波在地球内部传播速度所证实。据地震波传播速度与密度的关系,得知地球内部的密度随着深度的增加而逐渐增加。

二、地球的重力

任何两个物体间都存在着相互间的吸引力,地球也不例外。地球上的任何质点都受到地球巨大质量的引力,引力的方向指向地心。质点除了受到地球的引力外,还受到地球自转产生的离心惯性力的作用,离心惯

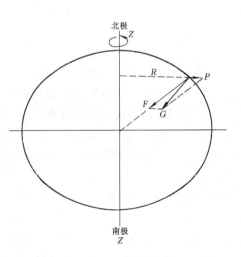

图 1-2　地球的离心惯性力、
引力和重力图解示意图
(据徐邦梁主编,《普通地质学》,1994)
Z—地球自转轴;G—重力;F—引力;
P—离心力;R—纬度圆半径

力的方向是指向该质点到旋转轴的垂线的外缘。引力和离心力的合力就是重力（图1-2）。根据重力与纬度的关系，理论上可以计算出各地的正常重力值（表1-1）。实际测量的重力值与理论计算值常常不符，这种现象叫重力异常。引起重力异常的原因是复杂的，主要与地质体的物质组成和地壳构造有关。在物质密度大的地区，如在铜、铅、锌、铁、镍、钴、铬等金属矿区，由于物质密度较大，其对地面物质的引力较大，故实际重力值就会高于理论数值，形成正异常；在物质密度比较小的地区，如石油、煤、石膏等矿区，其实际重力值则会小于理论数值，形成负异常。利用重力异常的原理，可以寻找地下矿产，这种找矿方法就叫重力探矿法。精确的重力测量，对研究地球的形状、地壳的物质组成、地壳的构造、地壳的运动和地震预报等方面的工作都有很高的价值。

海平面上不同纬度的重力值
（据徐邦梁主编，《普通地质学》，1994）　　　　　　表1-1

纬度（°）	0	10	20	30	40	50	60	70	80	90
重力值（cm/s²）	978.0	978.2	978.6	979.3	980.2	981.1	981.9	982.6	983.1	983.3

三、地球的压力

这里讲的压力是指地球内部物质受上覆物质的重力而产生的压力，即静压力。从地表到地心随着深度的增加，压力也不断增加。但由于物质密度和重力的不同，压力增加的数值也不一样。在近地表，深度每增加1km，压力将增加约2.74×10^7Pa，而在地心附近，深度每增加1km，压力估计要增加6.1×10^7Pa。根据推算，在33km处的压力为9.1×10^8Pa；在900km深处则为3.87×10^{10}Pa；在2900km深处压力可达1.52×10^{11}Pa；到地心，压力可能高达3.55×10^{11}Pa。正因为地下存在着巨大的压力，在地下深处的熔融岩浆可以沿着裂隙向压力小的部位上涌，并可以喷涌出地表形成火山。在地表浅层，压力也足以使地下水、石油、天然气等沿裂隙或人工打开的通道自行流出地表。

四、地球内部的温度

火山喷发、温泉和矿井随深度而增温等现象表明地球内部储有很大的热能，可以说地球是一个巨大的热库。通过大量的调查研究发现，自地面向地下深处，地热增温现象是不均匀的。地面以下按温度状况可分为三层。

1. **外热层（变温层）** 该层地温主要受太阳光辐射热的影响，其温度随季节、昼夜的变化而变化，故又称变温层。日变化影响深度较小，一般仅1~1.5m，年变化影响深度可达20~30m。

2. **常温层** 该层地温与当地年平均温度大致相当，且常年保持不变，其深度大致为20~40m。一般情况下中纬度较深，两极和赤道较浅；内陆地区较深，滨海地区较浅。

3. **增温层** 常温层之下，地温随深度增大而逐渐增加。在大陆地区常温层以下至30km深处，大致每加深30m，地温增高1℃。大洋底至15km深处，大致每加深15m，地温增高1℃。深度每增加100m所升高的温度，称地温梯度，其单位是℃/100m。地温梯度在各地是有差异的，例如在我国华北平原的地温梯度为2~3℃/100m，在安徽庐江则为4℃/100m。

在地下深处，由于受压力和密度等因素的影响，地温的增加趋于缓慢。通过多种间接方法测算，地下100km的温度约1300℃；1000km处的温度约2000℃；2900km处的温度约2700℃；地心的温度高于3200℃，有的学者推测，地心温度可能为4000~5000℃。

地球内部热能的来源问题尚无完善的结论。一般认为由岩石中放射性元素的衰变释放出的热量是地热的主要热源。据我国地质学家侯德封等的计算，这种热能可能达 2.14×10^{21} J/a。其次，地球本身的重力作用也可以转化出大量热能，有人认为其总热量接近于放射热能，地球自转动能和地球物质不断进行的化学作用等都可以产生大量热能。

五、地球的磁性

地球是一个磁性球体，它可以吸引磁针指向南北极，由于地球具有磁性，在它的周围形成了一个磁力作用的空间——磁场。它的范围可以延伸到地球表面数十万千米以上的高空。按照地理学上的习惯，位于南半球的叫磁南极（S），位于北半球的叫磁北极（N）。地球的磁南极吸引着磁针的北（N）极，而磁北极则吸引着磁针的南（S）极。在地球磁场作用范围内，每一点上都有一定的磁场强度，它以安［培］每米（A/m）为单位。地磁的两极与地理的两极并不重合（图1-3），而且地磁磁极也是在不断变化的。在1990年，磁北极位于加拿大北部帕里群岛附近（北纬76°，西经101°），磁南极则在南极圈附近（南纬66°，东经140°）。因此在磁子午线与地理子午线之间存在一个夹角，称为

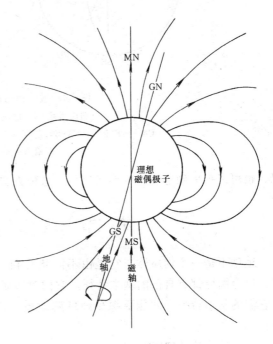

图1-3 地球的磁场
（据徐邦梁主编，《普通地质学》，1994）

磁偏角。磁偏角在地理子午线以东叫东偏，在地理子午线以西叫西偏（图1-4）。我们平时用罗盘测定的方位是磁方位，随着位置的变化，磁偏角也在变化，因此必须不断进行磁偏角的校正，才能获得地理方位。磁针（磁力线）与水平面之间的夹角叫磁倾角。在磁极处，磁倾角为90°（磁针与地面垂直）；在两磁极之间，围绕地球有一个磁倾角为0°的（磁针水平）环线，这就是磁赤道。磁倾角的大小也因地而异。磁场强度、磁偏角、磁倾角统称为地磁要素。

各地经过校正和消除变化等影响的地磁要素数据，称为地磁场的正常值或背景值。若在实地测量中地磁要素的数据与正常值不符，称为地磁异常。地磁异常与地壳中岩石或矿体的磁性差异有关。因此，可以通过地磁测量去寻找有关的矿产，这种方法称为磁法找矿。地球磁场是在不断变化的，这种变化既有短期的周期性变化（如日变化、年变化）和突然变化（如磁暴），也有长期的周期性变化。在地质历史上，地球磁场发生过很大的变化，甚至可能发生过地球磁极的互换。虽然当时的地球磁场已经消失了，但是在当时的岩石中被磁化了的矿物依然保留了当时磁场的特征——剩余磁性。通过对岩石中剩余磁性研究，可以了解地质历史上磁场的变化。用这种方法不仅可以了解地壳在不同时期的运动情

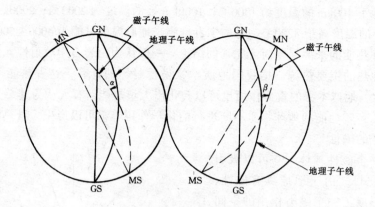

图 1-4 磁偏角的东偏与西偏
(据徐邦梁,《普通地质学》,1994)
GN—地理北极;GS—地理南极;MN—磁北极;MS—磁南极;
α—西偏角;β—东偏角

况,也可以帮助确定岩石的形成年代,这种方法被称为古地磁法。

第三节 地球的圈层构造

地球不是一个均质体,它是由不同状态和不同物质成分的若干个同心圈层构成的球体,每个圈层都有自己的基本特征。它们对地质作用的影响程度也很不相同。所以必须了解它们的基本特征,才能更深刻地理解地质作用的原理。现按内、外两部分圈层分述如下:

一、地球的外部圈层

地球的外部圈层有大气圈、水圈和生物圈。

(一) 大气圈

大气圈是指包围地球的大气层。它对地表气候的分带以及对人类和生物的生命活动起着很大的作用。大气的密度由于受地球的引力作用影响,随高度的增加而减小,越向上空气越稀薄,并逐渐过渡为宇宙空间。大气的下界是地面;上界至今尚未明确,根据人造地球卫星所得资料,在 2000~3000km 的高空,还有稀薄的空气痕迹。大气圈由下而上可划分为对流层、平流层、中间层、电离层和扩散层,但是,约 70%~75% 的大气集中在对流层内。一切风、云、雨、雪、冰雹等气象变化,也都发生在这一层。

大气圈是由多种气体混合而成的,主要有氮、氧、二氧化碳、少量的水汽和灰尘等。

(二) 水圈

通常人们把地球表面上的海洋、河流、湖泊、冰川以及地面以下普遍存在的地下水等看成是包围地球的一个连续水层,通称水圈。

自然界中的水,在太阳辐射热的影响下,不断地进行着循环。在太阳热能的作用下,水从海面、河湖水面、陆地表面和植物叶面不断蒸发和蒸腾,变成水汽升到大气圈中,并随大气的运动而移动,在适宜条件下,遇冷凝结成液态或固态水,以雨、雪、雹等形式返回到地面。降到地面的水,一部分汇入江、河,流入湖、海;一部分渗入地下,形成地下水。地下水又以地下径流或泉的形式排入河、湖、海；最后一部分则又与江、河、湖、海中的水一道再度蒸发，回入大气中。这样，自然界中的水在太阳辐射热的影响下，进行着不间断的循环。从海面蒸发进入陆地，以后又返回海洋，即完成一次循环——大循环。水从海面蒸发又降至海面或陆地江、河、湖水面的水分的蒸发及植物叶面水分的蒸腾，以后又降至陆地的循环则为小循环。水在这样不停息的运动中，蕴藏着巨大动力，它们以各种方式对地面岩石进行破坏和改造，从而不断地改变着地球的面貌。

（三）生物圈

生物圈是生物及其生命活动的地带所构成的连续圈层。生物生存的范围可从海平面以上 10km 高空到岩石圈表面以下数千米深处的岩石中（几乎包括了整个水圈）。生物圈中生物及有机体总质量约 11.48×10^{12} t。

地球上生命物质的出现约在 3500Ma 以前。在南非距今 3200Ma 的层状岩石中发现了原核生物化石。自前 1000Ma 以来植物和动物蓬勃发展，生物的活动使自然界的各种元素产生了复杂的化学循环，使岩石圈的表层物质成分受到改造，这便是生物地质作用。一些学者认为，在地球发展的早期阶段，大气中的 CO_2 甚多，而 O_2 比现在少得多。由于植物的大发展，植物的光合作用消耗了大部分 CO_2，使 C 在地层中富集，释放出大量的 O_2，才使大气的成分达到现代的状况。

二、地球的内部圈层

我们现在还不能直接观察到地球的内部结构和组成，但可以通过各种自然现象及地球物理测量的资料对地球内部结构作出科学的判断。例如，根据地震、磁法、重力法等的勘察资料，可以推断地球内部的结构、物质成分、密度等状况。20 世纪 80 年代初期，美国科学家发明震波射线层析图像技术，终于使人们"看"到了地球内部的图片，因而对地球内部的研究迈出了新的一步。

地球表面的密度为 $2.7 \times 10^3 \sim 2.8 \times 10^3 \text{kg/m}^3$，而地球的平均密度为 $5.517 \times 10^3 \text{kg/m}^3$，这表明地球内部是不均匀的，地震波揭示了地球内部具有分层的现象。

如果地球是均质体，那么地震波的传播速度在不同深度应该是一样的。但经过在全球多次勘测表明，地震波在地球内部的不同深度是不一样的，其原因是地球内部的物质密度和弹性不同，因此可以按地震波的传播速度，即按物质的密度和弹性分出圈层，这就是地球的内部圈层构造（图 1-5）。

根据地震波传播情况的研究，地球内部在两个不同的深度上地震波的波速发生突变，因此可以确定地球内部存在着两个界面，它将地球分为三个圈层，由外向内依次为：地壳、地幔和地核。

图 1-5 地球的内部构造
(据徐邦梁主编，《普通地质学》，1994)

（一）地壳

地壳是由岩石组成的地球外壳，它的体积占地球总体积的 1.55%，质量只占地球总质量的 0.8%。地壳的厚度在不同的地方差异很大，在大陆上平均厚度33km，在我国的喜马拉雅地区，厚度可达70km以上；在大洋中地壳较薄，平均厚约8km，最薄处仅3km左右。目前在地壳上发现的最古老的岩石的年龄为3800±70Ma，这表明地壳至少在3800Ma前就已形成了。

根据地震波在地壳内传播速度的变化，地壳可分为上、下两层，其间的界面叫康拉德面。在上层，地震波的纵波速度为5.5~6.3km/s，下层的纵波速度为6.5~7.6km/s。地壳上层的物质平均密度为2.7g/cm^3，主要由富含硅、铝的沉积岩、火成岩、变质岩组成，其下部有大量的花岗岩类岩石，因其化学成分与花岗岩相似，因此叫花岗质层，又叫硅铝层。下层的物质平均密度比上层高，为3.3g/cm^3，主要由玄武岩类的岩石组成，其化学成分中硅、镁丰富，称为玄武质层，也叫硅镁层。在大陆上，地壳具有这种双层结构，被称为大陆型地壳；但在大洋中，地壳只有硅镁层，而缺乏硅铝层，称为大洋地壳（图1-6）。

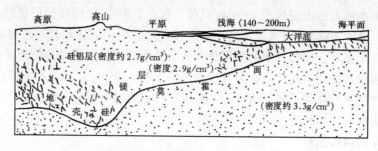

图1-6 地壳结构示意图
（据徐邦梁主编，《普通地质学》，1994）

地壳特别是其上部与生物圈、水圈、大气圈接触交织在一起，它们相互影响。它又是构造运动、岩浆活动、地震活动活跃的场所，因而多具有复杂的构造形态。地壳不仅具有各种复杂的地质现象，而且还蕴藏着人类所需要的各种矿产资源，因此地壳是当前地质学研究的主要对象。

（二）地幔

地壳下面存在一个明显的界面，在这个界面上、下地震波速有明显的突然变化，这个界面叫莫霍洛维奇面，简称莫霍面。现已证实它并不是一个不连续的面。莫霍面以上至地表为地壳，以下至2900km的深度为地幔。地幔的体积占地球体积的82.3%，质量占67.8%。根据地震波速在地幔内的变化，地幔又可分为上地幔和下地幔两层。

从莫霍面到650km深度为上地幔，其平均密度为3.5g/cm^3，通过对火山喷发物的观察和实验室的模拟实验，表明上地幔由超铁镁质岩石组成，叫地幔岩。它的化学成分除硅、氧、铝外，铁镁成分较高。从莫霍面以下至60km的深处，仍为坚硬的岩石，它同地壳共同组成了地球的坚硬外壳，称为岩石圈。从岩石圈底部向下伸展至250km的深处，地震的横波传播速度明显降低，通过模拟实验表明这里的部分岩石（约1%~10%）处于熔融状态，其强度降低，塑性增加，物质容易发生蠕变，并可以缓慢流动，因而被称为软流圈。一般认为软流圈是岩浆的发源地，也是地壳运动的动力源。上地幔的下部（250~650km）地震波速迅速增高，说明其物质密度明显增大，可从3.64g/cm^{3}增加到4.64g/cm^3。这里的橄榄石等矿物可能分解成为简单的氧化物（如氧化镁、二氧化硅、氧化铁等）。

从650km到2900km的深度为下地幔。下地幔的地震波速逐渐地、平缓地增加。密度

为 $5.1g/cm^3$，其化学成分与上地幔相似，较为均匀，铁的含量增加。

（三）地核

在地球内部 2900km 的深处存在着一个地震波速明显变化的界面，叫古登堡面。界面以上为地幔，界面以下直至地心为地核。地核的体积占地球体积的 16.2%，质量占 31.3%。根据地震波速的变化，可分为外核、过渡层和内核。

从 2900km 到 4642km 为外核。外核的平均密度为 $10.5g/cm^3$。其地震波的纵波传播速度急剧降低，横波消失。推测外核应为液态，这里的温度在 3000℃ 以上，压力大于 $3×10^{11}Pa$。

从 4642km 到 5157km 深处为过渡层。过渡层的纵波速度加快，推测其物质是从液态过渡到固态。

在 5157km 的深度上，地震波速又发生突然变化，这一界面称为利曼界面。利曼界面以下直到地心为内核。内核的纵波突然加速，并出现以纵波转换而成的横波，表明这里的物质为固态。内核的平均密度 $12.9g/cm^3$，与落在地球上的铁陨石相似，因此推断出地核的物质成分可能主要为铁和镍，因此地球内核又称铁镍核。

第四节 地壳物质组成和地球年龄

一、组成地壳的物质成分

（一）化学成分

地壳中的物质是由各种元素组成的，地壳中分布着周期表中的绝大多数元素。美国地球化学家克拉克，对世界各地地壳深度 16km 以内的 5159 个岩石样品，进行了 7000 多次化学分析，于 1889 年首先发表了地壳中各种化学元素的平均含量。为了纪念克拉克，国际上把地壳中化学元素平均重量百分比称为克拉克值（表 1-2）。克拉克值又称为地壳元素丰度。

地壳中主要化学元素的克拉克值

（根据维诺格拉多夫，1962 年；带 * 号者据 K.R. 维杰，1976） 表 1-2

氧	47	钠	2.5	氢	0.07*
硅	29	钾	2.5	磷	0.093
铝	8.05	镁	1.87	硫	0.047
铁	4.65	钛	0.45	碳	0.023
钙	2.96	锰	0.1	其他	0.187

组成地壳的各种化学元素，它们的分布是极不均匀的。丰度最大的前 10 种元素（O、Si、Al、Fe、Ca、Na、K、Mg、Ti、Mn），约占地壳总量的 99%，而 H、P、S、C 以及其他几十种元素加起来，还不足地壳总量的 1%。许多在工业上起重要作用的元素如铜（$4.7×10^{-3}$%）、铅（$1.6×10^{-3}$%）、锌（$3.3×10^{-2}$%）、锑（$5×10^{-5}$%）、钼（$1.1×10^{-4}$%）、锡（$2.5×10^{-4}$%）、金（$4.3×10^{-7}$%）等，它们的克拉克值虽然很小，但在地质作用的影响下，往往可集聚起来，如果在质与量方面达到工业要求时，就能成为有经济价值的矿床。

地壳中的各种化学元素绝大部分是以矿物产出的，再由矿物有规律的组合而形成各种岩石。元素、矿物和岩石都是地质学研究的物质对象。

（二）矿物成分

矿物是指地壳及地球内层的化学元素通过各种地质作用形成的、在一定地质条件和物理化学条件下相对稳定的自然元素单质或化合物。例如，自然金（Au）、汞（Hg）、石墨（C）和金刚石（C）等矿物是单质元素形成的，石英（SiO_2）、方解石（$CaCO_3$）等矿物则是由化合物构成的。绝大多数矿物质是化合物。矿物多为固态，仅少数矿物呈液态和气态。矿物是组成岩石和矿石的基本单元。

目前已发现的矿物总数约有3000多种，但地壳中最常见的主要矿物不过十多种（表1-3），其中长石、石英、辉石、方解石等矿物组成各种岩石，而磁铁矿和其他矿物则可通过一定成矿作用形成各种金属和非金属矿床。

地壳中主要矿物的含量
（据罗诺夫改编） 表1-3

矿 物	含量（%）	矿 物	含量（%）
斜长石	39	橄榄石	3
钾长石	12	方解石	1.5
石 英	12	白云石	0.9
辉 石	11	磁铁矿（+钛铁矿）	1.5
角闪石	5		
云 母	5	其他矿物	4.5
黏土矿物	4.6		

（三）岩石

岩石是组成地球上部（地壳和上地幔）的主要物质，是各种地质作用形成的，并在一定地质和物理化学条件下稳定存在的、由一种或多种矿物组成的固态集合体。按岩石的成因，可分为岩浆岩、沉积岩和变质岩三大类。

岩浆岩是由岩石圈中、下部以及软流圈中的熔融岩浆上升到浅处或涌出地面冷凝而形成的岩石。在地下冷凝形成的叫侵入岩，主要有花岗岩、闪长岩、辉长岩和橄榄岩等岩类。涌出地面冷凝形成的叫喷出岩，主要有流纹岩、安山岩和玄武岩等。组成岩浆岩的主要矿物有斜长石、钾长石、石英、辉石、角闪石、橄榄石和云母。

沉积岩是在表生条件下由各种沉积作用形成的沉积物，后被埋藏在一定深度经过成岩作用而形成的岩石。组成沉积岩的矿物主要有石英、黏土矿物、方解石、白云石以及一些矿物或岩石的碎屑。含有古代生物的遗体和遗迹化石是沉积岩最突出的一个特点。

变质岩是由地壳中的各种岩石，由于地质环境（包括温度、压力和高温气液等）的改变，使原岩结构与成分被改造而重新形成的岩石，如大理岩、片岩等。

二、地球的年龄

目前在南非、格陵兰岛发现的地球上最古老的岩石的年龄约为3800Ma，它表明地壳的年龄至少有3800Ma，而地球的年龄则应更长。据估计，地球的年龄约有4500~4600Ma。在漫长的地质历史中，地壳一直处在不断的运动变化和发展中。

思 考 题

1-1 地球表面的形态有哪些？
1-2 地球的主要物理性质有哪些？为什么可以利用重力异常和磁力异常探矿？
1-3 地球的圈层构造如何划分？地壳有何特征？
1-4 地壳中丰度最大的元素有哪些？形成有经济价值矿床的元素是哪些？

1-5 什么是重力异常、磁偏角？
1-6 地壳、地幔、地核的物质成分有何不同？
1-7 什么是矿物、岩石？
1-8 地壳中主要矿物有哪些？

第二章 地 质 作 用

第一节 地质作用及其分类

一、地质作用的概念

地球形成至今约有 46 亿年的历史,在漫长的地质历史中,它一直处于不停的运行之中。我们今天所看到的地球,只是它全部运动和发展过程中的一个阶段。地壳表面形态、内部结构和物质成分也是不断地变化和发展着。最显著的例子是地震。强烈的地震,产生山崩地裂及其他许多地质现象。还有火山,太平洋中的夏威夷群岛上,至今仍常常从火山口喷出大量火红的熔浆。地下物质不断向上迁移及喷发,从而形成火山锥和其他熔岩地形,它不仅改变着地表的形态,也改变着地表的物质组成。另外还有地壳大范围的升降和水平运动,它改变着地表的海陆分布情况,造成了雄伟的高山如喜马拉雅山和深达万米以上的海沟。在流水、冰川、风等作用下高山不断遭受剥蚀,夷为平地;而沧海又不断填充泥土,成为桑田。坚硬岩石可以不断风化破碎形成松散的泥砂;松散泥砂又可不断沉积、硬结形成新的岩石。地壳为何会不断地发生这些变化呢?这是由于它无时无刻不在受着各种作用,促使它产生运动变化,地质学把这种作用的动力称为地质营力(或地质动力)。由地质营力引起地壳的物质组成、内部结构和地表形态变化与发展的作用,称为地质作用。

有些地质作用进行得十分猛烈,如火山爆发、地震、山崩、洪水等;而有些地质作用进行得极其缓慢,在短期内不易被人们所觉察,如山脉隆起、海陆变迁、岩石风化等。但是这种缓慢的地质作用在漫长的地质时期中不停地进行着,因此,可以产生更为惊人的结果。

产生地质动力的能量来自两方面:一方面来源于地球内部,称为内能,主要有放射性元素蜕变等产生的热能、重力作用形成的重力能和地球自转产生的旋转能等;另一方面来源于地球外部,称为外能,主要是太阳辐射能和日、月引力能等。

地质作用按照能的来源不同,分为内动力地质作用和外动力地质作用两大类。

二、地质作用的分类

地质作用分为外动力地质作用和内动力地质作用两大类。又根据这两类地质作用的性质、方式和结果的不同,将外动力作用分为风化作用、剥蚀作用、搬运作用、沉积作用和成岩作用等五种。将内动力地质作用分为岩浆作用、地壳运动、变质作用和地震作用等四种。以下将逐个介绍各种地质作用,岩浆作用、变质作用分别放入岩浆岩、变质岩中介绍。

各种地质作用分类如图 2-1:

(一)外动力地质作用

1. 风化作用 岩石在大气、温度、水和生物的联合影响下,基本在原地使岩石的物理性质或化学成分发生改变的现象，称为风化作用。

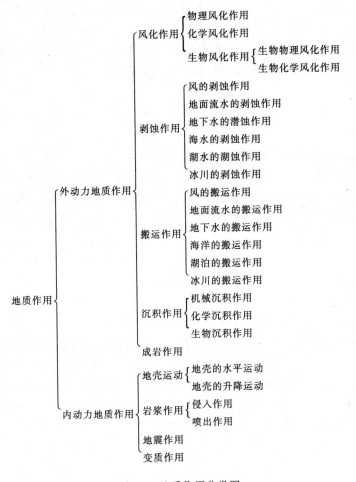

图 2-1　地质作用分类图

2．剥蚀作用　流水、湖泊、海洋、冰川和风等动力，对岩石发生破坏（剥脱风化碎块、浸蚀、磨蚀等）称为剥蚀作用。

3．搬运作用　风化剥蚀的产物，由流水、湖泊、海洋、冰川、风和生物等外营力，将它们从原地搬运到其他地方的作用称为搬运作用。

4．沉积作用　被外营力搬运的物质，从搬运的介质中沉积下来的作用称为沉积作用。

5．成岩作用　松散的沉积物，被埋藏在地下，经过物理、化学和生物的作用，使其压固胶结成坚硬的岩石的作用称为成岩作用。

（二）内动力地质作用

1．岩浆作用　地壳深部和上地幔的物质，它们处于高温、高压的条件下，一旦其上部压力减小失去平衡，它们就变为液体的岩浆，并向压力较小的方向活动。岩浆的形成、活动以及冷凝的全部过程统称为岩浆作用。

2．地壳运动　由地球内部动力引起地壳结构改变和组成地壳的物质变位的机械运动，称为地壳运动。在通常情况下，地壳运动是一种长期而缓慢的运动。

3．变质作用　在内动力地质作用的影响下，地壳中已形成的岩石，受到温度和压力的影响以及化学活动性强的流体的作用，使原来岩石在固体状态下，发生物理和化学性质、矿物成分等的变化，使其在结构、构造上，或在矿物组分和化学成分上发生改变的作用，称为变质作用。

4. 地震作用　地球内部聚蓄的能量，在迅速释放时，使地壳产生快速颤动的现象，称为地震。把孕震、发震和余震的全过程，称为地震作用。

第二节　风　化　作　用

地表及接近地表的岩石和矿物，在大气、温度、水和生物的联合影响下，矿物和岩石发生机械碎裂和分解与化合等，使坚固的岩石逐渐成为碎块、砂粒和泥土，一些可溶于水的成分随水流失，一些能适应新环境的矿物堆积在原地，这种变化称为风化作用。

风化作用按性质分为三类：即物理风化作用、化学风化作用和生物风化作用。

一、物理风化作用

物理风化作用（或称机械风化作用）是指由于气温频繁升降的反复变化，使岩石在原地发生碎裂的过程。这种过程不改变原岩的化学成分。

（一）物理风化作用的类型

1. 剥离作用　地表温度有日变化、年变化，特别是干旱地区，其变化幅度可达150℃左右，各种矿物组成的岩石（如花岗岩由钾长石、斜长石、石英和云母等组成），由于各种矿物的热胀系数不同，在这种日温差达40～60℃以上的长期反复的作用下，矿物之间及矿物本身产生裂隙，小裂串通成大裂隙至裂隙网，导致岩石表层的逐层剥离。

若岩石被几个方向的构造破裂面切成方块，沿破裂面的风化和自外向内的鳞片剥落，最终可使岩石风化成球状表面，称为球形风化。

2. 冰劈作用　水结成冰时其体积可增大9.2%。白天水若渗入并填充满岩石裂缝，夜晚自外向内逐渐冻结成冰，冰体将对裂缝壁产生$2000kg/cm^2$的巨大压力。白天冰熔化，夜晚再冻结。长期地反复的挤压将逐渐使裂缝扩展而导致岩石崩解、垮落。在高寒地区和温带的严冬季节冰劈作用特别突出，冰斗和冰川里的大量尖棱的岩块和岩屑，主要是冰劈作用的产物。

（二）物理风化作用的结果

物理风化作用使岩石碎裂、崩解，大块变成碎屑和颗粒。这些碎屑大小混杂，散落在原地及附近。

二、化学风化作用

化学风化作用是指在大气、水和水溶液的作用下岩石发生的化学分解过程。

（一）化学风化作用的方式

1. 氧化作用　地下处于还原环境的矿物和岩石，一旦进入地表环境，就要发生氧化作用。例如，岩石和矿石常见有黄铁矿，在其进入地表环境后，黄铁矿会迅速地被氧化成褐铁矿。这种作用会使岩石或矿石的结构松散，强度降低。其反应式如下：

$$4FeS_2 + 19O_2 + nH_2O \longrightarrow 2Fe_2O_3 \cdot nH_2O + 8H_2SO_4$$
（黄铁矿）　　　　　　　　　（褐铁矿）

2. 二氧化碳的化学风化作用　地面附近的大气中CO_2的含量是较高的，不含CO_2的水也是罕见的。许多岩石，包括岩石圈上部分布极广的花岗岩、石灰岩和白云岩，在纯水中几乎不溶解，但遇上富含 CO_2 的水时，则会因碳酸化作用而分解。花岗岩中长石的含量占岩石总重量的 60%～65%，碳酸可夺取长石中的阳离子 K^+、Na^+、Ca^{2+} 成为可溶性碳酸盐被水带走；游离的二氧化硅成胶体随水漂移，或残留原地。其反应式如下：

$$2KAlSi_3O_8 + 2CO_2 + 3H_2O \longrightarrow Al_2Si_2O_3(OH)_4 + 4SiO_2 + 2K(HCO_3)$$
　　（正长石）　　　　　　　　　　（高岭石）　　　（胶体）

石灰岩主要由方解石组成，其碳酸化反应式如下：

$$CaCO_3 + CO_2 + H_2O \longrightarrow Ca(HCO_3)_2$$
　　（方解石）　　　　　　　　（重碳酸钙）

重碳酸钙可溶于水中被流水带走，因而石灰岩的表面易出现沟和石芽等凹凸不平现象。

3．水的化学风化作用　有少部分矿物和岩石可以溶解于水中（溶解作用），如沉积岩中的岩盐、钾盐等。还有一些矿物可以吸附一定量的水分子，形成含水矿物（水化作用），同时使其体积膨胀，如硬石膏吸附水而成石膏，其体积增大 30%。这些作用的结果，都会造成含这类矿物的岩石结构遭到破坏，使岩石的强度降低。

（二）化学风化作用的结果

化学风化作用使岩石、矿物发生分解，从而破坏岩石。其风化产物有的成为溶解物质被流水带走，有的成为难溶解物质残留在原地附近。如在热带、亚热带，由于化学风化作用强烈，形成大量固态难溶产物褐铁矿、黏土，混合形成红土。

三、生物风化作用

生物的风化作用按其作用性质不同可分为生物物理风化作用和生物化学风化作用两类。

（一）生物物理风化作用

它表现为生物对岩石进行的机械破坏作用。例如生长在岩石裂缝中的植物，随其长大，根部逐渐把岩石胀裂开来，扩大裂缝，促使岩石崩裂、破碎等。

（二）生物化学风化作用

微生物分解有机物时，常把其中的氢离析出来。有些微生物通过它们的生命活动能放出 CO_2、O_2、CH_4 等气体，这些气体能对矿物、岩石进行强烈的化学风化作用。

四、风化壳

（一）风化壳的概念

地表的岩石，一般同时受到各种风化作用的破坏，长期风化作用的结果形成的风化产物残留在基岩的表面上，这些残积在原地的风化产物叫残积物，残积物上常生长植物，发育成富含有机质的土壤。在大陆地壳的表面风化残积物组成一层不连续薄壳称为风化壳。

风化壳的厚度、结构及土壤的特征都与气候带关系密切。一般地说，热带和亚热带地区，风化壳厚度可达 50～100m，表层为砖红土，局部地段可出现铝土矿层。温带的风化壳一般厚 20～50m，土壤多为褐色土。干旱、半干旱地区和寒冷地区以物理风化作用为主，风化壳较薄，厚约 15m 左右或更薄，土壤一般为栗钙土或棕钙土。风化壳的发育是地表上多种因素长期共同作用的产物。形成厚 0.2～0.3m 的土壤层，一般需要 100～300a

的自然发展历程。形成完善的砖红土型风化壳一般要经历 1Ma 以上。在沉积地层中间局部保存的古代风化壳,这种风化壳在地区的演化历史上具有重要的史料价值。它的存在表明相当广阔的地域长期处于陆地并遭受风化状态。它是由于地壳下沉,后来沉积物沉积在风化壳之上,把原先的风化壳埋藏在地层之中,称为古风化壳。我国华北地区就有两亿年前的古风化壳。

（二）风化壳的分层

风化壳自上而下分为多层（图 2-2）:表层为富含腐殖质的残积层——土壤;向下逐渐变为基本不含腐殖质的残积层;再往下为半风化基岩;其下则过渡为未风化基岩。所以风化壳包括土壤、残积层和半风化基岩在内。从横向上观察,除悬崖峭壁外,大陆上基岩表面多被风化壳覆盖。

图 2-2 风化壳剖面示意图
（据叶俊林等编,《地质学概念》,1996）
1—基岩及半风化基岩；2—风化碎屑物；3—残积层；4—土壤层；A—腐殖质层；B—淋余层；C—淀积层

（三）研究风化壳的意义

有的风化壳具有一定的经济意义,一些耐风化的矿物和元素在风化壳中富集,如金、宝石、锰矿、铝土矿等。风化壳表层的土壤,虽不属矿产资源,却是人类赖以生存的宝贵资源。人类的活动,一方面促进了土壤的发展,有利于植物的生长和动物的繁衍;但另一方面又大量地毁掉土壤和风化壳,破坏生态环境。

第三节 地面流水的地质作用

在陆地表面上流动的水,称为地面流水。它在重力作用下,向低处流动。

地面流水主要来自大气降水,其次是冰雪融水和地下水以及活动的湖水。

在斜坡上形成的薄薄水层向低处流动,称为坡（片）流。坡流向小沟和山涧汇集,形成一股股快速奔腾的流水,称为洪流。坡流与洪流都是暂时性流水,当它继续向低凹处流去,并切穿地下含水层,直接取得地下水补给时,就有常年不涸的流水,便形成河流。

地面流动的水,蕴藏着巨大的动能,是一种最普遍、最重要的外动力地质作用。它开凿峡谷、建造平原,是一名不知疲倦塑造大地面貌的雕刻家。

一、暂时性流水的地质作用

（一）坡流的地质作用

在降雨或融雪时,地表水一部分渗入地下,其余的沿坡面向下流动。这种暂时性的无固定水槽的地面细流,称为坡流。坡流在流动的过程中对坡面产生剥皮式的破坏作用,称为洗刷作用。洗刷作用的强弱与气候条件、植被情况,特别是与地面岩性的抗风化能力有着极为密切的关系。当降大雨时,在松散土粒组成的光秃斜坡上,洗刷作用表现得最强烈；当降小雨时,在坚硬岩石组成的有植被的斜坡上,则洗刷作用轻微。

坡流搬运的碎屑物质,会堆积在坡麓构成坡积物。组成坡积物的颗粒通常是砂粒或砂质黏土,颗粒大小混杂,分选性不好。其成分与斜坡上的基岩密切相关。若在坡积物中发现有矿石碎屑,说明在附近有原生矿的存在。

长期的坡流地质作用,尽其削高补低的功能,将会使山坡外貌变得平缓。

（二）洪流的地质作用

坡流顺着坡面向下流动会逐渐集中到低凹处，汇成一股较大的线状水流，顺凹地的沟谷作快速奔腾地流动，这就是洪流。洪流猛烈冲刷沟谷内的岩石，这种破坏作用称为冲刷作用。冲刷作用可将凹地沟谷冲刷成两壁陡峭的冲沟，冲沟随着多次洪流的冲刷，会逐渐加长、加深，长期作用的结果，就形成冲沟系统。

洪流除冲刷作用外，由于流速快，搬运能力也很大，特别是每当天降暴雨之后、山洪暴发之时，巨大的洪流携带着大量泥砂、砾石、块石奔腾倾泻而下，迅猛异常。冲到冲沟的出口处，由于沟口地形开阔，水流分散，流速骤减，搬运力迅速减弱，于是携带的物质就堆积下来，形成洪积物。洪积物堆积的地形：呈锥状者，称为洪积锥；呈扇状者，称为洪积扇。

洪积物在沟口堆积多、厚，颗粒粗大；愈向外堆积就愈少、薄，颗粒细小，具有明显的分带性。但由于洪流搬运距离不远，因此，洪积物的磨圆度差，层理发育较差。

二、河流的地质作用

冲沟中只有暂时性流水，随着水流的一次次的冲刷，冲沟逐渐加深扩大，当达到潜水面时，得到地下水的补给，这样冲沟内就有流水或者雨量丰富也常有水流。于是，一条小河就形成了。冲沟与河谷的区别在于冲沟中只为暂时性水流，而河谷中则是常流水。

河谷底部经常被流水占据的部分，称为河床（图2-3）；河水泛滥时会被淹没的谷底部分，称为河漫滩；河漫滩两旁向上延伸到顶部的斜坡，称为谷坡；与谷坡相连的顶部两岸，称为谷岸（河岸）。

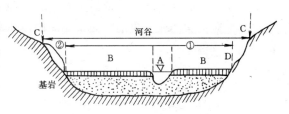

图2-3 河谷组成要素示意图
A—河床；B—河漫滩；C—谷缘；D—谷麓
①—谷底；②—谷坡

经常流水或长年流水的河谷就是河流。河流的发源地称为河源，河流注入海与湖或支流注入主流的地方称为河口。由主流和许多支流构成一个体系，称为河系（水系）。一个河系的受水区域就是这个河系的流域。两个河系或两条河流受水区的分界的高地，称为分水岭。例如我国泰岭就是黄河流域与长江流域的分水岭。一条河流从河源到河口，可分为上游、中游和下游三段。一般说来：上游多为山区，以侵蚀作用为主；下游则是平原，以沉积作用为主。

（一）河流的侵蚀作用

河流对河床的侵蚀，按其侵蚀作用的方向可分为底蚀作用、侧蚀作用。

1．河流的底蚀作用

河流在垂直方向上对河谷底部的冲刷作用，称为底蚀作用（下蚀作用）。一般说，在河流的上游，河床纵坡降大，水流速度快，在这些地方，底蚀作用表现得最为强烈。强烈的底蚀使河谷不断被加深，常常造成"V"字形河谷，称为峡谷。我国最大的峡谷是金沙江虎跳峡。

上游河流在发生底蚀作用的过程中，往往在河床中形成急流和瀑布。云南金沙江的虎跳峡峡谷内，江水连续下跌7个陡坎，累积落差达170m。黄河壶口至龙门是著名的急流瀑布区。在河床中软硬岩石相间的地方，硬的岩石凸起，软的岩石凹下，能形成落差很大

21

的瀑布。贵州黄果树大瀑布，落差高达 57m，巨瀑似布如帛，溅起的水珠闪银亮玉，十分壮美（图 2-4）。

瀑布并不是永存的，瀑布的跌水会将瀑布底下的河床淘深、淘空，导致上部岩石崩落，于是瀑布向上游方向退移。在河流上游大多有跌水，那里的下蚀力最大，与瀑布后退一样，河谷因源头后退而向上游推进，这个过程称为河流的向源侵蚀。河流通过向源侵蚀来加长其长度。当两条河流向同一个分水岭向源侵蚀时，向源侵蚀速度快的河流，会将侵蚀慢的河流的水夺走，这种现象称为河流袭夺。河流底蚀作用并不是无止境的，当达到一定限度时，底蚀作用停止，这个面就称为侵蚀基准面。一般地说，河流所注入的大海的海平面，就是该河的最终侵蚀基准面。

图 2-4　贵州黄果树大瀑布

2. 河流的侧蚀作用

河流在水平方向上不断地冲蚀河床，使谷坡不断坍塌，这种加宽河谷的侵蚀作用，称为侧蚀作用。

河流总是有弯曲的，河床中的流水在离心力和地球自转产生的偏转力的双重影响下，水流不能立即顺河床的弯曲流动，而是流向凹岸，造成凹岸变陡后退；而在凸岸则发生堆积，形成边滩（图 2-5）。

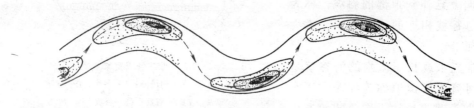

图 2-5　河流的侧蚀与边滩的形成过程示意图

随着河谷的加宽，河床在河漫滩上自由摆动。形成一种蜿蜒如蛇形的河流，称为曲流。长江中游的河曲，有九曲回肠之称。河道随着曲流进一步地发展，两个相邻弯曲之间逐渐靠近，当洪水冲来时，极易冲断，造成自然的截弯取直。被切断的河湾，由于泥沙淤塞封闭，形成牛轭湖。

（二）河流的搬运作用

河流是陆地上最强壮的搬运工。河水或江水将地表风化剥蚀的碎屑物质、河流侵蚀河谷所产生的碎屑泥沙以及地下水带来的溶解物质，统统从上游搬运到下游以至湖泊、海洋中去。河流的搬运能力的大小，取决于流速和流量。河流搬运物质的方式有拖运、悬运、溶运三种。

1. 拖运

河流中的巨大石块、砾石、粗砂，在河底以滑动、滚动或跳跃的方式前进，称为拖运。这些粗碎屑和石块在拖运的过程中，相互撞击、摩擦、破碎，经过长途搬运后，棱角被磨去，这一作用，称为磨圆作用。磨圆程度越好，一般显示其搬运距离越远。著名的南京雨花石的磨圆度很好，就是古长江的拖运结果。

2．悬运

河流中的粉砂和黏土，由于颗粒细小，多悬浮在水流中，随着流水前进，称为悬运。当河流悬运物质的数量很多时，河水将变得混浊不清。如黄河河水中每立方米含沙量高达36.9kg，据测定每年输沙量达12亿t，为世界罕见，并造成下游黄河成为悬河。治理母亲河，已成为西部大开发的重要课题。

河流悬运的物质，受重力和水动力条件的影响，总是向河口方向逐渐沉积的。

3．溶运

河流中的水流溶解了可溶性岩石和矿物。它们呈真溶液和胶体状态随流搬运，这种搬运形式，称为溶运。据科学计算，全球河流每年带入海洋中的溶解物为35亿t。

（三）河流的沉积作用

河流携带的机械搬运物质，当河流的流量、流速减小，尤其是流速减小时，会使河流的搬运能力降低，造成河流携带的机械搬运物质沉积下来，这种沉积物，称为冲积物。

冲积物具良好的分选性、较好的磨圆度、一般发育清晰的层理等特点。

1．谷底沉积作用

谷底包括两部分，一是河床，另一部分在平水位时无水，长有草丛和灌木，每当汛期就被洪水淹没，这部分叫河漫滩。

在侧蚀作用下，河床在谷底摆动，凹岸谷底被侵蚀破坏，凸岸则有新的沉积。河床上因流速大，沉积物较粗大，叫河床相沉积，洪水带来的悬移物质在河漫滩上形成细粒沉积，叫河漫滩相沉积。随着河曲发展，凸岸前进，河漫滩扩大，早期形成的河床相沉积，被河漫滩相沉积覆盖其上。如果挖开谷底，可见上面是河漫滩相沉积层，下面则是河床相沉积层，这一套沉积称二元结构。

在大河的中下游地区，由于谷底长期侧向移动，河水泛滥成灾，沉积物则分布很广，造成宽广的平地，称为冲积平原。

2．河口沉积作用

河口是河流最主要的沉积场所。河流之所以在河口发生大量的沉积，这是因为河水在河口受到海（湖）水的阻滞，动能减弱的缘故，所携带的泥沙就会沉积下来，形成三角洲。三角洲的沉积由前积层、底积层和顶积层组成。由于河口区生物繁盛，泥沙堆积又迅速，有利于油（气）田形成。因此，许多大油（气）田分布在古代或近代三角洲上。

三、河流阶地

在河谷中常见有沿着河谷谷坡伸展的阶梯状的地形，称为河流阶地。河流在以侧蚀作用为主的时候，一方面河谷不断加宽，一方面河谷进行沉积，其后，由于侵蚀基准面下降等原因，底蚀作用加强，就会在原有的谷底上侵蚀出"新的河谷"来，原有的谷底相对抬高，不再被河水淹没，便形成了阶地。阶地有的只有一级，有时有几级。每一级阶地由一个平台与之相连的阶地斜坡组成，这一平台的面，称为阶地面。在有几级阶地的情况下，最低的一级，称为一级阶地，往上为二级阶地，以此类推。最低的阶地是最新的阶地，即形成最晚；阶地愈高形成的时期愈早。

根据阶地的组成物质和形成原因，阶地有下列几种（图2-6）：

1．堆积阶地　阶地面和阶地斜坡全是由河流沉积物质组成，无基岩暴露。

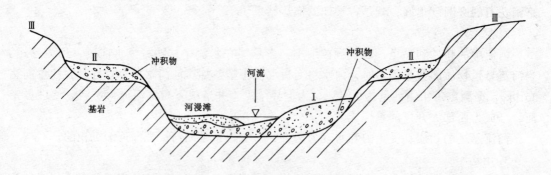

图 2-6 河流阶地类型示意图

Ⅰ—一级阶地,为堆积阶地;Ⅱ—二级阶地,为基座阶地;Ⅲ—三级阶地,为侵蚀阶地

2.基座阶地 阶地下方有基岩暴露,上部为河流沉积物组成。这表明河流已切过的冲积物而达于基岩之中。

3.侵蚀阶地 阶地斜坡上基岩裸露,阶地面上仅有零星河流沉积物分布,呈现有河流侵蚀的痕迹。

河流阶地是由河流地质作用造成的,并与地壳升降运动有着密切联系。因此,研究河流阶地,不仅可以了解河流的发展史,而且对了解该地区的地壳升降运动有着积极的意义。

第四节 地下水的地质作用

作为只占整个地壳水总量的万分之一的地下水,它是水圈的组成部分。它在参与自然界水圈循环的运动过程中,也不断地进行着地质作用(潜蚀、搬运、沉积),是重要的外营力。它与人类的生活密切相关。

一、地下水概述

(一)地下水的概念

埋藏在地面以下的水,称为地下水。

地下水的流动不像地表江河流水那样迅速,它的流速一般每日数十米(暗河除外),因其流动缓慢,就能较充分地溶解流径区围岩中赋存的化学组分、元素和矿物质,当渗入的有益化学成分、气体成分或微量元素达到一定数量而对人类有特殊用途时,形成矿泉水。

(二)地下水的来源

地下水的来源主要有降雨、地面流水、冰雪融水和湖水等地表水,通过土壤和岩石的空隙或裂隙渗透到地下而形成的渗透水,这是地下水的最主要来源。此外,还有凝结水、埋藏水、原生水等。

水的渗透是通过土壤和岩石的空隙进行的。空隙基本有三种表现形式,即:松散土壤的孔隙;坚硬岩石中的裂隙;可溶岩石的洞穴。它们既是地下水的通道,又是储存地下水的仓库。松散土壤孔隙的多少常以孔隙度表示,孔隙度是指"一定体积的岩土中,孔隙的体积与岩土总体积(包括孔隙在内的)之比"。孔隙度越大,可能含水量就越多,孔隙度越小，含水量就越少。根据岩石透水性能的不同，分两种情况。

透水层：孔隙大，孔隙度也大的砂层、砂砾层，胶结不紧的砂岩、砾岩以及裂隙发育的其他坚硬岩石，都是透水层。透水层中蓄满了地下水的部分，称为含水层。

不透水层：孔隙度虽大，但孔隙甚小、孔隙与孔隙间连通性不好的黏土和页岩以及其他致密的岩浆岩和变质岩，都是不透水层（亦称隔水层）。

透水层和不透水层的分布状况，决定地下水的聚积、埋藏状况乃至其运动规律。

（三）地下水的基本类型

地下水这种寻常物质，在地表下面到处都有。它不仅见于潮湿地区，也存在于沙漠地区以及极地乃至高山地带的下面。按照它的分布与埋藏状态，可分为以下几种类型：

1. 土壤水（亦称包气带水）

它是分布在地表附近的土壤中的地下水。它以气态水、吸着水、薄膜水等状态存在，未达到饱和状态，在此掘井是徒劳的，但它对植物的生长具有极大的意义。

2. 潜水

地下水在重力作用下向下渗透，遇到不透水层阻隔时，便在不透水层上面蓄集起来，形成饱和的含水层。这种埋藏在地面以下，在第一个隔水层之上，具有自由表面的重力水，称为潜水。潜水面随地形起伏而变化，常向邻近低凹的方向倾斜。潜水就顺着潜水面的坡度，由高向低处缓慢流动，形成潜水流。潜水面因季节变化而升降。在雨季或洪水期，地下水由于补给量大，潜水面升高；在旱季，地下水补给量少，潜水面降低。潜水面的这种季节变化，在土壤水（不饱和带）与潜水（饱和带）之间形成一个暂时饱和带（图2-7）。有些水井在旱季干涸，就是因为该井的深度只掘到暂时饱和带中。潜水面至地面的垂直距离，称为埋藏深度。在潮湿地区只深数米，但在沙漠地区它可深达数百米，而在湖沼地带潜水面实际上已达地表。

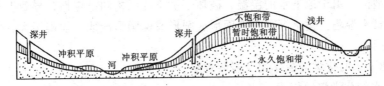

图2-7 地下水的垂直分布

3. 层间水

埋藏在两个不透水层之间的含水层中的水，称为层间水。当两个不透水层之间的含水层被水充满时，因为它承受一定的静水压力，所以称承压水。当掘井穿透上部隔水层时，地下水面即可沿井管上升达到一定高度，当水面高度达地表以上而可自溢时，就能形成自流井，在向斜或构造盆地中，或在山麓平原边缘，都是寻找自流井的有利场所。自流井具有很大的经济价值。

（四）泉及其类型

地下水在地表的天然出露叫泉。它普遍分布在山区和丘陵区的谷地中及山麓边缘，平原区则极为少见。我国山东济南是闻名遐迩的"泉城"，有趵突泉、黑虎泉、五龙潭、珍珠泉等四大泉群，泉水百余处，就是因为济南位处山麓边缘上。

泉有不同的分类方法。根据泉形成的地质条件的不同可分为：

1. 接触泉　地下水沿着透水层与不透水层接触面流出地面的泉，称为接触泉。
2. 裂隙泉　地下水沿着岩石中的裂隙流出地面的泉，称为裂隙泉。
3. 断层泉　地下水沿着断层裂隙而流出地面的泉，称为断层泉。
4. 溶洞泉　由溶洞中的地下水流出地面的泉，称为溶洞泉。

根据温度，泉可以分为温泉和冷泉。一般将泉水的温度略低于当地年均气温，称为冷泉。而将泉水温度超过20℃的，称为温泉。我国有着得天独厚的地质构造，所以温泉很多，如西安华清池、重庆南温泉、云南腾冲、北京小汤山、南京汤山等都是著名的温泉。由于温泉有治疗某些疾病的效果，所以，一般在温泉区都建有大型疗养院。

地球内部是一个庞大的热库，温泉就是地热异常的一种显示方式。地下热水是一种廉价能源，不仅开采成本低而且最重要的是无公害，有利于环保。为此，世界各国都越来越重视其开发利用。

二、地下水的潜蚀作用

地下水的剥蚀作用，称地下水的潜蚀作用。潜蚀作用包括机械和化学作用两种方式。

（一）地下水的机械潜蚀作用及地质现象

地下水在岩石的裂隙或土壤的空隙中流动很慢，因此，它的机械冲刷能力较小。但它的破坏作用不能小视，常酿成如下地质灾害：

1. 滑坡

分布于斜坡上的岩石或土体，由于地表水的大量渗透而浸湿，不仅增加了岩石或土体的重量，而且在地下水的长期作用下，又减小了上、下部岩石或土体之间的摩擦力，从而导致上部岩石或土体失稳，并由高向低处滑移，这种现象称为滑坡。常造成滑坡体上的树木生长成"醉汉林"，这种现象在黄土地区随处可见。

2. 黄土湿陷

在黄土地区，由于地下水的浸湿，破坏了黄土的结构和稳定性，导致上部黄土发生沉陷现象，叫黄土湿陷。黄土沉陷在地面形成圆形或椭圆形洼地，规模不大，但往往破坏灌渠，毁坏农田。

（二）地下水的化学溶蚀作用及岩溶现象

1. 地下水的化学溶蚀作用

地下水对可溶性岩石的溶解破坏作用，称为溶蚀作用。

2. 岩溶现象

可溶性岩石在地下水和地面流水的共同作用下，在其演化的过程中所形成的种种地质现象，称为岩溶（亦称喀斯特）现象。岩溶现象中最典型、最常见的岩溶地貌有：

(1) 溶沟与石芽　水流沿碳酸盐岩表面的裂隙进行溶蚀，形成的沟槽，称为溶沟。溶沟间凸起的脊，称为石芽。在热带地区，石芽、溶沟常成群成片出现，远观形似"森林"，称为石林。如著名的云南路南石林。

(2) 漏斗与落水洞　地面水循碳酸盐岩中的垂直裂隙向下渗透，并溶蚀扩大，形成漏斗状凹地，称为漏斗。漏斗也可由地下空洞塌陷而形成。漏斗的底部常有竖直的洞，能把地表水引入地下，这就是落水洞。漏斗和落水洞是岩溶地区分布非常广泛的一种地貌形态。

(3) 溶洞与地下河　溶洞是岩溶地区分布广泛的一种近水平洞穴。它是地下水在潜水面附近表现的一种岩溶形态。由于地壳的上升或地下水位的升降，溶洞有成层分布、相互贯通的特征，地下水汇集畅流其中就成为地下河。有的地下河就是由地表径流的补给，通过落水洞流入地下溶洞而形成的。我国西南地区溶洞分布广泛。如桂林的芦笛岩、七星岩；江苏宜兴的善卷洞；江西彭泽的龙宫洞等，都是著名的洞穴。不少深邃的洞穴中，上有巧夺天工、妙趣横生的洞穴沉积物或天然雕像；下有潺潺水流的地下河，构成游洞、泛舟、赏景复合式的袖珍立体旅游。它们是可贵的旅游资源。

(4) 岩溶谷地与天生桥　地下河不断扩大，其洞顶难以长久支持，逐渐塌落，形成两岸陡峻的河谷，称为岩溶谷地。其上未塌落的部分洞顶，则成为横架河上的天生桥。

(5) 峰林　碳酸盐岩地区在岩溶的充分作用下，可使得巨厚的碳酸盐岩形成孤峭的石峰，形似丛立的"树林"，称为峰林（图2-8）。我国云贵高原峰林十分发育。尤其是广西桂林至阳朔一带的漓江两岸，峰林屹峙江边、群峰倒印水中，千姿百态蔚为奇观，真是一个山清水秀、奇峰延绵的著名画廊，到此一游，令人心旷神怡，真不负"桂林山水甲天下"之美誉。

图 2-8　广西桂林漓江两岸的峰林

三、地下水的搬运与沉积作用

(一) 地下水的机械搬运作用与机械沉积作用

由于地下水主要是在土壤空隙和岩石的裂隙中流动，流速很慢，所以它的机械搬运力极其微弱。只有在洞穴中的流水或是地下河才有一定的机械搬运能力，但规模不大。

(二) 地下水的溶运与化学沉积作用

地下水缓慢地流动在土壤空隙和岩石的裂隙中，能较充分地溶解其流径区的化学成分。即地下水中含有较多的溶解物质，它们随地下水悄悄溶运带走，并形成碳酸盐岩庞大的洞穴系统，由此可见，地下水的溶运能力之巨大。全世界河流每年有35亿t溶解物质被运入海洋中，其中大部分源于地下水的溶运。

地下水的化学沉积主要分布在洞穴、裂隙和泉的出口之处。化学堆积物的形成是因为地下水中的溶解物质，在温度升高或压力减小诸环境因素的改变下，导致二氧化碳逸出，地下水的溶解能力减小，其矿物质就沉淀下来。例如，溶解于地下水中的碳酸氢钙的沉积其化学反应式为：

$$Ca(HCO_3)_2 \longrightarrow CaCO_3 \downarrow + CO_2 \uparrow + H_2O$$

化学沉积物主要有:

1. **石钟乳、石笋、石柱** 在溶洞中地下水从洞顶下滴，原来溶解于水中的碳酸钙沉积下来，形成悬挂于洞顶的圆锥，称为石钟乳。与其相对应的洞底位置生长的圆锥，称为石笋。久而久之，二者连为一体，称为石柱（图2-9）。溶洞中沉积物形态千奇百怪、琳琅满目，构成许多奇景。如桂林芦笛岩、七星岩，江苏宜兴张公洞等，都成为驰名中外的旅游胜地。

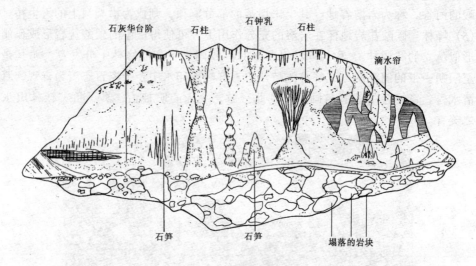

图 2-9 溶洞中的主要化学沉积物

（据 W.K. 汉布林 1975）

2. **泉华** 温泉或间歇泉由于水温较高，在地下溶解了大量的矿物质。当泉水流出地面，温度降低时，其中的矿物质就会沉淀在泉旁，形成疏松多孔的岩石，称为泉华。由 $CaCO_3$ 组成的叫石灰华。如重庆的南温泉就有很多石灰华沉积。

3. **模树石** 地下水渗入岩石裂缝时，将其所溶解的铁锰物质沉淀在裂隙面上，呈树枝状，称为模树石。模树石骤然看来好像化石，所以又称假化石。

值得指出：洞穴是古代哺乳动物和古人类的居住场所，常常留下许多化石和古人类文化遗迹，它是地质考古学家研究的场所，如周口店猿人遗址。

第五节 湖泊及沼泽的地质作用

一、湖泊的概述

湖泊是大陆上天然洼地中的水体。湖泊遍布世界各地，总面积约270万 km^2，约占陆地总面积的1.8%。湖泊大小悬殊，面积自数十平方米至数十万平方千米。深浅不定，有不到1m深的，有深达数百米甚至一千多米的。我国的湖泊很多，如江西鄱阳湖、湖南洞庭湖、江苏太湖都是著名的淡水湖；西藏纳木错湖、青海青海湖都是有名的高原大湖。

形成湖泊必备的条件：其一应有一个便于储水的洼地，亦称湖盆；其二要有充足的水源供给，这两个条件缺一不可。因此，地质时期的湖泊历史都是比较短暂的。

形成湖泊的主要原因有下面几种：

1. 由地壳变动所形成的湖盆，称为构造湖盆。如我国云南滇池、洱海等都是由地壳发生断裂陷落而成的构造湖。

2. 由火山活动形成的湖盆，称为火山湖盆。它有两种情形：一是由火山口洼地积水而成的火山口湖，如长白山主峰的白头山天池（如图2-10），水深达300多米，方圆约11km；二是熔岩流堵塞河谷构成湖盆积水而成的堰塞湖，如黑龙江镜泊湖。

3. 由外动力地质作用形成的湖泊。诸如由河流截弯取直而遭遗弃的旧河道形成的牛轭湖，这一类湖泊在长江中下游很多。由冰川侵蚀作用造成的冰蚀湖盆，蓄水就称冰蚀湖。由地壳上升或沉积作用，造成海湾与海水隔绝，形成的潟湖。著名的杭州西湖原为潟湖，经过淡化成为今日风景优美的淡水湖。由风蚀作用形成的湖盆积水而成的风蚀湖，如甘肃敦煌月牙湖。由人类改造山河的人工湖盆积水而成的人工湖（水库）。

图2-10　吉林长白山主峰天池火山口湖

4. 研究古湖泊具有重大的理论和现实意义。通过对古湖泊沉积物的分析研究，可了解古气候变化、地壳运动等情况，更为重要的是古湖泊沉积物中蕴藏着宝贵的矿产资源，如石油、各种盐类、泥炭、铁矿等。我国享有盛名的大庆油田，就是在古湖泊中形成的。

二、湖泊的地质作用

湖泊与河流、海洋比较，是平静的，其实它是在运动着的，也是破坏和改变地面面貌的一种外营力。湖泊也有剥蚀、搬运和沉积三种地质作用。由于湖水运动比较缓慢，它的侵蚀和搬运能力，比其他任何一种外动力地质作用都要弱，它搬运的距离只是从湖岸至湖心。但它是大陆上惟一的低洼静水环境，却是沉积的良好场所。有鉴于此，湖泊的地质作用以沉积作用为主。

湖泊有机械的、化学的、生物或生物化学的三种沉积作用。

（一）湖泊的机械沉积作用

主要是由河流搬运来的碎屑及少量由湖浪冲蚀破坏的碎屑的沉积。这些碎屑物质有砾石、砂粒和黏土。一般较粗的物质都沉积在湖岸边缘，愈向湖心，沉积物愈细。湖相沉积物发育有良好的水平层理。湖泊由于泥沙的日益淤积，湖底不断填高，湖水变浅，最后整个湖泊被淤塞而消亡。湖南洞庭湖与湖北中部的湖群，古代曾是连成一片的"云梦大泽"。由于长江及其支流搬运来的泥沙淤积，大部分已出露水面，剩下"最大"的洞庭湖现在淤积速度也很快，已由中国"最大的淡水湖"退居第二。

（二）湖泊的化学沉积作用

在气候干旱地区的湖泊，蒸发量大于降雨量，使地面水和地下水带来的盐类数量逐渐增多，即湖水中的含盐浓度逐渐增大，而成为咸水湖。当湖水继续蒸发，水中的盐分浓度过饱和时，多余的盐分就会从湖水中结晶出来，一层一层地沉积在湖底。

根据湖水中所含盐类的不同，咸水湖可分为盐湖、碱湖、苦湖和硼砂湖。盐湖沉积岩盐（氯化钠）为主；碱湖沉积自然碱（碳酸钠）为主；苦湖沉积芒硝（硫酸钠）为主；硼砂湖沉积硼砂（硼酸钠）为主。

我国盐湖分布很广，西北、东北的西部及西藏等地都有，储量很大，是发展化学工业的重要原料基地。

干旱地区湖泊的沉积作用，不单是化学沉积，机械沉积也是重要的。一层盐一层泥的交替沉积现象说明了这一点。在温湿气候地区的湖泊中，由地面水和地下水带来的铁元素或含铁物质，在合适的条件下也可以沉积下来形成铁矿。

（三）湖泊的生物沉积作用

淡水湖中生长着大量藻类和微生物。这些生物死亡之后堆积在湖底与黏土掺合在一起，形成腐泥。含有大量有机质的腐泥，在还原环境下保存下来。经过复杂的变化，可慢慢转变为碳氢化合物，形成石油或天然气。我国东北、华北、四川等地都有属于古湖盆沉积成因的油（气）田。

三、沼泽的地质作用

前已提及，各类湖泊的沉积作用能使湖泊淤塞而成为沼泽。沼泽是长满着嗜湿植物并被一薄层水覆盖的湿地。沼泽只是沉积有机质。大量的有机质堆积在一起，在缺氧的条件下，天长地久就变成泥炭。泥炭又被深埋在地下，经过较长的地质历史时期，在较高的温度和压力条件下，泥炭中的氢和氧的含量减少，相对碳质增高，逐渐变成褐煤，进一步形成烟煤、无烟煤。

第六节 海洋的地质作用

粗略地说：近陆为海，远陆为洋，它们水体互通。辽阔的海洋，占地球面积的71%，是水圈的主要部分。在地质历史中，沧海桑田，海陆巨变，大陆内部广泛留下了海水地质作用的遗迹。海洋的地质作用在地壳的演变中起着极为重要的作用。

海水总是不停息地运动着，有波浪、潮汐、浊流和洋流四种运动形式。运动的海水是产生海洋地质作用的动力源泉。

一、海水的剥蚀作用

海水通过自身的动力对海岸带和海底的破坏，称为海水的剥蚀作用（简称海蚀作用）。海蚀作用盛行于滨海带，它以冲蚀和磨蚀这两种机械动力作用方式，塑造特殊的海岸地貌，对大陆架以及大陆坡也产生影响。另外，在海洋中还有一种剥蚀作用是以海水的化学溶解作用方式进行，称为溶蚀作用。

（一）海水的冲蚀作用

强烈运动中的海水具有很大的动能，尤其是在滨海带浅水处，波浪转变为拍岸浪。它们对海岸进行着强烈地冲蚀作用。曾在苏格兰海岸测得每平方米岩石面上要接受30t的冲击压力。1877年，在苏格兰威克港的一场罕见的强风暴中，巨大的海浪竟将一个重2600t的混凝土块从码头上卷起，掷落到海港的入口处。由此可见，海浪如此巨大的冲击力，再加上被它卷着的石块一起对海岸的岩石进行强烈地冲蚀，尤其是当海岸岩石发育节理时，其破坏力甚为显著。

海岸边的岩石，在永不停息的海浪的冲击下，岸边岩石就会被冲蚀出许多岩洞，这些岩洞称为浪蚀岩洞（海蚀穴或海蚀凹槽）。如此天长地久，海蚀穴不断加深和扩大，使上部崖岸岩石悬空失去支撑发生崩落，形成陡峭的崖壁，称为海蚀崖。除此以外，还可以见到由海浪冲蚀作用造成的海蚀柱、海蚀拱桥等海蚀产物。

（二）海水的磨蚀作用

巨大的海浪在冲击海岸岩石的同时，还会把被破坏的岩石碎块随流席卷而去。接踵而来的巨浪如此重复，周而复始。它们在滨海的底部来回滚动，又相互摩擦，破碎的岩块被磨圆，成为磨圆度很好的砾石和砂。

拍岸浪或激浪冲蚀海岸会造成海蚀崖不断后退，并同时用它所破坏的碎屑为工具，不断地进行着磨蚀作用，久而久之使水下基岩被磨平，形成海蚀平台，称为波切台（海蚀平台）。如果地壳上升，波切台就成为高于海平面的海蚀阶地。如广东七星岗海蚀阶地（图2-11）。

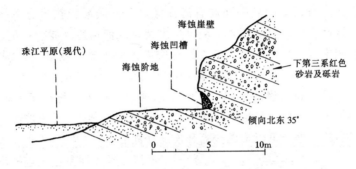

图2-11 广东七星岗海蚀阶地示意图

（三）浊流的侵蚀作用

浊流是一含有大量悬浮物质（砂、粉砂、泥质物、挟带砾石），相对密度大、以较高速度向下流动的水体。浊流的侵蚀作用发生在大陆坡上的海底峡谷内。海底峡谷是浊流侵蚀的产物，又是浊流运行的通道。海底峡谷的前端常发育有巨型扇状沉积体，称为海底冲积锥或深海扇。浊流规模大，且速度快，具有很强的侵蚀、剥蚀、搬运能力。它对海底沉积物的沉积和海底地貌形态的塑造起着重要的作用。

二、海水的搬运和沉积作用

（一）海水的搬运作用

海水在进行海蚀作用的同时，又对海蚀产物和河流带来的物质进行搬运，其中波浪是海水搬运作用的主要动力。拍岸浪可以卷起浅处的碎屑泥沙向海岸搬运，底流又把碎屑泥沙搬回海中，岸流能沿着海岸进行搬运。当潮水进入海湾或河口时，搬运能力就增大。涨潮时，可向大陆方向搬运泥沙，落潮时可向海洋方向搬运泥沙。如杭州钱塘江的出口处，本应形成三角洲，但实际上却没有形成三角洲，究其原因之一就是落潮时，潮水将江水带来的河口沉积物席卷而去，而成为三角港。

洋流主要搬运一些细小的泥沙和漂浮物质，搬运距离可达数千千米。

海水的搬运作用具有明显的分选性。一般较粗、较重的颗粒搬运的距离较近；较细、较轻的颗粒搬运的距离较远。海水不但进行机械搬运，而且还能进行化学搬运。海水（洋流）将其溶蚀的物质与陆源化学物质进行长距离的搬运到广阔的海域，成为海洋化学沉积的主要物质来源。

（二）海洋的沉积作用

海洋以宽阔的胸怀，成为地球上最大的沉积场所。海洋沉积物主要来源于陆源物质（陆源碎屑物、陆源化学物），其次为生物物质、火山物质和宇宙物质。在其中又以河流搬运和海蚀作用带来的物质为最主要。全球每年由河流输入海洋的碎屑物总量约 200 亿 t。以溶运方式送入大洋中的约 35 亿 t。将今论古，在漫长的地质时期中，海洋的沉积作用是多么的巨大。地质历史时期的沉积岩绝大部分是在海洋环境中沉积的。

海洋沉积作用有机械、化学和生物沉积三种，根据沉积环境的不同又可分下列几种：

1. 滨海沉积

滨海沉积是最高潮线和最低潮线之间地带的沉积，又称海岸沉积。它以机械碎屑沉积为主。只有在特定的环境下，才有化学沉积。

滨海机械碎屑沉积的颗粒较粗大，多为粗砂和砾石。砾石的滚圆度较好，其长轴方向与波前峰近平行，砾石最大的扁平面向着海洋倾斜。砂质堆积物成分单一，一般为石英砂。磨圆度与分选性良好，层理清楚，交错层发育，层面构造（波痕、足印、泥裂等）清晰。滨海砂质沉积中常有化学性质稳定、相对密度大的重砂矿物富集。例如：金、锡石、锆英石、金红石、独居石等，常形成滨海砂矿。

滨海沉积物在海浪和潮汐的作用下，当前浪携带的泥沙回流与后浪相遇时，流速减低，沙子就沉积下来，形成一道道平行海岸分布的沙坝（沙堤）。携带泥沙的岸流，在海湾的湾口、海岸的转折处，可以形成沙嘴和连岛沙洲。

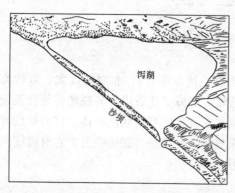

图 2-12 沙坝与泻湖

滨海化学沉积是当上述沙坝或沙嘴的进一步发展。使一部分海水被隔绝开来，成为泻湖（图 2-12）。在气候干热时，泻湖一面进行蒸发，一面又不断地得到海水的补给，使泻湖中的盐分逐渐增高，当超过饱和时，盐分就结晶沉淀。在泻湖内形成石膏、岩盐、钾盐等矿床，如我国四川自贡盐矿。

泻湖是以泥沙沉积为主，并夹有盐类矿层，发育水平层理。

2. 浅海沉积

浅海沉积是最低潮线以下至 200m 深度的海区的沉积，又称大陆架沉积。浅海带离陆地较近，地形一般较平坦，水不深，阳光充足，海水温暖，海生生物极为繁盛，又接纳着由陆地带来的大量碎屑物和溶运物，它是海洋沉积作用最主要的沉积场所。

按其沉积方式的不同，分为机械、化学和生物沉积。

浅海机械沉积的颗粒比滨海带为细，随着离岸距离和海深的增加，颗粒愈来愈细。其机械碎屑粒级为粗砂至粉砂和黏土，砾石极为少见。沉积物发育有极好的水平层理，其内常有软体动物的贝壳。在地壳不断沉降的情况下，浅海碎屑沉积物的厚度可以很厚。

浅海化学沉积物，其沉积物来自海水溶蚀，河流、地下水从陆地上溶运来的溶解物质和胶体物质，化学成分主要有：$NaCl$、KCl、$MgCl_2$、$CaSO_4$、$MgSO_4$、$CaCO_3$、$MgCO_3$、$FeCO_3$、Fe_2O_3、Al_2O_3、MnO_2 及 SiO_2 等。这些化学成分按一定的顺序和分异作用在不同的环境下沉积下来，形成化学沉积物。

浅海常见的化学沉积物，按其溶解度由小到大，其顺序是：Fe→Al→Mn→SiO_2→P_2O_5→$CaCO_3$→$CaSO_4$→NaCl→$MgCl_2$。前几种是胶体，后几种为真溶液。呈胶体状态的铁、铝、锰以氧化物或氢氧化物首先沉积下来(图2-13)，有的可形成鲕状、豆状和肾状结构。我国华北诸省就有这种类型的铝土矿和赤铁矿，工业价值很大。接着是低价铁的硅酸盐和铁的碳酸盐沉积，形成海绿石与菱铁矿。然后是碳酸盐类沉积，形成分布广泛的石灰岩和白云岩。溶解度最大的碱金属硫酸盐和卤盐，只有在泻湖中才能沉积。

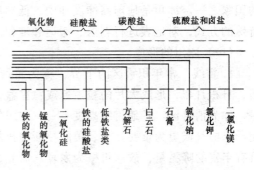

图2-13 海洋化学沉积和分异作用示意图

浅海生物沉积：浅海阳光充足，繁殖着大量的生物，是海洋生物竞相生存的主要场所。这些生物大量繁殖与死亡，其骨骼或外壳在原地也可被波浪等搬运到适当环境沉积下来，这就形成由生物遗骸组成的沉积物，经成岩作用后就是生物沉积岩。如贝壳灰岩、珊瑚灰岩、有孔虫灰岩及硅藻岩等。

珊瑚是浅海固着底栖生物，其躯体呈树枝状，由许多$CaCO_3$小管构成，珊瑚虫就生活于管中。珊瑚不断繁殖，不断分泌石灰质，骨骼也不断长大，形成巨大的珊瑚礁，构成海中岛屿，如我国南海的南沙、西沙群岛等。

生物沉积形成的重要资源之一是海底石油。浅海中有大量的生物，特别是微生物体。它们死亡后埋藏在泥沙中，在缺氧的环境下，受到一定的温度、压力和细菌的分解作用，有机质就转化成石油。我国大陆架面积辽阔，蕴藏着丰富的石油资源。

3. 半深海沉积

半深海沉积就是指大陆坡沉积。半深海的沉积物就没有浅海沉积那样丰富。这与远离陆岸、海水深度深等原因有关。沉积物只有少量的来自陆地，大部分沉积物是海洋生物遗体的软泥。就整个半深海说，65%盖着一层青灰色的有机质软泥，25%盖着沙子，10%没有覆盖物。在火山活动地带，软泥中还夹杂有火山灰。在热带河口附近，还有一种热带红色风化土构成的红色软泥。

4. 深海沉积

深海沉积是在海水深度2500m以下的洋底（洋盆）沉积。这里没有陆源碎屑，海底生物也贫乏，化学沉积作用亦微弱。因此，深海主要沉积漂浮生物遗体，形成各种软泥。此外，由海底火山喷发物质和宇宙尘埃等组成的红黏土也是分布广泛的深海沉积物。

第七节 冰川的地质作用

一、冰川概述

冰川是陆地上终年由雪源向外缓慢移动的巨大冰体。

冰川是水圈的重要组成部分，是重要的淡水资源。地球上85%的淡水都是以冰的形式储存，很多大江大河的源头为冰川，故冰川有固体水库之称。现代冰川覆盖陆地面积约

10%，而两极的冰川就占冰川总面积的99%。我国冰川面积4.4万 km²，是山岳冰川发育的国家之一。冰川是地球高纬度和中、低纬度高山地带的主要外动力。流动的冰川，它以特殊的方式，对地表进行剥蚀、搬运和堆积的地质作用。

（一）冰川的形成

1. 雪线　常年积雪区的下界，称为雪线。雪线以上年降雪量大于年消融量，不断积雪，日积月累，形成大片的粒雪原或粒雪盆，称为冰川的积累区；雪线以下，冰雪逐渐消融，称为消融区。各地雪线高度不一，它跟气温成正比，与降雪量成反比。丰富的降雪量比严寒的气候更为重要。如北美阿拉斯加州的东南海岸，是该州最温暖的地区，但因这里具有丰富的降雪量，故冰川极为发育。而北冰洋周围的陆地，虽然气候非常寒冷，但因其降雪量不足而未发育冰川。我国现代的雪线由南至北逐渐降低。如世界屋脊珠穆朗玛峰南坡为5500m，天山为3600～4200m，阿尔泰山为3000m。另外，雪线高低还与地形有关，陡坡上降雪难于积累、保存，雪线海拔高；缓坡情况则相反。如喜玛拉雅山北坡陡、雪线就比南坡高500～700m。

2. 成冰的过程　雪线以上的降雪与降雹，遭到太阳光的辐射融化，融化的雪水下渗后结为冰，同时随上覆雪层的加厚，造成静压力增大，结果会使疏松的雪花，变成粒雪或雪冰。雪冰上部的积雪愈来愈厚，静压力又增大，空隙再减小，这时的粒雪就成为致密、透明、浅蓝色的冰川冰。冰川冰在重力的影响下，冰层逐渐表现出可塑性，并顺着斜坡缓缓地向低处流动，这种流动的冰体称为冰川。

由此可见，冰川形成在雪线以上。其成冰过程为雪花——粒雪——冰川冰。

（二）冰川的类型

冰川按形态、规模与所处的地形条件可分为两种基本类型。

1. 大陆冰川　它呈面状展布，冰层厚达数千米。主要分布在南极洲和北极格陵兰，是地球两极或附近的巨大冰盖。特别是南极冰层，最厚可达4800m，它们又是产生冰山的发源地。

2. 山岳冰川　它规模小，一般为数千米到数十千米；厚度也仅在数十米到数百米不等。山岳冰川主要分布在中纬度和低纬度的高山地带，其形态受地形条件控制，它发育在高山雪线以上的宽阔洼地内，然后顺着山谷向山下流动。山岳冰川在阿尔卑斯山、美洲西部等高山地带都有分布。我国西部高山地区山岳冰川最为发育。

（三）冰川的运动

冰川总是处于缓慢的运动状态中，这是冰川不同于其他自然冰体的重要特征。引起冰川运动的因素主要是重力和压力。高山区的冰川在其自身重量作用下，克服冰体与地面以及冰体内部间的摩擦阻力，从高处流向低处。而分布面积广阔的大陆冰川，则因其冰体的压力作用，冰川由冰层厚的中心部位流向冰层薄的边缘。

冰川运动的速度与冰层厚度、地形坡度有关。冰体愈厚，坡度愈陡，运动速度就愈快。与河流相比，冰川流动速度是非常缓慢的。北极格陵兰大陆冰川上的主要冰体每天流动10～30cm。我国祁连山老虎沟20号冰川，平均每天运动8.2cm。

当冰川流动到雪线以下，进入消融区。由于蒸发和消融，冰川厚度变薄，流速也逐渐变慢。出现冰面湖、冰下河、冰塔林和表碛丘陵。冰川的下游一般呈舌形，称为冰川舌。

二、冰川的地质作用

（一）冰川的剥蚀作用

冰川在缓慢的运动过程中对地面岩石的破坏作用，称为冰川剥蚀作用。冰川破坏岩石，是因为冰体本身有巨大的重量，而且又是在运动着的。据计算100m厚的冰层，在1m^{2}的冰床上要承受90t的静压力。具有如此巨大压力的冰体，在运动过程中必然对其底部和两侧的岩石进行挖掘和磨蚀。所谓挖掘作用是冰体运动时将冰床突起的岩石或裂隙发育的岩石挖起带走。镶嵌在冰体上的岩块，就像锉刀和刨子一样去锉磨冰床和两侧的岩石，这就是冰川的磨蚀（或刨蚀）作用。

冰川的剥蚀作用，可挖掘出洼地，削平山嘴，并在岩石（或羊背石）上面留下磨光面或冰川擦痕以及特殊的地貌形态。由冰川剥蚀作用所形成的主要地貌形态有：

1. **冰斗**　在冰川上游与雪源相接处，由于冰劈作用和冰川挖掘作用所造成的、三面为陡壁所围，形似藤椅状、底部低平、口开一面的山坳，叫做冰斗（图2-14）。冰斗是雪线以上的一个积雪盆地，是冰川活动的供给源泉，所以山岳冰川地区都可见到冰斗。当冰川完全退缩消融后，冰斗积水就形成冰斗湖。相邻两个冰斗间的锯齿状山脊，称为鳍脊。若多个冰斗共同拥有的残留山峰，则称为角峰。

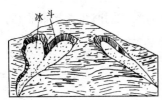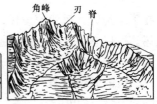

图2-14　冰斗、刃脊和角峰的形成过程示意图
（据William Lee Silkes等，1978）

2. **冰蚀谷**　它是山岳冰川挖掘和磨蚀，改造原来的山谷，使之变深、变宽并削平山嘴产生的结果，横剖面上呈"U"字形，所以也称"U"形谷。当冰川退缩可形成冰蚀湖盆。

山岳地区的冰川有主次之分，与河流相似。主冰川刨蚀谷底的能力强于支冰川，从而造成支谷高悬于主谷之上，称为悬谷。我国著名的旅游风景区庐山就有这种悬谷，其高差竟达数十米至百米，十分壮观。

（二）冰川的搬运作用

运动中的冰川，刨蚀作用与搬运作用是同时进行的，"刨蚀"本身就具有动力学、运动学的含义。冰川将刨蚀的产物以及坠落在冰面上的岩石碎块一并冻结于冰体之中，像传送带一样将它带到冰川的末端（下游），称为冰川的搬运作用。冰川搬运的最大特点是呈固体状态进行，尽管流速慢，但搬运能力很强，它可将巨大石块驮运很长的距离，这巨大的石块，称为漂砾，如庐山的飞来石。

冰川搬运物按其在冰体中所处的部位的不同，有不同的称谓：坠落在冰体表面的，称表碛；位于冰体底部的，称底碛；陷入冰体内部的称内碛；镶嵌在冰川两侧的称侧碛。

（三）冰川的沉积作用

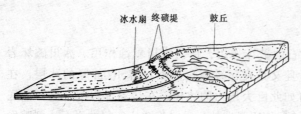

图 2-15 终碛堤与冰水扇
（引自武汉地质学院，地貌学及第四纪地质学，1981）

导致固体冰川发生沉积作用的主要原因是冰川融化。冰川融化堆积下来的物质，称为冰碛物（泥砾）。

冰碛物的主要特征是碎屑大小混杂、形状各异（马鞍石），没有成层现象，泥砾共存，砾石表面常有很多钉头鼠尾形的冰擦痕（条痕石）。它是冰川存在的重要标志之一。

冰川在退却过程中，由于冰体融化，可以形成冰碛地貌、冰碛丘陵、鼓丘、侧碛堤、终碛堤（图 2-15）。

另外，冰融水会将冰碛物搬运一定距离，在适当的地方沉积下来（终碛堤外侧），成为冰水沉积物。它具有一定分选性和层理细薄的特点。

第八节 风的地质作用

空气的强烈对流，就形成风。

在干旱地区，风的地质作用表现十分突出。它扬尘、运沙，同时也对地面物体产生风蚀破坏。所以它是发生在沙漠地区的一种主要的地质外营力。

风的地质作用也可以分为剥蚀、搬运和沉积作用三种。

一、风的剥蚀作用

（一）风蚀作用

风的剥蚀作用简称风蚀，包括吹扬和磨蚀两种方式。

1. **吹扬作用** 它一般发生在干旱的沙漠地区，地面植被稀少，大风一起，疏松的沙尘受风力吹扬，造成风沙弥漫、昏天暗地的沙尘暴现象。这种由风力扬起沙尘的过程，称为吹扬作用。

2. **磨蚀作用** 风力携带吹扬起的碎屑物质，对地表物质的冲击和摩擦，以及所扬起的碎屑间的冲撞和摩擦并造成它们破坏，称为磨蚀作用。

风的吹扬与磨蚀作用是一同进行的。风蚀作用的强度，与风力大小、风的挟沙量以及地面物体岩石状况有关。风力越大，其搬运的沙粒越多，对地面物体及岩石的冲击破坏力也就越大。如在沙漠中常见电杆被折断，就是风蚀作用造成的。又如埃及世界著名的狮身人面像，经 4000 多年来的风蚀作用，人面像当年平滑的表面，现已成遍体鳞伤之态。

（二）风蚀作用的产物

沙漠中大风扬起碎屑颗粒大，其磨蚀能力就更强，天长日久会将地面的卵石或砾石，

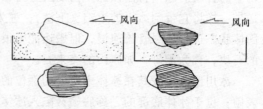

图 2-16 风棱石
（据 W.K. 汉布林，1975）

磨蚀成风棱石（图2-16）。风棱石是沙漠区的特产，其特征：被磨石相邻的磨蚀面间有突起的棱（单棱或多棱）。风棱石可作为判断一地区曾经是干燥地区的标志之一。

风蚀作用还可造成一系列风蚀现象和特殊地貌，如：风蚀柱、石蘑菇、蜂窝石、风蚀谷、风蚀城堡等。

二、风的搬运与堆积作用

（一）风的搬运与堆积作用

风作为一种外营力，其作用的表现在于将原地表松散细粒的沙尘，运到另一处堆积，这个迁移过程就称为风的搬运作用。形象地说，"飞沙走石"就是风的搬运作用的征象。

风搬运碎屑物的能力和风运方式，是跟风力的强弱、沙粒的大小、碎屑的质量关系最大。一般来说：风的搬运（风运）常以蠕移、跳跃、悬浮三种方式进行。

1. 蠕移 当风速较小或地面沙粒较大（粒径大于0.5mm）时，沙粒沿地面流动，称为蠕移。

2. 跃移 沙粒（粒径0.2~0.5mm）在气流中以跳跃方式前进，称为跃移。

3. 悬移 细而轻的沙粒（粒径小于0.2mm）将悬浮于气流中随气流而去，称为悬移。

风的上述三种搬运方式是以跃移为主，其搬运量约占70%~80%，蠕移量次之，约占20%，悬移量不超过10%。

风运物质，当风速减弱或遇障碍时，就会堆积下来，这种堆积下来的风运物，称风积物。颗粒较大的沙粒，风运不远，形成风沙堆积，颗粒细小的尘土则飘扬到远处堆积，形成风成黄土。

（二）风成堆积及主要地貌形态

1. 沙丘

由风力搬运堆积的沙（粒径0.5~0.2mm）称为风成沙。风成沙的主要特点是以石英为主，圆度较高、分选性良好，常具规模极大的风成交错层理。

风成沙常在千里流沙滚滚的沙漠中构成形态各异的沙丘。有新月形沙丘（图2-17）、纵向沙垄、横向沙丘等。

图2-17 新月形沙丘

新月形沙丘：平面上呈月牙形或新月形，高度一般为1~5m，很少超过15m。迎风坡外凸，其坡度缓，约5°~20°；背风坡坡度陡，一般在28°~34°，两坡交接成弧形的脊。新月形沙丘宽度可达100~300m。在沙丘的两侧形成似对称的两个尖角，称为沙角（也称兽角）。

新月形沙丘在风的持续吹动下，能较快地向前移动，其速度可达每年5~50m。它埋没田园、村落与道路，给人类带来严重危害。如陕北的榆林市，因流沙的威胁历史上曾发生三次迁移。

2. 风成黄土

黄土是干旱、半干旱地区一种特殊的第四纪沉积物，其形成与风有关。

黄土的一般特征：黄土主要由粉沙组成，并含有些细沙与黏土。颜色为黄灰色或棕黄色。其质地均一、未固结（手搓易成粉末）、质轻、孔隙度大、略具黏性，含有较多钙质，黄土无明显层理，干燥时较坚固，遇水易于剥落，易受侵蚀，沟谷密布，地表支离破碎，形成黄土地区特有的塬、梁、峁等地形。

我国黄土很发育，分布很广，主要在西北沙漠的外缘黄土高原上，其次在华北平原等地，面积达 58 万 km^2，厚度各地不一，由几米至几十米，陇西地区甚至厚达 100~150m。黄土是经过几十万年堆积而成的。

第九节 地 壳 运 动

一、地壳运动的概念

由地球内力引起地壳的变位、变形以及洋底的变化等机械运动，称地壳运动（亦称构造运动）。

在地球内力的作用下，地壳是在不断地运动着的，通常地壳运动的速度是缓慢的，不易为人类直觉。当它以地震的形式出现时，引起地陷、海啸、山崩，人们才能直接感受其威力与存在。

地壳运动尽管速度很慢，但在悠久的地质时期持续的进行时，就会引起不同规模、不同类型的各种地质构造和沉积作用的形成，导致地震活动、岩浆活动和变质作用的发生。同时会引起海、陆变迁，地貌形态的改变以及控制矿床的形成与分布等。

地壳运动是内力地质作用最重要的、起主导作用的一种表现方式。因此，研究地壳运动对认识地球演化历程乃至对各类矿床的找寻等都具有重要的理论意义和现实意义。

二、地壳运动的证据

"沧海桑田"、"山崩地裂"、"高岸为谷"、"深谷为陵"等，都是地壳运动的真实写照。地壳运动的证据可从以下两个方面提供充分的说明。

（一）地貌标志

不同类型的地貌是内、外力地质作用的共同产物，但地壳运动的控制是占主导地位的。如地壳运动导致上升的地区，就以剥蚀地貌为主，若表现为下降的地区，则以堆积地貌为主。多层溶洞、多级阶地、高山深谷、万丈深壑以及"世界第三极"喜马拉雅山的不断长高（每年升高约 2cm）等都是地壳运动的直接反映。

（二）地质证据

在漫长的地球历史中，地壳每时每刻都在变化着，地壳在运动，它必然会在大陆上、洋底下留下各种地质迹象。正如我国地学前辈李四光曾形象地总结："亚洲站住了（东亚弧形成），非洲破裂了（红海和大西洋的产生），美洲落伍了（美洲西海岸山脉隆起）"。这高度地概括，就是地壳运动（板块运动）给人们留下的恢宏的地质景观。

地球上的各种地质现象都是地质作用最真实的记录和最朴素的表现。因此可以通过对它的研究，反溯地质历史中的地壳运动。通常根据以下直接与间接的证据来分析。

1. 地壳运动的直接证据

地壳中的褶皱构造与断裂构造的发生、沉积岩原始产状的再变动以及地层间的角度不整合接触关系的表现都反映地壳运动的存在，也是地壳运动最直接的证据。

2. 地壳运动的间接证据

前已叙及的浅海沉积，不过是在最低落潮线至200m深的范围内的沉积，而今在陆地上常发现一些浅海沉积物厚达数千米至上万米。这不就揭示出其在沉积过程中，地壳必是在不断地下降吗？否则，如何才能保持浅海沉积环境不变，其情形很难想像。此外，沉积岩相、古地理环境、古生物的变化等都是地壳运动起主导作用造成的。

地质历史时期的地壳运动，人类是无法直接观察的，人们只有通过它在运动过程中留下的地质记录中去找寻答案，用历史比较的方法加以分析，恢复地史时期的地壳运动和重塑地壳运动的发展阶段。目前，对显生宙以来的地壳运动的划分有加里东运动、海西运动、印支运动、燕山运动、喜马拉雅运动。

三、地壳运动的特征

地壳运动的特征，归纳起来表现在两个方面：即水平运动和垂直运动。

1. 水平运动

地壳或岩石圈大致沿地球表面切线方向的运动，称为水平运动。水平运动表现为地壳或岩石圈的水平挤压或水平引张引起岩层褶皱和断裂，形成巨大的褶皱山系或大型的地堑、裂谷，以及形成巨型的平移断层。如美洲西部的圣安德烈斯断层，在1.5亿年内平移了480km；又如横亘我国东西的天山—阴山、昆仑—秦岭山脉都是地壳水平运动作用造成的。

2. 垂直运动

地壳或岩石圈沿垂直于地表，即沿地球半径方向的运动，称为垂直运动（亦称升降运动）。垂直运动表现为地壳某些区域上升成为高地或山岭（隆起）；另一区域下降成为盆地或平原（凹陷）。如喜马拉雅山上有大量新生代早期的海洋生物化石，说明6000万年前这里曾是一片汪洋，如今却被誉为"地球第三极"。这就是地壳垂直运动的结果。

地壳运动一般说来，升降运动比水平运动更为缓慢，它们有主次之分，也有因果关系。由于大陆漂移、海底扩张、板块构造观点的建立，一般认为地壳运动是以水平运动占主导地位的。

*第十节 地 震 作 用

一、地震概述

大地任何一部分的快速颤动，称为地震。从地震的孕育、发生至余震的全部作用过程，称为地震作用。地震作用属内动力地质作用，是地壳运动的特殊表现形式。

地震发源于地下某一点，该点称为震源。地面离震源最近的一点，称震中。震源至震中的距离，称震源深度（图2-18）。地震按震源深度分为：浅源地震（0~60km）；中源地震（60~300km）；深源地震（300~720km）。大多数地震属浅源地震（20~60km）。地震波及地面的范围，称震域。一般说深源地震震域大，反之则小。

从震源中产生的弹性波，称为地震波。按传播方式可为分三类：

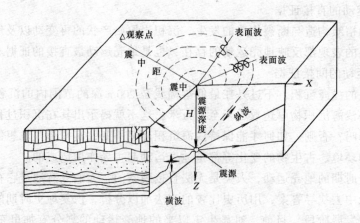

图 2-18 震源、震中及地震波传播方式图

1. 纵波（P波）它是前进波，即质点的振动方向与波的前进方向一致。在地壳中的传播速度为 5.5~8km/s，最先到达震中，导致地面发生上下震动。

2. 横波（S波）它是剪切波，即波动时质点的振动方向与波的前进方向垂直。它在地壳中的传播速度为 3.2~5km/s，横波到达震中，导致地面发生水平方向的抖动，对建筑物破坏较强。

3. 表面波（L波）它是由P波与S波在地表相遇后产生的次生波。它仅沿地表传播，传播速度 3.5km/s，但因其波长大、振幅大，所以产生的破坏性最强。

震级是衡量地震能量大小的级别。2~4级为有感地震，5级以上为破坏性地震，7级以上为强烈地震。人类记录到的最大地震震级为8.9级，其释放的能量接近2.7万颗广岛原子弹。我国1976年的唐山大地震，震级为7.8级，造成了巨大的人员伤亡和经济损失。

地震对地面破坏的程度，称为地震烈度。目前，我国采用十二度烈度表（表2-1）。

地震震中区震级与烈度主要表现特征表　　　　表 2-1

震级	烈度	主 要 表 现 特 征
2	1	人无感觉，地震仪才能记录到
	2	在静止状态下，极个别非常敏感的人，才能感觉得到
3	3	少数人在静止状态下，会有感觉，室内悬挂物有轻微摇动
	4	大多数人都能感觉到；门、窗、器皿都有轻微作响
4	5	几乎人人都能感觉得到；门、窗、微响；屋顶尘土掉落；挂钟停摆；不稳器皿翻倒；墙壁会出现细小裂缝；家畜感到烦躁
5	6	人会从室内跑出；简陋民房少数损坏，甚至有倾倒；疏松地面偶有裂缝；山坡偶有滑坡；家畜从畜厩中跑出
	7	人会从室内仓皇逃出；一般民房大多数被损坏，少数破坏；坚固的房屋也可能有破坏；民房烟囱顶部、个别牌坊和塔及工厂烟囱损坏；井泉水位发生变化等
6	8	人站立不稳；家具移动或翻倒；不坚固房屋大多数破坏；牌坊、塔、工厂烟囱损坏；地表产生裂缝，宽达10cm以上；有时井水干涸或产生新的裂隙泉

震级	烈度	主要表现特征
7	9	民房多数倾倒；坚固房屋遭受破坏，少数倾倒；出现喷沙冒水、山体崩滑现象
7	10	坚固房屋多数倾倒；地表裂缝宽达几十厘米，路基毁坏，铁轨弯曲，地下管道破坏
8	11	房屋普遍损坏，压死大量人畜；山区有大规模的山崩滑坡，地下水位剧烈变化
8-8.9	12	震中建筑物普遍毁坏，地形剧烈改变，洪水泛滥；人类、动物遭到毁灭，江湖水上涌成灾

二、地震成因类型及地质现象

1．地震的成因类型

构造地震：由地壳运动导致地下岩石突然发生断裂所引起强烈震动。构造地震占地震总数90%，破坏性很大。

火山地震：由火山爆发引起地壳的强烈震动。它仅对火山周围地区产生破坏。

陷落地震：由溶洞塌陷或其他因素引起的陷落所产生的震动。它涉及范围有限。

2．地震地质现象

每当地震发生时，常会在地表出现以下地质现象：山崩地裂、雪崩海啸、喷沙冒水、地表错位、河流堵塞、建筑倒塌等。

通过地震仪测量全球每年地震发生约500万次，而能被人直觉的地震约为5万次，对人类造成严重破坏的地震每年2次左右。我国地处环太平洋和阿尔卑斯—喜马拉雅两大地震带中，是一个多地震国家，要做好防震抗震工作。

思 考 题

2-1 何谓风化作用、剥蚀作用、搬运作用、沉积作用、成岩作用？地质作用分哪些类型？

2-2 物理风化作用与化学作用有何区别？其风化产物有何不同？

2-3 风化壳分为几层？各层有何特征？研究风化壳有何意义？

2-4 绘画表示河谷结构要素。

2-5 河流的地质作用有哪些？各有何特点？

2-6 何谓侵蚀基准面？河流的搬运方式有哪几种？其特点如何？

2-7 冲积物的二元结构是怎样形成的？牛轭湖是怎样形成的？

2-8 西部大开发，如何治理母亲河，试提出你的想法。

2-9 绘画表示地下水的垂直分带及各带的特点？

2-10 什么叫透水层和不透水层？泉根据其形成的地质条件的不同，可分哪几类？

2-11 简述最常见的岩溶地貌及特点。

2-12 地下水的化学沉积作用是怎样发生的？

2-13 什么是湖泊与沼泽？形成湖泊的主要原因有哪几种？

2-14 湖泊是以哪种地质作用为主？举例说明之。

2-15 滨海带的剥蚀作用分成哪几种？会产生何种现象？

2-16 试述浅海地区的沉积作用及特点？

2-17 有一珊瑚岛，礁石厚达1300m，底部礁石经同位素测年得知距今为1000万年，根据此资料，你有何地质见解？

2-18 何谓冰川？它是怎样形成的？叙述冰碛物的主要特征。

2-19 山岳冰川有何特点？试述山岳冰川的剥蚀作用会造成哪些地貌特征？

2-20 简述风运的方式有哪些?新月形沙丘具有何特点?
2-21 简述风成黄土的特征。如何治理沙漠化,你对此有何地质见解。
2-22 什么是地壳运动?它有哪些特征?
2-23 什么是震源、震源深度、震中、震级及地震烈度?

第二篇 结晶学基础与矿物

第三章 矿物结晶学基础

自然界的矿物一般都是天然晶体。研究矿物将涉及晶体许多固有的特性和结晶学法则与定律。因此，学习矿物学必须具备结晶学的基础。

本章将对晶体的概念及结晶学知识作概略介绍。

第一节 晶 体 概 述

在科学领域内，人们把物质在空间所占据的有限部分称为物体。根据物体存在状态的不同，可分为气体、液体和固体。对于固态的物体，由于它们内部构造的不同，又可分为晶质体（简称晶体）和非晶质体两类。自然界中以晶体分布最广泛。

一、晶体与非晶质体

（一）晶体与非晶质体的概念

人们对晶体的认识，是随着科学和生产的发展由浅入深的。在古代，人们把无色透明具有天然多面体外形的水晶称为晶体。后来，陆续发现很多自然产物如食盐、方解石、磁铁矿等（图3-1）也都具有天然多面体外形。于是就把凡具有天然多面体外形的固体称为晶体。

随着生产的发展，人们又不断地发现，有些晶体有规则多面体外形，有些晶体则不具有多面体外形，但都是晶体。显然，有无多面体外形，并不是区分晶体与非晶质体的标志。

1912年在使用X射线研究晶体之后，才揭示了晶体的本质。发现一切晶体不论外形如何，其内部质点（原子、离子或分子）在三度空间上都有规律地呈周期性的重复排列，构成所谓的格子构造。如图3-2示氯化铯（CsCl）的离子排列，黑球示Cl^-离子，成规则的立方体排列，白球示Cs^+，位于每8个Cl^-组成的立方体空隙中，亦成立方体排列，在空间排列成立方体的格子构造。图3-2是氯化铯晶体构造中极小的一部分，整个氯化铯晶体都是按此规律排列的。所有晶体能自发地形成多面体的外形，就是由于内部质点的格子构造所决定的。

格子构造是晶体与其他物体区别的本质。因此，按照现代的概念，凡是质点作有规律

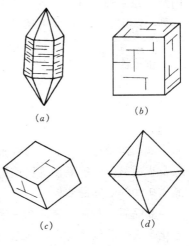

图3-1 晶体的外形
(a) 石英；(b) 石盐；
(c) 方解石；(d) 磁铁矿

排列，具有格子构造的固态物质即称为结晶质。结晶质在空间的有限部分即为晶体。由此，我们可以对晶体作出如下定义：晶体是具有格子构造的固体。

图 3-2 氯化铯的离子排列

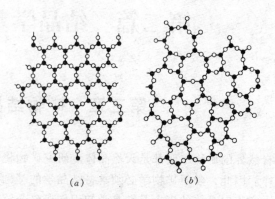

图 3-3 晶体与非晶质体的内部质点排列
(a) 晶体的内部质点排列；(b) 非晶质体的内部质点排列

与此相反，凡是内部质点在三度空间不成周期性重复排列的固体，称为非晶质体。非晶质体中质点的分布颇似液体，或者说是硬化了的液体，例如琥珀、沥青、松香、玻璃等，都是非晶质体。因此，严格说来只有晶体才是固体。

晶体与非晶质体内部构造的不同点，如图 3-3 所示。从图中可以看出，晶体 (a) 的内部质点排列是有规律的，而非晶质体 (b) 内部质点排列是无规律的。晶体内部规律的排列，决定了晶体所特有的基本性质。

（二）晶体与非晶质体的分布

由上述对晶体本质的认识，可知晶体并不罕见，其分布是十分广泛的。自然界的矿物、岩石以及砂粒与土壤，人们日常生活所接触的食盐、糖、钢材、日用陶瓷，大部分的固体化学药品等都是晶体。各类晶体形态复杂多样，大小悬殊。例如有的矿物晶体可重达百吨，直径数十米；有的则需要借助显微镜，甚至电子显微镜或 X 射线分析方能识别。

和晶体相比，非晶质体的种类极少，分布也不广，只有玻璃、沥青、琥珀、松香等，以及火山喷发时喷溢出的物质因快速冷凝而形成的火山玻璃，部分因放射性蜕变形成的非晶质矿物等是非晶质体。

非晶质体与晶体之间在一定的条件下可以相互转化。如玻璃器皿自然发生破裂、塑料老化、火山玻璃经过漫长的地质时代后部分或全部转变为晶质体等，这些都是非晶质体向晶体转化的结果，称为晶化或脱玻化。某些晶体矿物如锆石等，因放射蜕变而成为非晶质的锆石，这是晶体向非晶质体的转化，称非晶化或玻化。

二、晶体的基本性质

由于晶体是具有格子构造的固体。因此，为晶体所共有的，由格子构造所决定的性质称为晶体的基本性质。现简述如下：

（一）自限性

晶体在适当条件下能自发地形成几何多面体的性质，称为自限性。如图 3-1，石英、石盐、方解石和磁铁矿的晶体都有各自的几何多面体外形。构成晶体几何多面体形态的每一个平面称晶面，晶面相交的直线称晶棱，晶棱会聚的交点称角顶。

晶体的多面体形态是其内部格子构造的表现，晶体是格子构造无限排列的有限部分。因此，从自限性的角度来看，晶体是定形体。非晶质体由于其内部不具格子构造，它在任何条件下都不可能自发地成长为规则的几何多面体，从这点来看，非晶质体是无定形体。

（二）均一性

同一晶体的各个不同部位，无论物理性质或化学性质，都是一致的，称为晶体的均一性。均一性也是晶体内部格子构造的反映。因为同一晶体的任何部位其质点分布都是相同的。所以，其任何部位的各种性质也都是相同的。

（三）异向性（各向异性）

同一晶体的不同方向上表现出的不同性质，称为异向性。晶体在力学、光学、热学和电学等方面都具有明显的异向性。如蓝晶石矿物的硬度在平行晶体的延长方向上硬度较小，而垂直晶体延长方向上的硬度较大（图3-4），所以蓝晶石又称二硬石。

晶体的异向性亦是由于晶体的格子构造所决定。这是因为，在格子构造中，不同方向的质点性质及质点排列的方式一般不同所造成的。

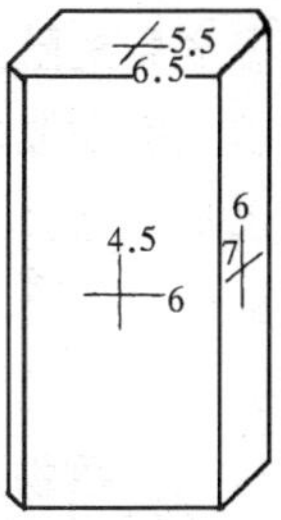

（四）对称性

晶体中相同的部分（如晶面、晶棱或角顶）或相同的性质，在不同的方向或位置上做有规律地重复出现的性质，称为对称性。

晶体的对称性是晶体内部格子构造的反映。因为晶体内部相同的质点是按一定规律排列的，因而反映在晶体的外形和性质上，必然也是有规律的重复，从而表现出对称性。例如，石盐的立方体晶体中，相交于一个角顶的三个晶棱是相同的，构成这三个晶棱内部质点的排列方式，必然也是相同的，那么在晶体这三个方向上的性质肯定是相同的。

图3-4 蓝晶石晶体的各向异性

（五）稳定性

稳定性是指化学组分相同，但物态不同的物体，以晶体最为稳定。

晶体的稳定性是晶体具有最小内能的结果。晶体内部具格子构造，其质点之间的引力和斥力达到平衡，方能保持质点相对位置不变、晶体的格子构造不至于被破坏。要破坏晶体的这种状态，就必须从外界传入能量，导致势能的增加。

非晶质体其内部质点的排列是不规则的，质点之间引力、斥力不平衡，所以相对不稳定。不稳定的物体有逐渐失去内能自发地向稳定状态转化的趋势。因此，自然界里一些非晶质矿物能自发地向结晶状态转化，变成晶质矿物。而晶体由于处于相对稳定的状态，只有在外界因素的影响下，才能发生非晶化。

（六）定熔性

晶体在熔解时具有一定熔点的性质称为定熔性。例如石英的熔点为1710℃；辉锑矿的熔点为525℃。

晶体的定熔性可用固态物体熔融时的加热曲线来说明（图3-5）。晶体熔融的过程大体是：起动温度随加温时间逐步上升，当达到某一温度时，晶体开始熔融；随着时间的延续，温度上升停顿而保持不变的状态，此时的温度称为熔点，直至物体全部变为熔体，温度才又随着加温时间的延续继续上升（图3-5（a））。

晶体之所以有一定的熔点，这是由于要破坏晶体的格子构造就必须从外界传入能量。

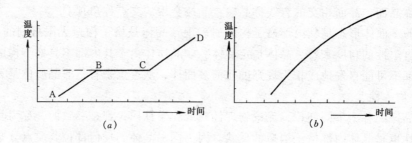

图 3-5 晶体（a）与非晶质体（b）的加热曲线

而晶体是具均一性的物体，使晶体中每个质点脱离其平衡状态所需的能量都是相等的，因此每种晶体都有其固定的熔点。

非晶质体的加热曲线与晶体完全不同，它表现在整个加热过程中，不需要破坏晶格，温度始终随加温时间逐步升高，没有明显的停顿阶段（图 3-5（b）），直至全部熔融。这就表明非晶质体在熔融时没有一定的熔点。例如，将玻璃加热时，它首先变软，逐渐变为黏稠的熔体，最后变成能流动的液体。在这一过程中没有温度的停顿，其加热曲线为一光滑的曲线。

三、晶体的形成方式和过程

多数物质都可在一定的条件下形成晶体。形成晶体的过程是物质由其他物态转变成结晶体的过程。实质上就是质点按照格子构造规律排列的过程。

（一）形成晶体的方式

晶体是在物态转变的情况下形成的。物态有三种，即气态、液态和固态。只有晶体才是真正的固态。由气态、液态转变成固态时形成晶体，固态之间也可以直接产生转变。

1. 由气态中结晶

由气体直接结晶成晶体，是气体物质不经过液体状态直接转变成固态的结晶方式。如火山喷出的含硫气体，因温度和压力降低，在火山口周围直接生成硫磺晶体；水蒸气遇冷直接结晶出雪花等。

2. 由液态中结晶

液态中结晶是通过两种途经：一种是由熔体中结晶，当熔体温度低于该物质的熔点时，即会发生结晶。水在零摄氏度时结晶成冰；熔融的金属液体结晶成金属块体等，都是由熔体中结晶的例子。炽热的岩浆结晶成岩浆岩中的各种矿物，主要是从熔体中结晶；另一种是由溶液中结晶，溶液由溶质和溶剂两部分组成。当溶液的溶质达到过饱和时，才能析出晶体，如盐湖因蒸发达到过饱和，则结晶出石盐、硼砂等晶体。实验室里制备的各种化学药品，都是从过饱和溶液中结晶的。

3. 由固态中结晶

这是固态物质不经过液体或气体状态，直接变成晶体的作用。可概括为两种情况：

（1）从固态的非晶质体中结晶：如火山玻璃经过漫长的地质时代，发生脱玻化，形成结晶质的长石和玉髓等矿物的微晶。

（2）由一种晶体转变成另一种晶体：例如石墨（C）在高温、超高压条件下，能转变成金刚石（C）晶体；β—石英（SiO_2）在温度低于 573℃、常压条件下，可自行转变为

α—石英（SiO_2）。上述晶体的转变，其化学成分不变，但内部质点的排列改变了，从一种晶体变成了另一种晶体。

（二）晶体形成的过程

晶体形成的一般过程是先形成晶芽，而后再逐渐长大。现以从液体中结晶为例说明如下。

当熔体达到过冷却或溶液达到过饱和时，液体中相应组分的质点，按格子构造形式，首先聚集成微晶粒，称晶芽。在晶芽形成以后，液体中的质点以晶芽为中心，按格子构造规律不断粘附，使晶体得以逐渐长大。晶体的长大过程是在晶芽的基础上先长满一层面网，再长相邻的一层面网，逐层生长，因此，晶体生长时面网是平行地向外推移的。

这种现象在实际晶体中经常可以看到。如晶体在成长过程的不同阶段，在晶体内留下当时晶形轮廓的痕迹。最常见的是表现在晶体断面上的带状构造（图3-6）。各环相互平行，同时也平行最外层晶面的轮廓。这种现象证明了晶体生长时晶面是平行地向外推移的。

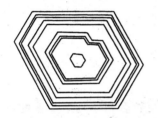
图 3-6　石英晶体的带状构造

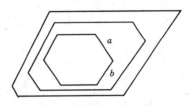
图 3-7　晶面的生长速度

晶面平行向外推移时，在单位时间内晶面法线向外推移的距离，称为晶面生长速度。

在一个晶体上，各晶面之间相对的生长速度与晶面本身的面网密度成反比。一般面网密度较大的晶面，其生长速度较慢；而面网密度较小的晶面，则其生长速度较快。生长速度快的晶面（图3-7晶面 a）逐渐缩小，以至于消失；而生长速度慢的晶面（图3-7晶面 b）逐渐扩大最后保留在晶体上。因此，实际晶体被面网密度大的晶面所包围。

*第二节　晶体的对称

一、对称的概念

（一）对称的定义

对称现象在自然界和我们日常生活中都很常见。如人的左右手、动物的躯体；植物的花冠、树叶；建筑物、器皿、图案等，都常呈对称的。它们之所以是对称的，是因为这些物体存在着共同的规律，这种规律表现在两个方面：第一，任何一个对称物体，都是由两个或两个以上相同部分组成；第二，这些相同部分相互间可以做有规律地重复。

如图3-8中，蝴蝶可通过垂直并平分躯体的一个镜面反映，使身体的左右两部分发生重合；花纹图案可通过垂直图形中心的一条直线旋转360°时，图案中相同的图形发生4次重合。然而，图3-9中的两个三角形之间，虽然图形完全相同，但相互间的位置却没有一定的规律，无法通过一定的操作使其重复。所以，这两个三角形之间，不是对称的图形。因此，对称的定义是：物体的相同部分作有规律地重复的性质称为对称。

  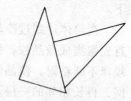

图 3-8 对称的图形　　　　　　　　　　　　　图 3-9 不对称的图形

（二）晶体对称的特点

晶体是具有对称性的，晶体外形的对称表现为相同的晶面、晶棱和角顶作有规律的重复。

晶体的对称与其他物体的对称不同。生物的对称是为了适应生存的需要；建筑物、器皿和图案的对称则是人为的，是为了美观和适用；而晶体的对称是取决于它内在的格子构造。因此，晶体的对称具有如下的特点：

1. 晶体是具格子构造的固体。格子构造本身就是质点在三度空间周期重复排列的体现。因此从这种意义来说，所有的晶体都具有对称性。

2. 晶体的对称严格地受格子构造规律的控制，只有符合格子构造规律的对称，才能在晶体上体现出来，这就是晶体对称的有限性。

3. 同一晶体上对称的各个部分，不仅外形上呈有规律地重复，而且在化学性质（质点的成分等）和物理性质（光学、力学、热学、电学等）方面也呈有规律地重复。因此，晶体的对称不仅具有几何意义，还具有化学意义和物理意义。

晶体的对称是晶体的基本性质，因此，它便成为晶体分类的重要依据。

二、对称操作与对称要素

（一）对称操作与对称要素的概念

能使晶体上相同的部分作有规律重复出现的操作，称为对称操作。如图 3-8 中欲使蝴蝶两个相等部分重复，需借助一个镜面的"反映"；欲使图案中相同花纹重复，需通过一根直线的"旋转"等等。这种使物体相同部分重复出现的操作，即为对称操作。

在进行对称操作时所借助的辅助几何要素（如面、线、点）称为对称要素。

（二）对称要素

晶体外形上可能存在的对称要素和相应的对称操作如下：

1. 对称面（P）

对称面是指能把晶体平分为两个互成镜像反映的、相同部分的假想平面。其符号为 P。

对称面的操作，是对此面的反映。它的作用相当于一面镜子，由它所联系的两个部分，分别相当于物与像之间的关系，即两部分之间互成镜像反映。如图 3-10（a）中 P 面是对称

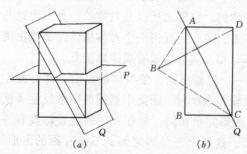

图 3-10 判断对称面的图解

面。Q 面虽然也能将图形分成两个相等的三角形体，但两者的位置，互相不成镜像反映关系。如图 3-10 中（b）之 AC 线虽然能将 $ABCD$ 分成 $\triangle ACD$ 与 $\triangle ABC$ 两个相等部分，但 $\triangle ACD$ 的镜像反映应为 $\triangle AB'C$，而不是 $\triangle ABC$。因此，Q 面不是对称面。

在一个晶体中可以有对称面，也可以没有对称面。对于有对称面的晶体，可能出现 1、2、3、4、5、6、7 和 9 个对称面，最多不超过 9 个。如立方体晶体，就有 9 个对称面（图 3-11）。对称面的个数写在符号 P 之前，如 $2P$、$9P$ 等。

晶体中对称面与晶面、晶棱之间有如下关系（图 3-12）。

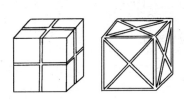

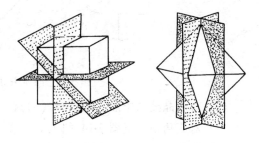

图 3-11 立方体的九个对称面　　　图 3-12 晶体中的对称面与晶面、晶棱的关系

(1) 垂直并平分晶面；
(2) 垂直晶棱并通过它的中心；
(3) 包含晶棱。

2. 对称轴（L^n）

对称轴是通过晶体中心的假想直线，晶体围绕此直线旋转时，晶体中相同的晶面、晶棱和角顶重复出现。其符号以 L^n 表示，L 为对称轴，n 代表对称轴的轴次。

相应的对称操作是晶体围绕一直线的旋转。

轴次（n），是指晶体旋转一周时，相同的部分重复出现的次数。使晶体上相同部分每重复一次需要旋转的最小角度，称为基转角，用 α 表示。轴次与基转角的关系为 $n = 360°/\alpha$。

晶体上可能出现的对称轴有 L^1、L^2、L^3、L^4、L^6。相应地，其基转角为 360°、180°、120°、90° 和 60°（图 3-13）。

晶体中可能存在的对称轴不是任意的，只能为 L^1、L^2、L^3、L^4、L^6，没有

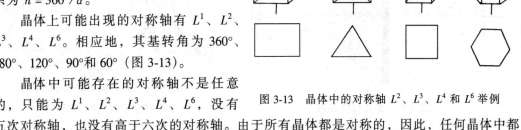

图 3-13 晶体中的对称轴 L^2、L^3、L^4 和 L^6 举例

五次对称轴，也没有高于六次的对称轴。由于所有晶体都是对称的，因此，任何晶体中都存在基转角为 360° 的一次对称轴（L^1），它对研究晶体的对称程度没有什么意义。但在晶体的分类中却有一定的作用。

晶体中可以没有高于一次的对称轴，也可以有一种或几种高于一次的对称轴。同一种对称轴可以只有一个，也可以有几个。对称轴的个数写于 L^n 的前面，如 $3L^4$、$6L^2$，分别表示有三个四次对称轴、六个二次对称轴。二次对称轴为低次轴，二次以上的对称轴（包

括 L^3、L^4 和 L^6）称为高次轴。

在晶体中，对称轴可能出露的位置如下：

（1）对应晶面的中心（图 3-14（a））；

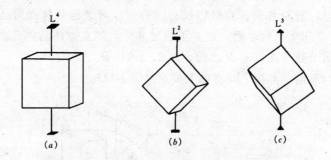

图 3-14　晶体中对称轴出露的位置举例

（2）对应晶棱的中点（图 3-14（c））；

（3）对应角顶上（图 3-14（b））；

（4）角顶与对应晶面中心或对应晶棱中点的连线。

3．对称中心（C）

对称中心是晶体中的一个假想点，通过此点的任意直线等距离的两端，必然出现相等部分，则此假想点为对称中心。其符号以 C 表示。

相应的对称操作是对一个点的反伸。

对称中心的作用相似于物理学中的小孔成像作用（图 3-15），光线通过屏障上的小孔，则在屏障的另一方，相等的距离内，获得与实物等大，相互颠倒的相同图像。通过对称中心的操作，使两个相等的部分互为上下、左右和前后均为颠倒的相反关系。

晶体中可以有对称中心，也可以没有对称中心。若有对称中心，也只能有一个（图3-16）。

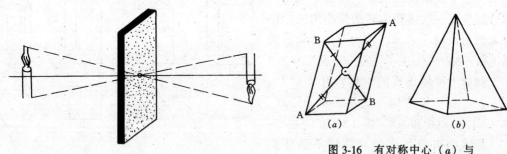

图 3-15　小孔成像原理　　　图 3-16　有对称中心（a）与
　　　　　　　　　　　　　　　无对称中心（b）的物体

在晶体中，若存在对称中心时，其所有的晶面必然都是两两平行而且反向相等（晶面本身具对称面时，则既为反向、又为正向）。这一点可以用来作为判断晶体有无对称中心的依据。

三、对称型和晶族、晶系的划分

（一）对称型

在结晶多面体中，各种晶体所包含的对称要素的种类和数目即结晶程度有很大的区

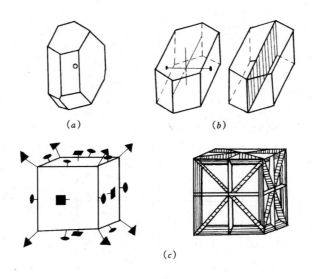

图 3-17 几种矿物的对称要素组合
(a) 钠长石；(b) 正长石；(c) 萤石

别。有的晶体只有一个对称要素单独存在；有的晶体则有若干种多个对称要素组合在一起共同存在。如图 3-17 中钠长石 (a) 只有一个对称中心；正长石 (b) 不仅有对称中心，还有一个二次对称轴和一个对称面；而萤石的立方体晶体 (c) 的对称要素最多，有三个四次对称轴、四个三次对称轴、六个二次对称轴、九个对称面和一个对称中心。

在记录对称要素的组合时，一般的格式是先写对称轴，并按先高次轴、后低次轴的顺序排列；再写对称面；最后写对称中心。例如方解石晶体的组合为：$L^3 3L^2 3PC$。

在单个晶体中，全部对称要素的组合，称为该晶体的对称型。图 3-17 中钠长石的对称型为 C；正长石的对称型为 $L^2 PC$；萤石的对称型为 $3L^4 4L^3 6L^2 9PC$。

根据晶体中所可能出现的对称要素种类以及对称要素间的组合规律证明，所有一切晶体中，只能有 32 种对称型，列于表 3-1 中。

(二) 晶族、晶系的划分

32 种对称型包括了所有一切晶体，说明晶体的对称性是普遍的，所以晶体的对称性是晶体分类的基础。由于晶体对称要素的组合是有限的，因此，可以按对称型对晶体进行分类。

首先，根据对称型将晶体分为 32 个晶类，即相同对称型的晶体，都属于同一晶类。然后，再按对称型中有无高次轴以及高次轴的多少，将晶体划分为三大晶族。凡没有高次轴的对称型均归于低级晶族；仅有一个高次轴的对称型归于中级晶族；有数个高次轴的对称型属高级晶族。

每一晶族中，又按对称的特点进一步划分晶系。低级晶族划分为三个晶系，即：无 P 及无 L^2 的对称型属三斜晶系；只有一个 L^2 或 P 的对称型属单斜晶系；L^2 或 P 多于一个的对称型属斜方晶系。中级晶族亦划分三个晶系，即：具有一个 L^3 的对称型属三方晶系；具有一个 L^4 或 Li^4 的对称型属四方晶系；具有一个 L^6 或 Li^6 的对称型属六方晶系。高级晶族包括一个晶系，即等轴晶系，属于等轴晶系的对称型必有四个三次对称轴 ($4L^3$)。

综上所述，晶体按对称特点共划分三大晶族、七大晶系和 32 个晶类，详见表 3-1。

表 3-1

32 种对称型及晶族、晶系的划分

晶族及其特征		晶系及其特征		对 称 型					
低级晶族	没有高次轴	三斜晶系	无 L^2 无 P	1 △ L^1	2 * C				
		单斜晶系	L^2 或 P 不多于一个			3 P	4 △ L^2	5 * L^2PC	
		斜方晶系	L^2 或 P 多于一个			6 L^22P	7 $3L^2$	8 * $3L^23PC$	
中级晶族	仅有一个高次轴	三方晶系	有一个 L^3	9 L^3	10 * L^3C	11 L^33P	12 L^33L^2	13 * L^33L^23PC	
		四方晶系	有一个 L^4 或 L^4_i	14 L^4	15 * L^4PC	16 L^44P	17 L^44L^2	18 * L^44L^25PC	19 L^4_i
		六方晶系	有一个 L^6 或 L^6_i	21 L^6	22 * L^6PC	23 L^6P	24 L^66L^2	25 * L^66L^27PC	26 $L^6_i = L^3P$
高级晶族	有高次数个 L^3	等轴晶系	有四个 L^3	28 $4L^33L^2$	29 $4L^33L^23PC$	30 $3L^4_i4L^36P$	31 $3L^44L^36L^2$	32 * $3L^44L^36L^29PC$	20 L^42L^22P 27 $L^3_i63L^23P$ $=L^33L^34P$

各对称型晶形实例: 1. 硫代硫酸钙△ 2. 钠长石 3. 斜晶石 4. 酒石酸△ 5. 正长石 6. 异极矿 7. 泻利盐 8. 重晶石 9. 细硫砷铝矿 10. 钛铁石 11. 电气石 12. α-石英 13. 方解石 14. 彩铝矿 15. 白钨矿 16. 羟铜铝矿 17. 镍矾 18. 砷硼钙二银△ 19. 霞石 20. 黄铜矿 21. 锡石 22. 磷灰石 23. 红锌矿 24. β-石英 25. 磷酸氢二银△ 26. 蓝锥石 27. 蓝柱石 28. 香花石 29. 黄铁矿 30. 闪锌矿 31. 赤铜矿 32. 方铅矿

注: * 为矿物中常见的对称型; △ 人工合成化合物。

*第三节 晶体的理想形状——单形和聚形

一、单形

在第二节中，研究了晶体的对称和分类，但是，还没有涉及晶体的具体外形特征。因为属于同一对称型的晶体，可能具有完全不同的形态。例如，同属于 $3L^4 4L^3 6L^2 9PC$ 对称型的晶体，外形上就可能有像图 3-18（a）、（b）、（c）等三种以上的形态。由于晶体的形状特征，在鉴定矿物和研究矿物的形成环境等方面具有重要的意义。因此，有必要对晶体的外形特征进行研究。

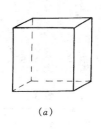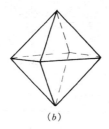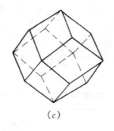

图 3-18 同一种对称型的不同形态晶体
（a）立方体；（b）八面体；（c）菱形十二面体

图 3-19 单形（a）与聚形（b）

晶体的形态可以分为两种类型，即一类是由同种晶面所组成，称为单形（图 3-19（a））；另一类系由两种及两种以上晶面所组成，称为聚形（图 3-19（b））。聚形是由单形聚合而成。

（一）单形的概念

单形是由对称要素联系起来的一组同形等大晶面的总和。换句话说，在具有几何多面体外形的晶体上，各同形等大的晶面都能够由所具有的对称型中的全部对称要素的操作，而有规律地重复出现。如图 3-20 中的单形——四方双锥，通过 $L^4 PC$ 对称要素与原始晶面（A）的操作，便可将四方双锥的八个等腰三角形晶面全部推导出来。

（二）单形的种类

晶体中单形的数目是有限的，在 32 种对称型中所推导出来的形状不相同的单形只有 47 种。

在 47 种单形中，根据晶面是否能自相封闭，可分为开形和闭形两类。所谓开形，是单形上所有的晶面不能自相封闭一定空间者。如四方柱（图 3-21）的两端是开口的，可向柱的两端延长或缩短。显然，开形不能单独存在，须与其他单形相聚才能存在于晶体中，因此，开形的晶面没有固定的形状。所谓闭形，是单形上所有的晶面能够自相封闭一定空间者，如图 3-20 的四方双锥。显然，闭形在晶体中可以单独存在，因此，闭形的晶面具有一定的形状。

单形的形状和种类，受对称规律控制。因此，47 种单形分属三大晶族、七大晶系。现将 47 种单形按低、中、高级三个晶族分别描述如下：

1. 低级晶族的单形

共有7种。单形种类少,各单形的晶面数目不多。单形的名称、形状、横切面形状、晶面形状、晶系等详见表3-2。

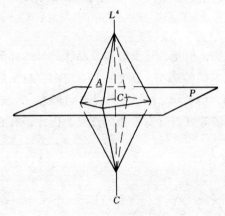

图3-20 单形——四方双锥及其对称要素的图解

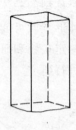

图3-21 开形

低级晶族单形的名称、形状与特征　　　　表3-2

序次	单形名称	单形形状	横切面形状	晶面形状	特征	晶系	备注
1	单面				仅由一个晶面组成	三斜 单斜 斜方	开形:中级晶族各晶系也有此单形
2	板面				由两个平行的晶面组成	三斜 单斜 斜方	同上
3	双面				由两个相交的晶面组成	单斜 斜方	开形
4	斜方柱		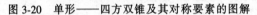		由4个两两平行的晶面组成。晶棱互相平行,横切面为菱形	单斜 斜方	开形
5	斜方四面体				由4个互不平行的晶面闭合而成。每个晶面为不等边三角形	斜方	闭形

序次	单形名称	单形形状	横切面形状	晶面形状	特征	晶系	备注
6	斜方单锥				由四个晶面相聚一点而成。横切面为菱形	斜方	开形
7	斜方双锥				由8个不等边三角形晶面组成，犹如两个斜方单锥扣合而成，横切面呈菱形	斜方	闭形

2. 中级晶族的单形

共有27种。其中有两种单形——单面和板面（又称平行双面）与低级晶族相同，其他25种为中级晶族所特有。

（1）柱类　属于本类的单形是由若干晶面围成的柱体。晶棱相互平行，并平行于高次轴。按其晶面数目和横切面的形状，可分为6种单形：三方柱、复三方柱、四方柱、复四方柱、六方柱、复六方柱。值得指出的是复三方柱、复四方柱和复六方柱不等于六方柱、八方柱和十二方柱，因为复柱晶面的交角是相间地相等（参见表3-2）。

（2）单锥类　属于本类的单形是由若干晶面相交于高次轴上的一点而形成的单锥体。按其晶面数目和横切面的形状，可分为6种单形：三方单锥、复三方单锥、四方单锥、复四方单锥、六方单锥、复六方单锥。

（3）双锥类　属于本类的单形是由若干晶面分别相交于高次轴上的两点而形成的双锥体。相当于两个单锥相对应结合而成，亦可分为6种单形：三方双锥、复三方双锥、四方双锥、复四方双锥、六方双锥、复六方双锥。

（4）四方四面体和复四方偏三角面体　四方四面体由互不平行的四个等腰三角形晶面所组成。通过晶体中心的横切面为正四方形。

如果设想将四方四面体的每一个晶面平分为两个不等边的偏三角形晶面，则由这样的8个晶面所组成的单形即为复四方偏三角面体。

（5）菱面体和复三方偏三角面体　菱面体是由两两平行的6个菱形晶面所组成。上下各3个晶面均各自分别交L^3于一点，上下晶面绕L^3相互错开60°。

如果设想将菱面体的每一个晶面平分为两个不等边的偏三角形晶面，则由12个偏三角形晶面组成的单形即为复三方偏三角面体。

（6）偏方面体类　本类单形的晶面都是呈两个等边的偏四方形组成，共分3种单形。

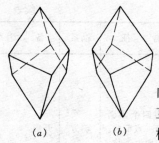

三方偏方面体：由 6 个偏四方形晶面组成。
四方偏方面体：由 8 个偏四方形晶面组成。
六方偏方面体：由 12 个偏四方形晶面组成。

在偏方面体中，凡两个同种单形的形状完全相同，而方向相反，两者互成镜像反映，但却不能通过旋转操作使其相互重复，犹如人的左右手之间的关系，这两个同种单形间，构成左形与右形（图 3-22）。

图 3-22 左形（a）与右形（b）

上述各单形的名称、形状、横切面形状、晶面形状、晶系等，详见表 3-3。

中级晶族单形的名称、形状与特征 表 3-3

序次	单形名称	单形形状	横切面形状	晶面形状	特征	晶系	备注
8	三方柱				由 3 个晶面组成。晶棱平行，并平行于高次轴，横切面为正三角形	三方 六方	开形
9	四方柱				由 4 个晶面组成。晶棱平行，并平行于高次轴，横切面为正方形	四方	开形
10	六方柱				由 6 个晶面组成。晶棱平行，并平行于高次轴，横切面呈正六边形	三方 六方	开形
11	复三方柱				由 6 个晶面组成。晶棱平行并平行于高次轴，横切面为复三角形，内角每隔一个相等	三方 六方	开形

续表

序次	单形名称	单形形状	横切面形状	晶面形状	特 征	晶系	备 注
12	复四方柱				由8个晶面组成,晶棱平行并平行于高次轴,横切面为复正方形,内角每隔一个相等	四方	开形
13	复六方柱	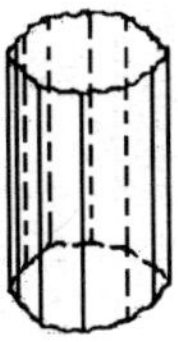	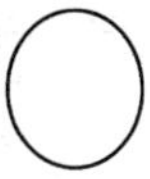		由12个晶面组成,晶棱平行并平行于高次轴,横切面为复六边形,内角每隔一个相等	三方 六方	开形
14	三方单锥	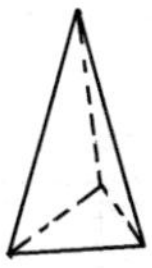			由3个晶面交高次轴于一点组成,横切面为正三角形	三方	开形
15	四方单锥	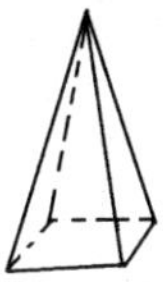	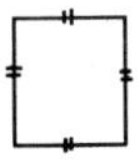		由4个晶面交高次轴于一点组成,横切面为正方形	四方	开形
16	六方单锥		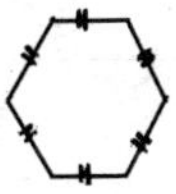		由6个晶面交高次轴于一点组成,横切面为正六边形	三方 六方	开形
17	复三方单锥				由6个晶面交高次轴于一点组成。横切面为复三角形,其内角间隔相等	三方	开形

57

续表

序次	单形名称	单形形状	横切面形状	晶面形状	特 征	晶系	备 注
18	复四方单锥				由8个晶面交高次轴于一点组成。横切面为复正方形，其内角间隔相等	四方	开形
19	复六方单锥				由12个晶面交高次轴于一点组成。横切面为复六边形其内角间隔相等	六方	开形
20	三方双锥				由6个等腰三角形晶面交高次轴于上下二点组成。横切面为正三角形	三方六方	闭形
21	四方双锥				由8个等腰三角形晶面交高次轴于上下二点组成。横切面为正方形	四方	闭形
22	六方双锥				由12个等腰三角形晶面交高次轴于上下二点组成。横切面为正六边形	三方六方	闭形
23	复三方双锥				由12个不等边三角形晶面交高次轴于上下二点组成。横切面为复三角形	六方	闭形
24	复四方双锥				由16个不等边三角形晶面交高次轴于上下二点组成。横切面为复正方形	四方	闭形

续表

序次	单形名称	单形形状	横切面形状	晶面形状	特 征	晶系	备 注
25	复六方双锥	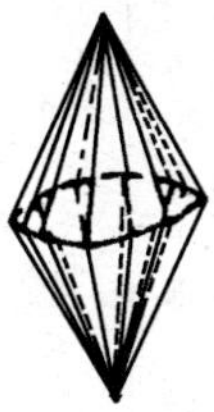	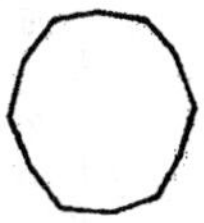		由24个不等边三角形晶面交高次轴于上下二点组成。横切面为复六边形	六方	闭形
26	四方四面体				由4个等腰三角形晶面闭合而成	四方	闭形
27	菱面体	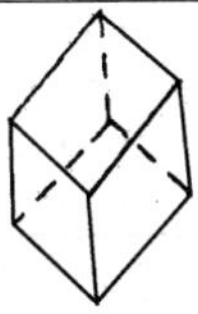			由6个菱形晶面闭合而成	三方	闭形
28	复四方偏三角面体	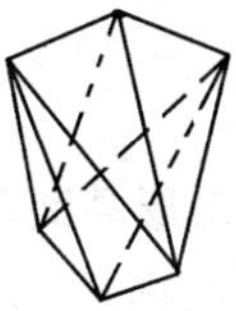			由8个不等边三角形晶面闭合而成	四方	闭形
29	复三方偏三角面体	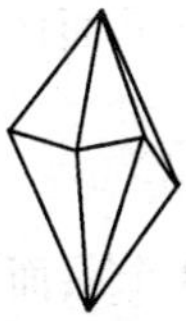			由12个不等边三角形晶面组成，犹如菱面体每个晶面变成两个不等边三角形而成	三方	闭形
30	三方偏方面体	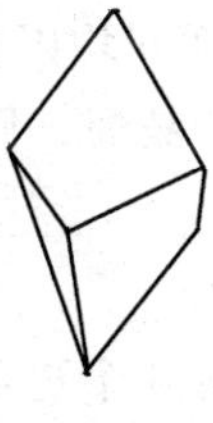		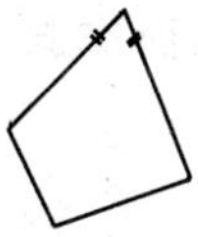	由6个偏方面晶面组成，上下部晶面交高次轴于上下二点，上下部晶面不相对，而是错开一定角度	三方	闭形

59

续表

序次	单形名称	单形形状	横切面形状	晶面形状	特 征	晶系	备 注
31	四方偏方面体	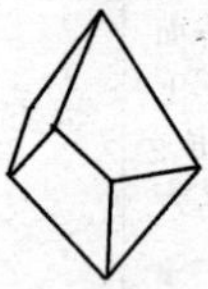		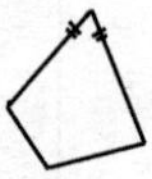	由8个偏方面晶面组成,上下部晶面交高次轴于上下二点,上下部晶面不相对,而是错开一定角度	四方	闭形
32	六方偏方面体	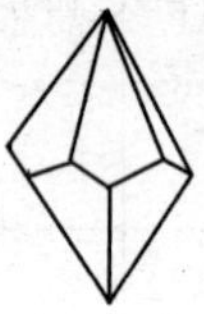			由12个偏方面晶面组成,上下部晶面交高次轴于上下二点,上下部晶面不相对,而是错开一定角度	六方	闭形

3. 高级晶族的单形

共有15种,为了便于描述和记忆,分为4种类型。

(1) 四面体类

四面体:由4个等边三角形晶面组成。

三角三四面体:犹如四面体的每一个晶面突起分为3个等腰三角形晶面而成。

四角三四面体:犹如四面体的每一个晶面突起分为3个四角形晶面而成。四角形的4个边两两相等。

五角三四面体:犹如四面体的每一个晶面突起分为3个偏五角形晶面而成。

六四面体:犹如四面体的每一个晶面突起分为6个不等边三角形晶面而成。

(2) 八面体类

八面体:由8个等边三角形晶面所组成。

与四面体类的情况相似,设想八面体的每一个晶面突起平分为3个晶面,则根据晶面的形状分别可形成三角三八面体、四角三八面体、五角三八面体。而设想八面体的每一个晶面突起平分为6个不等边三角形则可形成六八面体。

(3) 立方体类

立方体:由两两相互平行的6个正四边形晶面所组成,相邻晶面间均以直角相交。

四六面体:设想立方体的每个晶面突起平分为4个等腰三角形晶面,则组成四六面体。

(4) 其他类

五角十二面体:由12个五角形晶面所组成。每个五角形晶面有4个边等长。一个边不等长。

偏方二十四面体:犹如五角十二面体每个晶面变成2个偏四方形晶面,由24个偏四方形晶面组成。

菱形十二面体：由 12 个菱形晶面组成。

高级晶族单形的名称、形状、横切面形状、晶面形状、晶系等，详见表 3-4。

高级晶族单形的名称、形状与特征　　　　　表 3-4

序次	单形名称	单形形状	横切面形状	晶面形状	特征	晶系	备注
33	四面体				由 4 个等边三角形晶面组成，每个晶面垂直于 L^3	等轴	闭形
34	三角三四面体				由 12 个等腰三角形晶面组成，视为四面体每个晶面被三个等腰三角形晶面替代而成	等轴	闭形
35	四角三四面体				由 12 个边长为两两相等的四边形晶面组成。可视为四面体的每个晶面被 3 个四边形晶面替代而成	等轴	闭形
36	五角三四面体				由 12 个五角形晶面组成，五角形有两对边相等，可视为四面体的每个晶面被 3 个五角形晶面替代而成	等轴	闭形
37	六四面体				由 24 个不等边三角形晶面组成，可视为四面体的每个晶面被 6 个不等边三角形晶面替代而成	等轴	闭形
38	六面体				由 6 个正方形晶面组成，横切面为正方形。每个晶面垂直于 L^4	等轴	闭形

续表

序次	单形名称	单形形状	横切面形状	晶面形状	特 征	晶系	备 注
39	四六面体				由24个等腰三角形晶面组成，可视为六面体的每个晶面被4个等腰三角形晶面替代而成	等轴	闭形
40	八面体				由8个正三角形晶面组成。每个晶面垂直于L^3	等轴	闭形
41	三角三八面体				由24个等腰三角形晶面组成，可视为八面体的每个晶面被3个等腰三角形晶面替代而成	等轴	闭形
42	四角三八面体				由24个两两相等的四边形晶面组成，可视为八面体的每个晶面被3个四边形晶面替代而成	等轴	闭形
43	五角三八面体				由24个有两对边相等的五角形晶面组成，可视为八面体的每个晶面被3个五角形晶面替代而成	等轴	闭形
44	六八面体				由48个不等边三角形晶面组成，可视为八面体的每个晶面被6个不等边三角形晶面替代而成	等轴	闭形

续表

序次	单形名称	单形形状	横切面形状	晶面形状	特 征	晶系	备 注
45	五角十二面体				由12个四边相等的五边形晶面组成，另一不等边的中点为L^2的出露点	等轴	闭形
46	偏方二十四面体				由24个偏方面晶面组成	等轴	闭形
47	菱形十二面体				由12个菱形的晶面组成	等轴	闭形

二、聚形

（一）聚形的概念

如前所述，单形有开形与闭形之分。显然，单独一个开形是不能封闭一定空间的，它只有和其他单形聚合才能封闭空间形成晶体。甚至本身能闭合的闭形，在自然界也经常和其他单形相聚合组成晶体。如图3-23的粗线部分，（a）是由一个四方双锥和一个四方柱组成的聚形；（b）是由一个立方体和一个菱形十二面体组成的聚形。由此可见，必须讨论晶体的另一种理想形态——聚形。

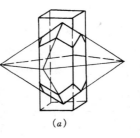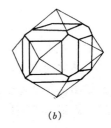

图3-23 聚形

聚形是指两个或两个以上的单形相聚合而成的晶体形态。

从图3-23中可以看出，聚形有以下特点：

1. 聚形在形状上最大的特点是出现了形状和大小不相同的晶面。这些不同晶面之间无法用对称要素将它们联系起来。

2. 聚形中不同单形的晶面形状往往与该单形单独存在时的形状不同。如图3-23中四方双锥的等腰三角形晶面，因与四方柱单形相聚合，受四方柱晶面的切割，变成了四边形的晶面。因此，在聚形中绝不能只根据晶体上的晶面形状来判定单形名称。为了获得某一单形单独存在时的形状，可以假想其他单形不存在，将这一单形的所有晶面用扩展相交的办法来恢复其原状。如图 3-23 中的细线部分。

3．只有对称型相同的单形才能相聚。换句话说，也就是聚形也必属于一定的对称型。因此，聚形中的每一单形的对称型当然都与该聚形的对称型一致。如上述四方柱与四方双锥的对称型同属于 L^44L^25PC。

（二）聚形的分析方法

自然界产出的矿物晶体，绝大部分都是聚形，所以研究聚形具有更大的实际意义。然而，聚形又是由单形聚合而成的，因此从聚形中识别单形是很重要的。

研究聚形，不是给聚形定名称，而是要分析某一聚形是由哪些单形组成的。分析聚形的步骤如下：

1．找出聚形晶体中的对称要素，确定其对称型，并依此确定晶体所属的晶族、晶系（查表 3-1）。

2．确定聚形晶体上有几种不同形状和大小的晶面，从而确定聚形晶体是由几个单形组成的（一般有几种晶面就可能有几个单形——理想条件）。

3．查出每种晶面的晶面数目。

4．根据晶体的对称型、各种晶面的数目及晶面之间的相对位置，采用扩展相交的方法，恢复其理想的形状，定出单形名称。

现举一例说明分析聚形的步骤。图 3-23（b）为一个聚形晶体，其对称型是 $3L^44L^36L^29PC$，属等轴晶系。晶体上有两种不同的晶面，故单形数目为 2。其中正方形晶面有 6 个，两两平行，互相垂直，此单形为立方体。另一组晶面数为 12 个，扩展相交后晶面呈菱形，单形为菱形十二面体。

*第四节 晶体的规则连生

以上各节所讨论的内容，都只限于单个晶体。但在自然界中的晶体却很少单个出现，经常由两个以上的晶体互相连接生长在一起，称为晶体的连生。

晶体的连生分为规则连生和不规则连生。不规则连生是指连生着的晶体之间没有严格的规律，只是处于偶然的位置上。这类连生在自然界有广泛的分布。将在矿物形态中讲述。规则连生是指服从于一定规则的晶体连生，主要的有平行连生和双晶。其中重点讨论双晶。

一、平行连生

同种晶体，彼此平行地连生在一起，连生着的晶体之间，其相对应的晶面和晶棱是相互平行的，这种连生称为平行连生（图 3-24）。

平行连生从外形来看是多晶体的连生，但它们的内部格子构造都是平行而连续的，从这点来看，它与单晶体没有什么差异。

二、双晶

（一）双晶的概念

双晶是两个或两个以上的同种晶体，彼此间按一定的对称规律相互结合而成的规则连

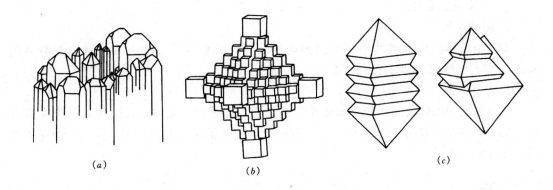

图 3-24 平行连生
(a) 石英；(b) 萤石；(c) 明矾石

生体。这种对称规律表现在相邻两单体间对应的晶面、晶棱等不完全平行，它们可以借助某个假想平面的反映，使一个单体与另一个单体重合或平行；或者设想一单体绕某一轴旋转 180°后，与另一单体重合或平行。

(二) 双晶要素

欲使双晶相邻的两个单体重合或平行，而借助的一些辅助几何图形（直线、平面），称为双晶要素。

1. 双晶面

双晶面为一假想平面，双晶的一个单体通过它的反映，可与另一个单体重合或平行，如图 3-25 石膏双晶是通过 tp 面（带阴影的面）的反映可使两个单体相互重合。

2. 双晶轴

双晶轴为一假想的直线，假想双晶中相邻两单体中一个单体不动，另一单体围绕此直线旋转 180°后，两个单体能发生重合、平行或连成一个完整的单晶体。如图 3-26 正长石双晶中一个单体，围绕 tl 直线旋转 180°后，则与另一个单体平行。

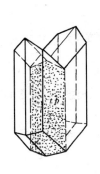

图 3-25 石膏的燕尾双晶

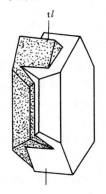

图 3-26 正长石的卡斯巴双晶

在双晶的描述中，除应用上述双晶要素外，有时还提到接合面。所谓接合面，即双晶相邻两单体相接触的面，它可以和双晶面重合，可以是一个平面，也可以是一个不规则的面。

（三）常见双晶举例

1．接触双晶

双晶中单体间以简单的平面相接触而连生者称接触双晶。如石膏的燕尾双晶（图3-25）、锡石的膝状双晶（图3-27）。

2．穿插双晶

双晶的两个单体之间互相穿插连生，接合面为曲折而复杂的面，这种双晶称穿插双晶。如萤石的穿插双晶（图3-28）、正长石的卡斯巴穿插双晶（图3-26）、十字石的穿插双晶（图3-29）等。

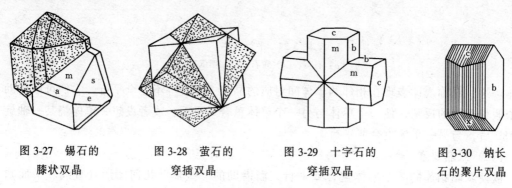

图3-27　锡石的膝状双晶　　图3-28　萤石的穿插双晶　　图3-29　十字石的穿插双晶　　图3-30　钠长石的聚片双晶

3．聚片双晶

由若干个片状单晶体按接触双晶的规律重复而形成的双晶。其接合面相互平行。如钠长石的聚片双晶（图3-30）。聚片双晶常可在某些晶面或解理面上显示出聚片双晶纹。

思　考　题

3-1　晶体与非晶质体的主要区别是什么？晶体具有哪些基本性质？具有这些特性的主要原因是什么？

3-2　为什么晶体具有均一性和异向性？

3-3　何谓对称？晶体的对称与其他物体的对称有何本质区别？

3-4　什么是对称面、对称轴、对称中心？如何操作？

3-5　找出下列晶体的对称型：斜方柱、四方柱、三方单锥、六方双锥、菱面体、四面体、立方体、八面体、五角十二面体、菱形十二面体等。

3-6　何谓对称型？晶体的晶族、晶系是根据什么和怎样划分的？

3-7　为什么在实际晶体上，同一单形的各个晶面的性质相同？在理想发育的晶体上同一单形的各个晶面同形等大？

3-8　单形相聚应符合什么条件？为何不能根据聚形中的晶面形状来确定单形名称？四方柱与八面体能相聚吗？为什么？

3-9　怎样区别斜方双锥、四方双锥、八面体？

3-10　什么是双晶？它与平行连生有何区别？

第四章 矿 物 通 论

第一节 矿物的化学组成

矿物的化学成分是组成矿物的物质基础，是决定矿物性质的基本因素之一。对于许多有经济价值的矿物来说，人们就是利用其中的某些化学成分。因此，在研究矿物时，全面了解其化学组成是很重要的。

一、矿物的化学成分

矿物的化学成分是由化学元素按照一定规律互相结合而成的。它可以由一种元素组成，也可以由几种元素组成。根据化学组成可将矿物分为单质和化合物两大类型。

（一）单质

由同种元素组成的矿物，称单质矿物。如自然金（Au）、自然铜（Cu）、金刚石（C）等。

（二）化合物

由两种或两种以上不同的元素化合而成的矿物。自然界中的矿物绝大多数属此类型。化合物按其组成可分为：

1. 简单化合物

由一种阳离子和一种阴离子结合而成的矿物。如方铅矿（PbS）、萤石（CaF_2）等。

2. 配合物

含有配离子的化合物称为配合物。这种组成的矿物在地壳中为数最多。各种含氧盐矿物均为配合物，如正长石 K[$AlSi_3O_8$]、硬石膏 Ca[SO_4]、方解石 Ca[CO_3]等。

3. 复化合物

由两种或两种以上的阳离子与同一种阴离子或配离子所组成的化合物。如钛铁矿 $FeTiO_3$、白云石 CaMg[CO_3]$_2$ 等。

二、类质同象与同质多象

（一）类质同象

1. 类质同象的概念

矿物的化学成分并不是固定的，它可以在一定范围内发生变化。引起变化的原因主要是类质同象。如闪锌矿有的显浅褐色，有的则为黑色，经化学分析证实，显黑色者含铁的成分较多些。但是这两种颜色的闪锌矿的晶形和解理等是没有区别的，只不过是在闪锌矿形成的过程中，部分铁离子占据了晶格中锌的位置，代替了锌。因此，在晶体矿物中部分质点（原子、离子、分子）被类似的质点所代替，而晶体构造和键性不发生根本性改变的现象，称为类质同象。

类质同象根据质点代替的程度不同，又可分为完全类质同象和不完全类质同象两种。如镁橄榄石 Mg_2[SO_4]中的 Mg^{2+} 可被 Fe^{2+} 以任意比例所代替，直到全部镁离子被铁离子代替而成为铁橄榄石 Fe_2[SO_4]，这种类质同象称为完全类质同象。在镁橄榄石与铁橄榄石之间，可以形成一系列过渡类型的类质同象矿物，形成一个完全类质同象系列。另一种如闪锌矿 ZnS 中的 Zn^{2+} 只能部分地被 Fe^{2+} 所代替（不超过 26%），这种类质同象称为不完全类质同象。

2. 类质同象的形成条件

类质同象的形成不是任意的，必须具备下列条件。

(1) 相互代替的离子或原子半径应近似；离子或原子在晶格中所占的容积与其本身的大小要适应，这样晶体的构造才可能稳定。

(2) 相互代替的离子，其电价总和应相等：在离子化合物中，类质同象代替前后，离子电价总和应保持平衡。因为电价不平衡将导致晶体构造的破坏，类质同象无法形成。

(3) 相互代替离子的化学键性应相似：键性相同或相似的元素易于互相代替，否则不能相互代替。所以离子类型和键性不同的元素之间很难发生类质同象。

(4) 温度和组分浓度的影响：温度升高能促进类质同象的形成，使不完全类质同象转化为完全类质同象。温度降低，则类质同象代替减弱。组分浓度的大小对类质同象的形成也有一定影响。当介质中某种组分不足时，即可由相似组分进行类质同象代替，促进类质同象形成。

研究类质同象，首先，可以帮助了解矿物物理化学性质变化的原因，如闪锌矿随 Fe^{2+} 的增加，其颜色、条痕、光泽、透明度、比重等发生有规律的变化，研究这种变化规律，就可以大致确定矿物的化学组成，进而确定矿物名称；其次，可以推测矿物形成的物理化学条件，如闪锌矿中随着结晶温度的增高，Fe^{2+} 离子代替 Zn^{2+} 的数量呈现有规律性增加；第三，可以综合利用矿物中的微量元素，许多元素在地壳中的数量很少或根本不能形成独立矿物，但可以类质同象的方式赋存于其他矿物中，如镉、铟、锗等元素经常存在于闪锌矿中，铌、钽等元素存在于黑钨矿中等。掌握了类质同象的规律，有助于综合利用各种矿产资源和寻找某些矿产。

(二) 同质多象

1. 同质多象的概念

化学成分相同的物质，在不同的物理化学（温度、压力、介质）条件下，形成不同构造的晶体，称为同质多象。这些成分相同而构造不同的晶体，称为同质多象变体。如金刚石和石墨就是碳（C）的两个同质多相变体，它们的成分都是碳，而晶体构造则完全不同（图 4-1），反映在晶体形态和物理性质上也截然不同（表 4-1）。

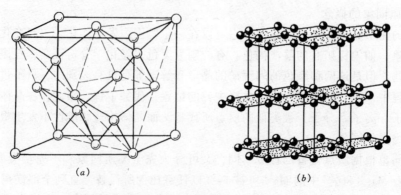

图 4-1 金刚石 (a) 与石墨 (b) 的晶体构造

金刚石与石墨的形态和物理性质的对比　　　　　　　　　　表 4-1

矿物	形态	颜色	光泽	透明度	硬度	比重	解理	导电性
金刚石	八面体、菱形十二面体	无色	金刚光泽	透明	10	3.55	中等	半导体
石墨	片状、鳞片状	黑色	金属光泽	不透明	1	2.23	完全	良导体

2. 同质多象转变

同种物质的同质多象变体，均是在不同的物理化学条件下形成，因此，当物理化学条件改变到一定程度时，各变体之间就可能发生构造上的转变，以便在新的条件下达到新的平衡，这就是同质多象转变。如在常压下，当温度降到 573℃ 以下时，β—石英即转变为 α—石英。

压力的变化对同质多象的转变有很大影响，如 α—石英与 β—石英在常压下转变温度是 573℃，但在地下 12km 处，即压力相当于 3×10^8Pa 时，则转变温度为 644℃。

介质的成分、酸碱度以及杂质等，对同质多象均有影响。例如 HgS 的两种变体——辰砂和黑辰砂，前者形成于碱性介质中，后者则形成于酸性介质中。

同质多象变体的转变，常有比较固定的转变温度，所以某种变体的存在可以用来推测该地质体或共生矿物的形成温度。因此，它们被称为"地质温度计"。如 α—石英和 β—石英的转变温度是 573℃，当有 β—石英存在时，说明该地质体形成温度高于 573℃。此外，在工业上还利用同质多象转变关系，用石墨制造人造金刚石；以及消除 α—石英晶体中的双晶等等。

三、胶体矿物的形成和变化

胶体是一种物质的微粒（直径 1～100nm）分散在另一种物质中形成的混合物。前者称为分散相，后者称为分散媒。固体、液体或气体都可以作为分散相，也可以作为分散媒。在矿物中分散相以固体为主，分散媒则以液体为主。当分散媒远多于分散相时，称为胶溶体；而当分散相远多于分散媒时，称为胶凝体。

胶体矿物绝大部分都形成于表生作用中。胶体矿物的形成大体经历了两个阶段：首先是原生矿物在风化过程中被磨蚀成为胶体质点，这些质点分散在水中，并进一步饱和聚集，即成为胶体溶液（水胶溶体），这是形成胶体矿物的物质基础；然后是胶体溶液的凝聚，即胶体溶液在迁移过程中或汇聚于水盆地后，与不同电荷质点发生电性中和而沉淀，或因水分蒸发而凝聚，从而形成各种胶体矿物。

胶体矿物随着时间的增长或热力因素的改变，胶凝体失水，逐渐由非晶质变成晶质。这一转变过程称为胶体的"老化"作用，经老化作用形成的矿物称为变胶体矿物。例如隐晶质的玉髓就可以是由胶体矿物蛋白石 $SiO_2\cdot nH_2O$ 经老化而成。

胶体矿物在形态上常呈钟乳状、葡萄状、鲕状、肾状等；而在变胶体矿物中则可呈现由细微到明显的晶质构造，如细粒状、纤维状、同心放射、带状等。

由于胶体的吸附作用，使胶体矿物的化学成分复杂化，有时某种元素被吸附达到一定程度时，可形成有工业价值的矿床。如高岭石胶体可以吸附铀等。

四、矿物中的水

自然界中的许多矿物中常含有水，含水矿物的某些性质与水有关。在不同含水矿物中，水的存在形式是不同的。根据水在矿物中的存在形式，可以分为吸附水、结晶水和构造水三种基本类型。

（一）吸附水

吸附水是指被矿物颗粒或裂隙表面机械吸附的中性水分子（H_2O）。它的存在与晶体构造无关，其含量也不固定。在常压下当温度达到 100~110℃时，吸附水就全部逸出而不破坏矿物的晶体构造。

吸附水不属于矿物本身的化学组成，所以在化学式中一般不予表示。但在水胶凝体矿物中，水作为胶体分散媒散布在分散相的表面上，它是胶体矿物的固有特征，因而在化学式中必须予以反映。通常在化学式的末尾用 nH_2O 来表示，如蛋白石 $SiO_2 \cdot nH_2O$。

（二）结晶水

结晶水是以中性水分子 H_2O 的形成存在于矿物晶格中的特定位置上，其水分子的数量与该化合物中其他组分之间有简单的比例关系。如石膏$Ca[SO_4] \cdot 2H_2O$、胆矾$Cu[SO_4] \cdot 5H_2O$，分别表示其中含有 2 个和 5 个分子的结晶水。由于在不同的矿物晶格中，结晶水与晶格联系的牢固程度不同，因此，从矿物中逸出的温度也不相同，通常为 100~200℃，一般不超过 600℃。当结晶水逸出时，矿物晶格将被破坏，物理性质也发生变化。

（三）构造水

构造水是以 H^+、$(OH)^-$、$(H_3O)^+$ 离子的形式参入矿物晶格中的水。它在晶格中占有固定的位置，数量上与其他组分成一定比例，这种水与矿物的结合力很强，因此，只有在较高的温度下（一般在数百度到 1000℃ 之间），当晶格破坏时，它们才成为水分子从矿物中逸出。在矿物中以含 (OH) 的形式最为常见，如高岭石$Al_4[Si_4O_{10}](OH)_8$、滑石$Mg_3[Si_4O_{10}](OH)_2$ 等。

（四）沸石水和层间水

沸石水和层间水就其性质而言，它们是吸附水与结晶水之间的过渡类型，都是以中性水分子存在于矿物中。沸石水为沸石族矿物所特有，因此而得名；层间水是存在于层状构造硅酸盐类矿物构造层之间的水。

五、矿物的化学式

矿物的化学式是表达矿物化学成分的一种方式。它对于矿物的分类，表达原子在矿物晶格中的赋存状态，了解成分与物理性质之间的关系等都具有一定的意义。

矿物的化学式是以矿物的化学全分析资料为基础计算出来的，其表示方法有实验式和构造式两种。

（一）实验式

表示矿物化学成分中各种组分数量比的化学式称为实验式。如 $CuFeS_2$（黄铜矿）、$Ba[SO_4]$（重晶石）等。对于含氧盐矿物，也可以用元素的简单氧化物组合形式来表示，如白云母可写为 $K_2O \cdot 3Al_2O_3 \cdot 6SiO_2 \cdot 2H_2O$。

矿物的实验式书写简便，但其缺点是不能反映原子在矿物中相互结合的关系，忽略了矿物中的次要成分。

（二）构造式（晶体化学式）

既能表示矿物中元素的种类及数量比，又能反映原子在晶体构造中相互关系的化学式称为构造式。它是目前矿物学中普遍采用的一种化学式，其书写原则如下：

1. 阳离子写在化学式的前面，有多种阳离子时，按碱性的强弱排列，如白云石 CaMg$[CO_3]_2$。

2. 阴离子或配离子写在阳离子的后面，配离子用 [ ] 括起来。

3. 附加阴离子写在主要阴离子或配离子的后面，如白云母 $KAl_2[AlSi_3O_8](OH)_2$。

4. 互为类质同象代替的离子用圆括号（ ）括起来，它们之间以逗豆","分开，含量多的写在前面。如闪锌矿（Zn，Fe）S。

5. 矿物中的水，分别按不同情况书写。

构造水写在化学式的最后面，如高岭石 $Al_4[Si_4O_{10}](OH)_8$。

结晶水、沸石水及层间水也写在化学式的最后，用圆点与其他组分隔开。如石膏 $Ca[SO_4]·2H_2O$。

胶体水因数量不定，以 nH_2O 表示，如蛋白石，可写成 $SiO_2·nH_2O$。

除此之外，自然元素类矿物，以组成该矿物的元素符号表示之。

第二节 矿物的形态

矿物的形态是指矿物的外貌特征。它是矿物成分、晶体构造和生成环境等综合影响的结果。因此，研究矿物的形态，不仅对鉴定矿物具有重要的意义，而且还可以了解矿物的生成环境。

矿物的形态可分为单体形态和集合体形态。

一、矿物单体的形态

矿物单体形态是指矿物单晶的形态，它主要包括晶体形状、晶体习性和晶面花纹等。而单晶体形状已在第三章阐述，这里仅介绍晶体习性和晶面花纹。

（一）晶体习性

矿物晶体在其形成过程中，趋向于形成某一种形态的特性，称为晶体习性。根据晶体在三度空间上发育程度的不同，可将晶体习性分为三种基本类型。

1. 一向延伸类型

晶体沿一个方向特别发育，形成柱状、针状、纤维状等。如绿柱石、电气石、石棉等。

2. 二向延展类型

晶体沿两个方向特别发育，形成板状、片状等，如重晶石、云母等。

3. 三向等长类型

晶体沿三个方向大致相等发育，形成粒状晶形。如石榴石、黄铁矿等。

以上是三种基本类型，显然它们之间存在过渡类型。如短柱状、厚板状等。

（二）晶面花纹

实际晶体由于生长或溶蚀，在晶体表面留下各种凸凹不平的天然花纹，称为晶面花纹。常见的晶面花纹有晶面条纹和蚀象等。下面仅介绍晶面条纹。

晶面条纹是指晶面上呈现一系列平行的或交叉的条纹。如电气石晶面条纹平行晶体延长方向，称为纵纹（图 4-2（b））；石英晶面条纹则垂直晶体延长方向，称为横纹（图 4-2（a））；黄铁矿晶体的相邻晶面上的晶面条纹互相垂直（图 4-2（c））。

 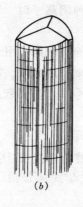 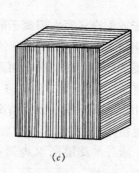

图 4-2 矿物晶体上的晶面条纹
(a) 石英；(b) 电气石；(c) 黄铁矿

某些矿物聚片双晶的接合面在晶面或解理面上所构成的直线条纹，称为双晶纹。如常见的斜长石聚片双晶纹、方解石聚片双晶纹等（图 4-3）。

二、矿物集合体的形态

同种矿物的不规则连生体，称为矿物集合体。集合体的整体形态，称为矿物集合体形态。自然界的矿物，大多数是以集合体的形式出现。集合体的形态主要取决于单体的形态和它们的集合方式。

根据集合体中的矿物颗粒的大小，可将其分为显晶集合体、隐晶集合体及胶态集合体。

（一）显晶集合体

用肉眼或放大镜可以辨别单体的矿物集合体，称为显晶集合体。按照矿物单体的形态和集合方式不同，有以下几种常见类型。

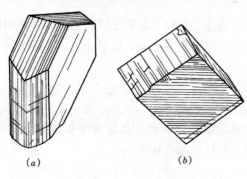

图 4-3 双晶条纹
(a) 斜长石晶面上的聚片双晶条纹；
(b) 方解石解理面上的双晶条纹

1. 粒状集合体

由粒状单体矿物任意集合而成。按其颗粒大小可分为：

粗粒状——颗粒直径大于 5mm。

中粒状——颗粒直径 1~5mm。

细粒状——颗粒直径小于 1mm。

2. 板状、片状集合体

由板状、片状单体矿物集合而成。如重晶石、云母等。如果由细小片状单体矿物集合而成的集合体，称为鳞片状集合体，如绢云母等。

3. 柱状、针状、纤维状集合体

由一向延伸的单体矿物集合而成。柱状和针状集合体中的单体矿物是呈不规则排列的（图 4-4）；若细长矿物规则地平行排列称纤维状集合体（图 4-5）；如果柱状、针状单体围绕某些中心成放射状排列称为放射性集合体（图 4-6）。

图 4-4　辉锑矿的柱状集合体

图 4-5　石棉的纤维状集合体

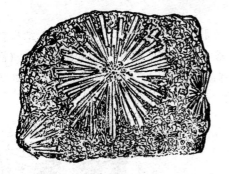

图 4-6　红柱石的放射状集合体

图 4-7　石英晶簇状集合体

4．晶簇状集合体

由许多具有共同基底的单晶体成簇状集合而成（图 4-7）。

5．树枝状集合体

晶体在某些方向上迅速生长而集合成树枝状。如自然铜、自然金等（图 4-8）。

（二）隐晶和胶态集合体

隐晶集合体的矿物颗粒是结晶的，但结晶颗粒细小，只有在显微镜下才能分辨出单体的矿物集合体；胶态集合体则是非晶质体，是由胶体沉淀而成的矿物集合体。常见的隐晶及胶态集合体有以下几种。

1．分泌体

图 4-8　自然铜的树枝状集合体

图 4-9　分泌体的生长程序

在形状不规则或近于球形的空洞中，隐晶或胶体自洞壁逐渐向中心沉积而成的矿物集合体（图4-9）。分泌体的特点是组成物质常呈带状色环，如玛瑙（图4-10）。

分泌体的直径小于1cm的称杏仁体；大于1cm的称晶腺。

图4-10 玛瑙晶腺

图4-11 结核体

2. 结核体

它是围绕某一中心生长而成球状、凸镜状或瘤状的矿物集合体（图4-11）。结核体的生长程序与分泌体相反，它是以某种物质颗粒为核心，从中心向外逐渐生长而成的（图4-12）。结核体主要由胶体凝聚而成，其内部构造有放射状、同心层状或致密块状，如黄铁矿结核、燧石结核、锰结核等。

  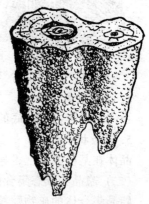

图4-12 结核体的生长程序　　图4-13 赤铁矿的鲕状集合体　　图4-14 方解石的钟乳状集合体

结核体的大小不一，其直径可以从几毫米到几米。直径小于2mm的结核体称为鲕状体，如鲕状赤铁矿（图4-13）。直径大于2mm如豆粒者，称豆状体，如豆状铝土矿；形状如肾者，称肾状体，如肾状赤铁矿。

3. 钟乳状体

通常是由胶体凝聚或真溶液蒸发逐层沉淀而成。将其外部形状与常见物体类比而给予不同名称。如外形上呈圆柱形者称钟乳状集合体（图4-14）；外形上呈许多相互连接的半球体者，状如成串的葡萄，称为葡萄状集合体（图4-15），如硬锰矿；外形上呈许多较大的半椭球体者，形如肾状，称为肾状集合体（图4-16），如赤铁矿。

4. 致密块状和土状块体

它是肉眼或放大镜不能辨别颗粒界线的块状集合体。若物质组成较为致密，称为致密块状，如蛋白石等；若较为疏松，则称为土状块体，如高岭土等。

矿物集合体形态多种多样，除上述几种外，还有粉末状、被膜状、皮壳状等等。

图 4-15 硬锰矿的葡萄状集合体

图 4-16 赤铁矿的肾状集合体

第三节 矿物的物理性质

矿物的物理性质取决于矿物的化学成分和内部构造。例如石盐和方铅矿，它们都可以结晶成立方体的外形，其内部构造也相同，但是它们的化学成分是不同的，其物理性质也就不同。又如金刚石和石墨，它们的化学成分相同，但是由于其内部构造不同，其物理性质的差别就很大。所以矿物的物理性质是鉴定矿物的重要依据。同时许多矿物之所以成为有价值的矿产，就是利用它们的特殊物理性质，如石英晶体的压电性、金刚石的高硬度、白云母的绝缘性、冰洲石的双折射性等。

矿物的物理性质包括光学性质、力学性质、电学性质、热学性质及其他性质等。下面着重讨论肉眼能够观察到的物理性质。

一、矿物的光学性质

矿物的光学性质是指矿物对自然光的反射、折射和吸收等所呈现的光学现象。如矿物的颜色、条痕、光泽和透明度等。

（一）矿物的颜色

矿物的颜色是矿物对白光中不同波长的光波吸收和反射的表现。白光是由不同波长（759～393nm）的色光（红、橙、黄、绿、蓝、青、紫）混合而成的。当矿物对白光中各波长色光平均吸收时，随着吸收程度的增加，矿物的颜色依次出现白色、灰色至黑色；如果选择吸收其中某些波长的光波时，则呈现出所吸收光波的互补色。

根据矿物呈现颜色的原因，可将矿物的颜色分为自色、他色和假色。

1. 自色

自色是矿物本身固有的颜色。如黄铜矿的铜黄色，孔雀石的翠绿色，方铅矿的铅灰色等都是自色。自色的产生主要与矿物本身固有的化学成分有关。如赤铁矿含 Fe^{3+} 使矿物呈红色；普通角闪石含 Fe^{2+} 而呈绿色；孔雀石则含 Cu^{2+} 而呈绿色等。这些能使矿物成色的离子，称为色素离子。常见的色素离子及有关矿物的颜色如表 4-2。

自色比较固定，因此在矿物鉴定上有着重要意义。

2. 他色

是矿物由于外来带色杂质的机械混入所染成的颜色，称为他色。如纯净的石英为无色透明，但由于不同杂质的混入可成紫色（Fe^{3+}）、玫瑰色（Ti^{4+}）等。引起他色的原因主要是矿物中混入色素离子所致，而非矿物本身固有的成分所引起的颜色。因此，无鉴定意义。

常见的色素离子及有关矿物的颜色　　　　　表 4-2

离　子	颜　色	矿物举例	离　子	颜　色	矿物举例
Cu^{2+}	蓝色	蓝铜矿	Fe^{2+}	暗绿色	绿泥石
	绿色	孔雀石	Mn^{4+}	黑色	软锰矿
Ni^{2+}	绿色	镍华	Mn^{2+},Mn^{3+}	玫瑰色	菱锰矿
Co^{2+}	玫瑰色	钴华	Cr^{3+}	红色	刚玉
	蓝色	钴土		绿色	钙铬石榴石
Fe^{2+},Fe^{3+}	黑色	磁铁矿	V^{5+}	黄色	钒铅矿
Fe^{3+}	褐色	褐铁矿	V^{2+}	绿色	钒云母
	红色	赤铁矿	Ti^{4+}	褐红、褐色	榍石

3. 假色

是矿物表面的氧化膜、内部的解理、裂隙、包体等引起光波的干涉而呈现的颜色，称为假色。

（1）锖色　某些不透明矿物表面，因风化而产生氧化薄膜，引起光的干涉而呈现出各种不同颜色混染的色斑，称为锖色。如斑铜矿。

（2）晕色　某些透明矿物，由于解理面对光的反射干涉的结果，形成有如彩虹的色圈，称为晕色。常见解理发育的矿物，如方解石。

（3）变彩　某些矿物由于晶格内存在有定向排列的显微包裹体，沿不同方向观察时，矿物的颜色可徐徐变化，称为变彩。如拉长石。

（二）矿物的条痕

条痕是指矿物在白色无釉瓷板上刻划时留下的粉末颜色。条痕由于消除了假色，减弱了他色，因而比矿物的颜色更为固定，所以是鉴定矿物的重要依据之一。

条痕与矿物本身的颜色可以一致，也可以不同。如黄铁矿的颜色为浅铜黄色，而条痕为绿黑色。多数透明矿物条痕均为无色，无实际意义；硬度大于瓷板的矿物，则无条痕可言。

（三）透明度

透明度是指矿物透过可见光的程度。矿物的透明度取决于矿物的化学成分和内部构造。在观察时要以一定的厚度（0.03mm）作标准。在肉眼观察时，通常以矿物碎片的边缘能否透见他物为标准，将矿物透明度分为 3 级。

1. 透明

透过碎片边缘能清晰地看到他物的轮廓称为透明，如石英、冰洲石等。

2. 半透明

透过碎片边缘不能清楚地看到他物的轮廓，而只能模糊地看到他物的存在称为半透明，如辰砂、闪锌矿等。

3. 不透明

透过碎片边缘不能看到任何物体的存在称为不透明，如磁铁矿、黄铁矿等。

（四）矿物的光泽

光泽是指矿物表面对可见光的反射能力。通常根据矿物的反光强弱将光泽分为 4 级。

1. 金属光泽

反光很强,如电镀金属器皿表面那样反光,如方铅矿、黄铜矿等。

2. 半金属光泽

比金属光泽稍弱,似未磨光的铁器表面的那种反光,如磁铁矿、黑钨矿等。

3. 金刚光泽

反光较强,如同金刚石表面那样反光,如金刚石、闪锌矿等。

4. 玻璃光泽

反光较弱,如同玻璃表面的那种反光,如石英、长石、方解石等。

以上4种光泽,是指各种矿物平坦的晶面或解理面对光的反射情况。但当矿物表面不平坦或呈集合体形态时,又会出现一些特殊的光泽(也称变异光泽),主要有以下5种。

(1)油脂光泽及松脂光泽　矿物表面好似涂了油似的反光,称为油脂光泽,如石英的断口;矿物表面像树脂那样的光泽称为树脂(松脂)光泽,如闪锌矿的断口。

(2)珍珠光泽　透明而具完全解理的矿物,其解理面上呈现出如同蚌壳内壁(珍珠层)一样的光泽,称为珍珠光泽,如透石膏、白云母等。

(3)丝绢光泽　具平行纤维状矿物,呈现出似蚕束一般的光泽,称为丝绢光泽,如石棉、纤维状石膏等。

(4)蜡状光泽　某些隐晶质块状集合体矿物,表面呈现如蜡烛般光泽,称为蜡状光泽,如叶蜡石等。

(5)土状光泽　粉土状或土状集合体矿物,表面呈现暗淡无光犹如泥土一样,称为土状光泽,如高岭石、褐铁矿等。

矿物的颜色、条痕、光泽和透明度有着内在联系,肉眼观察时应注意它们之间的相互关系(表4-3)。

颜色、条痕、光泽和透明度的关系　　　　　　　　表4-3

颜　色	无　色	浅　色	深　色	金属色
条　痕	无色或白色	无色或浅色	浅色或彩色	深色或金属色
透明度	透明		半透明	不透明
光　泽	玻璃————金刚		半金属	金　属

二、矿物的力学性质

矿物的力学性质是指矿物抵抗外力作用(刻划、打击、压拉等)所表现出来的性质,包括矿物的硬度、解理和断口等。

(一)矿物的硬度

硬度是指矿物抵抗外力机械作用(刻划、压入、研磨等)的能力。矿物的硬度比较固定,是鉴定矿物的重要依据之一。

矿物的硬度分为相对硬度和绝对硬度。矿物学上所指的硬度一般为相对硬度——摩氏硬度。1824年奥地利矿物学家摩氏(Friedrich Mohs)选出10种硬度不同的矿物作为测定其他矿物硬度的标准,称为摩氏硬度计。这10种矿物硬度由低到高排列如下:

1. 滑石　　　　　　3. 方解石

2. 石膏　　　　　　4. 萤石

5. 磷灰石　　　　　8. 黄玉
6. 正长石　　　　　9. 刚玉
7. 石英　　　　　　10. 金刚石

矿物的绝对硬度是借助仪器来进行测定的。如按维氏压入硬度（kg/mm²）计算时，α—石英为1120，刚玉为2100，金刚石则约为10000。显然，上述10种矿物硬度等级之间只表示相对的高低，不代表矿物硬度的绝对大小，各级之间硬度差也不是均等的。

用摩氏硬度计测定矿物硬度的方法很简单，将被测矿物与硬度计中某一矿物互相刻画，就可比较出该矿物的硬度。例如某矿物能划动磷灰石，而划不动正长石时，则该矿物的硬度为5~6之间。

在实际工作中，常用简便工具来确定矿物的硬度。比如经测定，指甲的硬度为2.5，小刀（或玻璃）硬度为5.5。因而可把矿物的硬度划分为小于指甲的低硬度（硬度<2.5）；大于指甲而小于小刀的中硬度（硬度2.5~5.5）；以及大于小刀的高硬度（硬度>5.5）。

矿物的硬度大小决定于矿物的化学成分和内部构造。每种矿物有其特定的成分和构造，因而有其特定的硬度。

风化的矿物或呈细粒状、土状、粉末状、纤维状集合体均可使矿物硬度降低。因此，测定矿物硬度应选择在单体矿物的新鲜面上进行。

（二）矿物的解理、断口

1. 解理

解理是指矿物在外力作用（如打击、挤压）下沿一定结晶方向裂成光滑平面的性质。裂开的光滑平面称为解理面。

解理按其完善程度的不同，可分为以下5个等级。

（1）极完全解理　矿物受力后极易沿解理面裂成薄片，解理面宽大、连续、光滑而平整。如云母等。

（2）完全解理　矿物受力后易沿解理面裂成平面，但不成薄片，解理面光滑而平整。如方解石、方铅矿等。

（3）中等解理　矿物受力后可沿解理面裂成平面，但解理面不光滑、不连续，成阶梯状。如辉石、角闪石等。

（4）不完全解理　矿物受力后不易裂成平面，仅断续可见窄小的解理面。如磷灰石、绿柱石等。

（5）极不完全解理　矿物受力后，极难或不出现解理面，通常认为无解理。如石英、石榴石等。

解理既体现出晶体的异向性，又体现出晶体的对称性。因此，解理在晶体中的方向和组数（相同方向的解理称为一组解理），也常采用相应的单形名称来表示。例如立方体解理三组（如方铅矿）、八面体解理四组（如萤石）、菱形十二面体解理六组（如闪锌矿）、菱面体解理三组（如方解石）、柱状解理二组（如辉石）和底面解理一组（如云母）等等。

不同的矿物，其解理的发育程度不同。有些矿物无解理，有些矿物有一组或数组程度不同的解理。因此，解理是鉴定晶质矿物的一个重要标志。在观察解理时，首先要区别晶面和解理面，解理面多呈许多互相平行的平面，且平滑光亮，无晶面条纹，往往呈阶梯状平行展布；而晶面为晶体最外面的一个平面，一般不平整且光泽暗淡，有时有晶面条纹。

其次，要尽可能地确定解理的方向、组数及完善程度，有时还要说明解理之间的夹角。

2. 断口

断口是指矿物在外力作用（如打击等）下沿任意方向裂成凸凹不平的断面。

不同的矿物常具有不同形态的断口。因此，断口可作为鉴定矿物的一种辅助特征。按断口形态的不同可分以下几种。

(1) 贝壳状断口　断面呈椭圆形的光滑曲面，面上常出现同心条纹，形似贝壳状，如石英的断口（图 4-17）。

(2) 锯齿状断口　断面呈尖锐的锯齿状，如自然铜的断口。

(3) 参差状断口　断面参差不齐，粗糙不平，如磷灰石的断口。

(4) 土状断口　断面呈粉末状，是土状矿物特有的不规则粗糙断口，如高岭土的断口。

图 4-17　石英的贝壳状断口

由此可见，矿物的解理与断口互为消长关系。解理发育的矿物，常常无断口；断口发育者，常常解理不发育或无解理。断口与解理不同，首先，只有晶质矿物才能产生解理，它是矿物固有的性质，而断口不论在晶体或非晶质体矿物上均可发生；其次，解理是矿物受外力作用后沿一定方向破裂成平整光滑的平面，而断口则是沿任意方向破裂成不平整光滑的断面。

(三) 矿物的其他力学性质

脆性：是指矿物受外力作用时容易破碎的性质。绝大多数矿物是脆性的，如石英、黄铁矿等。

延展性：是指矿物在锤击或拉引下，容易形成薄片和细丝的性质。如自然金、自然铜等均具有良好的延展性。

弹性：是指矿物受外力作用后弯曲变形，但外力取消后又能恢复原状的性质。如云毒、石棉等。

挠性：是指矿物受外力作用后弯曲变形，但外力取消后不能恢复原状的性质。如辉钼矿、绿泥石等。

三、矿物的相对密度

矿物的相对密度是指纯净的单矿物在空气中的重量，与 4℃时同体积水的重量之比。

矿物的相对密度主要决定于组成矿物元素的原子量及单位体积内的质点数。由于每种矿物都有一定的化学成分和晶体构造，所以每种矿物也都有一定的相对密度。它是鉴定矿物的一个重要常数，同时也是重力探矿和选矿的重要依据。

不同矿物的相对密度，大小悬殊，从小于 1 的石蜡、琥珀到 23 的铂族矿物。在肉眼鉴定矿物时往往凭经验用手掂量大致估计，把相对密度简单的分为 3 级：

轻级：相对密度在 2.5 以下的矿物。如石墨 2.2，石膏 2.3 等。

中级：相对密度在 2.5～4 的矿物。如石英 2.65，长石 2.6～2.7 等。

重级：相对密度在 4 以上的矿物。如方铅矿 7.4～7.6，重晶石 4.3～4.7 等。

四、矿物的电性和磁性

(一) 矿物的电性

1. 导电性

矿物的导电性是指矿物对电流的传导能力。导电性主要决定于矿物中是否存在自由电子或游离的离子。能够导电的称良导体，如金属自然元素矿物自然金、自然铜等。不导电的称为绝缘体，如云母、石棉等。介于良导体和绝缘体之间的称为半导体，如金刚石、金红石等。

矿物的导电性具有重要意义。金属和石墨是电的良导体，可作为电极原料。云母、石棉是电的不良导体，可作为绝缘材料。而半导体被广泛应用在无线电工业中。此外，在金属矿床的找矿中应用电法找矿，在选矿和重砂矿物分离上，也根据矿物导电性的不同采用电化分离。

2．压电性

矿物的压电性是指某些矿物的晶体，在机械作用的压力或张力影响下，因变形效应而呈现电荷的性质。在压缩时产生正电荷的部位，在伸张时就产生负电荷。在机械地一压一张的相互不断作用下，就可以产生一个交变电场，这种效应称为压电效应。如果把具有压电性矿物晶体放在交变电场中，它就会产生一伸一缩的机械振动，这种效应称为电致伸缩。当交变电场的频率和压电性矿物本身机械振动的频率一致时，就会发生特别强烈的共振现象。例如石英广泛的应用于无线电器材，就是利用其压电性。

（二）矿物的磁性

矿物的磁性是指能被磁铁吸引或排斥的性质。

在肉眼鉴定矿物时，常以能否被磁铁所吸引作为标准，将矿物磁性粗略分为三级。

1．强磁性矿物　能被磁铁吸引的矿物，称为强磁性矿物。如磁铁矿、磁黄铁矿等。

2．弱磁性矿物　能被电磁铁吸引的矿物，称为弱磁性矿物。如赤铁矿、角闪石等。

3．无磁性矿物　用电磁铁也不能吸引的矿物，称无磁性矿物。如方铅矿、金刚石等。

矿物的磁性常为矿物成分中含 Fe、Co、Ni 等元素所致。磁性的强弱，主要决定于含以上元素的多少，特别是含 Fe^{2+} 的多少有关。矿物的磁性不仅可以用来作为鉴定和分选矿物的依据，同时还是磁法探矿的依据。

五、矿物的放射性和发光性

（一）矿物的放射性

含有放射性元素（如铀、钍、镭等）的矿物，由于放射性元素的衰变而放出射线的性质，称为矿物的放射性。放射性元素能自发地从原子核内部放出粒子或射线，同时释放出能量，这一过程叫放射性衰变。

利用矿物的放射性不仅可以鉴定放射性元素矿物和寻找放射性元素矿床，同时还可以利用放射性的衰变，计算矿物及地层的绝对年龄。

测定放射性的方法通常是用盖氏记数器、闪烁计数器、照片感光法等。

（二）矿物的发光性

矿物的发光性是指矿物在外来能量（如紫外线、X射线、阴极射线的照射或摩擦、加热等）的激发下能发出可见光的性质。如果矿物在外来能量激发下发光，停止激发光即消失，称为荧光。如果外来能量激发取消后，矿物还能在一段时间内继续发光，称为磷光。例如在紫外线照射下，白钨矿发天蓝色荧光；在 X 光照射下，金刚石发蓝绿色荧光；又如云母、萤石、闪锌矿等在暗室中摩擦或打击时，皆可发磷光。

矿物的发光性在找矿、选矿和矿物的鉴定等方面均具一定的意义。特别是对白钨矿、锆石及金刚石等矿物的找矿和选矿上更为有效。

六、矿物的其他性质

吸水性：是指某些矿物具有吸收空气中水分的能力。吸水性强的矿物，表面可潮解。如高岭石、光卤石等。

挥发性：是指矿物在燃烧过程中，某些化学成分易于挥发的性能。如雄黄、雌黄、辉锑矿等。

易燃性：是指矿物受热后能引起燃烧的性质。如自然硫等。

嗅觉：是指矿物因受打击、灼热及润湿等物理作用时而发生的臭味。如燃烧自然硫时所散发的硫臭味，高岭石水湿之后的土味等。

味觉：是指矿物溶于水或唾液中所显示的味道。如石盐的咸味；明矾的涩味；泻利盐的苦味等。

触觉：是指用手抚摩矿物时，所得冷、粗、滑的感触。如自然铜的冷感；硅藻土的粗糙感；滑石、辉钼矿的滑感等。

第四节 矿物的成因

矿物的成因是研究矿物的形成、共生组合、变化及其在地壳中的分布规律。

一、形成矿物的地质作用

矿物是地质作用的产物，所以矿物的成因通常是按地质作用来分类的。根据作用的性质和能量来源，把形成矿物的地质作用分为两种，即内生作用和外生作用。内生作用又包括与岩浆活动有关的岩浆作用和与地温地压有关的变质作用；外生作用又称表生作用，与太阳能、水、大气和生物等作用有关。

（一）岩浆作用

是指从岩浆熔体中结晶而形成矿物的作用。岩浆是处在地壳深处高温高压的、富含挥发分的硅酸盐熔融体。其组分中 O、Si、Al、Fe、Ca、Na、K、Mg 等造岩元素占 90% 左右；挥发组分约占 8%～9%，其中以 H_2O 为主，其次有 CO_2、H_2S、Cl、F、B 等；其他组分约占 1%～2%，其中 Cr、Ti、V、Ni、W、Sn、Mo、Cu、Po、Zn、Ag、Hg、Sb 等金属元素（造矿元素）在适当条件下可以富集成矿床。岩浆的温度在 1000℃ 以上，压力在 5×10^8～20×10^8 Pa。由于岩浆是高温、高压的硅酸盐流体，因而具有强大的地质营力，它可以侵入到地壳的深处、浅处以至溢出地表，通过深成岩浆作用、伟晶作用、热液作用以至火山作用等，岩浆冷凝固结成一系列矿物、岩石以及各种有用的矿产。

1. 深成岩浆作用及其矿物

深成岩浆作用是指岩浆侵入到地壳深处，在高温（650～1000℃）高压下直接结晶的作用。它是岩浆冷却结晶的最初阶段。形成的主要有橄榄石、辉石、角闪石、黑云母、长石以及石英等造岩矿物。它们在深成岩浆作用过程中形成不同的矿物组合，从而构成不同的侵入岩。如橄榄岩（主要矿物为橄榄石和辉石）、辉长岩（主要矿物为辉石和斜长石）、闪长岩（主要矿物为角闪石和斜长石）、花岗岩（主要矿物为石英、斜长石和正长石）等。

在深成岩浆作用过程中还可形成磁铁矿、铬铁矿、钛铁矿、铂以及铜、铁、镍的硫化物等金属矿物。当它们富集成有工业价值的地质体时，则成为岩浆矿床。

2. 伟晶作用及其矿物

伟晶作用是指岩浆结晶作用的末期，残余岩浆在地壳深处的高温（约 400~700℃）、高压（外压力大于内压力）条件下形成粗大晶体的作用。伟晶作用形成的岩石称为伟晶岩。形成的矿物与其有关的侵入岩相似。如花岗伟晶岩的主要矿物为与花岗岩成分相当的石英、长石及云母。次要矿物为含稀有、稀土和放射性元素的矿物，如锂辉石、锆石、独居石、铌铁矿、钽铁矿、晶质铀矿、褐帘石等。此外，还有许多宝石矿物，如绿柱石、电气石、黄玉、水晶等。当它们富集成有工业价值的地质体时，则成为伟晶岩矿床。

3. 热液作用及其矿物

在地壳中存在多种成因的高温、高矿化度的气液（以液体为主）称为热液。这里主要指的是岩浆期后的热液，即岩浆侵入并冷却的过程中，从中分泌出以 H_2O 为主的、成分复杂的挥发性气水溶液。这些气水溶液，当温度下降到水的临界温度 374℃ 以下时，就转变成热水溶液。热液作用是指热液在地下数千米至近地表处，在较低温度（50~400℃）和较低压力下，从围岩裂隙中析出或交代围岩形成矿物的作用。在热液作用中，当有用矿物富集成有工业价值的地质体时，则称为热液矿床。

热液作用按温度的不同可以分为 3 种类型。

（1）高温热液作用及其矿物　形成温度约在 400~300℃ 之间，形成的矿物主要有黑钨矿、锡石、辉钼矿、辉铋矿、磁黄铁矿、毒砂、磁铁矿、绿柱石、电气石、黄玉以及石英、云母等。

（2）中温热液作用及其矿物　形成温度约在 300~200℃ 之间，形成的矿物主要有黄铜矿、方铅矿、闪锌矿、黄铁矿、重晶石、石英、方解石、绿泥石、绢云母等。

（3）低温热液作用及其矿物　形成温度约在 200~50℃ 之间，形成矿物主要有辰砂、辉锑矿、雄黄、雌黄、黄铁矿、石英、方解石、蛋白石、高岭石等。

（4）火山作用及其矿物　火山作用是指地下深处的岩浆喷出地表后，在高温低压下，熔浆迅速固结形成矿物，或火山喷气直接结晶形成矿物，或火山热液交代、充填火山岩形成矿物等，统称为火山作用。由火山作用形成的岩石称为火山岩或喷出岩，如玄武岩、安山岩、流纹岩等。造岩矿物除斑晶外，常呈隐晶质，甚至成非晶质的玻璃。岩石常具有气孔、流纹构造。

火山热液充填于火山岩气孔或交代火山岩，气孔由于有了充填物而成杏仁构造。主要矿物有沸石、蛋白石、方解石、自然铜等。

由火山喷气结晶的产物有自然硫、雄黄、雌黄及其他硫化物等。

（二）表生作用

1. 风化作用及其矿物

风化作用是指地表或近地表的原生矿物或岩石，在 H_2O、O_2、CO_2、太阳能及生物等的作用下，所发生的化学变化和机械破碎作用，形成在地表条件下稳定的新的矿物和岩石。

矿物和岩石遭受风化时，易溶解矿物的部分组分如 K、Na、Ca 等形成真溶液，被地表水带走；部分难溶组分如 Si、Al、Fe、Mn 等则残留在地表，生成氧化物、氢氧化物、硫酸盐、碳酸盐、硅酸盐等。如黄铁矿风化形成褐铁矿，闪锌矿风化形成菱锌矿，黄铜矿风化形成孔雀石，正长石风化形成高岭石等。

2. 沉积作用及其矿物

沉积作用主要是指地表岩石在风化作用下形成的风化产物，经地表水搬运至湖海盆地中沉积的作用。其沉积方式分两种类型：

(1) 机械沉积作用及其矿物　是指物理风化形成的矿物或岩石碎屑随流水搬运至异地沉积的作用。如石英、长石及少量的重矿物堆积下来，构成砂岩等沉积岩。相对密度较大的矿物，在有利地段堆积，可形成漂砂矿床。如自然金、金刚石、金红石、锡石、绿柱石、独居石、铌铁矿等。

(2) 化学沉积作用及其矿物　是指化学风化的产物，如铝、硅、铁、钙、钠、钾、镁等元素随流水搬运至湖海盆地中沉积的作用。例如由过饱和溶液中直接结晶形成的盐类矿物（如石盐、钾盐、石膏等）；由胶体沉淀形成的氧化物和氢氧化物（如赤铁矿、铝土矿、硬锰矿等）；由生物的骨骼和遗骸堆积而成的硅藻土、磷块岩、煤、油页岩等。

(三) 变质作用

地壳中已经形成的矿物和岩石，由于地壳运动和岩浆活动的影响，使其在矿物成分和结构构造上发生改变的作用，称为变质作用。变质作用可分为接触变质和区域变质两大类。

1. 接触变质作用

接触变质作用是指岩浆侵入围岩而引起的变质作用，这种变质作用主要发生在侵入岩与围岩的接触带，可分两种类型。

(1) 接触热变质作用及其矿物　是指由于岩浆侵入使围岩受到热力的影响而引起的变质作用，称为接触热变质作用。由于围岩成分和变质条件不同可形成不同的变质矿物。如围岩是石灰岩，则可形成方解石（重结晶）、硅灰石及透辉石等，并由此组成大理岩；如围岩为泥质岩，随着温度的不同可形成钠长石、绿泥石、堇青石、石榴石、矽线石、正长石、刚玉等，它们按不同的组合形成各种角岩。

(2) 接触交代变质作用及其矿物　是指中酸性岩浆侵入碳酸盐类围岩时，岩浆中的某些组分与围岩发生交代反应而形成新矿物的作用，称为接触交代变质作用。所形成的岩石称为矽卡岩。常见的矿物主要有石榴石、透辉石、硅灰石、透闪石、绿帘石、方解石等。同时还形成磁铁矿、黄铜矿、方铅矿、闪锌矿、锡石、辉铋矿等金属矿物。如果富集成可供开采的地质体时，则形成矽卡岩矿床。

2. 区域变质作用及其矿物

区域变质作用是指在区域性大面积范围内，由于受到温度、压力和化学活动性流体的影响，使原生矿物和岩石发生变化的一种变质作用。

区域变质作用根据变质时温度、压力条件的不同可分为低级、中级和高级区域变质作用。它们的矿物成分取决于原岩的成分和变质程度。低级区域变质矿物一般为绢云母、绿泥石、阳起石、蛇纹石、滑石等；中级区域变质矿物主要有十字石、角闪石、石榴石、黑云母、透辉石等；高级区域变质矿物主要有正长石、矽线石、堇青石、橄榄石、刚玉、尖晶石等。

二、矿物的生成顺序和世代，矿物的组合、共生和伴生

(一) 矿物的生成顺序和矿物的世代

1. 矿物的生成顺序

每种矿物在生成时间上的先后关系，称为矿物的生成顺序。矿物的生成顺序是受矿物的结晶温度、熔体或溶液中各组分的相对浓度等多种因素决定的。确定矿物生成顺序的标志主要有：

（1）空间上的相关关系　矿脉中的矿物以沿脉壁生长的矿物形成较早，而中心部位较晚；孔洞中的矿物以沿洞壁生长较早，中心者较晚；一种矿物穿插另一种矿物，被穿插者早生成；一种矿物包围另一种矿物时，一般被包围的矿物生成早。

（2）晶体的自形程度　一般晶体自形程度高的早生成，自形程度低的晚生成。但在变质岩中不能以此为准。

（3）矿物的交代关系　一种矿物沿裂隙或解理或边缘被另一种矿物交代时，以被交代的矿物形成在先。

2．矿物的世代

在同一地质作用的不同阶段，同种矿物先后生成的关系，称为矿物的世代。根据同种矿物生成的先后，依次分为第一世代、第二世代等等。

不同世代的同种矿物，由于其成矿溶液和形成时物理化学条件的不同，因而表现在矿物中的微量元素、类质同象混入物、物理性质、形态等方面，均可表现出某些微小差异。这些差异，就是确定矿物世代的标志。

（二）矿物的组合、共生和伴生

一个矿床的形成往往不是一次完成的，常经历很长时间，并在这个长时期内又有好几个成矿阶段。

不论矿物的种类是否相同，不管生成时间先后，只要在空间上共同存在一起的矿物就称为矿物组合。同一成因或同一成矿期（或成矿阶段）的矿物组合称为共生组合。共生的矿物或者是同时生成，或者是由同一来源的成矿溶液依次析出的。

不同成因或不同成矿期（或成矿阶段）的矿物组合称为伴生组合。例如黄铜矿上散布着次生的孔雀石和蓝铜矿，这就是伴生关系。因为黄铜矿与孔雀石、蓝铜矿之间，其形成的时间、形成的条件均不相同，它们只是在空间上相聚。

由此可见，同一空间内，可能先后有几个成矿作用重叠发生，因此在一块矿石上，常有不同成分、先后生成的多种矿物共生、伴生在一起而趋于复杂化。

矿物共生组合的研究不仅在研究矿物成因上具有重大的意义，而且在指导找矿勘探上也同样具有重要意义。此外，在矿物鉴定上也很需要矿物共生组合的知识。

第五节　矿物的鉴定法和研究法

迄今自然界已被确认的矿物已达3000多种，它们是组成岩石和矿石的基本单元。通过对矿物的鉴定可以阐明各种地质体的物质组成，为岩石的分类、命名、矿产的合理开采和综合利用提供必要的依据。同时，矿物各方面的特征并不是一成不变的，不同条件下生成的同种矿物的某些特征可能有许多差别，详细地研究它们，会有助于了解矿物的生成规律。另一方面，在鉴别和研究矿物的过程中，还会不断发现新矿物，为充分利用矿产资源创造条件。因此，正确地鉴定和研究矿物是地质学领域中重要的基础工作之一。

下面将鉴定矿物的一般步骤和常用的方法作简要的介绍。

一、鉴定矿物的一般步骤

(一) 分选矿物

在鉴定和研究矿物的工作中，所用样品必须是新鲜和纯净的。因此，对矿物样品要进行分选、加工和处理，以清除各种杂质和不合要求的部分。如选样时发现有晶形完整或形态良好的矿物晶体，应细心取出以供研究晶体形态和晶体构造之用；粒度较粗的样品，可用手选，或者在放大镜和体视显微镜下挑选；若颗粒过细，手选有困难，则可根据具体情况选用不同的分离方法进行分选。如重液分离（利用矿物相对密度的不同在重液中进行分选）、磁力分选（利用矿物磁性的不同，在磁力仪上进行分选）等。用这些方法选出的样品，需要在显微镜下严格检查后才能使用。

(二) 肉眼鉴定

是用肉眼或借助于放大镜以及某些简单的工具（如小刀、磁铁、条痕板等）对矿物的外表特征和物理性质进行观察，从而达到鉴定矿物的一种简便方法。肉眼鉴定看似简单，但要达到快速准确，还需经过反复实践和对比，积累经验，才能熟练地掌握。

肉眼鉴定矿物是有一定局限性的，如某些特征相似的矿物、颗粒很细小的矿物和胶态矿物，往往难以鉴别，必须采用其他方法。但是肉眼鉴定仍然是进一步鉴定和研究的基础。因为通过肉眼鉴定，可以根据矿物的特征和研究目的，提出恰当的进行精确鉴定和研究的方法或分析项目。因此，肉眼鉴定矿物是一个地质工作者必须具备的基本技能。

(三) 简易化学分析

简易化学分析是在肉眼鉴定的基础上所采用的验证或补充鉴定方法。它是用简单的化学分析方法，确定矿物中某种元素的存在，以达到鉴定矿物的目的。许多矿物通过简单化学试验后就可以很快的测定矿物中所含的主要元素，甚至确定矿物名称。但是简易化学分析不能精确测定矿物的化学成分，而且对某些矿物（如黏土类矿物）基本上不起作用。

(四) 其他分析方法

用普通的方法难以鉴定的矿物，应采用其他分析方法来鉴定。如显微镜法、电子显微镜法、X射线分析、热分析、极谱分析、光谱分析、原子吸收光谱分析、电子探针分析等等。其中有些方法应用范围较宽，适用于很多矿物；但有些方法应用范围较窄，仅适用于某些特殊类型的矿物。但是，各种分析方法都有其优缺点，因此必须根据研究的对象和要求的不同，选择合理、有效、经济的方法来鉴定和研究矿物。

上述鉴定矿物的步骤不是绝对的，对于某些矿物，可以超越进行，如颗粒粗大、特征显著的矿物，可以不经过分选矿物这一步骤，直接进行肉眼鉴定。如果通过肉眼鉴定和简易化学分析后，可以准确的定出矿物名称，就不需要再作其他方法分析了。

二、常用的鉴定法和研究法

(一) 简易化学试验

简易化学试验就是利用化学试剂对矿物中的主要化学成分进行检验，从而达到鉴别矿物的目的，是一种快速、灵敏的化学定性方法。

1. 粉末研磨法

将矿物粉末与固体试剂粉末混合在一起，使之在研磨作用下发生化学反应，根据反应后所产生的颜色来确定矿物中所含的化学元素。常用的分解方法有两种：(1) 矿物粉末与硫酸氢钾 $KHSO_4$ 一起研磨，使被鉴定的元素成为固体试剂反应的硫酸盐；(2) 矿物粉末与氯化铵和硝酸铵的混合物（按重量，2份NH_4Cl与1份NH_4NO_3混合而成）一起加热，使被鉴定的元素成为能起反应的氯化物。

该法设备简单，便于携带，操作方便，反应灵敏，所需时间很短，适合于野外应用，现以试磷（P）举例如下：

取磷灰石（或者磷块岩）粉末和较多的钼酸铵试剂在小瓷皿中研磨，然后加一滴浓硝酸，出现黄色，证明有磷存在，其反应式如下：

$$H_3PO_4 + 12(NH_4)_2MoO_4 + 21HNO_3 \longrightarrow (NH_4)_3PO_4 \cdot 12MoO_3 + 21NH_4NO_3 + 12H_2O$$

2. 斑点试验法（点滴分析）

是将微量的矿物粉末溶于溶剂，如溶于水或酸中，使元素在溶液中呈离子状态，然后再加微量试剂于溶液中，根据反应后的颜色来确定某种元素是否存在。该实验可在白瓷板上、表面玻璃上或滤纸上进行。

该法操作简便、迅速、且灵敏度较高，野外室内均可应用。现以试铅（Pb）举例如下：

先用1:1的HNO_3，将方铅矿粉末溶解，缓缓加热促使溶解并蒸干。然后用0.5%醋酸溶解干渣，制成溶液，加一小粒KI晶粒，出现柠檬黄色沉淀PbI_2，证明有铅存在。

3. 磷酸溶矿法

是用磷酸把矿物溶解，根据溶液的颜色或与试剂反应后所产生的颜色，来判断矿物中存在某些元素以及这些元素的价态。其操作步骤是：将矿物用乳钵研成细粉，装入试管，加磷酸，在酒精灯上徐徐加热，直到矿物粉全部溶解为止。有的元素可直接观察溶液的颜色（如Cr呈绿色），有的元素还需加蒸馏水稀释后再加试剂使溶液呈色（如Ti，加蒸馏水稀释后，再加1~2滴H_2O_2或Na_2O_2后溶液才呈黄色）。

由于磷酸是一种很强的溶剂，绝大多数矿物都可用它来溶解，所以很多矿物都可用此法鉴定。现以试锰（Mn^{2+}）、钨（W^{6+}）、铁（Fe^{2+}）举例如下。

将钨锰铁矿粉与磷酸及固体硝酸铵一同加热溶解，由于Mn^{2+}被氧化成高锰酸钾而使溶液呈紫色（示有Mn^{7+}），于溶液中加入几粒金属锡继续加热，Mn^{7+}被还原，溶液变成无色，而后出现蓝色，则说明有钨（这是因为Sn在还原Mn^{7+}的同时，部分W^{6+}被还原成W^{4+}，后者与未还原的W^{6+}化合成一种蓝色产物—钨蓝），冷却后颜色加深，然后用水稀释，再加入几粒氧化钠使蓝色消失，煮沸以驱除所产生的过氧化氢，冷至室温时，加赤血盐，出现蓝色则示有Fe^{2+}存在。

4. 薄膜反应

是将某些矿物与一定试剂作用后，表面产生一层带色的薄膜，借此鉴定矿物或确定矿物中所含的元素。该法在重砂矿物鉴定中比较常用。例如将锡石（SnO_2）放在锌板或铝板上加一滴HCl，数分钟后，矿物表面呈现一层锡白色的薄膜（即金属锡），证明有锡存在。

5. 染色法

是将矿物与试剂作用，试剂中的离子与矿物中的某种离子交换，或者有色试剂离子被矿物所吸收，使矿物染成各种特征的颜色从而达到鉴定的目的。此法对于外表特征相似、互相不易区分的矿物，如碳酸盐矿物、黏土矿物、长石等特别有效。如在岩石薄片或标本磨光面上用亚硝酸钴钠能使钾长石染成柠檬黄色，而斜长石染成浅灰白色。又如有些碳酸盐矿物，由于它们的形态特征及物理性质非常相似，肉眼很难区别，甚至在显微镜下也难以区别。然而，用染色法就可以使这些矿物染成不同的颜色，借此把它们区分开。

染色法鉴定矿物的特点是：所需矿物量少、试剂普通、操作简便、反应迅速易见，因此目前越来越被广泛应用。

（二）发光分析和放射性分析

发光分析是一种利用某些矿物的发光性来鉴定矿物的方法。有些矿物在加热、摩擦、紫外线、X射线或阴极射线照射下，能激发出不同颜色和强度的荧光或磷光。于是，可以根据它们的颜色及其强度来鉴定矿物。

放射性分析是利用某些矿物具有放射性来鉴定矿物或确定放射性元素的方法。

发光分析和放射性分析已在矿物的物理性质中有所阐述，此处不作详细介绍。

（三）偏光显微镜法和反光显微镜法

1. 偏光显微镜法

这是矿物学、岩石学中应用最广泛的方法之一。主要是借助偏光显微镜对透明矿物的光学常数（如折射率、光性符号、光轴角、多色性、消光角等）进行观察和测定，借此鉴定、区别及研究矿物。该方法是将矿物或岩石磨制成薄片（厚度为 0.03mm），在偏光显微镜下观察（将在岩石学中专门介绍）。

2. 反光显微镜法

主要是将不透明和半透明矿物磨成光片后在反光显微镜下观察和测定其反射率、反射色、内反射、偏光图、浸蚀反应等，借此来鉴定和研究矿物（该方法将在矿床学中专门介绍）。

（四）光谱分析和差热分析

1. 光谱分析

这是目前测定矿物化学成分最常用的方法，主要是对矿物的化学成分进行半定量和定性分析。其简单原理是：每一种化学元素受到热能激发后，能发出特有的谱线，并可利用底片摄取。根据谱线的不同特点可进行矿物化学成分的定性分析；根据谱线的强度可以进行定量分析。

光谱分析的主要优点是样品用量少（数毫克）、操作简单、分析速度快、灵敏度高等，能够准确地测定矿物中的金属阳离子，特别是对稀有元素也能获得良好的结果。

2. 差热分析

差热分析是根据矿物在加热过程中的吸热、放热特征来研究矿物的成分和构造的方法。将矿物粉末与中性体分别同置于一高温炉中，在加热过程中，矿物发生吸热或放热效应，而中性体则不发生此效应，将两者的热差通过热电偶，借差热电流自动记录出差热曲线，线上明显的峰谷，分别代表矿物在加热过程中的放热和吸热效应。不同的矿物在不同的温度条件下有着不同的热效应。每一效应又分别反映矿物在不同的温度下所发生的脱水、分解、相变等一系列性质。由此可与已知矿物的标准曲线进行对比，从而鉴定未知矿物。

差热分析法对黏土矿物、氢氧化物、碳酸盐和其他含水矿物的研究最为有效。

（五）X射线分析和原子吸收光谱分析

1. X射线分析

X射线分析是研究矿物晶体内部构造的方法。可分为粉晶法（多晶法或粉末法）和单晶法两种，其中粉晶法在实际工作中得到广泛的应用。这里只介绍粉晶法。

粉晶法是以一定波长的X射线照射微量的矿物粉末，并用筒状感光底片装在特别的照相机内，以摄取面网反射过来的射线图像，这种图像称德拜图。德拜图是由一系列一对对不同强度的弧线所组成的。因为不同矿物的晶体构造不同，故所得的德拜图弧线数目、强度和距离均不相同，因此根据弧线间距测算出一系列面网间距的 d 值及其衍射强度，与预先编好的标准数据相比较，从而正确地鉴定未知矿物。此法由于方便、迅速、对样品的要求简易，因而广泛用于鉴定矿物。

2. 原子吸收光谱分析

是根据分散成原子蒸气的待测元素对于从辐射源发射出来的特征辐射的吸收百分率（或吸收值）来测定该元素含量的一种分析手段。该方法灵敏度较高、干扰元素较少、操作简单、速度快、能测定近70种金属和半金属元素。但对卤族元素、稀有气体、C、H_2、O_2、H_2S 等尚不能测定。

（六）化学全分析

此法是对样品进行定性和定量的系统化学分析。因此需要较多的设备、药品、样品以及较长的时间，成本较高，但很精确。这种方法往往是研究矿物新种、变种的详细成分、矿物成分的变化规律时才采用。在使用此法之前，必须事先对样品进行光谱分析，对其成分作初步了解，以供全分析时参考。

上面介绍的鉴定法和研究法，各有其使用范围和优缺点，在实际工作中，应根据具体情况和鉴定的目的要求来选择适当的鉴定方法和分析方法。

思 考 题

4-1 何谓类质同象？方铅矿和石盐都能形成立方体晶形，能叫类质同象吗？

4-2 形成类质同象的条件及研究意义。

4-3 什么是同质多象？研究同质多象有何实际意义？

4-4 水在矿物中的存在形式有几种？结晶水与构造水有何异同？当矿物晶体失水后，对晶体的性质产生什么影响？

4-5 根据构造式的书写原则，分析下列化学式：

PbS（方铅矿）、$CuFeS_2$（黄铜矿）、$(Fe, Mn)[WO_4]$（黑钨矿）

$KAl_2[AlSi_3O_{10}](OH)_2$（白云母）、$Ca[SO_4]\cdot 2H_2O$（石膏）、$SiO_2\cdot nH_2O$（蛋白石）

4-6 研究矿物的形态有何重要意义？

4-7 粒状集合体与鲕状集合体有什么不同？

4-8 自色、他色和假色有何本质区别？

4-9 矿物的光泽有几种？变异光泽是如何产生的？

4-10 矿物的颜色、条痕、透明度和光泽之间的关系。

4-11 什么是解理、断口？矿物的解理与内部构造的关系。

4-12 熟记摩氏硬度计中矿物硬度的大小。

4-13 如何观察判断具有二组、三组、四组解理的矿物。

4-14 矿物的发光性与光泽有何区别？

4-15 矿物的相对密度、磁性、电性及其他性质的概念。

4-16　各种地质作用及其形成的矿物种属。
4-17　何谓共生组合？它与伴生组合有何区别？
4-18　鉴定矿物的一般步骤有哪些？
4-19　为什么说肉眼鉴定是矿物鉴定和研究的基础？

第五章 矿物各论

第一节 矿物的分类和命名

一、矿物的分类

自然界每一种矿物都有其相对固定的化学组成和内部构造,从而具有一定的形态、物理性质和化学性质。另一方面,各种矿物并不是彼此孤立的,它们之间由于在化学组成或内部构造上有某些类同之处而表现出相似的特征。为了揭示矿物之间的相互联系及其内在的规律性,系统、全面地研究矿物,就必须对矿物进行科学的分类。

矿物的分类方法很多,如化学成分分类、晶体化学分类、地球化学分类、成因分类等。但目前矿物学中所广泛采用的是以矿物的化学组成和晶体构造为依据的晶体化学分类。因为成分和晶体构造决定了矿物的性质,并与一定的生成条件有关,在一定程度上也反映了自然界的化学元素结合的规律。因此,这是一种比较合理的分类方法。其分类体系如表 5-1。

矿物的晶体化学分类体系　　　　　　　　表 5-1

类　　别	划　分　依　据	举　　例
大类	化合物类型和化学键	含氧盐大类
类	阴离子或配离子种类	硅酸盐类
(亚类)	配离子构造	架状构造硅酸盐亚类
族	晶体构造和阳离子性质	长石族
(亚族)	阳离子种类	钾长石亚族
种	一定的晶体构造和一定的化学组成	正长石 K$[AlSi_3O_8]$
(亚种)或(变种)	晶体构造相同,在化学组成(次要组分上)或者在形态、物理性质方面等有差异	紫水晶

矿物种是矿物分类的基本单位。所谓"种",应当把它理解为具有一定的晶体构造和一定的化学组成的独立单位。这里所谓的"一定"也是有相对意义的,由于类质同象的代替,它们可以在一定的范围内产生变化。

对于连续类质同象系列,通常可根据端员组分所占的不同比例而划分为几个矿物种。如橄榄石的类质同象系列可分为镁橄榄石 $Mg_2[SiO_4]$ ——橄榄石 $(Mg,Fe)_2[SiO_4]$ ——铁橄榄石 $Fe_2[SiO_4]$ 3 个矿物种。

根据上述分类原则,本书采用如下的具体分类:

第一大类　自然元素

第二大类　硫化物

第三大类　氧化物和氢氧化物
第四大类　卤化物
第五大类　含氧盐
　　第一类　硅酸盐
　　第二类　硼酸盐
　　第三类　磷酸盐
　　第四类　硫酸盐
　　第五类　钨酸盐
　　第六类　碳酸盐

二、矿物的命名

每一种矿物都有它自己的名称。矿物命名的依据一般是以该矿物的化学成分、物理性质、形态等命名的，也有的是以发现该矿物的地名或人名来命名的。举例如下：

1. 根据成分命名　自然金 Au、钨锰铁矿（Mn，Fe）[WO_4]。

2. 根据性质命名　重晶石（比重大）、方解石（具菱面体解理）、孔雀石（孔雀绿色）、电气石（具压电性和热电性）。

3. 根据形态命名　石榴石（晶形呈四角三八面体或菱形十二面体，状似石榴子）、十字石（双晶呈十字形）。

4. 根据两种特征命名　黄铜矿（$CuFeS_2$、铜黄色）、绿柱石（绿色、柱状晶形）、方铅矿（PbS、立方体晶形及解理）。

5. 根据地名命名　高岭石（我国江西高岭地方产者最著名）、香花石（发现于我国香花岭）。

6. 根据人名命名　章氏硼镁石（为纪念我国地质学家章鸿钊而命名）。

我国习惯上对于呈现金属光泽的或者是可以从中提炼金属的矿物，往往称之为××矿，如黄铜矿、方铅矿等；对于呈现非金属光泽的矿物，往往称为××石，如方解石、重晶石等；对于宝玉石类矿物，常称之为××玉，如刚玉、软玉等；对于地表次生矿物，常称之为××华，如钴华、锑华等。

第二节　自然元素大类

一、概述

自然元素矿物是指某种元素以单质形式产出的矿物。目前已知的自然元素矿物近 90 种，约占地壳总重量的 0.1%。这类矿物虽然在自然界数量不多，分布也极不均匀。但其中有些可富集成具有工业意义的矿床，如自然铜、自然金、自然铂、金刚石、石墨和自然硫等。

组成自然元素矿物的元素约 20 多种，其中金属元素主要为铂族元素钌（Ru）、铑（Rh）、钯（Pd）、锇（Os）、铱（Ir）、铂（Pt）和金（Au）等；半金属元素主要是砷（As）、锑（Sb）、铋（Bi）；非金属元素则主要是硫（S）和碳（C）等。

由于金属、半金属和非金属自然元素的原子性质、晶体构造和键性不同，所以它们的物理性质差别很大。

二、主要矿物描述

自然金 Au

[化学组成] 自然界中纯金极少见，常含类质同象混入物银，当银的含量达10%~15%时称为银金矿（Au，Ag）。此外，还可含有铜、铁、钯、铋等元素。

[结晶形态] 等轴晶系。完好晶体少见，晶形以八面体为主，其次是菱形十二面体。通常呈分散粒状或不规则树枝状集合体，偶尔成较大的块体。

[物理性质] 金黄色，随含银量的增加颜色逐渐变为淡黄色。条痕与颜色相同。金属光泽。无解理。硬度2.5~3。相对密度15.6~18.3（纯金19.3）。具强延展性。熔点1063℃。有良好的传热性和导电性。化学性质稳定，不溶于酸，只溶于王水。

[成因产状] 主要产于高、中温热液成因的含金石英脉中，或产于与火山热液作用有关的中、低温热液矿床中。此外，由于自然金的化学性质稳定，比重大，常富集形成砂金矿床。

[鉴定特征] 以金黄色，强金属光泽，硬度低，富延展性，比重大等特征与黄铜矿、黄铁矿等区别。

[主要用途] 自然金是金的主要来源。金与银、铜的合金，广泛用于仪器、仪表零件、重要机械部件。纯金用于电子工业及尖端技术。此外，还可制成首饰及装饰品，作为国际贸易通用的货币。

自然硫 S

[化学组成] 火山作用形成的硫，常含有少量的砷、硒、碲等类质同象混入物；沉积作用形成的硫，常夹有泥质、有机质等。

[结晶形态] 斜方晶系。晶体常呈双锥状或厚板状（图5-1）。通常呈致密块状、粉末状、土状集合体。

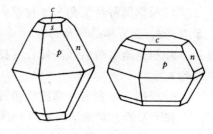

图5-1 自然硫的晶体

[物理性质] 纯硫呈黄色。含有杂质时，则呈带有不同色调的黄色。条痕白色至浅黄色。晶面呈金刚光泽，断口油脂光泽。半透明。解理不完全。硬度1~2。相对密度2.05~2.08。性极脆。熔点低（119℃）。用手紧握硫的晶体，放在耳边，可以听到轻微的炸裂声。燃烧时，发蓝色火焰及SO_2臭气。

[成因产状] 由火山喷气直接结晶或由H_2S的氧化而成，以及生物化学作用沉积而成。

[鉴定特征] 以黄色、光泽、硬度小、性脆、易燃等为特征。

[主要用途] 主要用于生产硫酸。此外，还用于造纸、橡胶、炸药及农用化肥等。

金刚石 C

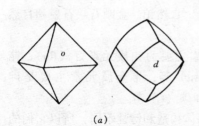

图5-2 金刚石的晶体（a）和双晶（b）

[化学组成] 无色透明的金刚石质纯。带色和不透明的常含有铝、硅、钙、镁及钛、铁等杂质。

[结晶形态] 等轴晶系。晶形呈八面体、菱形十二面体、立方体等，以八面体比较常见。晶棱常弯曲，晶面突出，使晶形呈浑圆状（图5-2（a））。自

然界中的金刚石大多数呈圆粒或碎粒状产出，颗粒大小如米粒或更小，也有少数呈大颗粒产出。1977年12月，在山东临沂县发现我国迄今所产最大的一颗天然金刚石，在世界上也是罕见的。这颗金刚石重158.7860克拉（5克拉=1g）。淡黄色。透明，被命名为"常林钻石"。

[物理性质]　质纯者无色透明，常因含杂质而带有不同的色调。金刚光泽。解理中等。硬度10。相对密度3.47～3.56。抗磨性最强。熔点4000℃。具发光性，在紫外线照射下能发出绿、天蓝及紫色荧光；在日光下暴晒后，在暗处发淡青蓝色的磷光。化学性质稳定。

[成因产状]　常产于与超基性岩有关的金佰利岩和钾镁煌斑岩中。与金刚石共生的矿物有橄榄石、镁铝榴石、铬透辉石等。含矿母岩风化后，可富集成砂矿床。

[鉴定特征]　晶形浑圆，金刚光泽，极高的硬高，具发光性等为主要特征。

[主要用途]　无色或色彩鲜艳，晶体完美而透明的金刚石可作贵重宝石。在工业上，可制作精密仪器零件、高硬度切削或研磨材料及镶嵌钻头等。

石墨　C

[化学组成]　成分纯净者很少，常含有硅、铝、铁、镁、铜等氧化物以及水、沥青、黏土等杂质。

[结晶形态]　六方晶系。晶体呈六方板状或片状。完好晶体少见。通常为片状、块状或土状集合体。

[物理性质]　钢灰至黑色。条痕为光亮的黑色。金属光泽至半金属光泽。不透明。底面解理完全。硬度1。相对密度2.21～2.26。薄片具挠性。有滑腻感，易污手。具导电性。耐高温。

[成因产状]　石墨往往在高温条件下形成。分布最广的是富含有机质的或碳质的沉积岩受区域变质作用而成。其次是产于各种成分的岩浆岩中，碳的来源常出自含碳的围岩。

[鉴定特征]　黑色、条痕亮黑色、底面完全解理、硬度低、相对密度小、有滑感等为特征。

[主要用途]　冶炼用高温坩埚，机械工业的滑润剂，电报、原子反应堆中的中子减速剂等。

第三节　硫化物大类

一、概述

本大类矿物包括一系列金属元素与硫相化合的化合物。目前已发现的硫化物有200多种，约占地壳总重量的0.15%，其中铁的硫化物（黄铁矿、镍黄铁矿等）占绝大多数，其他元素的硫化物虽然很少，但往往可以富集成具有重要经济价值的有色金属和稀有分散元素矿床。

组成硫化物的阴离子主要是硫，阳离子主要是亲铜元素，如铜、锌、银、镉、铅、汞、铋、锑、砷等；其次是接近亲铜元素的过渡元素，如锰、铁、钴、镍、钼等。

本大类矿物类质同象代替非常广泛，特别是一些稀有元素，如镓（Ga）、铟（In）、铼

(Re)等，多呈类质同象混入物存在于矿物中。因此，对综合利用稀有分散元素具有重要意义。

硫化物类矿物，除少数矿物晶形较好外，一般大多呈致密块状或粒状集合体；具金属色；金属、半金属或金刚光泽；低透明度；硬度比较低，一般在 2~4 之间；相对密度较大，一般都在 4 以上。

二、主要矿物描述

辉铜矿　Cu_2S

［化学组成］　Cu 79.86%，S 20.14%。常含银（Ag），有时也含铁、钴、镍、砷等混入物。

［结晶形态］　斜方晶系。晶体呈柱状或厚板状，但极少见。通常呈致密块状、粉末状（烟灰状）集合体）。

［物理性质］　新鲜面铅灰色，风化面黑色。条痕暗灰色。金属光泽。不透明。解理不完全。硬度 2~3，相对密度 5.5~5.8。略具延展性。小刀刻划可留下光亮的沟痕。

［成因产状］　内生辉铜矿产于富铜贫硫的晚期热液矿床中，常与斑铜矿共生；外生辉铜矿主要产于铜的硫化物矿床氧化带的下部。

［鉴定特征］　铅灰色、硬度小、弱延展性、小刀刻划可留下光亮沟痕。常与其他铜矿物共生或伴生。

［主要用途］　含铜量最高，是提炼铜的重要矿石。

斑铜矿　Cu_5FeS_4

［化学组成］　Cu 63.33%，Fe 11.12%，S 25.55%。常含有黄铜矿、辉铜矿等包裹体。此外，也常含有银。

［结晶形态］　等轴晶系。晶体极少见。常呈致密块状或粒状集合体。

［物理性质］　新鲜面呈暗铜红色，风化面呈紫或蓝色斑状锖色。条痕灰黑色。金属光泽。不透明。硬度 3。无解理。性脆。相对密度 4.9~5.3。具导电性。

［成因产状］　内生斑铜矿产于热液或接触交代铜矿床中，常与黄铜矿、方铅矿、黄铁矿、辉铜矿等共生。外生斑铜矿产于铜矿床的次生富集带中。在氧化带易分解形成孔雀石、蓝铜矿、褐铁矿等。

［鉴定特征］　特有的暗铜红色及锖色，硬度低，溶于硝酸。

［主要用途］　含铜量较高的重要铜矿石。

闪锌矿　ZnS

［化学组成］　Zn 67.1%，S 32.9%。成分中几乎总是含有铁，含量最高可达 26%，含铁量超过 10% 的称为铁闪锌矿。此外，还经常含有镉、铟、镓、锗、锰等类质同象混入物。

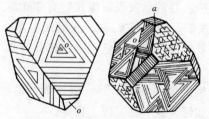

图 5-3　闪锌矿的晶体

［结晶形态］　等轴晶系。晶体常呈四面体或与立方体、菱形十二面体等单形组成的聚形（图 5-3）。晶面上常有三角形的聚形纹。集合体通常呈粒状或致密块状。

［物理性质］　闪锌矿的颜色、条痕、光泽和透明度随着含铁量的变化而变化，含铁量由少到多，颜

色由浅变深，从浅黄、棕褐直至黑色；条痕由白色至褐色；光泽由金刚光泽到半金属光泽；从透明到半透明。具有菱形十二面体完全解理。硬度 3.5～4。相对密度 3.9～4.2。

［成因产状］　主要产于接触交代矽卡岩矿床及中、低温热液矿床中，常与方铅矿密切共生。

［鉴定特征］　闪锌矿以其菱形十二面体的完全解理，金刚光泽至半金属光泽，硬度低为特征。此外，闪锌矿与方铅矿密切共生。闪锌矿与石榴石相似，但硬度小，小刀能刻动，有 6 组完全解理；石榴石硬度大，小刀刻不动，解理极差。

［主要用途］　提炼锌的重要矿物原料。其成分中的镉、铟、镓等稀散元素是无线电、原子能工业的重要原料。

黄铜矿　$CuFeS_2$

［化学组成］　Cu 34.56%，Fe 30.52%，S 34.92%。常含有少量的银、金、铊、硒、碲等混入物。

［结晶形态］　四方晶系。晶体呈四方四面体（图 5-4），但很少见。通常呈致密块状或分散粒状集合体。

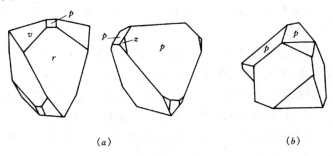

图 5-4　黄铜矿的晶体（a）和双晶（b）

［物理性质］　黄铜黄色。表面常呈暗黄、蓝、紫等斑状锈色。条痕绿黑色。金属光泽。不透明。无解理。硬度 3～4。性脆。相对密度 4.1～4.3。

［成因产状］　可在各种地质作用下形成。热液成因者常与黄铁矿、闪锌矿、方铅矿等共生；岩浆成因者与镍黄铁矿、磁黄铁矿等共生；接触交代成因者与磁铁矿、黄铁矿等共生。经风化后可形成孔雀石、蓝铜矿等次生矿物。

［鉴定特征］　以铜黄色，绿黑色条痕，硬度小于小刀为特征。黄铜矿与黄铁矿相似，可以其较深的黄铜色及硬度小于小刀相区别。

［主要用途］　为重要的铜矿石矿物。

方铅矿　PbS

［化学组成］　Pb 86.6%，S 13.4%。混入物中以银最为常见。其次是铜、锌、铋、锑、铁等。

［结晶形态］　等轴晶系。晶体常呈立方体或立方体与八面体的聚形（图 5-5）。集合体通常呈粒状或致密块状。

［物理性质］　铅灰色。条痕灰黑色。金属光泽。不透明。立方体解理完全。硬度 2～3。相对密度 7.4～7.6。性脆。具弱导电性和良检波性。

［成因产状］　主要产于中、低温热液矿床和接触交代矿床中。常与闪锌矿、黄铜矿、

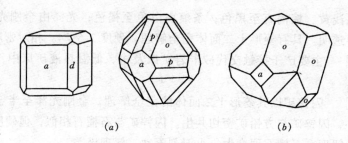

图 5-5 方铅矿的晶体（a）和双晶（b）

黄铁矿等共生。

[鉴定特征] 立方体晶形，铅灰色，强金属光泽，立方体完全解理，硬度小，相对密度大，与闪锌矿、黄铜矿等共生为主要鉴定特征。

[主要用途] 是最重要的提炼铅的矿物原料。含银多时可从中提取。

辰砂 HgS

[化学组成] Hg 86.21%，S 13.79%。常含有硒、碲等机械混入物。

[结晶形态] 三方晶系。晶体呈厚板状或菱面体。有时见穿插双晶。集合体常呈粒状、致密块状、粉末状等。

[物理性质] 红色，表面有时微带铅灰色锈色。条痕鲜红色。金刚光泽。半透明。三组解理完全。硬度 2～2.5。相对密度 8.0～8.2。性脆。

[成因产状] 是低温热液的典型矿物，常与辉锑矿、雄黄、雌黄等共生。

[鉴定特征] 以鲜红的颜色和条痕，比重大、硬度低为特征。

[主要用途] 是提取汞的惟一矿石。用制化学药品、水银灯等；单晶用做激光材料。

辉锑矿 Sb_2S_3

[化学组成] Sb 71.4%，S 28.6%。含少量的砷、铋、铁、铅、铜等混入物。

[结晶形态] 斜方晶系。晶体呈柱状、针状。柱面有纵纹。集合体呈柱状、针状、放射状等（图 5-6）。

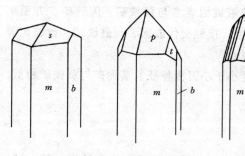

图 5-6 辉锑矿的晶体

[物理性质] 铅灰色或钢灰色，表面常有蓝色的锈色。条痕灰黑色。金属光泽。不透明。一组解理完全。解理面上常有横纹（聚片双晶纹）。硬度 2～2.5。相对密度 4.5～4.6。性脆。

[成因产状] 是分布最广的锑矿物。主要产于低温热液矿床中，常与辰砂、重晶石、萤石、方解石等矿物共生。

[鉴定特征] 以颜色、柱状晶形、晶面有纵纹、解理面上有横纹为特征。滴 KOH 于表面呈橘黄色，随后变为橘红色。辉锑矿的颜色和光泽与方铅矿相似，但辉锑矿为柱状晶形，柱面有纵纹，解理面上有横纹，且比重较小。

[主要用途] 是最主要的锑矿石。锑主要用于耐磨合金、弹头、颜料、炸药等。

辉铋矿 Bi_2S_3

[化学组成]　　Bi 81.30%，S 18.70%。常含有铅、铜、铁、锑、硒等混入物。

[结晶形态]　　斜方晶系。晶体呈柱状或针状（图5-7），晶面大多具纵纹。常呈柱状、针状、毛发状、放射状、粒状、致密块状集合体。

[物理性质]　　略带铅灰的锡白色，表面常带黄色的锖色。条痕灰黑至铅灰色。金属光泽。不透明。一组完全解理。硬度2~2.5。相对密度6.4~6.8。

[成因产状]　　主要产于高温热液的钨、锡、铋矿床中；在中温热液及接触交代矿床中也有产出。

[鉴定特征]　　与辉锑矿相似，但可以锡白色、较强的金属光泽、解理面上无横纹、与KOH不起反应（不变色）等与辉锑矿区别。辉铋矿与辉锑矿不共生。

[主要用途]　　是提取铋的重要矿物。

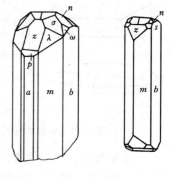

图5-7　辉铋矿的晶体

雄黄　　AsS

[化学组成]　　As 70.1%，S 29.9%。成分较纯。

[结晶形态]　　单斜晶系。晶体呈柱状（图5-8），但较少见。通常呈粒状、致密块状、土状、粉末状等集合体。

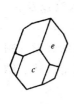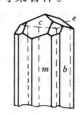

图5-8　雄黄的晶体

[物理性质]　　橘红色，条痕浅橘红色。透明至半透明。晶面具金刚光泽。断口呈松脂光泽。一组解理完全。硬度1.5~2。相对密度3.6。阳光久照发生破坏，转变为橘红色粉末。

[成因产状]　　主要产于低温热液、火山热液矿床中，与雌黄、辉锑矿、辰砂等共生。

[鉴定特征]　　以橘红色，硬度低，与雌黄共生为特征。雄黄与辰砂相似，但辰砂的条痕为鲜红色，相对密度大。

[主要用途]　　提炼砷的主要矿物。砷主要用于农药和玻璃工业。

雌黄　　As₂S₃

[化学组成]　　As 60.91%，S 39.09%。常含锑、硒及微量的汞、锗等类质同象混入物。

[结晶形态]　　单斜晶系。晶体常呈短柱状或板状（图5-9）。晶面常弯曲，有平行柱面的纵纹。晶体少见。通常呈片状、梳状、土状等集合体。

[物理性质]　　柠檬黄色。条痕鲜黄色。油脂光泽至金刚光泽。解理面呈珍珠光泽。半透明。硬度1.5~2。一组解理极完全。薄片具挠性。相对密度3.4~3.5。

[成因产状]　　主要产于低温热液矿床中，与雄黄共生，也可以由火山喷气直接结晶而成，并与自然硫共生。

[鉴定特征]　　以柠檬黄色、硬度低、一组解理极完全为特征。雌黄与自然硫相似，但自然硫解理不完全，条痕黄白色，相对密度较小，故可区别。

[主要用途]　　同雄黄。

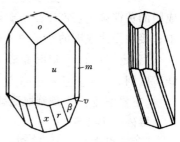

图5-9　雌黄的晶体

辉钼矿　MoS_2

［化学组成］　　Mo 59.94%，S 40.06%。常含有铼和硒等类质同象混入物。

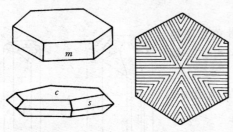

图 5-10　辉钼矿的晶体

［结晶形态］　六方晶系。晶体呈六方片状、板状（图 5-10）。底面上常有晶面条纹。集合体呈鳞片状或片状。

［物理性质］　铅灰色。条痕亮灰色。金属光泽。不透明。硬度 1。底面解理极完全。相对密度 4.7～5.0。薄片具挠性。有滑腻感。

［成因产状］　辉钼矿是分布最广的钼矿物。主要产于高、中温热液矿床和接触交代矿床中。

［鉴定特征］　以铅灰色，亮灰色条痕，金属光泽，硬度低，一组极完全解理为特征。以相对密度较大，光泽较强，颜色也较浅与石墨区别。以片状晶形，一组极完全解理可与方铅矿、辉锑矿区别。

［主要用途］　辉钼矿是提取钼的重要矿石，也是提取铼的主要矿石。钼用于制钼钢和其他多种合金，并用于化工、染料工业。

黄铁矿　FeS_2

［化学组成］　Fe 46.55%，S 53.45%。常含钴、镍、硒等类质同象混入物以及铜、金、银等机械混入物。

［结晶形态］　等轴晶系。晶体完好，常呈立方体、五角十二面体或两者的聚形（图 5-11）。立方体晶面上常有三组互相垂直的晶面条纹。集合体通常呈粒状、致密块状、结核状等。

图 5-11　黄铁矿的晶体

［物理性质］　浅黄铜色，表面常呈黄褐色锈色。条痕绿黑色。强金属光泽。不透明。无解理。硬度 6～6.5。相对密度 4.9～5.2。性脆。断口参差状。

［成因产状］　是地壳中分布最广的硫化物，可在各种不同的地质条件下形成。岩浆成因的黄铁矿主要产于热液矿床中；外生成因的黄铁矿见于沉积岩、煤层及其他沉积矿床中；接触交代成因的产于矽卡岩矿床中。在风化作用下易分解形成褐铁矿。

［鉴定特征］　以其晶形、晶面条纹、浅黄色、硬度大于小刀等特征与黄铜矿、磁黄铁矿区别。

［主要用途］　是制取硫酸的主要矿物原料。当含金、钴、镍时应注意综合利用。

毒砂　FeAsS

［化学组成］　Fe 34.30%，As 46.01%，S 19.69%。常含钴、镍等类质同象混入物和微量的金、银、锑等机械混入物。

［结晶形态］　单斜晶系。晶体呈柱状，柱面上有纵纹。常为粒状或致密块状集合体。

［物理性质］　锡白至钢灰色，浅黄锈色。条痕灰黑色。不透明。金属光泽。硬度 5.5～6。解理不完全。相对密度 5.9～6.29。灼烧后具磁性。

［成因产状］　主要产于高、中温热液矿床中，与锡石、黑钨矿、辉铋矿等共生；也常产于接触交代矿床中，与磁黄铁矿、磁铁矿、黄铁矿等共生。

［鉴定特征］　以锡白色、晶面纵纹、较高的硬度等为特征。

［主要用途］　是提取砷的主要矿物原料。含钴、金多时可综合利用。

第四节　氧化物及氢氧化物大类

一、概述

氧化物和氢氧化物包括一系列金属和非金属元素阳离子与阴离子 O^{2-} 或 OH^- 化合而成的化合物。本大类矿物目前已发现约 260 余种，占地壳总重量的 17%，仅次于含氧盐大类而居第二位。它们中有些是主要造岩矿物，如石英；有的是工业上提取铁、铝、锰、铬、锡、钛、铌、钽、铀等金属的主要来源；还有些矿物的晶体可直接为工业所利用，如刚玉因其高硬度而用以制作磨料和仪表轴承，以及因具压电性而被应用于无线电工业的石英等；而刚玉、石英以及尖晶石等矿物还是制作高、中档宝石的原材料。

与 O^{2-} 和 OH^- 离子化合的阳离子的元素有 40 种左右。最主要的有 Si、Al、Fe、Mn、Ti、Cr、Nb、Ta、Sn、U 等，其中除 Sn 和 U 外，都属惰性气体型离子和过渡型离子，而铜型离子则极少见。类质同象代替现象比硫化物还要广泛。

氧化物类矿物常形成完好的晶形，其光学性质主要决定于阳离子类型。含 Fe、Mn、Cr 过渡型色素离子而使颜色较深，半透明至不透明，玻璃光泽至金属光泽。而含惰性气体型离子 Al、Si、Mg 等的氧化物，则常具浅色，半透明至透明，玻璃光泽。氧化物类矿物的硬度比较高（一般高于 5.5）。相对密度也较大。通常无解理或解理不完全。熔点高，溶解度低。物理和化学性质稳定。

氢氧化物矿物多呈钟乳状、肾状及土状等集合体形态。其光学性质也取决于阳离子类型。但硬度一般较氧化物低。

二、主要矿物描述

赤铁矿　　Fe_2O_3

［化学组成］　Fe 69.94%，O 30.06%。有时含 Ti、Mn、Al 等类质同象混入物。

［结晶形态］　三方晶系。晶体呈厚板状或片状、菱面体状（图 5-12）。底面上可见三角形双晶纹。集合体呈各种形态，片状具金属光泽者称镜铁矿；细小鳞片状者称云母赤铁矿；隐晶质鲕状、豆状、肾状者分别称鲕状赤铁矿、豆状赤铁矿、肾状赤铁矿；红色土状者称铁赭石或赭色赤铁矿。

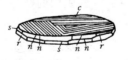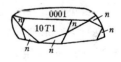

图 5-12　赤铁矿的晶体

［物理性质］　结晶质赤铁矿呈铁黑色至钢灰色，隐晶质或鲕状、肾状者呈暗红色。条痕樱红色。金属光泽至半金属光泽或土状光泽。不透明。无解理。硬度 5.5～6.0，土状者显著降低。性脆。相对密度 5～5.3。

［成因产状］　形成于各种地质作用，但以沉积作用、热液作用和区域变质作用为主。

[鉴定特征] 以樱红色条痕为主要特征。

[主要用途] 为炼铁的主要铁矿石。

锡石 SnO_2

[化学组成] Sn 78.8%、O 21.2%。常含有 Fe、Nb、Ta、Mn 等类质同象混入物。

[结晶形态] 四方晶系。晶体常呈四方双锥、四方柱与四方双锥聚形的柱状。常见膝状双晶（图 5-13）。

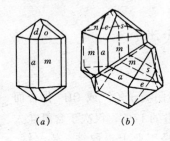

图 5-13 锡石的晶体（a）和双晶（b）

[物理性质] 常见褐色或黑色，黄色或无色者少见。条痕白色至浅褐色。金刚光泽，断口为油脂光泽。半透明。解理不完全。贝壳状断口。硬度 6~7。性脆。相对密度 6.8~7。

[成因产状] 锡石的生成与酸性岩浆有关，特别是与花岗岩关系密切。常产于气化—高温热液的锡石石英脉；接触交代的硫化物矿床中。锡石的化学性质稳定，可形成砂矿床。

[鉴定特征] 晶形、双晶、颜色、比重为主要特征。与金红石、锆石很相似，但相对密度大。将锡石颗粒置于锌片上，加一滴 HCl，数分钟后颗粒表面形成一层灰色金属锡膜。而金红石、锆石无反应。

[主要用途] 炼锡的重要矿物原料。

软锰矿 MnO_2

[化学组成] Mn 63.2%、O 36.8%。常含有 Fe_2O_3、SiO_2 等机械混入物，并含有水。

[结晶形态] 四方晶系。晶体呈针状或柱状，但较少见。常呈块状、粒状、粉末状集合体或结核状、肾状集合体。

[物理性质] 黑色、钢灰色。常带浅蓝锖色。条痕黑色。金属光泽至半金属光泽，有时为暗淡光泽。不透明。柱面解理完全。硬度视结晶程度而异，从 6 可降到 2。易污手。相对密度 4.7~5。

[成因产状] 主要产于浅海沉积的锰矿床和风化矿床中。后者为原生低价锰矿物氧化的产物。

[鉴定特征] 以颜色、条痕、硬度、解理，呈隐晶质者硬度低、易污手为特征。滴双氧水（H_2O_2）剧烈起泡。

[主要用途] 提炼锰的重要矿物原料。

石英 SiO_2

石英是由 SiO_2 形成的一族矿物的统称。包括低温石英（α—石英）和高温石英（β—石英）等一系列同质多象变体。其中最常见的是 α—石英，其次是 β—石英。α—石英在 573℃ 以下时稳定，β—石英在 573~870℃ 之间稳定。在常温常压下 β—石英皆转变为 α—石英，仅保留其外形不变。通常所称的石英即 α—石英，分布最广，也最重要，下面着重介绍其特征。

[化学组成] Si 46.7%，O 53.3%。成分较纯，但常含有气态、液态和固态的机械混入物。

[结晶形态] 三方晶系。晶体多为六方柱和菱面体组成的聚形（图 5-14），有时出现三方双锥和三方偏方面体。柱面常具横纹。集合体常为粒状、致密块状、晶簇状等。

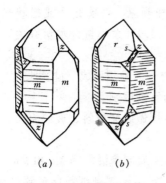

图 5-14 α—石英的晶体
（a）左形；（b）右形

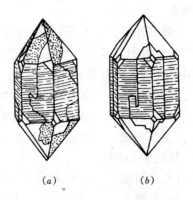

图 5-15 α—石英的双晶
（a）道芬双晶；（b）巴西双晶

α—石英的双晶种类很多，常见的有道芬双晶和巴西双晶（图 5-15）。

β—石英为六方晶系。晶体呈六方双锥或六方双锥与六方柱组成的聚形（图 5-16）。

[物理性质] 通常无色、乳白色或灰色，但由于含不同的混入物而呈现多种颜色。玻璃光泽，断口油脂光泽。硬度 7。无解理。贝壳状断口。相对密度 2.65。具压电性。

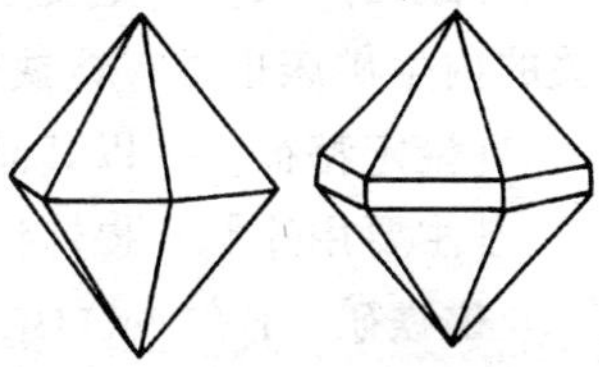

石英根据形态和物理性质的差异有以下变种：

水晶　无色透明的晶体

紫水晶　紫色（含 Fe 或 Ti）透明或半透明的晶体。

烟水晶　烟色（含有机质）的晶体。

图 5-16 β—石英的晶体

墨晶　黑色透明的晶体。

蔷薇石英　浅玫瑰色（含 Ti 或 Mn）的致密块状。

乳石英　乳白色的致密块状。

玉髓（石髓）外形呈钟乳状、肾状、葡萄状及皮壳状等的隐晶质石英。

玛瑙　具不同颜色而呈带状或同心带状分布的玉髓。

碧玉　具砖红色、黄褐色、绿色的隐晶质石英致密块体。

[成因产状] 石英是地壳中分布最广的矿物之一，仅次于长石。石英可在各种地质作用下形成，是许多岩浆岩、沉积岩和变质岩的造岩矿物。其中压电石英及光学水晶主要产于花岗伟晶岩的晶洞中或中、低温热液矿床中。在砂矿中也可见到。

[鉴定特征] 晶形、无解理、贝壳状断口、较高的硬度等与方解石、长石、萤石等区别。

[主要用途] 压电石英为电子工业不可缺少的原料；光学石英可用于光学仪器制造；熔炼石英用制高级玻璃及人造水晶；某些透明或色泽鲜艳的石英，被用作宝石或装饰品等等。

蛋白石　$SiO_2 \cdot nH_2O$

[化学组成] 主要为 SiO_2，常含数量易变的水 5%～10%。可含微量 Al、Fe、Ca、Mg 等混入物。

[结晶形态] 非晶质二氧化硅，无一定外形，常为致密块状、钟乳状、结核状、皮

壳状等。

[物理性质] 无色、蛋白色，因含有杂质可呈现各种颜色。玻璃光泽或蜡状光泽。透明至半透明。贝壳状断口。硬度 5~5.5，相对密度 2.0~2.9（大小与含水量有关）。内部具变彩的蛋白石称为贵蛋白石。

[成因产状] 主要由 SiO_2 胶状沉淀而成或由硅质生物骨骼堆积而成（硅藻土）。

[鉴定特征] 由于含水而硬度低、相对密度小，可与玉髓区别。

[主要用途] 贵蛋白石可作宝石及装饰品。硅藻土可用做研磨材料、玻璃原料等。

钛铁矿 $FeTiO_3$

[化学组成] Fe36.8%、Ti31.6%、O31.6%。常含有类质同象混入物 Mg 和 Mn。

[结晶形态] 三方晶系。晶体呈厚板状，但很少见。常呈不规则细粒状、致密块状集合体。

[物理性质] 铁黑色。条痕黑色，当含有赤铁矿包体时可呈现褐色。金属光泽至半金属光泽。不透明。无解理。硬度 5~6。相对密度 4.7。具弱磁性。

[成因产状] 主要形成于岩浆作用，常与磁铁矿共生，产于基性岩中。与碱性岩有关的内生矿床也常有钛铁矿产出。此外，常见于砂矿中。

[鉴定特征] 以其晶形、条痕和弱磁性与赤铁矿、磁铁矿区别。

[主要用途] 提炼钛的重要矿物原料。

磁铁矿 $Fe^{2+}Fe_2^{3+}O_4$ 或 Fe_3O_4

[化学组成] FeO31%，$Fe_2O_3$69%。常含 Ti、V、Cr、Ni 等类质同象混入物。含钛较多时称钛磁铁矿，含钒、钛均多时称钒钛磁铁矿，含铬多时称铬磁铁矿。

[结晶形态] 等轴晶系。晶体常呈八面体、菱形十二面体或两者组成的聚形 [图 5-17（a）] 集合体为致密块状或粒状。

[物理性质] 铁黑色。条痕黑色。半金属光泽。不透明。硬度 5.5~5.6。无解理。相对密度 4.9~5.2。具强磁性。

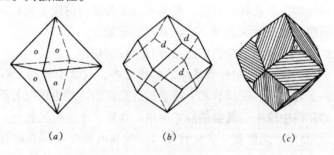

图 5-17 磁铁矿的晶体
(a) 八面体；(b) 菱形十二面体；(c) 聚形及条纹

[成因产状] 磁铁矿分布很广，有多种成因。但主要为岩浆作用、热液作用、接触交代作用和区域变质作用的产物。磁铁矿在氧化带是一种比较稳定的矿物，常见于砂矿中。

[鉴定特征] 铁黑色、无解理、强磁性为主要特征。

[主要用途] 为重要的铁矿石。其中所含的钒、钛、铬等元素可综合利用。

铬铁矿 $FeCr_2O_4$

[化学组成] Fe 32.09%，Cr_2O_3 67.91%。广泛存在类质同象代替，Cr^{3+} 常被 Fe^{3+}、Al^{3+} 代替，Fe^{2+} 常被 Mg^{2+} 代替。

[结晶形态] 等轴晶系。晶体呈八面体，但细小而少见。通常呈粒状或致密块状集合体。

[物理性质] 黑色至带褐的黑色。条痕暗褐色。金属光泽至半金属光泽。不透明。无解理。硬度 5.5。相对密度 4.43～5.09。

[成因产状] 是深成岩浆作用的产物。常产于超基性岩中，与橄榄石、斜方辉石等共生。

[鉴定特征] 黑色，条痕褐色，硬度大，产于超基性岩为特征。

[主要用途] 炼铬的主要矿石。铬用于制造各种不锈钢和特种钢。

铝土矿 $Al_2O_3 \cdot nH_2O$

[化学组成] 铝土矿是由各种铝的氢氧化物所组成的混合物，主要包括一水硬铝石、一水软铝石和三水铝石。常含铁及分散元素镓等。因此，铝土矿不是一种矿物名称，而应作为一种岩石名称使用。

[结晶形态] 通常呈鲕状、豆状、致密块状、土状等集合体。

[物理性质] 颜色变化很大。一般为灰白、褐色、黄色、红色等。土状光泽。硬度 1～3。相对密度 2.5～3.5。有黏土味。

[成因产状] 铝土矿为表生作用的产物，由富含铝质的岩石风化而成或在浅海、湖泊中由胶体沉淀而成。

[鉴定特征] 以特殊的集合体形态、土状光泽及黏土味为特征。使其潮湿加硝酸钴，然后灼烧呈蓝色（Al）。致密块状者与灰岩、页岩相似，但铝土矿硬度较大，页理不明显；与灰岩区别则铝土矿加 HCl 不起泡。

[主要用途] 炼铝的主要矿石。铝用于航空、机械、造船、建筑等工业方面。

褐铁矿 $Fe_2O_3 \cdot nH_2O$

[化学组成] 褐铁矿是铁的氢氧化物所组成的混合物，主要包括针铁矿、水针铁矿、纤铁矿、水纤铁矿等。化学成分不定，一般含铁 30%～63%，常含有 Si、Al、黏土等混入物。

[结晶形态] 常呈肾状、钟乳状、葡萄状、土状、多孔状等集合体形态。

[物理性质] 黄褐色至黑褐色。条痕黄褐色。光泽暗淡。不透明。硬度 1～4，土状者硬度小。相对密度 3.3～4。

[成因产状] 它是分布广泛的表生矿物。主要由含铁矿物风化而成或由氢氧化铁胶体沉淀而成。

[鉴定特征] 形态，颜色，条痕等特征与赤铁矿、磁铁矿区别。

[主要用途] 铁含量达 35%～40% 时，可作为炼铁的矿石。

硬锰矿 $mMnO \cdot MnO_2 \cdot nH_2O$

[化学组成] 硬锰矿是由多种氢氧化锰组成的混合物。其化学成分变化很大，MnO_2，60%～80%；MnO，8%～25%；H_2O，4%～6%。常含少量的 Mg、Ca、Ni、Co、Cu 等混入物。

[结晶形态] 通常呈肾状、钟乳状、葡萄状、树枝状、土状等集合体形态。

[物理性质] 灰黑至黑色。条痕褐黑色至黑色,半金属光泽至暗淡光泽。不透明。无解理。硬度 4~6。相对密度 4.4~4.7。

[成因产状] 硬锰矿是一种次生矿物,在地表条件下由含锰矿物风化形成。常与软锰矿、褐铁矿共生。此外也见于沉积锰矿床中。

[鉴定特征] 以其胶体的形态,黑色及黑色条痕为主要特征。加 H_2O_2 剧烈起泡放出大量氧气,以此可与类似的黑色矿物相区别。

[主要用途] 提炼锰的重要矿物原料。

第五节 卤化物大类

一、概述

卤化物为金属元素阳离子与卤族元素阴离子化合而成的化合物。卤化物矿物约有 120 种,占地壳总重量的 0.5%。其中主要是氟化物与氯化物,其他极少见。

组成卤化物的阳离子主要是惰性气体型离子如 K^+、Na^+、Ca^{2+}、Mg^{2+}、Al^{3+} 等离子,其次为部分铜型离子如 Ag^+、Cu^{2+} 等,阴离子主要为 F^- 与 Cl^-,其次为 Br^-、I^-;另外还含 OH^- 附加阴离子或 H_2O 分子。

卤化物类矿物一般为无色透明、玻璃光泽、解理发育、相对密度小、导电性差,许多矿物可溶于水。

二、主要矿物描述

萤石 CaF_2

[化学组成] Ca 51.33%,F 48.67%。有时含 Y 和 Ce 类质同象混入物。

[结晶形态] 等轴晶系。晶体呈立方体,其次为八面体,少数为菱形十二面体。常见穿插双晶(图 5-18)。集合体为粒状或块状。

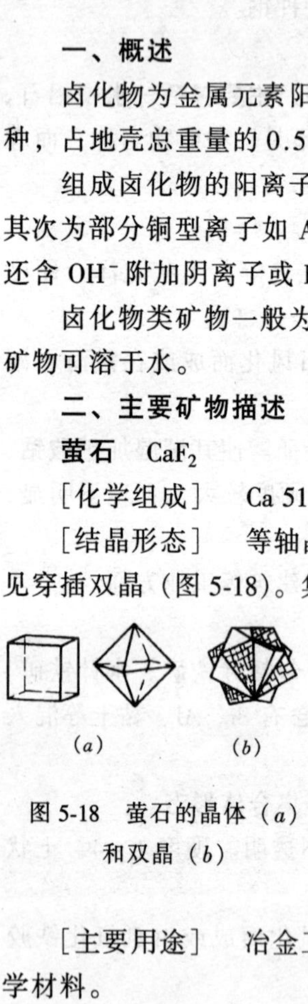

图 5-18 萤石的晶体 (a) 和双晶 (b)

[物理性质] 颜色变化大,最常见的为绿色、黄色、蓝色和紫色等。玻璃光泽。透明至半透明。八面体解理完全。硬度 4。性脆。相对密度 3.18。具荧光性。

[成因产状] 主要产于中、低温热液矿床中,常与方铅矿、闪锌矿等共生。

[鉴定特征] 立方体晶形、八面体解理、硬度 4 等与方解石、石英区别。

[主要用途] 冶金工业中用作熔剂;化学工业用作制取氢氟酸;无色透明者用做光学材料。

石盐 NaCl

[化学组成] Na 39.4%,Cl 60.6%。常含 Rb、Cs、Br、Sr 等类质同象混入物和泥质、卤水、有机质等机械混入物。

[结晶形态] 等轴晶系。晶体呈立方体。集合体呈块状、粒状等。

[物理性质] 纯净者无色透明。当含杂质时可呈灰、黄、红、黑褐等色。玻璃光泽。立方体解理完全。硬度 2。相对密度 2.16。性脆。味咸。易溶于水。烧之呈黄色火焰(Na)。

[鉴定特征] 以立方体晶形和完全解理、易溶于水、味咸为特征。

[主要用途] 作为食用的防腐剂。制取金属钠、制盐酸及其他化工产品的原料。

钾盐 KCl

[化学组成] K，52.4%；Cl，47.6%。常含气态、液态包体和 Br、Cs 等类质同象混入物。

[结晶形态] 等轴晶系。晶体呈立方体或立方体与八面体的聚形。集合体呈致密块状或粒状。

[物理性质] 无色或白色，含杂质也可有蓝色、黄色或红色。纯者透明。玻璃光泽。立方体解理完全。硬度2。相对密度1.99。易溶于水。味苦咸。烧之火焰呈紫色（K）。

[成因产状] 与石盐相似，产于干涸的盐湖中，位于盐层的上部，其下为石盐、石膏等。

[鉴定特征] 以 K 的紫色火焰和苦咸味与石盐区别。

[主要用途] 主要用做钾肥及部分化工原料。

第六节 含氧盐大类

含氧盐大类是指金属阳离子与各种含氧酸根如 $[SiO_4]^{4-}$、$[CO_3]^{2-}$、$[SO_4]^{2-}$、$[PO_4]^{3-}$ 等所组成的盐类矿物。本大类矿物数量最多，约占已知矿物种数的 2/3，占地壳总重量的 4/5 以上。它们是三大岩类岩石的主要组成矿物，也是工业上重要的矿物资源。

根据含氧酸种类的不同，含氧盐可分为以下几类：

硅酸盐类；

硼酸盐类；

磷酸盐、砷酸盐、钒酸盐类；

钨酸盐、钼酸盐类；

铬酸盐类；

硫酸盐类；

碳酸盐类；

硝酸盐类。

本书根据教学大纲的要求，将只介绍硅酸盐、硼酸盐、磷酸盐、硫酸盐、钨酸盐及碳酸盐等 6 类。

一、硅酸盐类

（一）概述

硅酸盐矿物是地壳中分布最广泛，种类最多的一类矿物。目前已发现的矿物有 800 多种，约占已知矿物种类的 1/4，占地壳总重量的 75%。是组成三大类岩石的主要造岩矿物。

1. 化学成分

组成硅酸盐矿物的最主要元素有 8 种，即 O、Si、Al、Fe、Ca、Mg、Na、K，次要元素有 Mn、Ti、B、Be、Zr、Li、H 及 F 等。

硅酸盐矿物的阳离子主要是惰性气体型离子和部分过渡型离子，如 K^+、Na^+、Li^+、Ca^{2+}、Mg^{2+}、Be^{2+}、Al^{3+}、Zr^{4+}、Ti^{4+}、Mn^{2+}、Fe^{2+} 等，而铜型离子则很少见。

硅酸盐矿物的阴离子，主要是由 Si^{4+} 与 O^{2-}（有时外加 Al^{3+} 与 O^{2-}）组成复杂的配离子 $[SiO_4]^{4-}$；此外还有一些附加阴离子，其中最常见的是 OH^-、F^-、Cl^- 及 O^{2-} 等，它们在晶体构造中主要起平衡电价的作用。

2. 配离子的构造类型

组成硅酸盐矿物的离子种类虽然不多，但矿物的种数却非常多，这主要是由于其配离子复杂，并存在着广泛的类质同象等原因所引起的。

在硅酸盐配离子中，每个硅离子被四个氧离子所包围，组成 $[SiO_4]$ 四面体（图 5-19）。它是硅酸盐构造的基本构造单位。应当指出，当 Al^{3+} 离子代替 $[SiO_4]$ 四面体中的 Si^{4+} 时，则组成 $[AlO_4]$ 四面体，它和 $[SiO_4]$ 四面体一道起着相似的作用。

图 5-19 硅氧四面体 $[SiO_4]$

由于 Si^{4+} 离子的化合价为 4 价，它赋予每一个氧离子的电价为 1，即等于氧离子电价的一半，氧离子另一半电价可以用来联系其他阳离子，也可以与另一个硅离子相连。因此，$[SiO_4]$ 四面体可以孤立地存在于晶体构造中，也可以共用氧的方式，以角顶互相连接出现。共用氧可以是一个、二个、三个、甚至是全部四个氧离子，从而形成多种配离子构造类型，因而导致硅酸盐构造的复杂性和多样性。根据硅酸盐四面体在晶体构造中连接方式的不同，可分为五种构造类型的配离子，它们分别和一定的阳离子结合，组成硅酸盐矿物的五个亚类。分述如下：

(1) 岛状构造配离子　岛状构造配离子是一种最简单的配离子。它是以单个的硅氧四面体 $[SiO_4]^{4-}$ 或以两个硅氧四面体角顶相连的双硅氧四面体 $[Si_2O_7]^{6-}$ 的形式，在晶体构造中孤立地存在（包括二者共存的混合型）。它们彼此间不直接相连，称为岛状构造配离子（图 5-20）。岛状构造配离子之间靠金属阳离子来连接，从而组成岛状硅酸盐矿物。

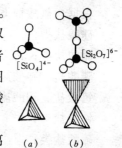

图 5-20 岛状构造配离子

(a) 孤立硅氧四面体 $[SiO_4]^{4-}$；
(b) 孤立双硅氧四面体 $[Si_2O_7]^{6-}$

从电价分配而言，孤立硅氧四面体配离子 [图 5-20 (a)] 中硅离子的正四价平均分给四个氧离子，每个氧离子分得正一价，从而抵消了氧离子的一个负价，氧离子余下一个负价则用来与配离子外的阳离子结合，这种电价未被完全中和的氧称为活性氧。孤立单硅氧四面体配离子中的氧全为活性氧，配离子的总电价为负四价，因此，在晶体构造中，它们必须借助金属阳离子的联系来达到电性中和以保持整个晶体构造的稳定，如镁橄榄石 $Mg_2[SiO_4]$。在图 5-20 (b) 孤立双硅氧四面体配离子中，两个四面体以一个公共氧连接，该公共氧的电价为两个硅所中和，这种离子电价被中和的氧，称为惰性氧，其他六个氧为活性氧。配离子总电价为负六价，因此，也必须借助金属阳离子的联系来达到电性中和以保持整个晶体构造的稳定，如异极矿 $Zn_4[SiO_7](OH)_2 \cdot H_2O$。

(2) 环状构造配离子　环状构造配离子是指由三个、四个或六个硅氧四面体所组成的封闭环，按环中四面体的数目及所联成的形状，可分别称为三方环、四方环和六方环（图

5-21)。环内每个硅氧四面体均以两个角顶分别与相邻的两个四面体相连接;而环与环之间则靠金属阳离子来连接。环状配离子,可用一般式 $[Si_xO_{3x}]^{2x-}$ 表示(x为环中四面体数或硅离子数)。如三方环中有 3 个硅氧四面体即 3 个硅离子,惰性氧为 3 个,活性氧有 6 个,故配离子用 $[Si_3O_9]^{6-}$ 表示,如蓝锥石 BaTi$[Si_3O_9]$。四方环则以 $[Si_4O_{12}]^{8-}$ 来表示,如包头矿 Ba(Ti,Nb)$_8[Si_4O_{12}]O_{16}$Cl。六方环以 $[Si_6O_{18}]^{12-}$ 表示,如绿柱石 Be$_3$Al$_2[Si_6O_{18}]$。

(3) 链状构造配离子 包括单链和双链。它们的共同特点是 $[SiO_4]$ 四面体以角顶相连沿一个方向无限延伸成链状。

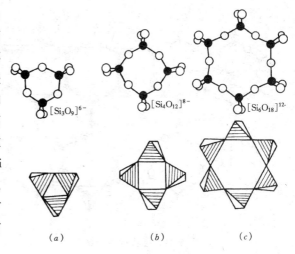

图 5-21 环状构造配离子
(a) 三方环;(b) 四方环;(c) 六方环

单链是指链中每个硅氧四面体以两个角顶分别与相邻的两个硅氧四面体连接成一向无限延伸的连续链[图 5-22(a)],辉石类单链,其配离子可用 $[Si_2O_6]^{4-}$ 表示。如透辉石 CaMg$[Si_2O_6]$。

双链相当于两个单链相并联而成[图 5-22(b)],角闪石类双链,其配离子可用 $[Si_4O_{11}]^{6-}$ 表示。如透闪石 Ca$_2$Mg$_5[Si_4O_{11}]_2$(OH)$_2$。

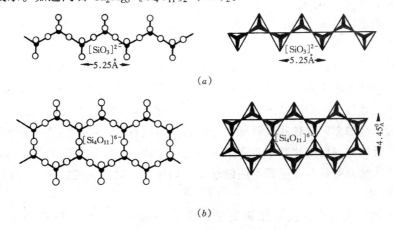

图 5-22 链状构造配离子
(a) 辉石类单链;(b) 角闪石类双链

无论单链或双链,链与链之间都是通过阳离子而互相连接的。

(4) 层状构造配离子 每个硅氧四面体以 3 个角顶与相邻的 3 个硅氧四面体相连接,形成向两个方向无限延展的层(图 5-23),层与层之间靠金属阳离子来连接。同样可以把层状构造配离子层划成若干相等部分进行分析,每个相等部分中有 4 个硅,10 个氧。其中惰性氧 6 个,活性氧 4 个。因此,配离子可用 $[Si_4O_{10}]^{4-}$ 表示,如滑石 Mg$_3[Si_4O_{10}]$(OH)$_2$。

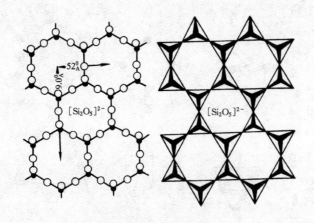

图 5-23 层状构造配离子　　　　　　图 5-24 架状构造配离子

(5) 架状构造配离子　每个硅氧四面体均以其全部 4 个角顶与相邻的 4 个硅氧四面体相连接，形成向三度空间无限扩展的格架（图 5-24）。在这种构造中，由于硅氧四面体全部角顶都用来和相邻的硅氧四面体相连接，因而所有四面体中氧的电价全被中和，所有氧皆为惰性氧，其基本单位可用 $[SiO_2]^0$ 表示。如氧化物类的石英 SiO_2 即属这种构造的矿物。从这个意义上说石英不应归入氧化物类，应是典型的架状构造硅酸盐矿物。但在架状构造硅酸盐的配离子中，并非全由硅氧四面体组成，而必须有一部分硅氧四体中的 Si^{4+} 被 Al^{3+} 所代替形成铝氧四面体。这样，才能出现过剩的负电价而成为架状构造配离子，也只有这样才能形成架状构造配离子与阳离子结合组成复杂的架状构造铝硅酸盐。这样，架状构造配离子可用 $[Al_xSi_{n-x}O_{2n}]^{x-}$ 表示，它与一定的阳离子结合，就形成架状构造铝硅酸盐矿物。如正长石 $K[AlSi_3O_8]$、钠长石 $Na[AlSi_3O_8]$、钙长石 $Ca[Al_2Si_2O_8]$ 等。

3．结晶形态

由于硅酸盐矿物具有上述不同的配离子构造类型，因而表现在结晶形态上也各有不同的特征。岛状构造硅酸盐多属三向等长的粒状，如橄榄石、石榴石等。环状构造硅酸盐，由于垂直方向上环与环之间联结力较强，故呈柱状形态，如绿柱石、电气石等。链状构造硅酸盐则平行于链的方向成柱状、针状，如辉石、角闪石等。层状构造硅酸盐如云母，绿泥石等，多平行构造层而呈片状。至于架状构造硅酸盐则主要决定硅氧四面体和铝氧四面体在格架内部联结力的强弱，呈现不同的形态，如柱状、板状、粒状等。

4．物理性质

硅酸盐矿物的颜色主要决定于阳离子种类。一般说，岛状、环状、链状和层状的硅酸盐，常含色素离子如 Fe^{2+}、Fe^{3+}、Mn^{2+} 等，矿物常呈深色；而架状硅酸盐含色素离子较少，因而矿物多呈浅色。尽管颜色有深有浅，但条痕一般都是浅色至无色。矿物一般透明到半透明。大多数矿物为玻璃光泽，少数具金刚光泽，没有金属光泽和半金属光泽。

矿物的解理特征与配离子类型有关。岛状硅酸盐呈三向等长者，一般无完全解理。环状硅酸盐的解理一般不好，如绿柱石等。链状硅酸盐的解理多为平行于链的柱状解理，如辉石、角闪石等。层状硅酸盐的解理则平行于构造层，呈极完全解理，如云母等。而架状硅酸盐的解理，则决定于化学键力的分布，如长石族矿物具两组完全解理。

硅酸盐矿物的硬度一般均较高，层状硅酸盐是个例外。岛状、环状硅酸盐可达6~8；链状和架状硅酸盐在5~6之间；层状硅酸盐则硬度最低，多为1~3，最高者也仅有5左右。

5．分类

硅酸盐矿物按其配离子的不同分为五个亚类：

岛状构造硅酸盐亚类；

环状构造硅酸盐亚类；

链状构造硅酸盐亚类；

层状构造硅酸盐亚类；

架状构造硅酸盐亚类。

(二) 主要矿物描述

1．岛状构造硅酸盐亚类

橄榄石 $(Mg, Fe)_2[SiO_4]$

[化学组成] 橄榄石是由镁橄榄石$Mg_2[SiO_4]$和铁橄榄石$Fe_2[SiO_4]$所组成的完全类质同象系列。常含有Mn、Ni、Co等类质同象混入物。

[结晶形态] 斜方晶系。晶粒呈短柱状、厚板状（图5-25），但少见，通常呈粒状集合体。

[物理性质] 橄榄绿色或黄绿色，随含Fe量的增加而颜色加深。玻璃光泽或油脂光泽。硬度6~7。解理不完全。常见贝壳状断口。相对密度3.27~4.37。

[成因产状] 主要产于超基性和基性岩中，常与辉石、基性斜长石、铬铁矿、磁铁矿等共生。

[鉴定特征] 橄榄绿色，粒状，玻璃光泽，贝壳状断口，产于基性、超基性岩为特征。

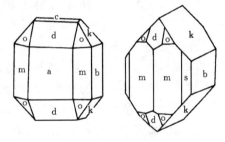

图5-25 橄榄石的晶体

[主要用途] 富镁的橄榄石可做耐火材料；透明、颗粒粗大者可做宝石。

石榴石 $A_3B_2[SiO_4]_3$

[化学组成] 石榴石包括一系列类质同象亚种，化学式中A代表二价阳离子，主要为Ca^{2+}、Mg^{2+}、Fe^{2+}、Mn^{2+}等，B代表三价阳离子，主要为Al^{3+}、Fe^{3+}、Cr^{3+}等。由于相似的阳离子可以互相代替，形成类质同象，因而可将石榴石分为两个类质同象系列：

铝榴石 $(Mg, Fe, Mn)_3Al_2[SiO_4]_3$ 系列：

镁铝榴石　　　　　$Mg_3Al_2[SiO_4]_3$

铁铝榴石　　　　　$Fe_3Al_2[SiO_4]_3$

锰铝榴石　　　　　$Mn_3Al_2[SiO_4]_3$

钙榴石 $Ca_3(Al, Fe, Cr\cdots)_2[SiO_4]_3$ 系列：

钙铝榴石　　　　　$Ca_3Al_2[SiO_4]_3$

钙铁榴石　　　　　$Ca_3Fe_2[SiO_4]_3$

钙铬榴石　　　　　$Ca_3Cr_2[SiO_4]_3$

[结晶形态] 等轴晶系。晶体常呈菱形十二面体，四角三八面体及两者的聚形（图5-26）。集合体呈粒状或致密块状。

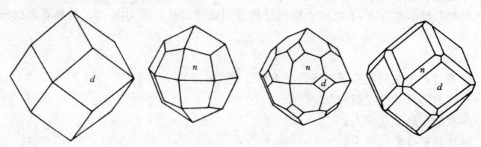

图 5-26 石榴石的晶体

[物理性质] 颜色常为红色、褐色、黄色、绿色至黑色等。油脂光泽。透明至半透明。无解理。硬度 6.5～7.5。相对密度 3.5～4.2。

[成因产状] 石榴石主要为变质作用形成。铝榴石常见于岩浆岩、伟晶岩和片岩、片麻岩中。钙榴石主要产于岩浆岩和石灰岩的接触带。

[鉴定特征] 主要根据其特有的晶形、颜色、高硬度、无解理等识别。

[主要用途] 用做研磨材料。透明美观者可作宝石。

红柱石 $Al_2[SiO_4]O$

[化学组成] Al_2O_3 63.2%，SiO_2 36.8%。常含少量的 Fe、Mn 等类质同象混入物。

图 5-27 红柱石的晶体及其横断面炭质包体

[结晶形态] 斜方晶系。晶体呈柱状，横切面近于正方形（图5-27）。含炭质包裹体并且在其中呈十字形走向排列的红柱石称为空晶石。集合体呈柱状、放射状、粒状。放射状集合体形似菊花，故名菊花石。

[物理性质] 呈灰白色、肉红色、红褐色等。玻璃光泽。柱面解理完全。硬度 6.5～7.5。相对密度 3.16～3.2。

[成因产状] 红柱石为典型的中低温热变质作用的产物，亦可在区域变质岩的片岩、片麻岩中产出。

[鉴定特征] 以晶形，横切面形状，放射状集合体、硬度大等为主要特征。

[主要用途] 可作耐火材料。清澈透明者可做宝石及装饰品。

蓝晶石 $Al_2[SiO_4]O$

[化学组成] Al_2O_3 63.2%，SiO_2 36.8%。常含 Fe、Ti、Cr 等类质同象混入物。

[结晶形态] 三斜晶系。晶体常呈长板状（图5-28）。集合体呈叶片状。

[物理性质] 蓝灰色或浅蓝色。玻璃光泽。硬度随方向而异，平行晶体延长方向为 4.5，垂直方向为 6，故又称二硬石。柱面解理完全。相对密度 3.55～3.66。

[成因产状] 是典型的泥质岩石经区域变质作用的产物，常与石榴石、十字石、刚玉等共生。

图 5-28 蓝晶石的晶体

[鉴定特征] 以其长板状晶形、蓝色、明显的硬度异向性为主要特征。

[主要用途]　与红柱石相同。

矽线石　$Al_2[SiO_4]O$

[化学组成]　Al_2O_3 63.2%，SiO_2 36.8%。有时含 Fe。

[结晶形态]　斜方晶系。晶体呈长柱状、针状。集合体呈针状、放射性、纤维状等。

[物理性质]　通常呈灰白色，但也可因杂质而呈黄、褐、灰绿色等。玻璃光泽。一组柱面解理完全。硬度 7。相对密度 3.23~3.27。

[成因产状]　是典型的泥质岩经高温变质的产物。产于接触变质及区域变质的片岩、片麻岩中。

[鉴定特征]　以针状晶形和柱面解理完全为特征。

[主要用途]　同红柱石。

十字石　$FeAl_4[SiO_4]_2O_2(OH)_2$

[化学组成]　FeO 15.8%，Al_2O_3 55.9%，SiO_2 26.3%，H_2O 2.0%。有时含 Co、Zn、Ni 等类质同象混入物。

[结晶形态]　单斜晶系。晶体多呈柱状或十字双晶（图 5-29）。集合体呈不规则粒状。

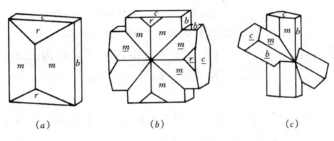

图 5-29　十字石的晶体和双晶
(a) 晶体；(b) 十字形双晶；(c) X 形双晶

[物理性质]　黄褐色、红褐色至褐黑色。玻璃光泽。风化后或成分不纯时可呈土状光泽。一组解理中等。硬度 7~7.5。相对密度 3.74~3.83。

[成因产状]　主要是区域变质作用的产物，少数为接触变质作用的产物。十字石通常作为中级变质岩石的标准矿物。

[鉴定特征]　短柱状晶形。横断面为菱形，特别是双晶形状，硬度大等，以此区别红柱石。

[主要用途]　透明的十字石可作雕刻宝石。此外，在岩石学上有一定意义。

黄玉　$Al[SiO_4](F,OH)_2$

[化学组成]　Al_2O_3 56.6%，SiO_2 33.4%，H_2O 10%。F^- 与 OH^- 可替代。

[结晶形状]　斜方晶系。晶体为柱状，柱面具纵纹。集合体常见柱状、粒状或块状。

[物理性质]　无色、黄色、浅蓝色等。玻璃光泽。底面解理完全。硬度 8。相对密度 3.52~3.57。

[成因产状]　黄玉形成于高温并富含挥发组分的条件下，是典型的气成矿物。主要产于花岗岩、云英岩和高温气成热液矿脉中，常与锡石、电气石、萤石等共生。因其化学性质稳定，故也出现在砂矿中。

[鉴定特征]　以柱状晶形、柱面有纵纹、底面完全解理、高硬度为主要特征。

[主要用途]　透明色美的晶体可作宝石。其他可做研磨材料。

榍石　CaTi[SiO$_4$]O

[化学组成]　CaO 28.6%，TiO$_2$ 40.8%，SiO$_2$ 30.6%。常含少量稀土元素。

[结晶形态]　单斜晶系。晶体常见，多呈扁平的信封状，横断面呈菱形。集合体呈板状、粒状等。

[物理性质]　黄色、灰色、褐色、黑色等。玻璃光泽至金刚光泽。透明至半透明。解理不完全。硬度 5～5.5。相对密度 3.29～3.60。

[成因产状]　榍石作为副矿物广泛分布于各种岩浆岩中，常见于中性、酸性岩中。

[鉴定特征]　以其特有的信封状晶形、菱形横断面及金刚光泽为特征。

[主要用途]　大量聚集时可作为提炼钛的矿物原料。色泽美丽透明者可做宝石原料。

绿帘石　Ca$_2$(Al, Fe)$_3$[SiO$_4$][Si$_2$O$_7$]O(OH)

[化学组成]　绿帘石与斜黝帘石 Ca$_2$Al$_3$[SiO$_4$][Si$_2$O$_7$]O(OH) 之间为一完全类质同象系列。当绿帘石中的 Fe^{3+} 逐步被 Al^{3+} 替代时，则过渡为斜黝帘石。此外，还可含 Mn、Mg、Cr 等类质同象混入物。

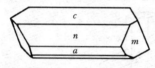

图 5-30　绿帘石的晶体

[结晶形态]　单斜晶系。晶体呈柱状、针状（图 5-30）。集合体呈放射状、粒状或块状等。

[物理性质]　呈各种不同色调的绿色，含铁多者呈黑色。玻璃光泽。底面解理完全。硬度 6～6.5，相对密度 3.25～3.45。

[成因产状]　绿帘石为常见的变质矿物。多见于绿色片岩中与钠长石、阳起石和绿泥石等共生。亦可由热液交代作用形成。

[鉴定特征]　以其晶形、特有的黄绿色及一组完全解理为特征。

2．环状构造硅酸盐亚类

绿柱石　Be$_3$Al$_2$[Si$_6$O$_{18}$]

[化学组成]　BeO 14.1%，Al$_2$O$_3$ 19%，SiO$_2$ 66.9%。常含 K、Na、Li 等，亦可含少量水。

[结晶形态]　六方晶系。晶体呈六方柱状（图 5-31），柱面上有纵纹。集合体呈晶簇状、柱状或块状等。

[物理性质]　通常为淡绿色、浅黄色，也有呈翠绿色、浅蓝色、粉红色、无色等。玻璃光泽。透明至半透明。解理不完全。硬度 7.5～8。相对密度 2.65～2.8。

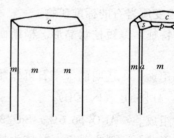

图 5-31　绿柱石的晶体

[成因产状]　主要产于花岗伟晶岩、高温热液矿脉及云英岩中。

[鉴定特征]　六方柱状、浅绿色、硬度大为主要特征。

[主要用途]　色泽鲜艳的绿柱石用做宝石。祖母绿为最贵重的宝石。另一用途是作为提取 Be 的矿物原料。

电气石　$Na(Mg, Fe, Mn, Li, Al)_3Al_6[Si_6O_{18}][BO_3]_3(OH, F)_4$

［化学组成］　化学成分比较复杂。以含 B 为特征。按其化学组成，有锂电气石、黑电气石、镁电气石等三个端员组构成，三者之间均可形成类质同象。

［结晶形态］　三方晶系。晶体呈柱状，柱面上有纵纹，横断面呈球面三角形（图5-32）。集合体呈放射状、针状或粒状。

图 5-32　电气石的晶体

［物理性质］　电气石的颜色与成分有关，最常见者为黑色，其他有蓝、绿、淡红等色。玻璃光泽。无解理。硬度 7～7.5。相对密度 3.0～3.25。有热电性和压电性。

［成因产状］　主要产于花岗伟晶岩和气成热液矿脉中。镁电气石一般产于变质岩中。

［鉴定特征］　柱状晶形，柱面有纵纹，横断面呈球面三角形为主要特征。

［主要用途］　色泽鲜艳者可做宝石。此外，压电性好的晶体可做无线电工业材料。

3. 链状构造硅酸盐亚类

链状构造硅酸盐，可分单链和双链。

(1) 单链构造硅酸盐——辉石族矿物

紫苏辉石　$(Mg, Fe)_2[Si_2O_6]$

［化学组成］　紫苏辉石为顽火辉石 $Mg_2[Si_2O_6]$ ~ 正铁辉石 $Fe_2[Si_2O_6]$ 完全类质同象系列的一种。含 $Fe_2[Si_2O_6]$ 分子为 30%～50%。

［结晶形态］　斜方晶系。晶体呈短柱状，横断面呈假正方形或八边形。通常呈不规则粒状、块状集合体。

［物理性质］　绿色或褐色。玻璃光泽。二组柱面解理完全，交角为 87° 和 93°。硬度 5～6。相对密度 3.3～3.6。

［成因产状］　主要产于基性岩浆岩中，也可产于变质岩中。

［鉴定特征］　短柱状晶形，颜色较深，二组解理交角 87° 等为主要特征。

透辉石　$CaMg[Si_2O_6]$

［化学组成］　透辉石与钙铁辉石 $CaFe[Si_2O_6]$ 为完全类质同象系列，其中 Mg 和 Fe 以任意比例替代。有时含 Al、Ti、Cr 等类质同象混入物。

［结晶形态］　单斜晶系。晶体呈短柱状，横断面呈近似正方形。常见接触双晶或聚片双晶。集合体多为粒状、放射状或块状。

［物理性质］　纯净者无色，因含杂质呈淡绿色或浅褐色。玻璃光泽。柱状解理完全，交角 87° 和 93°。硬度 5.5～6。相对密度 3.22～3.38。

［成因产状］　透辉石是矽卡岩的特征矿物，常与石榴石、阳起石共生。基性和超基性岩中也广泛产出。

［鉴定特征］　以短柱状晶形、颜色、横断面形状、成因等为主要特征。

普通辉石　$Ca(Mg, Fe, Ti, Al)[(Si, Al)_2O_6]$

［化学组成］　含 $CaSiO_3$ 25%～45%，$MgSiO_3$ 10%～65%，$FeSiO_3$ 10%～65%。成分变化大，并常含 Na、Ti、Cr、Mn 等类质同象混入物。

［结晶形态］　单斜晶系。晶体呈短柱状，横断面呈近八边形（图5-33）。常呈接触双晶或聚片双晶。集合体为粒状或块状。

［物理性质］　绿黑色至黑色。玻璃光泽。柱状解理完全，解理夹角为 87° 和 93°。比

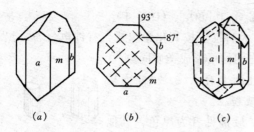

图 5-33 普通辉石的晶体、横断面和双晶
(a) 晶体；(b) 横断面；(c) 接触双晶

重 3.23～3.52。

[成因产状] 是基性和超基性岩浆岩的主要造岩矿物之一，常与基性斜长石、橄榄石、角闪石共生。

[鉴定特征] 以颜色、短柱状晶形、近八边形的横断面为主要特征。

(2) 双链构造硅酸盐——角闪石族矿物

透闪石 $Ca_2Mg_5[Si_4O_{11}]_2(OH)_2$

[化学组成] 透闪石至低铁阳起石 $Ca_2Fe_5[Si_4O_{11}]_2(OH)_2$ 为一完全类质同象系列，其中间成员为阳起石。透闪石含 CaO 13.8%，MgO 24.6%，SiO_2 58.8%，H_2O 2.8%。

[结晶形态] 单斜晶系。晶体呈长柱状、针状。集合体成放射状、针状、纤维状等。

[物理性质] 白色或灰色、浅绿色。玻璃光泽。硬度 5～6。柱状解理完全，解理夹角为 56°和 124°。相对密度 3.0～3.3。

呈纤维状集合体的透闪石或阳起石，分别称为透闪石石棉或阳起石石棉；呈隐晶质致密块状者，称软玉。

[成因产状] 典型的接触变质矿物，主要产于岩浆岩与碳酸盐岩接触带。有时见于结晶片岩中。

[鉴定特征] 以柱状、针状晶形，浅色，两组解理为特征。以解理夹角区别于辉石，以较浅的颜色区别于普通角闪石。

普通角闪石 $Ca_2Na(Mg,Fe)_4(Al,Fe)[(Si,Al)_4O_{11}]_2(OH)_2$

[化学组成] 成分复杂，类质同象代替比较普遍。

[结晶形态] 单斜晶系。晶体多呈长柱状或针状，横断面呈假六边形（图 5-34）。集合体呈柱状、针状或粒状等。

[物理性质] 深绿色至黑色。玻璃光泽。半透明。柱状解理完全，解理夹角为 56°和 124°。硬度 5～6。相对密度 3.1～3.3。

[成因产状] 普通角闪石为分布广泛的造岩矿物之一，是组成中、酸性岩浆岩的主要矿物。在区域变质岩中也很常见。

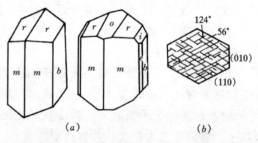

图 5-34 普通角闪石的晶体 (a) 和横断面 (b)

[鉴定特征] 以颜色、长柱状晶形、两组完全解理为特征。由晶形和解理夹角区别于辉石，以深色区别于其他角闪石族矿物。

4. 层状构造硅酸盐亚类

蛇纹石 $Mg_6[Si_4O_{10}](OH)_8$

[化学组成] MgO 43%，SiO_2 44.1%，H_2O 12.9%。常含有 Fe、Ni 等类质同象混入物。

[结晶形态] 单斜晶系。通常呈致密块状、片状、纤维状集合体。呈纤维者称蛇纹石石棉或温石棉。

[物理性质] 颜色呈各种色调的绿色，常具有蛇皮状的青、绿色斑纹。油脂光泽或

腊状光泽，纤维状者呈丝绢光泽。半透明。底面解理完全。硬度2.5～3.5。相对密度2.2～3.6。

［成因产状］ 主要由超基性岩经热液蚀变而成。白云岩受热液作用也可以形成蛇纹石。

［鉴定特征］ 以斑驳状的颜色、蜡状光泽、硬度低为主要特征。

［主要用途］ 用做建筑材料、耐火材料、钙镁磷肥原料等。色泽鲜艳者可做工艺美术石料。温石棉是石棉的主要来源。

高岭石 $Al_4[Si_4O_{10}](OH)_8$

高岭石名称来自我国江西景德镇的高岭（山名），因该地所产高岭石质地优良，在国内外久享盛名。

［化学组成］ Al_2O_3 41.2%，SiO_2 48%，H_2O 10.8%。常含少量Ca、Mg、K、Na、Cr等混入物。

［结晶形态］ 三斜晶系。通常呈土状或致密块状集合体。

［物理性质］ 白色，因含杂质可染成浅黄、浅灰、浅红等色。光泽暗淡呈土状。硬度1～3.0。相对密度2.6～2.63。干燥者粘舌（具吸水性），潮湿后具可塑性，但不膨胀。

［成因产状］ 高岭石是最常见的黏土矿物之一，为高岭土或黏土的主要成分。它总是由铝酸盐矿物（特别是长石）经风化或热液蚀变形成的一种次生矿物。

［鉴定特征］ 呈土状，硬度低，具可塑性等特征。它与其他黏土矿物（如蒙脱石、伊利石等）用肉眼难以区别，须借助仪器鉴定。

［主要用途］ 主要用做陶瓷原料。在造纸、橡胶、化工等工业及耐火材料的制造等方面也都有广泛的应用。钻探工程用做泥浆。

滑石 $Mg_3[Si_4O_{10}](OH)_2$

［化学组成］ MgO 31.72%，SiO_2 63.52%，H_2O 4.76%。常含有Fe及微量Al、Mn、Ca、Ni等混合物。

［结晶形态］ 单斜晶系。晶体少见。常见片状或叶片状、致密块状集合体。

［物理性质］ 无色或白色，含杂质时可呈浅绿色、浅黄等色。透明至半透明。蜡状光泽，解理面上珍珠光泽。底面解理完全。硬度1。相对密度2.58～2.83。具滑感。薄片具挠性。

［成因产状］ 主要由富含镁的岩石经热液蚀变或接触变质形成。

［鉴定特征］ 浅色、片状、低硬度、底面完全解理、具滑感等为主要特征。

［主要用途］ 造纸和橡胶工业用做填充剂；纺织工业做漂白剂；陶瓷工业用做绝缘器；冶金工业用做耐火材料。

叶蜡石 $Al_2[Si_4O_{10}](OH)_2$

［化学组成］ Al_2O_3 28.3%，SiO_2 66.7%，H_2O 5%。成分变化不大。

［结晶形态］ 单斜晶系。晶体极少见。常呈叶片状、鳞片状或致密块状集合体。隐晶质致密块状的叶蜡石称寿山石或青田石。

［物理性质］ 白色、浅绿、浅黄和淡灰色。半透明。玻璃光泽，致密块状者呈油脂光泽，解理面呈珍珠光泽，硬度1～2。底面解理完全。相对密度2.65～2.90。具滑感。叶片微具挠性而无弹性。

[成因产状]　叶蜡石常见于变质岩中。主要由中酸性喷出岩、凝灰岩或酸性结晶片岩经热液作用变质而成。福建寿山、浙江青田是著名的叶蜡石产地。

[鉴定特征]　以片状习性、解理、光泽及滑感等为特征。

[主要用途]　基本同滑石。色泽鲜艳的寿山石、青田石是重要的雕刻材料。

白云母　$KAl_2[AlSi_3O_{10}](OH)_2$

[化学组成]　K_2O 11.8%，Al_2O_3 38.5%，SiO_2 45.2%，H_2O 4.5%。常含有 Ba、Na、Ca、Rb、Li、Fe、Cr 等类质同象混入物。

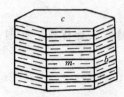

图 5-35　白云母的晶体

[结晶形态]　单斜晶系。晶体呈假六方的板状、片状和柱状（图 5-35）。集合体呈片状或鳞片状。极细小的鳞片状集合体称为绢云母。

[物理性质]　无色透明，因含杂质而常呈浅黄、浅绿等色。玻璃光泽，解理面上呈珍珠光泽。底面解理极完全。硬度 2.5～3。相对密度 2.76～3.10。薄片具弹性。绝缘性能极好。

[成因产状]　白云母是一种分布广泛的造岩矿物。在三大类岩石中均可出现，具有工业意义的白云母一般产于花岗伟晶岩中。

[鉴定特征]　以形态、极完全解理、薄片具弹性和浅色为特征。以其颜色区别其他云母。

[主要用途]　用于电气工业中的绝缘材料。碾碎的云母粉用于建筑及耐火材料、橡胶业等。

黑云母　$K(Mg, Fe)_3[AlSi_3O_{10}](OH)_2$

[化学组成]　化学成分复杂，类质同象替代广泛，尤其在 Mg、Fe 间可以完全替代，因而其组分很不稳定。当 Mg:Fe<2:1 时为黑云母；当 Mg:Fe>2:1 时称金云母。此外，常含有 Na、Ca、Ba、Rb、Cs、Ti 等。

[结晶形态]　单斜晶系。晶体呈六方板状或柱状，但较少见。通常呈片状、鳞片状集合体。

[物理性质]　常为黑色、棕色、褐色等。玻璃光泽，解理面上呈珍珠光泽。底面解理极完全。硬度 2.5～3。薄片具弹性。相对密度 3.02～3.12。

[成因产状]　广泛分布于岩浆岩及变质岩中。黑云母经热液蚀变或风化作用变成蛭石。

[鉴定特征]　片状形态，黑色，一组极完全解理，薄片具弹性等为主要特征。

绿泥石　$(Mg, Al, Fe)_6[(Al, Si)_4O_{10}](OH)_8$

[化学组成]　绿泥石实际是绿泥石族矿物的统称，其化学成分复杂，类质同象替代广泛。

[结晶形态]　单斜晶系。晶体呈假六方片状、板状或柱状，但较少见。通常呈鳞片状集合体。

[物理性质]　呈各种不同色调的绿色。透明至半透明。玻璃光泽。解理面上珍珠光泽。底面解理极完全。薄片无弹性。硬度 2～2.5。相对密度 2.68～3.40。

[成因产状]　主要产于低级区域变质岩（绿泥片岩）及中低温热液蚀变岩中。富铁的绿泥石主要产于沉积铁矿中。

[鉴定特征]　以其颜色、片状、极完全解理、薄片无弹性等为主要特征。

5．架状构造硅酸盐亚类

如前所述，本亚类矿物在晶体构造中，每个硅氧四面体与相邻四个硅氧四面体以角顶相连，构成沿三度空间无限扩展的架状构造。在架状构造中，部分 Si^{4+} 被 Al^{3+} 代替，从而出现了多余的负电价及较大空隙，这就要求有低电价、大半径的阳离子如 Na^+、K^+、Ca^{2+}、Ba^{2+} 等进入晶格，从而形成铝硅酸盐矿物。

本亚类绝大多数为铝硅酸盐矿物，主要包括长石族、似长石族、沸石族等。其中最重要的是长石族。

长石族

长石族是地壳中分布最广的矿物，约占地壳总重量的50%，绝大部分岩浆岩及部分变质岩和沉积岩中都有它的存在。

按化学组成来说，长石族是钾、钠、钙和钡的铝硅酸盐，有时可含微量的 Li、Cs、Rb、Sr 等类质同象混入物。

长石族矿物类质同象极为普遍，主要有：

钾钠长石系列　　　　K[$AlSi_3O_8$]——Na[$AlSi_3O_8$]

钠钙长石系列　　　　Na[$AlSi_3O_8$]——Ca[$Al_2Si_2O_8$]

长石族矿物属单斜晶系和三斜晶系。晶体呈短柱状或厚板状，双晶极为发育。两组完全解理夹角90°或近于90°。大多数为浅色，玻璃光泽。硬度6～6.5，相对密度较小等。

钾钠长石系列——钾长石亚族

本亚族由钾长石 K[$AlSi_3O_8$]（用 Or 表示）和钠长石 Na[$AlSi_3O_8$]（用 Ab 表示）在高温时形成的连续类质同象系列，当温度降低时类质同象即发生离解，形成钾长石和钠长石所构成的连晶，称为条纹长石。本亚族常见的矿物有正长石、透长石、长石、微斜长石等。钾长石和钠长石的金属阳离子为 K^+ 和 Na^+，因此，统称为碱性长石。

正长石　K[$AlSi_3O_8$]

[化学组成]　K_2O 16.9%，Al_2O_3 18.4%，SiO_2 64.7%。常含有 Na[$AlSi_3O_8$] 分子，可达20%～50%；此外，常有 Fe、Ba、Rb、Cs 等混入物。

[结晶形态]　单斜晶系。晶体呈短柱状或厚板状（图5-36）。常具有卡斯巴双晶。

由于类质同象离解，钠长石呈细条纹片状分离出来，在正长石中形成条纹嵌晶，称为"条纹长石"。

[物理性质]　肉红色，浅黄红或浅黄白色。玻璃光泽。两组解理完全，交角为90°。硬度6。相对密度2.57。

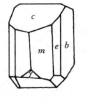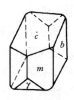

图5-36　正长石的晶体

[成因产状]　主要产于中、酸性和碱性岩浆岩、各种片麻岩、混合岩中；砂岩中也有产出。正长石风化后可变成高岭土。

[鉴定特征]　肉红色、两组完全解理、卡斯巴双晶等为主要特征。

[主要用途]　用于陶瓷、玻璃工业原料，也可提取钾肥。

微斜长石　K[$AlSi_3O_8$]

[化学组成]　与正长石相似。含钠长石分子约为20%。含 Rb、Cs 多的绿色变种称天河石。

[结晶形态]　三斜晶系。晶形与正长石相似。普遍发育有格子双晶（图 5-37）。

[物理性质]　与正长石相似，仅因属三斜晶系，两组完全解理交角为 89°40′，因而得名微斜长石。

[成因产状]　产于深成的中酸性及碱性侵入岩中，伟晶岩和交代成因的混合岩中也常见。

[鉴定特征]　与正长石的惟一区别是具格子双晶，在显微镜下能分辩出来。

[主要用途]　与正长石相同，天河石可提取 Rb、Cs。

透长石　$K[AlSi_3O_8]$

[化学组成]　常含数量不等的 $Na[AlSi_3O_8]$ 分子，一般小于 30%。

[结晶形态]　单斜晶系。晶体常呈板状，双晶以卡斯巴双晶为主。

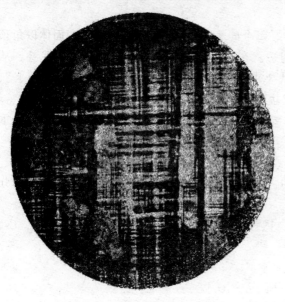

图 5-37　微斜长石的格子双晶（正交偏光镜下）

[物理性质]　晶体无色透明。玻璃光泽。其他性质同正长石。

[成因产状]　中酸性火山岩中常见的矿物，尤以流纹岩和粗面岩中常见，多呈斑晶出现。透长石为高温喷出物快速冷却岩石的特征矿物。

[鉴定特征]　以其无色透明的晶体，产于火山岩中与其他长石区别。

钠钙长石系列——斜长石亚族

斜长石　$(100～n)Na[AlSi_3O_8]～nCa[Al_2Si_2O_8]$

[化学组成]　斜长石是由钠长石 $Na[AlSi_3O_8]$ 和钙长石 $Ca[Al_2SiO_8]$（用 An 表示）组成的类质同象系列的总称。根据 Ab 和 An 二者相对含量的不同，可将斜长石划分为 3 类（岩浆岩分类的需要）6 种矿物。同时把 An 的百分数，作为斜长石的牌号。斜长石的名称和牌号如下：

钠长石　Ab100～90　An0～10 ⎫
更长石　Ab90～70　An10～30 ⎭ 酸性斜长石

中长石　Ab70～50　An30～50 —— 中性斜长石

拉长石　Ab50～30　An50～70 ⎫
培长石　Ab30～10　An70～90 ⎬ 基性斜长石
钙长石　Ab10～0　An90～100 ⎭

斜长石中常见有 Fe、Ti、Mn、Mg、Sr、Ba 等，以及少于 10% 的钾长石组分。

[结晶形态]　三斜晶系。晶体常呈板状，厚板状，柱状。常见有斜长石简单双晶和聚片双晶（图 5-38）。

[物理性质]　白色或灰白色，有时带浅蓝、浅绿等色调。玻璃光泽。两组解理完全。解理夹角 86°24′～86°50′。硬度 6～6.5。相对密度 2.61（钠长石）～2.76（钙长石）。

[成因产状]　斜长石在岩浆岩和变质岩中广泛分布，它对岩石分类是很重要的。在

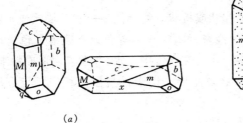

图 5-38 钠长石的晶体和双晶
(a) 钠长石晶体；(b) 钠长石的简单双晶和聚片双晶

基性岩中为基性斜长石，在中性岩为中性斜长石，在酸性岩和碱性岩中为酸性斜长石。在变质岩中是构成各种片岩、片麻岩和变粒岩、混合岩的重要矿物组分。在风化条件下可生成绢云母、高岭土。

[鉴定特征] 以灰白色、聚片双晶、硬度、解理夹角等为主要特征。

[主要用途] 用做陶瓷和玻璃工业的原料。

似长石族

霞石 $KNa_3[AlSiO_4]_4$

[化学组成] 一般含 SiO_2 44%，Al_2O_3 33%，Na_2O 16%，K_2O 5%～6%。还含有少量的 Ca、Mg、Mn、Ti、Be 等。

[结晶形态] 六方晶系。晶体呈六方柱状或厚板状，但很少见。通常呈粒状或块状集合体。

[物理性质] 无色、白色、黄色、浅红色等。透明至半透明。晶面为玻璃光泽，断口油脂光泽。解理不完全，具贝壳状断口。硬度 5.5～6。相对密度 2.6～2.65。

[成因产状] 霞石为碱性岩的典型矿物，在 SiO_2 不足的条件下形成，故不与石英共生。

[鉴定特征] 以其颜色，断口油脂光泽，不完全解理，产于碱性岩等为特征。以较低的硬度区别于石英，以在酸中呈胶状区别于长石。

[主要用途] 用做玻璃和陶瓷工业原料。

二、硼酸盐类

（一）概述

硼酸盐矿物是金属阳离子与硼酸根相化合而成的盐类。目前已知的硼酸盐矿物约有近百种，其中有许多是提炼硼的矿物原料。

组成硼酸盐矿物的金属阳离子有 20 多种，主要的是钙、镁、钠，其次是铁、锰、铝等。大多数硼酸盐矿物含有数量不等的结晶水。阴离子除主要为硼的配离子外，常含有 F^-、Cl^-、OH^-、O^{2-} 等附加阴离子。

绝大多数硼酸盐矿物都呈白色或浅色，透明，玻璃光泽，相对密度不大，硬度也较低。

（二）主要矿物描述

硼砂 $Na_2[B_4O_5(OH)_4]\cdot 8H_2O$

[化学组成]　　Na_2O 16.26%，B_2O_3 36.51%，H_2O 47.23%。

[结晶形态]　　单斜晶系。晶体呈短柱状或板状。集合体呈粒状、块状或土状等。

[物理性质]　　无色或白色，有时微带浅灰、浅黄、浅蓝等色调。条痕无色。玻璃光泽。硬度 2~2.5，相对密度 1.69~1.72。易溶于水。在空气中失水，并在表面形成粉末皮壳。

[成因产状]　　为最常见的硼酸盐矿物。主要产于干旱盐湖沉积中，与石盐、芒硝、石膏等共生。

[鉴定特征]　　以柱状晶形、硬度低、易溶于水等为主要特征。

[主要用途]　　为硼的主要矿物原料。

三、磷酸盐类

(一) 概述

磷酸盐矿物是金属阳离子与磷酸根 $[PO_4]^{3-}$ 相化合而成的盐类。目前已知的磷酸盐矿物约 200 种，但除少数分布较广泛外，大多数产出极少。有些磷酸盐矿物是提取磷、稀土、锂、铀等重要的矿物原料。

组成磷酸盐矿物的金属阳离子主要是钙、铝、铁、铜、铅、稀土元素等。阴离子除主要为磷的配离子外，常含有 F^-、$(OH)^-$、Cl^-、O^{2-} 等附加阴离子。

磷酸盐矿物大都为浅色，玻璃光泽，硬度一般大于 4，相对密度变化大。在该类矿物中，Ca、Mg、Mn、Cu、Rb、Zn、U 的磷酸盐易溶于酸，Th、Al 的磷酸盐不溶于盐酸、硝酸，但可溶于浓硫酸。

(二) 主要矿物描述

磷灰石　　$Ca_5[PO_4]_3(F, Cl, OH)$

[化学组成]　　CaO 54.58%，P_2O_5 41.36%，F 1.23%，Cl 2.27%，H_2O 0.56%。偶见稀土元素以类质同象代替 Ca。

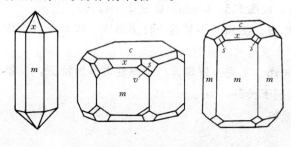

图 5-39　磷灰石的晶体

[结晶形态]　　六方晶系。晶体呈六方柱状（图 5-39）。集合体呈粒状、致密块状、结核状。胶状或隐晶质集合体称胶磷矿。

[物理性质]　　颜色多种多样，以各种色调的绿色较为常见。玻璃光泽，断口油脂光泽。硬度 5。解理不完全，断口呈参差状。相对密度 3.18~3.21。加热后可出现磷光。

[成因产状]　　磷灰石成因多种多样。岩浆成因的多成副矿物产于岩浆岩中；在碱性岩中可形成有工业价值的磷灰石矿床；由沉积成因和沉积变质成因的可形成规模巨大的磷矿床。

[鉴定特征]　　以其六方柱晶形、光泽和硬度作为鉴定特征。另外还可用简便的化学方法试磷：在矿物上加少许钼酸铵粉末，再加一滴硝酸，立即产生磷钼酸铵黄色沉淀。

[主要用途]　　是制造农业磷肥和提取磷的重要矿物原料。

四、硫酸盐类

(一) 概述

硫酸盐矿物是金属阳离子和硫酸根$[SO_4]^{2-}$相化合而成的盐类。目前已发现的硫酸盐矿物有180多种，占地壳总重量的0.1%。它们是许多非金属矿物原料的主要来源之一。

组成硫酸盐矿物的金属阳离子有20多种，其中最主要的是Ca^{2+}、Mg^{2+}、K^+、Na^+、Pb^{2+}、Cu^{2+}等。硫酸盐中的硫是以最高的价次S^{6+}出现，并与O组成$[SO_4]^{2-}$配离子。由于$[SO_4]^{2-}$的半径较大，因此只能与半径较大的阳离子形成稳定的无水硫酸盐，如重晶石$Ba[SO_4]$。与半径较小的阳离子化合时，则需要有H_2O的配合，形成稳定的含水硫酸盐，如胆矾$Cu[SO_4]\cdot 5H_2O$。

本类矿物的颜色一般较浅，呈无色或白色。玻璃光泽，少数呈金刚光泽。透明至半透明。硬度较低，一般为2～2.5。相对密度一般不大，在2～4左右。普遍具有较好的解理。

（二）主要矿物描述

硬石膏 $Ca[SO_4]$

[化学组成] CaO 41.2%，SO_3 58.8%。有少量的Sr和Ba代替Ca。

[结晶形态] 斜方晶系。晶体常呈厚板状，但完好的晶体较少见。集合体呈致密块状或粒状，有时呈纤维状。

[物理性质] 无色或白色，含杂质呈灰、浅蓝、浅红等色。玻璃光泽，解理面显珍珠光泽。三组解理互相垂直，可裂成火柴盒状的解理块。硬度3～3.5。相对密度2.9～3.0。性脆。

[成因产状] 主要产于蒸发作用所形成的盐湖中，可与石膏共生。

[鉴定特征] 以三组互相垂直的解理为特征。它与碳酸盐矿物的区别是遇酸不起泡，而且解理的分布方向也不同。与石膏的区别是硬度大于石膏，指甲刻不动。

[主要用途] 大量用于水泥工业，也用于造型塑像、医疗和造纸等方面。

重晶石 $Ba[SO_4]$

[化学组成] BaO 65.7%，SO_3 34.3%，类质同象混入物有Sr、Pb、Ca等。

[结晶形态] 斜方晶系。晶体常呈板状、有时呈柱状。集合体常呈粒状、板状或纤维状，少数呈致密块状、结核状等。

[物理性质] 白色或无色，有时呈浅黄、浅褐等色。玻璃光泽，解理面呈珍珠光泽。二组完全解理，一组中等解理。硬度3～3.5，相对密度4.3～4.5。

[成因产状] 产于中、低温热液矿脉中与硫化物共生，或以重晶石脉出现。也呈结核状及透镜状产于浅海沉积岩中。

[鉴定特征] 以相对密度大，板状晶形，三组解理为特征。

[主要用途] 用做钻井的加重剂，X射线的防护剂，以及用于化工、医药等工业。

石膏 $Ca[SO_4]\cdot 2H_2O$

[化学组成] CaO 32.5%，SO_3 46.6%，H_2O 20.9%。常含黏土、有机质等机械混入物。

[结晶形态] 单斜晶系。晶体呈板状、柱状，常见燕尾双晶（图5-40）。集合体呈纤维状、块状或土状等。

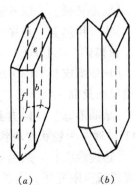

图5-40 石膏的晶体（a）和双晶（b）

[物理性质] 无色或白色，无色透明的晶体称透石膏。玻璃光泽，解理面呈珍珠光泽；纤维状集合体称纤维石膏，呈丝绢光泽。一组极完全解理。硬度2。相对密度2.3。薄片具挠性。

[成因产状] 主要为沉积作用形成，常与石灰岩、页岩、泥灰岩等成互层出现。也可由硬石膏水化而成。

[鉴定特征] 硬度低，浅色，一组极完全解理为特征。以硬度低和遇盐酸不起泡可与碳酸盐矿物区别。

[主要用途] 用于水泥、造型和造纸等工业。

五、钨酸盐类

（一）概述

钨酸盐矿物是金属阳离子与钨酸根 $[WO_4]^{2-}$ 相化合而成的盐类。该类矿物种类少，约十多种。其中以白钨矿及黑钨矿比较常见，并形成具有工业价值的矿床。

钨具有显著的亲氧性，因而钨酸盐几乎是钨的惟一化合物。钨酸盐矿物中与 $[WO_4]^{2-}$ 相结合的阳离子主要有 Ca^{2+}、Fe^{2+}、Mn^{2+}、Pb^{2+} 等。

钨的原子量很大，所以钨酸盐矿物的相对密度也大，一般在 6~7.5 之间。本类矿物的硬度一般不高，不超过 4.5。

（二）主要矿物描述

黑钨矿（钨锰铁矿） $(Mn,Fe)[WO_4]$

[化学组成] 黑钨矿是钨铁矿 $Fe[WO_4]$ 和钨锰矿 $Mn[WO_4]$ 之间完全类质同象系列的中间成员。常含有 Nb、Ta、Zn 等。

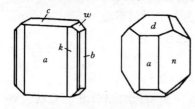

图 5-41 黑钨矿的晶体

[结晶形态] 单斜晶系。晶体呈厚板状或短柱状（图 5-41），柱面上常有纵纹。集合体呈板状、柱状或粒状。

[物理性质] 褐黑色至黑色。条痕黄褐至褐黑色。松脂光泽至半金属光泽。一组完全解理。硬度 4~5.5。相对密度 7.18~7.5。钨铁矿具弱磁性。

[成因产状] 主要产于高温热液石英脉及脉旁云英岩化花岗岩中，亦可形成砂矿床。

[鉴定特征] 以其板状晶体，褐黑色，完全解理和相对密度大为特征。

[主要用途] 是提炼钨的主要矿物原料。

白钨矿 $Ca[WO_4]$

[化学组成] CaO 19.4%，WO_3 80.6%。有时含少量 Mo 和 Cu 等类质同象混入物。

[结晶形态] 四方晶系。晶体呈近似八面体的四方双锥（图 5-42）。通常为粒状或块状集合体。

[物理性质] 灰色、灰白色，有时略带浅黄或浅绿色调。油脂光泽或金刚光泽。透明至半透明。中等解理。参差状断口。硬度 4.56~5。相对密度 5.8~6.2。在紫外线照射下发出浅蓝色荧光。

[成因产状] 主要产于接触交代矿床中，与石榴石、透辉石、

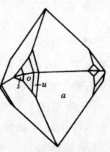

图 5-42 白钨矿的晶体

辉钼矿等共生；或产于气体—高温热液矿脉中，与黑钨矿、锡石等共生。

[鉴定特征]　以色浅，油脂光泽，相对密度大等为主要特征。

[主要用途]　提炼钨的重要矿物原料。

六、碳酸盐类

(一) 概述

碳酸盐矿物是金属阳离子和碳酸根 $[CO_3]^{2-}$ 相化合而成的盐类。已知矿物近百种，占地壳总重量的 1.7%。其中方解石、白云石等是分布极广的矿物。许多碳酸盐矿物具有重要的经济价值。

与碳酸根化合的金属阳离子有 20 多种，其中最主要的有 Ca^{2+}、Mg^{2+}、Na^+、Fe^{2+}、Cu^{2+}、Zn^{2+}、Pb^{2+}、Mn^{2+}、Bi^{3+} 等。它们除形成无水碳酸盐外，还形成带有 OH^-、Cl^-、F^-、$(SO_4)^{2-}$ 等附加阴离子的碳酸盐以及少数的含水碳酸盐。

碳酸盐矿物一般颜色较浅。非金属光泽。硬度一般在 3 左右。多呈菱面体晶形和解理。所有碳酸盐矿物和盐酸或硝酸作用起泡。

(二) 主要矿物描述

方解石　$Ca[CO_3]$

[化学组成]　CaO 56.03%，CO_2 43.97%。常含有 Mg、Fe、Mn 等类质同象混入物，有时还可含 Pb、Zn、Sr、Ba 等。

[结晶形态]　三方晶系。完好晶体常见，通常呈板状、柱状、菱面体及复三方偏三角面体等（图 5-43）。常见聚片双晶或接触双晶。集合体为粒状、块状、钟乳状、晶簇状等。

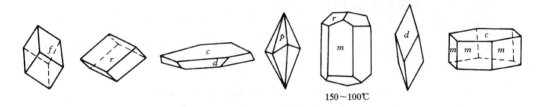

图 5-43　方解石的晶体

[物理性质]　无色或白色，含杂质时可有灰、黄、浅红（含 Mn）、蓝（含 Cu）等色。玻璃光泽。透明（无色透明者称为冰洲石）。菱面体解理完全。硬度 3。相对密度 2.6～2.9。遇稀盐酸起泡强烈。

[成因产状]　方解石分布广泛，成因多样。海相沉积的石灰岩及石灰岩经热变质形成的大理岩等，其主要成分为方解石；中低温热液作用的矿床中，方解石常为脉石矿物；石灰岩经风化溶解形成重碳酸盐 $Ca[HCO_3]_2$ 进入溶液，因蒸发使 CO_2 大量逸出，$Ca[HCO_3]_2$ 再行沉淀，形成钟乳石、石笋等。

[鉴定特征]　菱面体完全解理，硬度 3，加稀盐酸强烈起泡为特征。

[主要用途]　是烧制石灰和制造水泥的原料。冶金工业用做溶剂。冰洲石为高级光学原料。

菱镁矿　$Mg[CO_3]$

[化学组成]　MgO 47.81%，CO_2 52.19%。菱镁矿 $Mg[CO_3]$ 和菱铁矿 $Fe[CO_3]$ 之

间可形成完全类质同象,所以菱镁矿经常含有数量不等的Fe。有时含少量的Mn、Ca、Co等混入物。

[结晶形态] 三方晶系。晶体呈菱面体,但较少见。通常呈粒状、块状集合体。风化带中的菱镁矿呈瓷状块体。

[物理性质] 白色,含Fe者呈黄或褐色,含Co者呈淡红色。玻璃光泽。菱面体解理完全。硬度3.5~4.5。相对密度2.9~3.1。瓷状块体具贝壳状断口。

[成因产状] 白云岩、白云质灰岩经含镁热液交代而成,也可由超基性岩风化而成。

[鉴定特征] 以其白色,致密粒状,菱面体解理完全为特征。与方解石的区别在于菱镁矿的粉末与冷稀盐酸不起反应,只有与热稀盐酸或冷浓盐酸才起反应。硬度也比方解石大。

[主要用途] 用于制作耐火材料和提炼金属镁。

菱铁矿 $Fe[CO_3]$

[化学组成] FeO 62.01%,CO_2 37.99%。常含Mn、Mg、Ca等类质同象混入物。

[结晶形态] 三方晶系。晶体呈菱面体或短柱状,晶面常弯曲。集合体为粒状、块状、结核状、土状等。

[物理性质] 灰黄至浅褐色。氧化后呈深褐色。玻璃光泽。菱面体解理完全。硬度3.5~4。相对密度3.7~4.0。

[成因产状] 菱铁矿形成于还原条件。热液作用成因的菱铁矿多产于金属矿脉中;外生作用成因的常产于页岩、黏土或煤层中。在氧化条件下,易于氧化而分解成褐铁矿。

[鉴定特征] 以其浅褐色,菱面体解理,加冷稀盐酸缓慢起泡为特征。

[主要用途] 菱铁矿是炼铁的矿物原料。

白云石 $CaMg[CO_3]_2$

[化学组成] CaO 30.41%,MgO 21.86%,CO_2 47.73%。常含Fe、Mn等类质同象混入物。

[结晶形态] 三方晶系。晶体呈菱面体,晶面常弯曲成马鞍形(图5-44)。有时呈柱状或板状。双晶呈聚片双晶。集合体常呈粒状或致密块状。

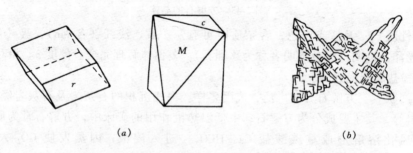

图5-44 白云石的晶体(a)和马鞍状晶形(b)

[物理性质] 无色或白色,含铁者为黄褐或褐色,含锰者可显淡红色。玻璃光泽。菱面体解理完全。硬度3.5~4。相对密度2.85。

[成因产状] 白云石是沉积岩中分布广泛的矿物之一,可以形成巨厚的白云岩。原生沉积的白云石是在盐度很高的海湖中直接形成的。次生白云石是石灰岩受含镁溶液交代

而成的,这种作用称为白云石化作用。

[鉴定特征] 以弯曲的晶面以及加冷稀盐酸有微弱的反应与方解石、菱镁矿区别。

[主要用途] 用做化工的原料、耐火材料和高炉炼铁的熔剂。

孔雀石 $Cu_2[CO_3](OH)_2$

[化学组成] CuO 71.9%,CO_2 19.9%,H_2O 8.2%。可含微量的 Ca、Fe、Si 等机械混入物。

[结晶形态] 单斜晶系。晶体呈柱状或针状,但较少见。集合体常成钟乳状、肾状、皮壳状、纤维状及放射状等。

[物理性质] 颜色鲜绿至暗绿色。条痕浅绿色。玻璃光泽至金刚光泽,纤维状者呈丝绢光泽。结核状者呈暗淡光泽。解理完全。硬度 3.5~4。相对密度 4~4.5。

[成因产状] 是含铜硫化物矿床氧化带中的次生含铜矿物,常与蓝铜矿共生。

[鉴定特征] 以其鲜绿色,绿色条痕和肾状、钟乳状等形态为特征。

[主要用途] 可做炼铜的矿物原料。质纯色美者可做雕刻工艺品的材料。

蓝铜矿 $Cu_3[CO_3]_2(OH)_2$

[化学组成] CuO 69.24%,CO_2 25.53%,H_2O 5.23%。一般不含杂质。

[结晶形态] 单斜晶系。晶体呈短柱状或厚板状。集合体呈粒状、晶簇状、放射状、土状、皮壳状、薄膜状等。

[物理性质] 深蓝色,钟乳状或土状者呈浅蓝色。条痕浅蓝色。晶体呈玻璃光泽,土状或钟乳状者光泽暗淡。一组完全解理,贝壳状断口。硬度 3.5~4。相对密度 3.7~3.9。

[成因产状] 蓝铜矿主要产于含铜硫化物矿床的氧化带,经常与孔雀石共生。蓝铜矿受风化作用可变成孔雀石。

[鉴定特征] 以其深蓝色,条痕浅蓝色,加盐酸起泡,与孔雀石共生等为主要特征。

[主要用途] 同孔雀石。

第三篇 岩　　石

第六章　岩浆岩概论

第一节　岩浆岩及其物质成分

一、岩浆与岩浆岩的概念

（一）岩浆

岩浆是地壳深部或上地幔产生的高温炽热、黏稠、含有挥发分的硅酸盐熔融体。火山爆发使人们可以对岩浆进行直接的研究。岩浆的性质有：

1. 岩浆的温度

目前认为，地下深处玄武岩浆的温度通常低于 $1000℃$，有时甚至低至 $850\sim900℃$；流纹质岩浆的温度近于 $750\sim800℃$；而安山质岩浆的温度则介于上述二类岩浆之间。总之，成分愈酸性的岩浆，其温度愈低。

岩浆在地表的温度往往高于在地壳深部或上地幔的温度，其温度范围通常是 $700\sim1300℃$。这是因为，一方面随着岩浆埋藏深度的增加而压力相应加大，使岩浆中水的溶解度也增大，从而降低岩浆的温度。另一方面，当岩浆喷出地表以后，熔岩流表面与空气直接接触，发生氧化、燃烧，使熔岩流的温度增高。

2. 岩浆的黏度

岩浆黏度的大小与岩浆的成分以及温度、压力和挥发分的含量等因素有关。在岩浆成分中对黏度影响最大的是 SiO_2 的含量，其 SiO_2 含量越高，岩浆的黏度越大，反之则小。如玄武质岩浆含 SiO_2 低，黏度小，流速则快，而流纹质岩浆含 SiO_2 高，岩浆的黏度大，流动则慢。

温度、压力对岩浆黏度的影响表现为：温度高，黏度减小；温度低，黏度增大。压力大，不含水的干岩浆的黏度增大；压力小，黏度减小。而含水多的岩浆则不然，为反向变化。

挥发分也直接影响岩浆的黏度。当岩浆富含挥发分时，黏度变小。相反则黏度增大。

温度、黏度是岩浆的重要性质。因为它们不仅影响岩浆岩的产状、结构和构造，而且还影响岩浆的分异作用。

（二）岩浆作用

岩浆作用按其活动方式，分为侵入作用和火山作用。

1. 侵入作用

岩浆沿断裂上升，但未达到地表，只在地面以下的一定部位冷凝结晶形成岩石，这个全过程即称侵入作用。由侵入作用形成的岩浆岩，称为侵入岩。由侵入岩组成的岩体，称为侵入体。

2．火山作用

地下深处的炽热岩浆，沿通道（断裂、裂隙）上升，喷溢出地表，以及冷凝的过程，叫火山作用。岩浆在地表条件下，冷凝而成的岩石，称为火山熔岩（即本教材所称的喷出岩）。火山作用还将大量的火山碎屑物质堆积在地表，形成火山碎屑岩。（该岩石类型列入沉积岩中讲述）。

（三）岩浆岩

由岩浆冷凝固结而成的岩石，称为岩浆岩（火成岩）。岩浆岩通常分为侵入岩和喷出岩两个部分。

1．侵入岩

为岩浆在地下不同深度冷凝结晶而成的岩石。由于冷凝缓慢，所以岩石中的矿物结晶较好，颗粒较粗。侵入岩分深成岩和浅成岩两类。

2．喷出岩

喷出岩包括熔岩和火山碎屑岩（火山碎屑堆积而成的岩石）。由于喷出岩是岩浆在地表冷凝而成的，温度降低很快，所以岩石中的矿物结晶细小，甚至有的没有结晶，成为玻璃质岩石。

二、岩浆岩的化学成分

地壳中所有的化学元素在岩浆岩中基本都有，其中含量较多的元素有 O、Si、Al、Fe、Mg、Ca、Na、K、Ti 等。它们加起来约占岩浆岩总成分的 99.25%，其余元素不足 1%。上述化学成分习惯上用氧化物表示。据统计，岩石中主要氧化物的平均含量如表6-1所示。

岩浆岩平均化学成分表

（据 F. W. Clark 和 H. S. Washington., 1924 年） 表 6-1

氧 化 物	质 量（%）	元 素	质 量（%）
SiO_2	59.12	O	46.59
TiO_2	1.05	Si	27.72
Al_2O_3	15.34	Al	8.13
Fe_2O_3	3.08	Fe	5.01
FeO	3.80	Ca	3.63
MgO	3.49	Na	2.85
MnO	0.12	K	2.60
CaO	5.08	Mg	2.09
Na_2O	3.84	Ti	0.63
K_2O	3.13	P	0.15
H_2O	1.15	H	0.13
P_2O_5	0.30	Mn	0.10
CO_2	0.102	S	0.052
ZrO_2	0.039	Ba	0.050
Cr_2O_3	0.055	Cl	0.048
其他	0.304	Cr	0.037
		Zr	0.026
		其他	0.157
总和	100.00	总和	100.00

（一）岩浆岩的主要氧化物

岩浆岩的氧化物为 SiO_2、TiO_2、Al_2O_3、Fe_2O_3、FeO、MgO、CaO、Na_2O、K_2O、H_2O 等，称为主要造岩氧化物。

岩浆岩中各种主要氧化物的变化具有一定规律（图 6-1）。特别是 Al_2O_3、K_2O、FeO、Na_2O、CaO、MgO 的含量和 SiO_2 含量之间的关系密切。随着 SiO_2 含量的增加，FeO 及 MgO 含量逐渐减少，而 K_2O、Na_2O 的含量逐渐增加，CaO、Al_2O_3 开始变化小，稍后突然剧增，然后缓慢下降。所以，反映到各种岩浆岩中，化学成分也有规律地变化，如橄榄岩中 FeO、MgO 含量最高，SiO_2、K_2O、Na_2O 含量最低，花岗岩则相反。

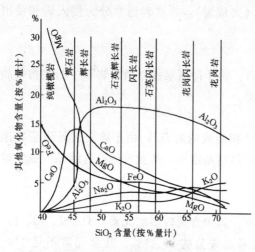

图 6-1 岩浆岩中各种氧化物与 SiO_2 含量的关系

（据李方正，蔡瑞凤主编，《岩石学》，1993）

（二）微量元素

岩浆岩中含有许多微量元素。如 Li（锂）、V（钒）、Cr（铬）、Co（钴）、Ni（镍）、Cu（铜）、Zn（锌）、Rb（铷）、Sr（锶）、Y（钇）、Zr（锆）、Nb（铌）、Ta（钽）、Pb（铅）、Tb（铽）、U（铀）等。虽然这些元素的含量很微小，但却很有地质意义。它们既可以富集成矿，还可以反映岩石的形成过程。

三、岩浆岩的矿物成分

岩浆岩的矿物成分能够反映它们的化学成分、生成条件，以及成因等变化规律。同时，矿物成分也是岩浆岩分类和命名的主要依据。

（一）岩浆岩的主要矿物成分

自然界矿物的种类很多，但组成岩浆岩的常见矿物不过 20 多种（表 6-2），这些组成岩石的矿物，称为造岩矿物。

岩浆岩中矿物的平均含量

（据李方正，蔡瑞凤主编，《岩石学》，1993） 表 6-2

矿物名称	含量（%）	矿物名称	含量（%）
石　英	12.4	白 云 母	1.4
碱性长石	31.0	橄 榄 石	2.6
斜 长 石	29.2	霞　石	0.3
辉　石	12.0	不透明矿物	4.1
普通角闪石	1.70	磷灰石、榍石及其他	1.5
黑云母	3.80	总　计	100.00

岩浆岩的矿物成分可以从不同角度划分为不同类型。

1. 按矿物的化学成分特点可分为两类

（1）铁镁矿物 这些矿物富含 Fe、Mg，如橄榄石、辉石、角闪石和黑云母等。由于此类矿物颜色较深，故又称为暗色矿物。暗色矿物的百分含量又称"色率"。

(2) 硅铝矿物 此类矿物富含 Si、Al、K、Na 等，如钾长石、斜长石、石英及似长石类的霞石、白榴石等。此类矿物由于其颜色较浅，又称为浅色矿物。

2. 按矿物在岩浆岩中的含量及其在岩石分类中的作用可分为三类

(1) 主要矿物 这些矿物在岩石中含量较多，一般大于10%。它们在岩石分类和命名中起着主要作用。例如辉长岩中的辉石和斜长石即是主要矿物。

(2) 次要矿物 指在岩石中的含量较少，一般小于10%的矿物，它们对岩石种属的划分起着重要作用。如花岗岩，其主要矿物是石英和钾长石，若其中黑云母含量大于5%时，则称黑云母花岗岩。对于花岗岩来说，黑云母是次要矿物。

(3) 副矿物 这种矿物在岩石中含量很少，一般不超过1%，个别可达3%，对岩石分类命名都不起作用。常见的副矿物有锆石、独居石、榍石、磷灰石、磁铁矿、钛铁矿等。它们可以帮助了解岩浆岩的形成条件、时代等。

(二) 岩浆岩中矿物共生组合规律

岩浆岩中矿物的共生组合取决于两方面的因素，即温度、压力和化学成分，以化学成分为主。其表现为：随 SiO_2 与其他主要氧化物含量有规律的变化，出现不同种类的共生矿物，形成不同类型的岩石（图 6-2）。

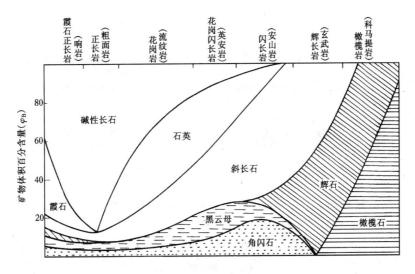

图 6-2 常见岩浆岩的主要矿物组成

（据 H.S.Washing 和 L.H.Adams，1951 年）括号内岩石名称代表相应的喷出岩

橄榄岩—苦橄岩类 SiO_2 含量低于 45%，富含 FeO、MgO，而少含 K_2O、Na_2O CaO、Al_2O_3。所以，铁镁矿物占主要地位，以橄榄石和辉石为主，其含量可达 90% 以上。

辉长岩—玄武岩类 SiO_2 含量为 45%～52%，FeO、MgO 比橄榄岩稍有减少，K_2O、Na_2O 稍增，CaO、Al_2O_3 最高；因此，矿物成分主要为辉石和基性斜长石。暗色矿物含量占 40%～70%。

闪长岩—安山岩类 SiO_2 增加到 52%～65%，FeO、MgO、CaO 较前两类岩石均有减少，而 K_2O、Na_2O 有所增加。矿物主要为角闪石和中性斜长石，还可出现石英、碱性长石。暗色矿物占 15%～40%。

花岗岩—流纹岩类 SiO_2 含量最高，可达 65% 以上，FeO、MgO 最少，K_2O、Na_2O 显

著增加。CaO明显减少，Al_2O_3减少，矿物成分主要为钾长石、酸性斜长石、石英。暗色矿物少（小于15%）其中主要为黑云母。

正长岩—粗面岩类 SiO_2含量52%~65%。FeO、MgO、CaO、Al_2O_3含量与闪长岩相似，但K_2O、Na_2O较多。因此主要为碱性长石和暗色矿物共生。

霞石正长岩—响岩类 SiO_2含量小于55%，K_2O、Na_2O含量最高（大于13%），其他氧化物与闪长岩相似。因此矿物主要为碱性长石、似长石（霞石），少量碱性铁镁矿物（如霓辉石等），不含石英。

岩浆岩中矿物的共生规律及结晶顺序也可以用鲍文反应原理来说明。

鲍文反应原理 玄武岩浆在结晶过程中，首先结晶出的矿物是橄榄石、辉石以及富钙的斜长石。当这些矿物晶出后，岩浆的成分发生改变，于是打破了原来的平衡状态。此时，先结晶出的矿物晶体与剩余的岩浆之间会发生反应，形成新的矿物。如橄榄石晶体与熔浆反应，形成普通辉石。当温度达到700℃时，最初形成的橄榄石晶体可能只留下一个被普通辉石壳层包围的橄榄石核。同样，富钙的斜长石与熔浆反应，形成逐渐富钠的斜长石。随着温度的继续下降，残浆与新矿物之间的反应不断进行，从而有规律的生成一系列的矿物。鲍文认为，矿物从岩浆中结晶的顺序可以分为两个系列，如图6-3所示。

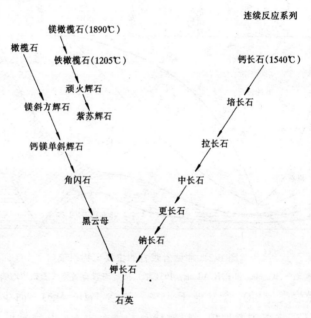

图6-3 鲍文反应系列

连续反应系列 由斜长石的类质同像系列矿物组成。从高温到低温依次的结晶顺序为：钙长石→培长石→拉长石→中长石→更长石→钠长石。在成分上呈连续的渐变关系，在晶体构造上均为架状构造。当温度降低后，早结晶出的矿物与残余熔浆连续反应，生成新的矿物。

不连续反应系列 从高温到低温依次的结晶顺序是：橄榄石→斜方辉石→单斜辉石→角闪石→黑云母。早期结晶出的矿物，暂不与熔浆反应，当温度下降到某一定点时，才与熔浆反应，形成在新的物理化学条件下稳定的矿物。相邻两矿物之间，不仅在成分上差异很大，而且在晶体构造上也是突变的。如橄榄石是岛状构造，辉石为单链，角闪石为双链，黑云母为层状构造等。

两个系列的矿物，在岩浆冷凝结晶过程中的关系是：从上至下，同一水平线上的矿物同时结晶出来。例如，辉石与基性斜长石同时结晶，角闪石与中性斜长石同时结晶，黑云母与酸性斜长石同时结晶。

由上述两个系列最后在下部汇合而成的一个简单的不连续系列，即钾长石石英系列。这个系列的矿物之间不存在反应关系。它们是岩浆结晶的最后产物。由此构成岩浆岩中主要造岩矿物共生的一般规律。

第二节 岩浆岩的结构和构造

岩浆岩的结构和构造是区分和鉴定岩浆岩的重要标志之一。它不但反映岩石的形成环境和形成过程，而且还是岩浆岩分类和命名的主要依据。

一、岩浆岩的结构

岩浆岩的结构是指组成岩石的矿物的结晶程度、颗粒大小、形态及其相互关系。岩浆岩的结构可划分为以下几个类型：

（一）结晶程度划分

1. 全晶质结构

具这种结构的岩石全部由结晶的矿物组成（图 6-4A），它是岩浆在温度缓慢下降的条件下结晶而成的，多为深成岩所具有，如花岗岩就具有此种结构。

2. 半晶质结构

具这种结构的岩石中既有结晶的矿物，又有未结晶的玻璃质（图 6-4B）。它是岩浆在温度下降较快的条件下冷凝形成的，多为喷出岩及浅成岩所具有，如流纹岩就常具有此种结构。

3. 玻璃质结构

岩石全部由非晶质——玻璃质组成（图 6-4C），它是岩浆在温度下降很快的条件下各种组分来不及结晶而急速冷凝形成的，主要出现在酸性喷出岩中，如黑曜岩等。

（二）按矿物颗粒的绝对大小划分

1. 显晶质结构

岩石中矿物结晶比较大，用肉眼或借助于放大镜可分辨矿物颗粒。侵入岩常具此种结构。

按岩石中矿物的粒度大小又可分为以下四种：

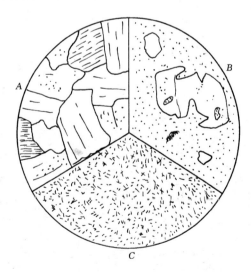

图 6-4 按结晶程度划分的三种结构

（据李方正，蔡瑞凤主编，《岩石学》，1993）

A—全晶质结构；B—半晶质结构；C—玻璃质结构

粗粒结构　矿物颗粒直径>5mm；
中粒结构　矿物颗粒直径5~1mm；
细粒结构　矿物颗粒直径1~0.1mm；
微粒结构　矿物颗粒直径<0.1mm。

2．隐晶质结构

岩石中的矿物结晶细微，肉眼或放大镜无法分辨出矿物颗粒。具此种结构的岩石外貌致密，断口呈瓷状。喷出岩常具有此种结构。

（三）按矿物颗粒的相对大小划分

1．等粒结构

岩石中同种主要矿物颗粒大小大致相等（图6-4A）。此种结构多见于深成侵入岩中。

2．不等粒结构

岩石中同种主要矿物颗粒大小明显不等，其粒度大小依次渐变。此种结构多见于深成侵入体边部或浅成侵入体中。

3．斑状结构和似斑状结构

岩石由两类大小截然不同的矿物颗粒组成，大的颗粒（斑晶）被小的颗粒（基质）所包围。若基质为隐晶质或玻璃质时称斑状结构（图6-4B），这种结构常见于浅成岩及喷出岩中；若基质为显晶质时则称为似斑状结构，这种结构常见于浅成岩和部分中深成岩中，尤其在花岗岩中最为常见。

（四）按矿物颗粒晶形完整程度划分

1．自形结构

这种结构主要由晶面完整的矿物晶粒组成（图6-5A）。常见于某些单矿物岩中，如纯橄榄岩。

2．他形结构

这种结构主要由不规则的矿物（见不到完好晶面）组成。这种结构代表各种矿物颗粒几乎是同时结晶，互相妨碍生长的结果（图6-5C）。

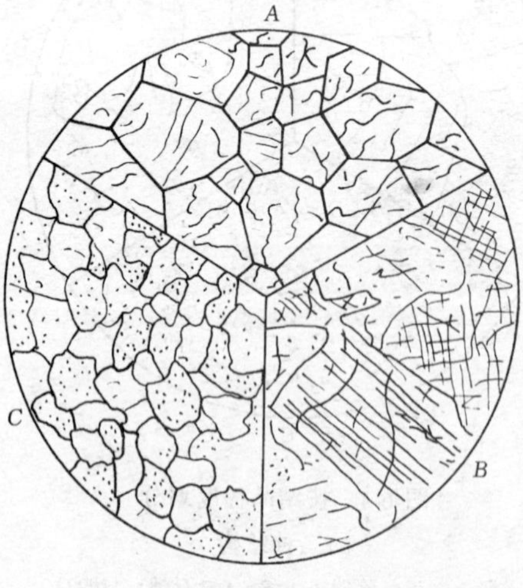

3．半自形结构

这种结构主要矿物晶形发育不完整，仅有部分晶面完整，部分为不规则的外形（图6-5B）。它是在时间和空间条件都不充分的条件下形成的，此种结构在深成岩和浅成岩中均较常见。

二、岩浆岩的构造

岩浆岩的构造是指岩石不同矿物集合体间或矿物集合体与岩石的其他组成部分（如玻璃质）之间在空间的排列方式及充填方式所反映出来的特征。常见的岩浆岩构造有以下几种。

（一）块状构造

具这种构造的岩石中各种矿物均匀分布，

图6-5　按矿物自形程度划分结构
A—自形晶；B—半自形晶；C—他形晶
（据李方正，蔡瑞凤主编，《岩石学》，1993）

无定向排列。这是岩浆岩最常见的一种构造，如花岗岩、橄榄岩等多具此种构造。

（二）条带状构造

具这种构造的岩石中不同的成分、结构、颜色等的矿物呈条带状分布（图6-6），如辉长岩中由于长石与辉石相间排列，而形成的条带状构造。

（三）流纹构造

这种构造由不同颜色的矿物、拉长的气孔以及长条状矿物在岩石中呈一定方向排列而构成，它是岩浆流动的结果，故称为流纹构造（图6-7）。这种构造常见于酸性喷出岩中。

（四）气孔构造和杏仁构造

当岩浆喷溢出地表后，由于压力降低，气体从熔岩中分离出来而留下各种形状不同的孔洞，当岩石中这种孔洞很多时可使岩石呈现蜂窝状，岩石的这种空洞称为气孔构造。此种构造在玄武岩中最常见。当气孔被次生矿物完全充填后，则称为杏仁构造（图6-8）。

（五）枕状构造

这是海底溢出的基性熔岩中常见的一种构造。这种构造由大小不等的枕状体堆积而成。一般发育于熔岩的顶部（图6-9）。

图6-6 条带状构造

（据徐永柏主编，《岩石学》）

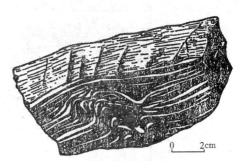

图6-7 流纹构造

（据徐永柏主编，《岩石学》）

图6-8 杏仁构造

（据叶林俊等编，《地质学概论》，1996）

图6-9 枕状构造

（据叶林俊等编，《地质学概论》，1996）

第三节 岩浆岩的产状

岩浆岩的产状是指岩体的形态、大小与围岩的关系。岩浆岩的产状，主要受岩浆的成分、性质、岩浆活动的方式及构造运动的影响，并与岩浆侵入深度有关。研究岩浆岩的产状，可以了解岩石的形成过程及形成条件，同时也是岩浆岩分类命名的依据。

一、侵入岩的产状

侵入岩体是岩浆侵入到地表以下一定部位冷凝而成的，所以其产状与围岩关系密切。如果侵入体切穿围岩层理，则称为不整合侵入体。如果侵入体沿着围岩的层理或片理顺层侵入，则称为整合侵入体。

侵入岩产状有以下几种常见类型。

（一）岩基

这是一种规模巨大，平面上多呈长圆形的深成侵入体。一般出露面积超过 $100km^2$。通常是由酸性或中酸性岩浆冷凝而形成的（图 6-10 之 1）。

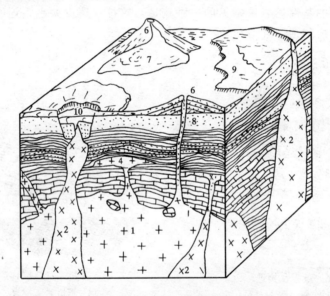

图 6-10 岩浆岩产状示意图
（据李叔达主编《动力地质学原理》）

1—岩基；2—岩株；3—岩床；4—岩盘；5—岩脉；6—火山锥；
7—熔岩流；8—火山颈；9—熔岩被；10—破火山

（二）岩株

这是种岩体形态上与岩基相似，但出露面积较小，是小于 $100km^2$ 的侵入体。岩株通常也都是由中酸性岩浆岩组成（图 6-10 之 2）。

（三）岩床

这是岩浆顺层侵入的一种板状岩体。其厚度一般较小，但面积较大。岩床多由基性、超基性岩组成（图 6-10 之 3）。

（四）岩盖

这种岩体又称岩盘，也是顺层侵入的一种岩体。其底部平坦，顶部拱起，中央厚，边缘薄，在平面上呈圆形。它的形成深度一般较浅，规模也较小，直径一般为 3~6km；厚者可达 1km。岩盖多由中酸性岩浆侵入而形成（图 6-10 之 4）。

（五）岩盆

这也是岩浆顺层侵入的一种岩体，其中央部分下沉而形成中央微凹的盆状。岩盆大小不一，大者直径可达数十到数百千米。多由基性、超基性岩浆冷凝而成。

（六）岩墙与岩脉

这是岩浆切穿岩层并充填于围岩裂隙中的小型板状侵入体。其规模不一，厚度可从数十厘米至数十米，长度可从数十米至数千米。通常将规模较大、形态规则的板状者称为岩墙；把规模较小，形态不太规则者称为岩脉（图 6-10 之 5）。

二、喷出岩的产状

喷出岩的产状与其喷发方式及喷出物的性质有关。火山的喷发方式有中心式和裂隙式两种类型，其相应的产状有以下几种：

（一）中心式（点状）喷发

岩浆沿颈状管状通道喷出地表时，常伴随着强烈的爆发作用，大量的气体和火山碎屑物（火山弹、火山砾、火山灰等）喷出火山口，随后便是熔浆流出。于是，伴随不同性质岩浆的流动，形成不同的产状类型。

1. 火山锥

由火山喷出物质，围绕火山口堆积而成的圆锥形火山体，称为火山锥（图 6-10 之 6）。火山锥体如果由火山碎屑物质组成，称为火山碎屑锥；如果由熔岩组成，称为熔岩锥；由二者的混合物质组成，称为混合锥。

2. 熔岩流

是黏度较小的岩浆溢出火山口后，在沿斜坡流动的过程中冷凝而成的带状、舌状、宽阔状的岩体，称为熔岩流（图 6-10 之 7）。熔岩流多为玄武岩喷出岩的产状，但少数流纹岩喷出岩也具有。

3. 岩钟、岩针

流纹岩岩浆的黏度较大，不易流动，可在火山通道上方聚积起来，形成钟状岩体，称为岩钟。如果已固结的火山通道，被深部熔岩推挤出地面，形成针状尖峰，称为岩针。有的岩针高达 400m 以上。

（二）裂隙式（线状）喷发

岩浆沿构造裂隙呈线状喷出地表时，大量的熔浆覆盖着大面积的地面，这种熔岩产物称为熔岩被（图 6-10 之 9）。熔岩被的范围达几十至几十万平方千米。常见的熔岩被以黏度小，流动性大的玄武岩熔岩为主。

第四节　岩浆岩的分类

一、岩浆岩分类的基础及其分类

（一）岩浆岩的化学成分分类

1. 根据 SiO_2 含量多少，分为超基性岩类（$SiO_2 < 45\%$），基性岩类（SiO_2 45%~52%），

中性岩类（SiO_2 52%~65%），酸性岩类（$SiO_2 > 65\%$）等大类。

2. 根据岩浆岩中 K_2O、Na_2O、CaO、Al_2O_3 的相对含量（分子数和原子数）划分成以下四种类型：

（1）正常岩石类型　$Na_2O + K_2O + CaO > Al_2O_3 > K_2O + Na_2O$；

（2）铝过饱和岩石类型　$Al_2O_3 > Na_2O + K_2O + CaO$；

（3）碱过饱和岩石类型　$Na_2O + K_2O > Al_2O_3$；

（4）碱极度过饱和岩石类型　$Na_2O + K_2O > Al_2O_3 + FeO$。

（二）岩浆岩的矿物成分分类

此种分类是根据主要矿物的种类及其含量来进行的。即以石英的含量，长石和暗色矿物的含量及种类，似长石的含量等。例如，国际地科联提出的定量矿物分类法，就是根据矿物成分的分类。矿物成分的分类是最主要的分类，尤其适用于野外工作。

（三）岩浆岩的结构、构造及产状分类

岩石的结构、构造、产状也是分类的基础，它们能反映岩石的生成过程和生成环境，但在分类中只起参考作用。

二、国际地科联推荐的深成岩定量矿物分类

这个分类是以实际矿物含量（以体积百分比表示）进行的定量矿物分类。方案中，首先根据暗色矿物含量分为两类。M 小于 90%，为超镁铁岩石以外其他岩石，根据硅铝矿物比率进一步分类，并用 $QAPF$ 双三角图（图6-11）来表示。$M = 90\% \sim 100\%$，为超镁铁质岩石，按照的镁铁质矿物含量进一步分类。

图中 Q = 石英

A = 碱性长石（正长石、微斜长石、条纹长石、歪长石、钠长石 An_{0-5}）。

P = 斜长石（An_{5-100}）、方柱石。

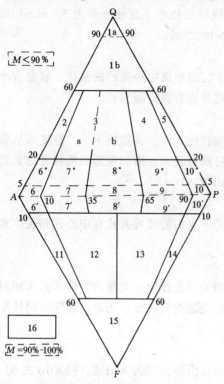

图 6-11　深成岩的定量矿物分类
（国际地科联 1989 年推荐方案）

1a—石英石岩（石英岩）；1b—富英花岗岩类；2—碱性长石花岗岩；3—花岗岩（a, 正长花岗岩；b, 二长花岗闪岩）；4—花岗闪长岩；5—英云闪长岩（英闪岩）；6^*—碱性长石石英正长岩；7^*—石英正长岩；8^*—石英二长岩；9^*—石英二长闪长岩/石英二长辉长岩；10^*—石英闪长岩/石英辉长岩；6—碱性长石正长岩；7—正长岩；8—二长岩；9—二长闪长岩/二长辉长岩；10—闪长岩/辉长岩/斜长岩；$6'$—含似长石石碱性长石正长岩；$7'$—含似长石正长岩；$8'$—含似长石二长岩；$9'$—含似长石二长闪长岩/二长辉长岩；$10'$—含似长石闪长岩/含似长石辉长岩；11—似长石正长岩；12—似长石二长正长岩（似长石斜长正长岩）；13—似长石二长闪长岩/似长石二长辉长岩（碱性辉长岩）；14—似长石闪长岩/似长石辉长岩（霞斜岩）；15—似长石岩；16—超铁镁岩

F = 似长石（白榴石、假白榴石、霞石、方钠石、黝方石、钙霞石、方沸石等）。M = 铁镁矿物和相关矿物（云母、角闪石、辉石、橄榄石、不透明矿物、副矿物（锆石、磷灰石、榍石等）、绿帘石、黑榴石、石榴子石、黄长石、钙镁橄榄石、原生碳酸盐类等）。

当进行分类时，令岩石中所计算得来的硅铝矿物组分为 $A + P + Q = 100$ 或 $A + P + F$

= 100，并分别求出其百分比。然后再计算长石的比率，即 $P/A+P$（斜长石/长石总量）。于是可根据岩石中的石英或似长石的百分数和长石的比率，将所有岩石分为 15 类，每类都在图中占有一定的区域。$M=90\%\sim100\%$ 的超镁铁岩石则为 16 类，居于图外。

不难看出，镁铁矿物 M 大于 90% 的岩石，是根据镁铁矿物的含量来分类和命名的。镁铁矿物 M 小于 90% 的岩石是根据它们在双三角形中的位置来分类和命名的。

三、本教材分类

本教材采用以定量矿物成分为主要基础（矿物定量与国际地科联的分类一致）并结合化学成分、结构、产状对岩浆岩进行分类（表6-3）。

岩浆岩分类表 表 6-3

SiO₂（%）	<45	45~52	52~65		65~75			52~65		
岩类	超基性岩类	基性岩类	中性岩类		中酸性岩类	酸性岩类				碱性岩类
						钙碱性系	碱性系	钙碱性系	碱性系	
								中性过渡性岩类		
	橄榄岩—苦橄岩类	辉长岩—玄武岩类	闪长岩—安山岩类	石英闪长岩—英安岩类	花岗闪长岩—流纹英安岩类	花岗岩—流纹岩类		正长岩—粗面岩类		霞石正长岩—响岩类
侵入岩 深成岩（全晶质等粒，半自形粒状或似斑状结构）	橄榄岩辉石岩角闪岩	辉长岩、苏长岩、斜长岩	闪长岩	石英闪长岩	花岗闪长岩	花岗岩	碱性花岗岩	正长岩二长岩	碱性正长岩	霞石正长岩霓霞正长岩
浅成岩（全晶质细粒等粒结构，斑状结构）	苦橄玢岩金伯利岩	辉绿岩	闪长玢岩	石英闪长玢岩	花岗闪长斑岩	花岗斑岩		正长斑岩二长斑岩		霞石正长斑岩
次火山岩（斑状或隐晶质细粒结构）										
喷出岩（无斑隐晶质或斑状半晶质玻璃质结构）	苦橄岩	玄武岩、细碧岩	安山岩	英安岩	流纹英安岩	流纹岩	碱性流纹岩、石英角斑岩	粗面岩粗安岩	碱性粗面岩、角斑岩	响岩、白榴石响岩
石英（Q）和似长石（F）	$Q=0$, $F=0$	$Q=0\sim$微, $F=0$	$Q=5\sim20$, $F=0$		$Q=20\sim60$, $F=0$			$Q=0\sim20$, $F=0\sim20$		$Q=0$, $F=10\sim60$
斜长石（P）和碱性长石（A）	$P=0\sim10$, $A=0$	$P=40\sim90$, $A=0\sim10$	$P=30\sim70$, $A=0\sim10$		$P=0\sim30$, $A=0\sim30$			$P=0\sim35$, $A=0\sim35$		$P=0$, $A=50$
铁镁矿物种属及其含量	橄榄石、辉石、角闪石为主，其含量>90%	以辉石为主，可有橄榄石、角闪石、黑云母等，其含量<90%	以角闪石为主，辉石、黑云母次之，一般在15%~40%		以黑云母为主，角闪石次之，其含量<15%		以碱性角闪石、辉石为主，其含量<15%	以角闪石、辉石、黑云母次之，其含量<50%	以碱性铁镁矿物为主，其含量<50%	以碱性铁镁矿物为主，其含量<50%

注：表内没有列入碳酸岩、玻璃质岩和脉岩。

思 考 题

6-1 何谓岩浆？岩浆黏度的大小与哪些因素有关？
6-2 岩浆岩的化学成分其变化规律如何？
6-3 矿物共生与化学成分有何关系？

6-4 岩浆岩的结构、构造有哪些？
6-5 岩浆岩按化学成分、矿物成分如何分类？
6-6 试分析各种岩浆岩产状的形成过程。
6-7 利用鲍文反应原理如何解释矿物的共生规律。
6-8 产状对结构、构造有何影响？
6-9 块状构造与斑杂构造、条带状构造与流纹构造、气孔状构造与杏仁构造如何区分？
6-10 本教材的岩浆岩分类特点是什么？
6-11 岩床、岩盖、岩盆有哪些方面不同？

第七章 岩浆岩各论

第一节 橄榄岩——苦橄岩类（超基性岩类）

一、概述

此类岩石 SiO_2 含量低（<45%），为硅酸不饱和岩石。铁镁含量最高，K_2O、Na_2O、CaO、Al_2O_3 含量最低，其中 FeO 含量达 10%，MgO 可达 40%；而 Al_2O_3 含量仅占 1%~6%；$K_2O + Na_2O$ 小于 3.5%，多数小于 1%，反映在矿物成分上以铁镁矿物为主，主要是橄榄石和辉石，其次是角闪石和黑云母，不含石英，基本上不含长石。此类岩石含铁镁矿物很多，镁铁矿物含量超过 90%（体积）的岩石，称为"超镁铁质岩"。本类岩石多呈暗色，密度大，一般密度为 $3.1~3.2g/cm^3$。

本类岩石分布很少，只占岩浆岩总面积的 0.4%，其中喷出岩更为罕见。

二、侵入岩

侵入岩按其主要矿物成分划分为以下几种类型：

橄榄岩类　主要由橄榄石组成；

辉石岩类　主要由辉石组成；

角闪石岩类　主要由角闪石组成。

橄榄岩是超基性深成侵入岩的代表。这种岩石呈黑色、暗绿色。具中、粗粒结构，块状构造或带状构造。其主要矿物为橄榄石（90%~40%）和辉石（5%~50%）；次要矿物有角闪石和黑云母（小于 10%）；副矿物有磁铁矿、钛铁矿、铬铁矿、磷灰石等。橄榄石超过 90%者称为纯橄榄岩。

浅成侵入岩的代表岩石为金伯利岩。为含金刚石的母岩，产于南非金伯利而得名。这种岩石多呈黑色、灰绿色，具细粒结构或斑状结构，常见角砾构造。角砾成分有来自地幔的二辉橄榄岩、榴辉岩或早期金伯利岩，也可来自围岩（沉积岩、变质岩等）；岩石矿物成分复杂，有镁铝榴石、镁橄榄石、金云母、铬透辉石、铬铁矿、钛铁矿、金刚石等。

橄榄岩与金伯利岩易蚀变而蛇纹石化，甚至完全成为蛇纹岩。

三、喷出岩

喷出岩的代表岩石有苦橄岩和科马提岩。

苦橄岩　暗绿色至黑色；细—微粒结构或斑状结构；主要矿物成分为橄榄石、辉石，斑晶多为橄榄石。

科马提岩　这是一种含镁很高的超镁铁质火山岩，常与拉斑玄武岩呈互层产于太古宙绿岩带中。主要矿物为富镁橄榄石、富铝单斜辉石。突出的特征是这两种矿物具针状骸晶，近于平行丛生排列成鬣刺结构。这种岩石首先发现于南非科马提河，近年在世界上多处发现。我国迁西、内蒙的太古宙变质绿岩带中也见到。

四、产状、分布及有关矿产

超基性岩在地表的分布面积很小,约占岩浆岩分布面积的 0.4%。它常与基性岩一起组成岩浆岩杂岩体,也有呈独立岩体出现的,一般为小型岩株、岩盆或岩墙。在我国内蒙、祁连山的褶皱山系内,超基性岩小岩体成群成带分布,延续数百至千余千米。金伯利岩往往呈岩管岩脉产出。

与超基性岩有关的矿产有铬、镍、钴、铂、稀土、金刚石、石棉、磷灰石、滑石等。

第二节 辉长岩——玄武岩类(基性岩类)

一、概述

本类岩石含 SiO_2 45% ~ 52%,$K_2O + Na_2O$ 含量平均为 3.6% 左右,Al_2O_3 可达 14% 以上,CaO 可达 9% 以上,FeO/MgO 含量仍然很高。在矿物成分上以铁镁矿物辉石和基性斜长石为主,不含或少含石英及钾长石。色率较大,一般为 50 ~ 70,密度为 2.9 ~ 3.1g/cm^3。

本类岩石喷出岩——玄武岩在地表分布最广,侵入岩——辉长岩的分布比较少。

二、侵入岩

深成侵入岩的代表岩石为辉长岩。岩石呈灰黑色,一般为中、粗粒状结构,块状构造或条带构造。主要矿物成分为辉石和基性斜长石,二者含量大致相等。若铁镁矿物含量大于 65% 时,称为暗色辉长岩;铁镁矿物含量仅 10% ~ 35% 时,称为浅色辉长岩;基性斜长石含量大于等于 90% 时,则称为斜长岩。若次要矿物橄榄石、角闪石等较多时,也可参与命名,如橄榄辉长岩、角闪辉长岩。若含明显可见的石英或钾长石,则称石英辉长岩或正长辉长岩。

浅成侵入岩称为辉绿岩。辉绿岩为暗绿至绿黑色;具典型的辉绿结构,即长条状基性斜长石微晶杂乱交织,构成三角形空隙,其空隙被他形辉石微晶充填,二者大小相近;也常见斑状结构,斑晶以基性斜长石为主,这种岩石称为辉绿玢岩。浅成侵入岩的矿物成分与深成岩相同。

三、喷出岩

喷出岩的代表岩石为玄武岩。玄武岩多呈黑色,灰绿色至暗紫色;矿物成分与辉长岩基本相同;隐晶结构或斑状结构;气孔、杏仁构造,海底喷发形成的玄武岩常具枕状构造;巨厚层玄武岩中常形成柱状节理。

按占优势斑晶矿物成分可将玄武岩命名为橄榄玄武岩、辉石玄武岩和斜长玄武岩。

按化学成分特点可将玄武岩命名为拉斑玄武岩、高铝玄武岩、碱性玄武岩。拉斑玄武岩含 SiO_2 较高(49% ~ 51%),碱质少($K_2O + Na_2O$,2% ~ 4%),大量分布在大洋中脊、岛屿和深海盆地中。高铝玄武岩特点是 Al_2O_3 含量大于 16%,主要分布于岛弧及活动大陆边缘。碱性玄武岩的特点是碱质高,富 K_2O,主要分布于大陆及大洋岛屿上。

海底喷发富钠的基性熔岩称细碧岩。岩石为绿色,隐晶质结构,枕状构造常见。矿物成分为钠长石、绿泥石、阳起石等,由辉石、斜长石蚀变而成。

四、产状、分布及有关矿产

基性侵入岩类的分布较超基性岩广一些,但单个岩体规模一般不大,常呈岩盆、岩盖、岩株、岩床和岩墙产出。与其有关的矿床主要是铜镍硫化物矿床;其次有铬铁矿床和钒钛磁铁矿床。玄武岩多呈巨厚的岩被，面积达几十万甚至上百万平方千米。玄武岩不仅在大陆上广泛分布，且几乎构成所有大洋的洋壳。玄武岩是良好的铸石材料和建筑材料，其平均抗压强度达 2750kg/cm^2。

第三节　闪长岩——安山岩类（中性岩类）

一、概述

本岩类含 SiO_2 52%～65%，$K_2O + Na_2O$ 5%～6%，Al_2O_3 16%～17%，$FeO + Fe_2O_3$ 含量为 3%～8%，CaO 4%～7%。在矿物成分上，铁镁矿物只占 20%～35% 左右，其中以角闪石为主，辉石和黑云母次之；铝硅矿物占 65% 左右，其中以中性斜长石为主，钾长石及石英较少。色率在 20～35 之间，常为灰色或浅灰绿色，密度约为 2.7～2.9g/cm^3。

二、侵入岩

侵入岩代表岩石为闪长岩。闪长岩一般呈灰色至绿灰色；中、细粒粒状结构；块状构造；也可见到斑杂构造。其主要矿物为中性斜长石和角闪石；次要矿物有辉石、黑云母；有的含石英或钾长石。当次要矿物较多时，可称辉石闪长岩、石英闪长岩（石英含量 5%～20%）、黑云母闪长岩。

浅成侵入岩的代表岩石为闪长玢岩，常具斑状结构、块状构造。其特点是中性斜长石和角闪石形成斑晶；基质呈灰绿色，由斜长石、角闪石的微晶组成。

三、喷出岩

喷出岩的代表岩石为安山岩，在南美洲安第斯山发育最好，因而得名安山岩。安山岩颜色呈灰色，经次生变化后往往呈灰褐、灰绿、红褐色；矿物成分与闪长岩基本相同；多数为斑状结构，斑晶为斜长石、辉石、角闪石、黑云母；少数为隐晶结构或玻璃质结构；常见块状构造、气孔和杏仁构造。与石英闪长岩成分相当的喷出岩为英安岩，多为隐晶质结构。

四、产状、分布及有关矿产

闪长岩多成小岩体侵入，如小岩株、岩盖和岩脉等，分布不多，其出露面积小于 100km^2，常与辉长岩或花岗岩共生，构成复杂的杂岩体。侵入于碳酸盐岩中的闪长岩，常在接触带形成矽卡岩，形成矽卡岩型铜、铁、金、银、铅、锌等矿床。

安山岩常成较大面积的岩流广泛分布，分布面积仅次于玄武岩，厚度达几百甚至几千米。从世界范围来看，环太平洋的大陆边缘和岛弧带是安山岩的集中分布区。安山岩可作建筑石材，其平均抗压强度达 1500kg/cm^2。

第四节　花岗岩——流纹岩类（酸性岩类）

一、概述

本类岩石含 SiO_2 大于 65%，属于硅酸过饱和的岩石。FeO、Fe_2O_3、MgO 很低，普遍低于 2%，CaO 低于 3%，NaO、K_2O 则有明显的增加，平均各为 3.5%。根据碱质含量的差别，可将这类岩石分为钙碱性（即正常岩类）和碱性系列。前者常见，后者少见。

矿物成分以硅铝矿物为主，主要为钾长石、石英和酸性斜长石。其中石英的含量 20% 以上。铁镁矿物为 10% 左右。常见的铁镁矿物是黑云母、角闪石。副矿物含量虽少

（小于1%），但种类繁多，常含稀有和放射性元素。岩石颜色浅，多为灰白色、肉红色。岩石密度为 2.54~2.78g/cm³。

本类岩石分布广泛，是大陆地壳的重要组成岩石。侵入岩常呈岩基或岩株产出，喷出岩分布较少。

二、侵入岩

深成侵入岩代表性岩石为花岗岩、花岗闪长岩。花岗岩多呈浅肉红色、浅灰色；粗—细粒结构、似斑状结构；块状构造；局部见斑杂构造。主要矿物为钾长石（±40%）、酸性斜长石（±20%）和石英（±30%）；次要矿物有黑云母、角闪石（±10%）；副矿物有磁铁矿、榍石、锆石、磷灰石等。若钾长石与酸性斜长石含量大致相等，则称二长花岗岩；若斜长石含量远大于钾长石，称为斜长花岗岩；若钾长石与斜长石之比约为1:2，石英含量20%~25%，次要矿物以角闪石为主，则称为花岗闪长岩。

与花岗岩成分相当的浅成侵入岩为花岗斑岩。花岗斑岩具全晶质斑状结构，块状构造。基质一般为细—微粒结构。斑晶主要是钾长石与石英。可有少量黑云母、角闪石。与花岗闪长岩成分相当的浅成侵入岩为花岗闪长斑岩，其与花岗斑岩的区别在于斑晶主要为斜长石，也可有少量黑云母、角闪石、钾长石、石英。

三、喷出岩

喷出岩的代表性岩石为流纹岩。流纹岩成分相当于花岗岩，其颜色呈浅灰、灰红色，少数呈深灰或砖红色；斑状结构、隐晶质结构；流纹构造，部分具气孔和杏仁构造。斑晶主要由透长石和石英组成。基质多为隐晶质和玻璃质。当斑晶全为石英时称石英斑岩。与花岗闪长岩成分相当的喷出岩称为流纹英安岩。其与流纹岩的区别在于斑晶主要为斜长石和石英；与英安岩相比，英安岩的斑晶为斜长石与角闪石，石英较少，没有钾长石。

酸性喷出岩还有一些玻璃质结构的岩石：

黑曜岩：黑色、灰黑色，玻璃光泽，贝壳状断口，很像沥青。

松脂岩：具松脂光泽。颜色黑灰、浅绿、褐色等，贝壳状断口。

珍珠岩：浅灰、蓝绿、红、褐色等。蜡状、瓷状、玻璃光泽。含有大量珍珠裂纹或球粒，粒径 2~3mm 或 6~8mm。

四、产状、分布及有关矿产

花岗岩常形成大岩基，长几百至上千千米，宽几十至上百千米，也常见小型岩株、岩盖或岩枝。流纹岩多呈岩钟、岩针等中心式喷发的产物，少数为裂隙式喷发形成的岩流。

与花岗岩和花岗闪长岩有关的矿产较多，主要是多金属矿产，如钨、锡、钼、铋、锑、汞、铍、铅、锌、金、银、铜、铁、铌、钽和稀土、放射性元素等。花岗岩是优良的建筑石材，其抗压强度平均为 1480kg/cm²。与流纹岩有关的矿产主要有铜、铅、锌、铀及黄铁矿、明矾石、叶蜡石、刚玉等。致密的流纹岩抗压强度约 1500~3000kg/cm²，也是较好的建筑石料。

第五节　正长岩——粗面岩类（中性过渡性岩类）

一、概述

本类岩石含 SiO_2 60%左右，与闪长岩相近。碱质含量高，$K_2O + Na_2O$ 占9%左右。根据碱质的含量可分为钙碱性系列和碱性系列。矿物成分硅铝矿物含量较多，占60%以上，以碱性长石为主，其次斜长石、石英；铁镁矿物占15%~40%，以角闪石为主，次为黑云母、辉石。岩石的颜色为灰色、红色等。密度约为 $2.7~2.9g/cm^3$。

正长岩—粗面岩分布不多，常和其他岩体相伴产出，很少成独立岩体出现。

二、侵入岩

侵入岩代表岩石为正长岩。岩石多呈浅灰红或肉红色；中粗粒结构或似斑状结构；块状构造。其主要矿物为钾长石和斜长石；次要矿物有角闪石、黑云母及辉石。石英含量不超过5%；若石英含量达5%~20%，则称为石英正长岩。若斜长石与钾长石含量大致相等，则称为二长岩。

成分与正长岩相当的浅成岩称为正长斑岩。斑状结构，斑晶为正长石和少量角闪石；基质为微粒、隐晶质，成分主要为碱性长石和斜长石。浅成岩还常见微粒结构的微晶正长岩。

三、喷出岩

喷出岩的代表性岩石为粗面岩。粗面岩颜色呈浅灰、灰黄、浅肉红色；常具斑状结构，斑晶为透长石、斜长石、黑云母、角闪石；基质多为隐晶质，表面具粗糙感；多为块状构造，有时也见气孔构造。

安山岩、粗面岩及与玄武岩均为喷出岩，且岩性上为过渡关系，它们的区分主要看斑晶的成分。斑晶主要为橄榄石或伊丁石（橄榄石次生变化产物，红色）和长板状基性斜长石，岩石色深，可定为玄武岩；斑晶主要为角闪石或黑云母，宽板状中性斜长石，可定为安山岩；斑晶主要为透长石（透明的正长石），岩石色浅可定名粗面岩。

四、产状、分布和矿产

正长岩分布不广，常产出于其他岩体的边缘，有时也呈独立岩体产出。但一般都以较小的岩体，如岩盖、岩株或其他不规则的岩体出现。浅成岩多成岩脉产出。与正长岩有关的矿产主要是矽卡岩型铁矿和碱性正长岩相伴的稀土和放射性矿产。另外，正长岩可做陶瓷原料。富钾质的正长岩可以做钾肥原料。

粗面岩的分布比玄武岩和安山岩少得多，常呈浑圆状的岩流、岩颈和岩钟产出，并常与玄武岩和安山岩共生。与粗面岩有关的矿产是铜矿、锌矿等。粗面岩可做建筑材料、陶瓷原料和耐酸材料。

第六节 霞石正长岩——响岩类（碱性岩类）

一、概述

本类岩石 SiO_2 含量不饱和，约为50%~60%。碱质含量最高，Na_2O 5%~10%，K_2O 4%~12%。此外，Fe_2O_3、FeO 的含量仅有2%~4%，MgO 和 CaO 的含量较低，为1%~2%，稀有元素的含量较高。主要矿物是碱性长石，含量在60%左右，不含石英和斜长石，而出现似长石矿物（如霞石、白榴石等），含量约在20%左右。铁镁矿物为碱性辉石、碱性角闪石和富铁云母，含量小于50%。本类岩石的颜色、密度与中性岩相似。

二、侵入岩

侵入岩的代表岩石为霞石正长石（深成）、霞石正长斑岩（浅成），岩石特征如下：

霞石正长岩：浅灰色，有时带淡绿或浅红色。含碱性长石 65%～70%，霞石 20% 左右，碱性辉石或碱性角闪石 10%～15%，还含有很少的副矿物。但绝不含石英和斜长石。易风化。中至粗粒等粒结构，块状构造。

霞石正长斑岩：是矿物成分相当于霞石正长岩的浅成岩，具斑状结构，斑晶为碱性长石，但大部分已遭受次生变化，基质由碱性长石和霞石，以及少量暗色矿物组成。块状构造、斑杂构造。

三、喷出岩

喷出岩的代表岩石为响岩。

响岩（霞石响岩）：矿物成分与霞石正长岩相当。主要有碱性长石（透长石、正长石、钠长石）、似长石（霞石、白榴石等）和暗色矿物（碱性角闪石及辉石）。具斑状或无斑隐晶结构。斑晶为碱性长石（透长石、歪长石）、霞石，斑晶中有时可出现暗色矿物和其他似长石矿物。颜色浅绿灰色或浅褐灰色。

白榴石响岩：由白榴石和碱性长石组成，并有少量碱性辉石和碱性角闪石。具斑状结构，斑晶为透长石、白榴石及碱性暗色矿物，不含霞石，基质致密，断口粗糙。白榴石不稳定，常被正长石及霞石所交代并保留其假象，构成假白榴石，这种岩石称为假白榴石响岩。

四、产状、分布和矿产

侵入岩体规模较小，分布不广。常呈岩床、岩盆、岩盖、岩株产出，独立岩体者较少。稀有元素矿床如铌、锆、钍、稀土、铀矿与该类岩石有关。

我国响岩不多，一般为小型的岩钟、岩流。有些金矿、铜矿产于响岩中。

第七节 碳 酸 岩 类

碳酸岩是 19 世纪末期发现的一种以碳酸盐矿物为主要成分的岩浆岩。1921 年布列格尔首次确定它是与碱性杂岩体相伴生的岩浆岩，并正式命名为"碳酸岩"，以示与沉积"碳酸盐岩"区别。

本类岩石含 SiO_2（<20%）、TiO_2、MnO、BaO、SrO、P_2O_5、Nb_2O_5，以及稀土元素、铀、钍等。矿物成分复杂，但主要由碳酸盐矿物方解石、白云石、铁白云石组成，三者占岩石 80% 以上，次要矿物有菱铁矿、菱锰矿及其他含氧盐等。同时，出现矿物异常伴生现象，如石英—橄榄石；石英—霞石等组合并含典型的热液矿物，如闪锌矿、磁黄铁矿、黄铁矿、斑铜矿、重晶石等，说明碳酸岩的形成有热液作用的参与。

碳酸岩在外观上很像大理岩，颜色白、浅棕。结晶结构，块状构造，常与橄榄岩、霞石正长岩共生。碳酸岩可分侵入岩和喷出岩。与碳酸岩有关的矿产主要是稀有元素（Nb、Ta、Th、Ce 族稀土和铀等）矿床、非金属原料（磷灰石、金云母、蛭石矿床等），同时，碳酸岩本身也是很好的水泥原料。

我国在湖北的竹山、四川南江、山西临县、云南、甘肃等地发现了与霞石正长岩有关的碳酸岩体及其矿产。

第八节 脉岩类

一、概述

脉岩是受构造裂隙控制的小型侵入体，呈脉状、岩墙状充填在岩体或围岩裂隙中，其矿物成分、化学成分、空间分布上与深成岩有密切关系，多数是岩浆作用晚期的产物。多数脉岩形成深度浅，有的已接近地表。由于岩浆冷凝快，因而岩石一般为细粒、微粒、隐晶质结构，斑状结构也常见；若岩浆中富集了挥发分，因而可形成伟晶结构。一般为块状构造、斑杂构造。脉岩按颜色、矿物成分分为暗色脉岩、浅色脉岩两类，浅色脉岩又分为细晶岩和伟晶岩两类。

二、脉岩的主要类型

1. 煌斑岩

煌斑岩为暗色矿物含量占主导地位的脉岩，颜色一般为黑色、暗绿色、深灰色，故称为暗色岩脉；其结构多为全晶质细粒至微粒结构、斑状结构，斑晶全为暗色矿物。煌斑岩的 SiO_2 含量多为 40%～50%，FeO、Fe_2O_3、MgO 及 K_2O、Na_2O 的含量相对较高。暗色矿物主要为辉石、角闪石、黑云母，浅色矿物为斜长石或钾长石。

2. 细晶岩

细晶岩为浅色矿物含量占主导地位的脉岩，颜色多呈灰白至浅肉红色；细粒他形结构；块状结构。浅色矿物主要为钾长石。含量占 90% 以上，暗色矿物有黑云、角闪石、辉石。常见的细晶岩多为花岗细晶岩，其成分类似于花岗岩。也有正长细晶岩、闪长细晶岩和辉长细晶岩。

3. 伟晶岩

伟晶岩是一种具有特别粗大矿物晶粒结构的脉岩，晶粒一般大于 10mm，有的可大到几米以上。新疆阿尔泰地区伟晶岩中的绿柱石重达数吨。按矿物成分可分为：

(1) 花岗伟晶岩　这是最常见的一种伟晶岩，主要由钾长石、斜长石、石英和云母类矿物组成。常见含挥发分的副矿物，如电气石、黄玉、绿柱石、萤石等。

(2) 正长伟晶岩　这种岩石几乎全由正长石组成。

(3) 闪长伟晶岩　这种岩石由斜长石和少量角闪石组成。

(4) 辉长伟晶岩　这种岩石由斜长石和少量辉石组成。

三、产状、分布及有关矿产

脉岩通常呈规则或不规则的板状体产出；大小不一；长度由几米至几千米；厚度从几厘米至几十米。有些脉岩常侵入在早期侵入体内或其附近围岩中。煌斑岩多形成于远离母岩体地区。

钾镁煌斑岩是金刚石矿床的重要母岩。伟晶岩本身常作为非金属矿产进行开采。与花岗伟晶岩有关的矿产在 40 种以上，其中主要为稀有元素矿产及云母、水晶、长石及各种宝石等。

思　考　题

7-1　橄榄岩、辉长岩、闪长岩的主要矿物和次要矿物各有哪些？

7-2 花岗闪长岩与花岗岩、正长岩与霞石正长岩如何区分？
7-3 玄武岩、安山岩、粗面岩如何区分？
7-4 深成岩、浅成岩、喷出岩在结构上有哪些差别？
7-5 侵入岩和喷出岩分布最广的各为何种岩石？各主要为何产状？为什么？
7-6 何为脉岩？煌斑岩、细晶岩、伟晶岩在颜色、结构、矿物成分上各有何特点？
7-7 写出岩浆岩分类表中各类岩浆岩的深成岩、浅成岩、喷出岩的代表岩石名称。

第八章 岩浆岩的成因

第一节 岩浆岩多样性的原因

一、原始岩浆的多样性

1．一元论

1928年，鲍文认为地球内部只存在着一种岩浆，即玄武岩浆。地壳上的其他各种岩浆岩，都是由玄武岩浆派生出来的。有以下理由：

（1）鲍文从实验岩石学角度，提出了"鲍文反应原理"。从而说明了玄武岩浆经过分异作用产生出从辉长岩到花岗岩的多种岩浆岩的道理。

（2）近代火山喷出物，绝大多数都是玄武岩浆。另外整个海洋的底部几乎全部由玄武岩组成，玄武岩在大陆上的分布面积也很广泛。同时还发现，在整个地质历史时期，都有玄武岩浆的活动。从而证明了地球内部有大量的玄武岩浆存在。

（3）在野外，橄榄岩与辉长岩共生的关系。如橄榄岩类侵入岩体逐步过渡为辉长岩，从而说明橄榄岩—苦橄岩类可能是由玄武岩浆派生出来的。

2．二元论

20世纪30年代，列文生—列信格和戴里等人，认为地球内部存在两种岩浆，即玄武岩浆和花岗岩浆，理由有：

（1）在整个岩浆岩中，以玄武岩类和花岗岩类分布最为广泛。花岗岩的数量比其他深成岩约大20倍，玄武岩比其他喷出岩约大5倍。另外地壳可分为花岗岩质层和玄武岩质层。因此，在整个地质时期中，存在由硬地壳再熔，产生花岗岩浆与玄武岩浆的可能性。

（2）自然界存在着花岗岩浆派生的闪长岩和正长岩。同时，这些岩浆互相混合便可形成中间类型的岩石。

3．多元论

有的岩石学家认为：地球内部存在的岩浆类型很多，其中有上地幔部分熔融物质产生的玄武岩浆，有大陆地壳的深熔作用形成的花岗岩浆，还有安山岩浆等。这就是所谓的多元论观点。

原始岩浆的种类总是有限的。因此，用多元论也还难以解释种类繁多的岩浆岩的成因。所以必须考虑到各种原始岩浆在演化过程中的分异作用、同化混染作用以及岩浆的混合作用等。因此，岩浆岩多样性的原因，包括了原始岩浆的多样性以及岩浆的演化过程中的各种作用。

二、岩浆的分异作用

成分均匀的岩浆，在没有外来物质的加入下，而是通过岩浆自身的演化、分异，形成几种成分不同的岩浆或岩浆岩的作用，称为岩浆分异作用。岩浆分异作用主要有以下两方面。

（一）熔离作用（分液作用）

一种混熔的溶体，由于温度、压力的变化，使其分离为不混溶或混溶程度有限的两种液体，称为熔离作用。这种液态岩浆在温度、压力降低不混溶的情况，恰与日常生活中由于温度压力降低后油和水分离的现象相似。熔离分异形成的二种或多种岩浆，则分别形成不同的岩浆岩。

（二）结晶分异作用（或称分离结晶作用）

在岩浆冷凝结晶过程中，矿物晶体不断从岩浆中析出。因矿物结晶的先后顺序不同，相对密度大小不同，使成分均匀的岩浆。通过结晶作用形成两种或两种以上不同成分的岩石，称为结晶分异作用。

三、同化混染作用

岩浆熔化、溶解围岩或捕虏体，叫同化作用。而围岩物质进入岩浆后使岩浆成分改变的作用，称为混染作用。

同化作用的过程，实际上就是熔化、交代的过程。在自然界，岩浆与围岩或捕虏体的同化作用是普遍发生的，但其强弱程度的差别很大。基本情况是：岩浆源越深，容积越大，形状越不规则，含挥发分越多，围岩成分与岩浆成分差别越大，围岩化学性质活泼，节理裂隙又发育，同时处于构造断裂活动复杂的褶皱带等环境下，则同化作用就很强烈。反之，则比较微弱。同化作用越强，则混染程度越大。随着同化混染作用的程度不同，则构成不同成分的岩浆和岩浆岩。

第二节　主要岩浆岩的成因

一、超基性岩类的成因

一般认为有两种，一种是来自上地幔的橄榄岩浆直接结晶形成。另一种为玄武岩浆就地结晶经重力分异作用形成。

由橄榄岩浆直接结晶形成的超基性岩，多分布在地质构造比较活动的地区。如沿深断裂带，平行褶皱山的走向构成巨大的超基性岩带。岩体呈独立大小不等的长条状分布。常见岩石有辉橄岩、纯橄榄岩、辉石岩。

由玄武岩浆结晶分异的超基性岩，常与基性岩共生构成超基性—基性岩杂岩体，主要分布在地质构造比较稳定地区。杂岩体呈岩盆、岩盖等。常见岩石有纯橄榄岩、辉橄岩、橄榄辉长岩、辉长岩等。

二、基性岩类的成因

基性岩是由玄武岩浆直接结晶形成的。玄武岩浆的来源，有人认为来自上地幔，由地幔岩发生部分熔融形成。也有人认为来自地壳较浅部位的玄武岩质层（硅镁层），由于发生均匀熔融形成。

三、中性岩类的成因

在环太平洋带广泛分布的安山岩，可能是俯冲到大陆板块之下上百千米深处的洋壳前缘局部熔融（包含部分陆壳碎片），形成安山质岩浆。这种岩浆沿破裂的大陆板块前缘上升、喷溢而形成了带状分布的安山岩。大陆内部的中性喷出岩和侵入岩可能是花岗岩浆或玄武岩浆同化混染作用的产物。

四、酸性岩类的成因

主要有交代成因（或花岗岩化）和岩浆成因两种。野外地质现象表明，寒武纪以前的大多数老花岗岩体和造山带核部形成规模巨大的花岗岩岩基，其中残留的围岩碎块构造线方向常与围岩构造线方向一致，且岩体边缘的成分、结构构造常与围岩呈渐变关系。这种岩体被解释为交代作用或花岗岩化而形成的。

岩浆成因即由花岗岩浆直接结晶形成。花岗岩浆的来源可能有两个方面：一是由玄武岩浆分异形成；二是由地壳硅铝层熔融形成。

五、碱性岩类的成因

碱性岩的成因有两种假说：一种假说认为，碱性岩由玄武岩浆经分异演化，钙、铁、镁被带走，碱质相对富集，从而形成碱性岩类。这种碱性岩往往与玄武岩有密切关系。另一种假说认为，由于酸性岩同化了碳酸盐岩。使岩浆发生去硅作用，并使碱质富集而形成碱性岩类。

思 考 题

8-1 岩浆岩多样性的原因是什么？
8-2 岩浆为什么会发生分异作用？分异作用有哪几种？
8-3 同化作用和混染作用的结果是什么？
8-4 超基性岩、基性岩的成因如何？
8-5 酸性岩的形成有哪几种方式？
8-6 中性岩、碱性岩的成因怎样？
8-7 何谓一元论、二元论、多元论？
8-8 熔离作用与结晶分异作用有何不同？

第九章 花岗岩类同源岩浆演化序列及岩石谱系单位

花岗岩类同源岩浆演化序列及岩石谱系单位是国家地质矿产部门20世纪90年代初为推动我国1:50000区域地质调查（区调）的发展，提高区调质量和水平，尽快赶上世界先进水平而采用的新理论、新观点、新技术和新方法。它是即充分借鉴和吸收国外有关先进的地质填图经验，又包容我国自己的研究成果，而总结创立的一套适合我国特色的花岗岩区填图方法。这套方法的核心是以同源岩浆演化，岩浆多次脉动上侵形成不同构造岩浆单元为理论基础，确定花岗岩深成岩体的成分演化序列和结构演化序列为主要手段，建立区域花岗岩类岩石不同等级谱系单位。

第一节 花岗岩类同源岩浆演化序列

一、花岗岩类同源岩浆演化的概念

（一）一般概念

这是讲的花岗岩类是基于野外研究和区调填图为目的广义花岗岩类，它的定义不严格，涉及岩浆岩的范围大，包括了一般以含石英超过5%（有时低于5%）的各类侵入岩。即本书岩浆岩分类表中的中性岩类、中酸性岩类、酸性岩类、中性过渡性岩类的所有侵入岩。

花岗岩类岩浆同源性研究是划分不同等级岩石谱系单位的重要理论基础。

岩浆同源关系实质上就是所有岩石构成单位具有一定的空间和时间关系、矿物成分之间的关系，同时保持着相类似的结构特点。亦就是说，一定空间和时间范围内形成的花岗岩来自一个公共的母岩浆房。

同源岩浆序列则是一次熔融事件演化所形成的一套岩石组合，可能是由于岩浆离开一个公共的母岩浆房之后分异演化形成，这种分异显然发生在深部。深部分异是指岩浆在深部贮集处或上升夺取空间过程中所发生的一种作用，这是形成深成岩体多期性的一个重要原因。这种作用意味着岩浆侵入不是一次完成，而是多次脉动侵入完成的。岩浆房的顺序演化，提供了一次次的岩浆脉动。

一定空间范围内，岩浆的同源性及其演化序列有其固定的模式，是固定不变的。这样，在一个复杂深成岩体所建立起来的同源岩浆序列，与另一个复杂深成岩体内的同源岩浆序列基本上可以对比。

（二）确定花岗岩类同源岩浆演化序列的基本原则

1. 花岗岩类岩石中矿物组成含量变化与结构研究相结合，在确定同源演化序列方面非常重要。

2. 岩石结构的变化，完全取决于岩浆上侵的速度和固结作用的时间先后。可以用来确定岩浆演化的顺序。

3. 主要元素含量的比值是确定序列中同源性的有效依据。

4. 微量元素的资料，能更精确地描绘出序列的同源性及演化规律。

5. 矿物学特征、岩石中的包体特点、共生岩墙的性质等均是确定同源岩浆序列的基本依据。

二、深成岩体的组合类型及其序次的划分和确定

（一）花岗岩类深成岩体的概念

W.S 皮切尔教授 1972 年对深成岩体给予的定义："由若干个岩浆或者说若干个同源岩浆构成的一个岩体，这些同源岩浆基本上是同时侵入的并赋存于同一接触界面之内。"按照上述这样的定义，许多成分分带和结构分带明显的深成岩体，都有可能被证明为复式的和多期的，而不是单式的岩体。它们是由重复出现的岩浆流构成的，后者或者来自深部的脉动流，或者来自同一岩浆房内具有不同活动性的差异性岩浆流（涌流）。上述两种方式说明一次岩浆活动不是同一时间内整体上侵，而是表现为一股岩浆涌进另一股岩浆中。

简单讲，花岗岩类深成岩体是一次热事件中，岩浆房发生的单一脉动或多次脉动而形成的。

深成岩体的规模，据 W.S 皮切尔等的研究说明，花岗岩类深成岩体的平均大小在 150km^2 左右，而狭义的花岗岩体的平均大小则在 80km^2 左右，单一脉动的体积，要比上述统计数小得多。

（二）深成岩体的组合类型

1. 简单深成岩体

由单一脉动形成的侵入体所组成。

2. 复杂深成岩体

由多次脉动上侵形成分带明显的侵入体所组成。

3. 复式深成侵入杂岩体

由性质不同的各种深成岩体组成。它们可以是简单深成岩体的组合，可以是简单深成岩体和复杂深成岩体的组合，亦可以是复式深成岩体的组合。

4. 复式深成侵入杂岩体

是由不同构造旋回的一系列深成岩体组合构成的。它可以是简单深成岩体、复杂深成岩体、复式深成侵入杂岩体三类深成岩体中任何一种组合构成，亦可以由其中的二类或三类组合构成。

5. 环状花岗岩类杂岩体

其特点是存在环状岩墙、多次侵入呈或不呈套叠形式产出。

（三）深成岩体序次的划分和确定

岩浆活动的多期性已为愈来愈多的实际资料所证实，基本上可以概括归纳以下三种情况：

（1）多时代多次岩浆热事件所形成的不同深成岩体之间的序次；

（2）同时代多次岩浆热事件所形成的不同深成岩体之间序次；

（3）一次岩浆热事件所形成的深成岩体内部多次脉动之间的序次。

前两种比较类似，均是建立在多次岩浆热事件的基础之上的，是不同深成岩体之间的接触关系。第三种是深成岩体内部多次脉动贯入形成侵入体之间的接触关系，建立在一次岩浆热事件基础上，构成一个完整的同源岩浆序列。

研究深成岩体的序次，对于建立岩石谱系单位、划分不同等级体制有重要意义。深成岩体序次的划分和确定，接触关系特征是重要依据。

1. 深成岩体之间的接触关系及接触带特征

一般来说，不论是不同时代的深成岩体之间，还是同时代不同深成岩体之间，它们均呈现出急变式的非常明显的接触关系，我们将这种接触关系称之为超动型侵入接触关系，又可称之为斜切式侵入接触，类似于不整合式的侵入接触。

超动型侵入接触的主要标志：

(1) 晚形成的深成岩体特点

1) 具细粒边和冷凝边；

2) 有岩枝穿入早期岩体；

3) 有早期深成岩体的捕房体、捕房晶等，有时发育有"火成角砾岩带"；

4) 边缘具流动构造、变形构造。如叶理、线理等常平行于接触面。

(2) 早形成的深成岩体特点

1) 出现烘烤边、蚀变带或热变质现象；

2) 被晚期深成岩体切割，完整性遭到破坏，出露残缺不全；

3) 所含矿脉、脉岩、断层到接触面突然中断，不通过晚期深成岩体，而接触面上又无其他断层标志。

总之，超动型接触界面两侧的岩石类型、色率和结构、构造等差别较大，呈截然变化，根据接触界面两侧所表现出来的上述特征，一般能顺利地确定两个深成岩体的先后顺序，而且能够说明晚形成的深成岩体是在早形成的深成岩体完全固结冷却之后侵入的。

2. 深成岩体内部的接触关系和接触带特征

除了单一脉动形成侵入体所组成的简单深成岩体以外，大多数深成岩体均是由多次脉动形成的，这样就出现了深成岩体的内部接触带。对深成岩体内部接触关系的研究是圈定和填绘侵入体实体的关键，亦是解析深成岩体、建立岩石谱系单位、划分等级体制的基础。因此，它是花岗岩类分布地区区域地质填图工作中最基本的重要任务。

深成岩体内部多次脉动形成不同侵入体之间的接触关系有明显和不明显两种类型：明显的一类称为脉动；不明显的一类称为涌动。

(1) 脉动型侵入接触（明显突变式侵入接触，类似于似整合式的侵入接触）

来自深部的岩浆的单独一次贯入，就叫一次"脉动"（Harrg 和 Richey，1995 年）。两次脉动之间的接触关系，通常在 1～2cm 的范围内可以发现两者之间有一条比较清楚的接触界线（面），有时亦表现为接触面两侧在成分上和结构上的突变，甚至这种突变的接触界面可以在一块标本上或一块薄片上即可看出，所以在区域填图中只要仔细观察就不难被发现。但是，这种类型的接触界面两侧的其他有关的接触变质现象并不很明显，虽然可以发现它们的接触界线（面），却很难确定它们的先后顺序，必须有赖于区域性调查研究之后，从空间分布的格局最后确定其先后顺序。

脉动型侵入接触的主要标志：

1) 沿接触带断续发育伟晶岩包体，或由粗大的长石、石英组成不连续的似伟晶岩带，宽度一般数十厘米不等，长石、石英晶体的生长方向指向晚期侵入体。

2) 由于核部岩浆浸蚀或顶蚀早期外壳已固结的岩石，因而在接触带形成"火成角砾岩"带，实际上是晚期侵入体中有早期侵入体的捕虏体，由于两者温、压条件基本相似，早期侵入体虽已初步固结，但由于刚刚凝固，被晚期岩浆的上涌而冲碎，形成不宽的类似"角砾岩"的带状分布，其中所谓"角砾"是早期侵入体的碎块，而胶结物则是晚期侵入体的成分。

3）核部岩浆上侵可穿过外部固结壳后直接侵入围岩而形成穿切关系，可以见到清楚的侵入接触关系。

4）有时可以在晚期侵入体一侧见到有非常窄的冷凝边。

脉动型侵入接触关系，是在先后两个侵入体形成时差比较接近，温、压条件类似，先形成的侵入体已基本固结但仍很灼热的条件所形成的侵入接触关系。

(2) 涌动型侵入接触（隐蔽式侵入接触，类似于整合式侵入接触）

同一岩浆房内具有不同活动性的差异性岩浆流，即科宾和皮切尔所说的涌流(1972年)。

这种类型的接触关系宏观上表现为两个侵入体之间找不到清楚的接触界面，通常在1~2cm的短距离内能见到岩石成分和结构的快速变化，即两个侵入体之间以宽度不同的接触带相接触。

涌动型侵入接触关系的主要标志

1）在早、晚两侵入体之间发育有1~2cm的混杂带或混合带。

2）在晚侵入体中边缘带见到黑云母大体平行接触面分布。

3）在晚侵入体中沿边缘带见到长石斑晶大体平行接触面分布。

4）两侵入体岩石成分发生突变，如含角闪石到突然不含角闪石，含暗色包体到突然不含暗色包体等等，但其间找不到明显界面。

5）两侵入体岩石结构的快速变化：矿物形态的变化；矿物粒度的循序快速变化；岩石中斑晶的大小和丰度的循序快速变化等等。

6）两侵入体岩石色率的快速变化。

可能还有其他一些标志。总之，涌动型侵入关系的形成是在先期侵入体开始固结，局部仍然处于液态，被后期的侵入体侵入所形成的接触关系。

脉动和涌动这两种既有联系又有区别的接触关系，都是深成岩体内部多次脉动上侵所造成的，因此它们具有相对的含意。在一定程度上来说，应该说涌动是脉动上侵过程中所造成的一种不明显表现形式。同心分带非常完整的深成岩体内部，各侵入体之间具有连续的接触界面，其接触关系基本上应表现为涌动的形式；如果同心分带的深成岩体内部出现了浸蚀、顶蚀、同化、刺破、刺穿等现象造成不连续的接触面，这种情况下就可以出现脉动的接触关系。在岩浆脉动频率快地方，脉动的次数极难分辨，接触界线（面）就显得模糊不清，表现为涌动的形式。根据上述的原因，所以有时在一个侵入体与另一侵入体接触时，部分地段表现为脉动的接触，而在另一些地段却表现为涌动的接触。

三、I形、S形花岗岩的演化序列

S形、I形花岗岩是澳大利亚学者查佩尔和怀特于1974年按成因提出的两种花岗岩类型。两类花岗岩是由两种不同的源岩物质——火成岩和沉积岩的部分熔融派生出来的。

(一) 关于I形、S形花岗岩的划分

具体确定一个花岗岩深成岩体为I形或S形，要对这个岩体做多方面的研究，下面从起源及有关参数划分如下：

I形花岗岩：起源于地壳火成岩的熔融，其成分变化范围大。主要由英云闪长岩—花岗闪长岩—二长花岗岩系列组成。

S形花岗岩：起源于地壳沉积岩的熔融，其成分变化范围小。主要由二长花岗岩—钾长花岗岩组成。

Chappell 和 White（1974年、1983年）以 $Al_2O_3/(Na_2O+K_2O+CaO)=1.1$（分子比）作为分界，该比值大于1.1的为"S"形花岗岩；该比值小于等于1.1的为"I"形花岗岩。

（二）I形、S形花岗岩的演化序列

1. I形花岗岩的演化系列

I形花岗岩由于成分复杂，且成分变化明显。一般表现为从早到晚由基性→中性→酸性的演化序列，形成的深成岩体其空间组合形式是同心分带的侵入序列，它由一系列同心壳层构成。壳层的成分从边缘比较基性（即铁镁质成分偏高），向内没有中断地变成核部长英质成分偏高，酸度较高。这个空间组合的型式，清晰地显示了成分演化序列的模式，表示花岗岩类深成岩体多次脉动上侵并随着温度的下降从边缘向内固结。岩石结晶由早到晚且分布由外向内的顺序为辉长岩→闪长岩→石英闪长岩→英云闪长岩→花岗闪长岩→二长花岗岩（表9-1）。

I形花岗岩与S形花岗岩的演化 表9-1

类型	I形花岗岩	S形花岗岩	
序列	岩石成分序列	岩石成分序列	岩石结构序列
单元	二长花岗岩 ↑ 花岗闪长岩 ↑ 英云闪长岩 ↑ 石英闪长岩 ↑ 闪长岩 ↑ 辉长岩	碱长花岗岩 ↑ 钾长花岗岩 ↑ 二长花岗岩 ↑ 花岗岩闪长岩　　钾长石增加　钠长石增加	微花岗结构——微粒细粒——含斑　　　　　　　　　　　　　　疏斑 微斑　二期结构——细粒——斑状　　　　　　　　　　　巨斑　　　　　　　　　　粗粒 多斑 巨斑　一期结构——中粒　　　　　　　　　↑　　　　　　　　　细粒

上述按成分演化序列组成的同心分带空间组合形式中，各岩石单元的一个明显特点是，它们都属同一岩浆源，是同一次熔融事件的产物，各种岩石成分上的差异是由于原始岩浆发生了某种变化（分离结晶作用）所造成的。显然，在成分变化明显的复杂深成岩体中，核部酸性岩石中的长英质对铁镁质矿物的比例增加了。但是，这些矿物组分的形态和大小基本未变或变化不大。因此，所有的岩石单元均具有相似或比较接近的结构特征。

2. S形花岗岩的演化系列

S形花岗岩由于成分变化不明显，酸度较高，主要由长英质矿物组成，其成分演化序列不明显，而结构的演化序列较清楚。

成分变化窄的深成岩体，由于岩浆已达三元共结的平衡体系，SiO_2含量较高，已基本达到饱和状态，因而不发生明显的熔离作用，只是由于岩浆上侵时间先后，冷凝条件不同，造成多次固结作用，形成不同的结构相。这种结构分带表明，该类型的深成岩体是随着温度的降低从边缘向内固结的，在固结过程中，流性较高的核部岩浆一幕一幕不断向上移动，通过对围岩和顶板岩石向外和向上的推挤，使出露部位的岩浆房面积增大。由于熔融体和结晶物质构成的岩浆进入岩浆房的时间先后不同，出现了岩浆固结成岩的时间差。这样，边缘散热快，温度下降要比内部更急速，缩短了固结成岩前的生长时间，它们的粒级就小，形成细粒结构的岩石，内部就出现粗粒结构，在它们中间出现中粒结构。钾长石巨晶从外向内愈来愈大，愈来愈密集，而在矿物成分上并未发生重大变化。因此，各岩石单元由于结构的演化序列形成同心带状的空间展布形态。一般表现为由早到晚由外向内为细粒→中粒→粗粒结构（表9-1）。

S形花岗岩还经常见到主岩浆侵入期—补充侵入期—末期（脉岩期）三个阶段的岩浆活动，出现不同发展阶段的结构类型（表9-2、图9-1），这也是一种重要的结构演化形式。三个阶段形成的花岗岩体的空间展布形式多为离散式和卫星式。

花岗岩结构特征对比表 表9-2

一期结构花岗岩	二期结构花岗岩	微花岗结构花岗岩
1. 结构均匀	1. 结构不均匀	1. 结构基本上均匀
2. 颗粒粒径近似或大致相等	2. 颗粒粒径变化大	2. 颗粒较小、粒径大致相等
3. 颗粒互相镶嵌，典型的半自形或它形，粒状	3. 斑晶与基质为两个世代的形成，基质常具糖粒状结构	3. 所有矿物颗粒几乎同时结晶
4. 有或没有钾长石巨晶	4. 钾长石、斜长石、石英、铁镁质矿物斑晶	4. 少量的长石、石英小斑晶
5. 连续结晶序列	5. 不连续结晶序列	5. 结晶序列不明显

由此可知，S形花岗岩的演化序列包括三个方面，即不明显的成分演化；三个阶段岩浆活动造成的结构演化以及主侵入期内的结构演化。

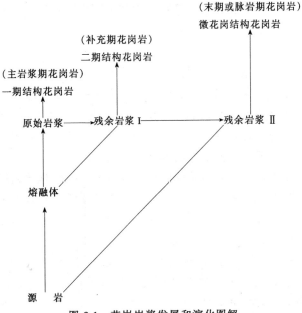

图 9-1 花岗岩浆发展和演化图解

第二节　花岗岩类岩石谱系单位

一、花岗岩类岩石谱系单位建立和划分的依据

岩石谱系单位及其划分方案，均基于以下关于岩石谱系单位的基本概念。

《北美地层指南》对岩石谱系单位给予了如下的定义：

"岩石谱系单位主要是由侵入、强烈变形和（或）高度变质的岩石组成的有边界的地质体，根据岩石的特征加以区分和圈定。与岩石地层单位对比，它一般不受层序律的限制，它与其他一些岩石单位的接触可以是沉积的、侵出的、侵入的、构造的或者是变质的"。

必须指出，早在1976年国际地层划分分委员会在《国际地质指南》中就已指出："从广义上讲，整个地球是分层的，因此，所有的岩石和岩石类型（沉积的、火成的和变质的）均属于地层学的范畴"，所以，"在地层学中应考虑一些非层状的岩体，因为它们与岩层伴生或关系密切"。在划分上，国际地层划分分委员会主张，将侵入火成岩和成因不明的变质岩岩体均视为"岩性地层单位"，并给"岩性地层单位"下了如下的定义："岩性地层单位是（1）主要由某种岩性类型或岩性类型组合构成，或者（2）具有其他统一的岩性标志而一体化的岩层地质体。它可以由沉积岩、火成岩或者变质岩组成，也可以由其中的两种或多种岩石构成。……这种地层单位的关键要求是整体岩性基本上均一。岩性地层单位是根据可见的自然特征而不是根据推断的地质历史或成因模式来识别和确定的"。国际地层划分分委员会主席 A. 萨尔瓦多也著文认为："如果同意地层学最重要的目的之一是确定地壳中岩石的空间关系和时间顺序并使之适合于可借以重建地史年代的话，那么，非层状的岩体理所当然地属于地层学的范畴。""仅仅根据符合层序律并不是建立岩性地层单位的惟一方法，因此可将所有那些根据鉴别岩性特征圈定和识别的所有岩体类型均可看做岩性地层单位。"

二、岩石谱系单位的划分方案

在区域地质填图中，对花岗岩类根据岩石谱系单位的准则进行划分，目前还只有少数几个国家，如英国的皮切尔和科宾的岩基段—超单元—单元的划分方案；美国贝特曼和道奇的序列—组—侵入体（1970年）及岩套—组—侵入体（1980年）的划分方案；《北美地层指南》的超岩套—岩套—岩簇的划分方案（1983年）。1983年苏联出版了新的1:50000区调规范，要求按建造的理论划分不同的等级。

本书介绍我国目前正在实施的由原地质矿产部直属单位管理局组织研究制定的超单元组合—超单元—单元的划分方案。现将上述几种岩石谱系单位划分方案以及与岩石地层单位的对应关系列于表9-3。

三、各岩石谱系单位的划分准则及命名原则

本书所采用的岩石谱系单位划分方案中，各单位的划分准则及命名原则如下：

1. 单元　单元是岩石谱系单位的基本单位，与岩石地层单位中的组相对应，亦是深成侵入岩区地质填图中的填图单位。

在一个岩段或岩石区的范围内，不同的深成岩体中的侵入体岩性相似（不仅是岩石类型基本相似，而且包括岩石的成分、结构、矿物形态方面的变化、所包含体的形态和数量

岩石谱系单位的划分方案及与岩石地层单位的对应关系
(据高秉璋等著《花岗岩类区 1:5000 区域地质填图方法指南》1991)

表 9-3

	岩 石 谱 系 单 位					岩石地层单位
	本书 (1991年)	皮切尔、科宾 (1972年)(秘鲁 海岸岩基)	贝特曼、道奇 (1970年)(内华 达山脉岩基)	北美地层指南 (1983年)	苏联 1:5000 区调规范 (1988年)	
正式单位	超单元 组合	岩基段		超岩套	侵入杂岩巨序列 (巨岩套)	超群
	超单元	超单元	序列	岩套	侵入杂岩序列 (岩套)	群
	单元	单元	组	岩簇(或岩谱)	侵入组合群 (杂岩组合)	组
					侵入组合(系列)	
			(侵入体)		侵入杂岩(体)	段
					侵入体(群体)	
非正式 单位	侵入体					
不具等级意 义的单位	岩浆杂岩					

及岩墙组合等都基本相似),而且相对侵入时代也基本相当的侵入体,可划为同一个单元。因此,划归为同一个单元的所有侵入体,应该被肯定地认为是在同一个岩段或岩石区内花岗岩类侵入顺序中占据着同一个特定的位置,并具有特有的岩石学特征(特别是结构)、构造特征和相对时间特征。

单元的命名法基本上可采用下列两种方法:一种是地名加单元,如王村单元;另一种是地名加岩石名称来表示,如王村英云闪长岩,或采用地名加岩石名称加单元,如春坑二长花岗岩单元。

一般来说,单元属岩石谱系单位,亦即地方性谱系单位的正式单位。因而可以假定,能够划归为同一个单元的所有侵入体,应是同一个岩石单元在地表上出露的不同的露头,是由同时同一的岩浆固结而成的。无法划归为同一个单元的侵入体为独立侵入体(即为没有发现与其相类似的侵入体,而无法建立单元,该侵入体即独立侵入体)作为非正式单位。

2.超单元 超单元是比"单元"高一级的岩石谱系单位或地方性谱系单位,与岩石地层单位中的群相对应。

凡在时间上和空间上紧密相关,并且在岩石特征(包括成分和结构)上具有某些相似特点,以及在成分和结构上表现出清楚的亲缘和演化关系,并且未被其他地质事件所中断的两个或两个以上的单元归并组成的,为一次熔融事件(岩浆热事件)的全部产物。把单元归并成超单元最重要的标志是超单元内部各单元岩石成分和结构演化的有序性和单向性。也就是说,超单元内部从早单元到晚单元的岩石之间在成分上具有从较基性向较酸性演化的趋势,在结构上具有从细粒向粗粒演化的趋势。

"I"形花岗岩区,由成分变化范围宽的岩石单元组成超单元,主要表现为成分演化序列;"S"形花岗岩区,因大部分是由成分变化范围窄的岩石单元组成超单元,所以主要表现为结构演化序列或者说结构循环变化。

凡暂时还不具备对比意义的一套岩石单元的组合和结构类型不同的一套岩石单元组

合，可以先暂时建立序列，作为临时性的单位，待条件成熟或研究清楚后再正式建立超单元。

超单元有时也适用于还没有进行过深入研究的深成岩体，而该深成岩体很有可能划分出几个单元。

超单元的命名由地名加超单元组成，例如富城超单元。

3. 超单元组合　是岩石谱系单位中最高一级的单位，与岩石地层单位中的超群相对应。

它代表整个构造——岩浆旋回特定的某个地质历史阶段形成的若干个超单元在一定空间范围内的组合。超单元组合中的所有的超单元，虽然不是一次熔融事件的产物，但是在某种程度上来说，却反映出同一个熔融层有间断地多次发生熔融上侵，它们都是同一次构造事件影响下在同一个熔融层有间断地发生多次岩浆热事件所形成的岩浆组合群。因此，归并成超单元组合的若干个超单元具有基本相类似的岩性特征，并具有一定的演化趋势，一个超单元组成一个韵律，向上螺旋式地发展，岩性则由基性为主渐趋演化为酸性为主，组成一个岩浆旋回。

超单元组合的命名由地方性专有名称如术语组成。

除上述正式岩石谱系单位外，有时由于研究程度不够或一时搞不清的情况下，可建不具等级意义的岩石谱系单位——杂岩。

杂岩：表示在一个规模较大的岩基内，出现几个深成岩体，或几个超单元及单元的岩石伴生在一起，彼此之间关系不清楚，或由于研究程度所限还不能划分为确切的正式岩石谱系单位。因此，杂岩的等级是不很明确的，是不具等级意义的单位，可相当于一个超单元组合、一个超单元或一个单元。

思 考 题

9-1　何谓同源岩浆演化序列？确定同源岩浆演化的原则有哪些？

9-2　深成岩体有哪些类型？

9-3　什么是超动侵入接触、脉动侵入接触、涌动侵入接触？鉴别它们各有哪些标志？

9-4　何谓I形花岗岩、S形花岗岩？它们在演化上有何不同？

9-5　本书对岩石谱系单位是如何划分的？

9-6　单元、超单元的划分准则及命名原则是什么？

9-7　花岗岩中的一期结构、二期结构、微花岗结构各有何特征？

9-8　何谓侵入体、岩浆杂岩？

9-9　岩石谱系单位的建立和划分依据是什么？

*第十章　CIPW 标准矿物计算法

在深入研究岩浆岩的成分及其变化过程中，要确定某岩浆岩应属于何种类型，认识岩石特征，对不同成因岩石进行对比等，必须通过精确的岩石化学计算。

岩石的化学数据，一般由化验室作硅酸盐分析提供。岩浆岩的化学成分多以氧化物的百分含量表示。所含氧化物主要有十二三种，如 SiO_2、TiO_2、Al_2O_3、Fe_2O_3、FeO、MnO、MgO、CaO、Na_2O、K_2O、P_2O_5、H_2O。将化学分析所得岩浆岩氧化物的质量百分比，换算成具特征意义的数值（如金属元素的原子数、氧化物分子数），这种换算方法，就称为岩浆岩化学分析计算方法。

岩浆岩化学成分计算方法的种类很多。但归纳起来，可分为两种类型，即一类是计算数值特征，另一类是计算标准矿物，例如 CIPW 标准矿物计算法。

CIPW 标准矿物计算法是美国克罗斯（Cross）、伊丁斯（Idings）、皮尔逊（Pirsson）和华盛顿（Washington）四人于 1900～1903 年共同提出的，因此以四人名字的缩写命名。

一、计算原理

CIPW 方法是将岩石硅酸盐分析的氧化物百分含量换算成为氧化物的分子数后，按氧化物的化学性质，结合成理想的矿物分子，称为标准矿物。再依据标准矿物的质量百分数，对岩石进行分类和对比，从而划分出它们所属的岩石类型。这种方法在花岗岩类区进行岩石谱系单位填图中应用较多。

每种"标准矿物"都有固定的化学式，其名称与相应的天然矿物相同。这些理想的标准矿物分子，虽然与岩石中实际矿物的种类及含量有差别，但是，它可以作为一个统一的对比标准。"标准矿物"不能代表岩石中所存在的真实矿物，不能同岩石中真实矿物相混淆。

标准矿物可分三类：

1. SiO_2 不饱和矿物：似长石、橄榄石。
2. SiO_2 过饱和矿物：石英。
3. SiO_2 饱和矿物：长石、辉石等。

标准矿物的组合，可以反映岩石中 SiO_2 含量的饱和程度。当 SiO_2 过饱和时，则形成石英＋饱和矿物；SiO_2 饱和时，只形成饱和矿物，但没有石英；SiO_2 不饱和时，则形成部分饱和部分不饱和矿物。岩石计算过程中，标准矿物均使用代号表示。现将计算中常用的标准矿物的代号、名称及其相应的化学成分列于表 10-1 中。

常用的标准矿物表　　表 10-1

代号	标准矿物	化 学 分 子 式
q	石英	SiO_2
c	刚玉	Al_2O_3
z	锆石	$ZrO_2 \cdot SiO_2$

续表

代 号	标准矿物	化学分子式	
or	钾长石	$K_2O \cdot Al_2O_3 \cdot 6SiO_2$	} F 长石
ab	钠长石	$Na_2O \cdot Al_2O_3 \cdot 6SiO_2$	
an	钙长石	$CaO \cdot Al_2O_3 \cdot 2SiO_2$	
lc	白榴石	$K_2O \cdot Al_2O_3 \cdot 4SiO_2$	} L 似长石
ne	霞石	$Na_2O \cdot Al_2O_3 \cdot 2SiO_2$	
ac	霓石	$Na_2O \cdot Fe_2O_3 \cdot 4SiO_2$	
ns	硅酸钠	$Na_2O \cdot SiO_2$	
ks	硅酸钾	$K_2O \cdot SiO_2$	
di	透辉石	$CaO \cdot (Mg, Fe) O \cdot 2SiO_2$	} P 辉石（SiO_2 饱和的铁镁硅酸盐）
wo	硅灰石	$CaO \cdot SiO_2$	
hy	紫苏辉石	$(Mg, Fe) O \cdot SiO_2$	
en	顽火辉石	$MgO \cdot SiO_2$	
fs	正铁辉石	$FeO \cdot SiO_2$	
ol	橄榄石	$2(Mg, Fe) O \cdot SiO_2$	
fo	镁橄榄石	$2MgO \cdot SiO_2$	} O 橄榄石（SiO_2 不饱和的铁镁硅酸盐）
fa	铁橄榄石	$2FeO \cdot SiO_2$	
mt	磁铁矿	$FeO \cdot Fe_2O_3$	
cm	铬铁矿	$FeO \cdot Cr_2O_3$	} M 金属矿物
hm	赤铁矿	Fe_2O_3	
il	钛铁矿	$FeO \cdot TiO_2$	
tn	榍石	$CaO \cdot TiO_2 \cdot SiO_2$	} A 副矿物
ap	磷灰石	$9CaO \cdot 3P_2O_5 \cdot CaF_2$	

二、计算程序

先将各氧化物质量百分数换算成分子数

$$氧化物分子数 = \frac{氧化物质量百分比}{氧化物分子量} \times 1000（为了消除小数点方便计算）$$

例如：Na_2O 质量百分数 = 3.10%，其分子量为 61.99。

则 Na_2O 分子数 $= \frac{3.10}{61.99} \times 1000 = 50$

在实际运算过程中，可查阅氧化物质量百分数分子数换算表，不必计算。

再将 MnO 与 FeO 分子数合并为 FeO 分子数，然后按下面程序进行运算。先计算副矿物，再计算主要矿物。

（一）将少量组分结合成副矿物

少量组分包括 P_2O_5、TiO_2、Cr_2O_3 等，此程序计算 M 组和 A 组的标准矿物。

(1) $xP_2O_5 + 3xCaO = xaP$（磷灰石）（x 表示某一氧化物的分子数）

(2) $xCr_2O_3 + FeO = xcm$（铬铁矿）

(3) $xTiO_2 + xFeO = xil$（钛铁矿）

当 $TiO_2 > FeO$（分子数，以下均同）时，则将余下的 TiO_2（$TiO_2' = TiO_2 - FeO$）结合成榍石（tn）。

(4) $xTiO_2 + xCaO + xSiO_2 = xtn$（榍石）

（二）将主要组分结合成主要矿物

主要组分包括 SiO_2、K_2O、Na_2O、Al_2O_3、CaO、MgO、FeO（= FeO + MnO）、Fe_2O_3 等。

它们按以下三种不同的岩石化学类型进行计算：

1．正常类型　$CaO + K_2O + Na_2O > Al_2O_3 > K_2O + Na_2O$（分子数）

(1) $xK_2O + xAl_2O_3 + 6xSiO_2 = x\,or$（钾长石）

(2) $xNa_2O + xAl_2O_3 + 6xSiO_2 = x\,ab$（钠长石）

根据正常类型的特点，Al_2O_3 在与 K_2O、Na_2O 结合成钾长石、钠长石之后还有剩余的 Al_2O_3，其分子数为：$Al_2O_3' = Al_2O_3 - (K_2O + Na_2O)$

(3) $xAl_2O_3' + xCaO + 2xSiO_2 = x\,an$（钙长石）

剩余的 CaO 的分子数为：$CaO' = CaO - Al_2O_3' - 3ap - tn$

(4) $xCaO' + xSiO_2 = x\,wo$（硅灰石——参与组成 di 透辉石）

(5) $xFe_2O_3 + xFeO = x\,mt$（磁铁矿）

这项计算时可能有三种情况：

1) FeO 在结合成副矿物时已全部用尽，则不能形成 mt，$xFe_2O = x\,hm$（赤铁矿）

2) 如果 $Fe_2O_3 > FeO$，则剩余 $Fe_2O_3' = Fe_2O_3 - FeO$，$xFe_2O_3' = x\,hm$（赤铁矿）

3) 如果 $Fe_2O_3 < FeO$ 则剩余 $FeO' = FeO - Fe_2O_3$

(6) 计算出 di（透辉石）

据 (4) 项得出的 wo（硅灰石）分子数与适量的 en（顽火辉石）和 fs（正铁辉石）结合，组成 di（透辉石）。

1) 当 $MgO + FeO' <$ wo 时，

则 $\left.\begin{array}{l}xMgO + xSiO_2 = x\,en \\ xFeO' + xSiO_2 = x\,fs\end{array}\right\}$ 与 wo 结合全部组成 di

2) 当 $MgO + FeO' >$ wo 时，

设进入 di 的 en 分子数为 den，fs 分子数为 dfs

则 $\left\{\begin{array}{l}den + dfs = wo \\ den/dfs = MgO/FeO'\end{array}\right.$　所以　$den = \dfrac{wo \times FeO'}{MgO + FeO'}$　$dfs = wo - den$

剩余 $MgO' = MgO - den$，$FeO'' = FeO' - dfs$

(7) 计算剩余 SiO_2

$SiO_2' = SiO_2 - [6Or + 6ab + 2an + wo + den + dfs + tn]$

SiO_2' 值的大小决定了 MgO' 和 FeO'' 是形成饱和矿物紫苏辉石，或形成不饱和矿物橄榄石，将出现以下三种情况：

1) 当 $SiO_2' > MgO' + FeO''$，属 SiO_2 过饱和情况。剩余 SiO_2'、MgO'、FeO''，除结合成饱和的铁镁硅酸盐——紫苏辉石外，还有多余的 SiO_2 组成石英。

$\left.\begin{array}{l}xMgO' + xSiO_2 = x\,en \\ xFeO'' + xSiO_2 = x\,fs\end{array}\right\}$ 两者结合组成 hy（紫苏辉石）

剩余 $SiO_2'' = SiO_2' - (MgO' + FeO'')$　$SiO_2'' = q$（石英）

2) $MgO' + FeO'' > SiO_2' > 1/2 (MgO' + FeO'')$，属 SiO_2 不饱和的情况。剩余的 SiO_2' 不能全部满足 MgO'、FeO'' 形成紫苏辉石的需要，但又比形成橄榄石需要的量多，所以最后必然一部分 MgO'、FeO'' 形成紫苏辉石；而另一部分则形成橄榄石。这两种矿物所形成的量由下列联立方程求得：

$$\begin{cases} hy + ol = SiO_2' & \text{①} \\ hy + 2ol = MgO' + FeO'' & \text{②} \end{cases} \quad \text{②} - \text{①}, \ ol = (MgO' + FeO'') - SiO_2'$$

设橄榄石中 fo 为 x_1，fa 为 x_2（x_1, x_2 为分子数）

则：
$$\begin{cases} x_1 + x_2 = ol \\ x_1/x_2 = MgO'/FeO'' \end{cases}$$

解：$x_1 = ol - x_2$，$x_2 = ol \cdot FeO''/(MgO' + FeO'')$

$$\left. \begin{array}{l} 2x_1 MgO + x_1 SiO_2 = fo \\ 2x_2 FeO + x_2 SiO_2 = fa \end{array} \right\} \text{结合为 ol}$$

剩余 $\quad MgO'' = MgO' - 2x_1 \quad FeO = FeO - 2x_2$

$$\left. \begin{array}{l} xMgO'' + xSiO_2 = x\,en \\ xFeO'' + xSiO_2 = x\,fs \end{array} \right\} \text{结合为 hy}$$

3) $SiO_2' < 1/2 (MgO' + FeO'')$，属 SiO_2 极度不饱和的情况。剩余的 SiO_2 很少，甚至不满足 $MgO' + FeO''$ 形成橄榄石的需要。这时就需将第（2）项所计算得出的 ab（钠长石），转化为 ne（霞石），将所释放出来的 SiO_2，满足形成橄榄石的需要。

令：要求释放出的 SiO_2 分子数为 x，则 $x = 1/2(MgO' + FeO'') - SiO_2'$

其中 $fo = 1/2 MgO'$，$fa = 1/2 FeO''$

因 $ab = ne + 4SiO_4$，则每个 ab 分子可以释放出 4 个 SiO_2 分子，故需参加释放 SiO_2 的钠长石分子数为 $x/4$。

剩下的 $ab' = ab - x/4$，新产生的 $ne = x/4$。

在极少数情况下，要求释放的 SiO_2 很多，甚至所需的分子数 $x > 4ab$，即将全部 ab 转化为 ne，尚不能满足需要。此时需将 or（钾长石）转化为 lc（白榴石）。因 $or = lc + 2SiO_2$，即每一个 or 转化为 lc 时可以释放出两个 SiO_2 分子，计算的方法与上述相同。一般经上述步骤后所释放的 SiO_2，可满足 $MgO' + FeO''$ 形成橄榄石的需要。

2．铝过饱和类型　$Al_2O_3 > K_2O + Na_2O + CaO$（分子数）

(1) $xK_2O + xAl_2O_3 + 6xSiO_2 = x\,or$（钾长石）

(2) $xNa_2O + xAl_2O_3 + 6xSiO_2 = x\,ab$（钠长石）

(3) $xCaO + Al_2O_3 + 2xSiO_2 = x\,an$（钙长石）

剩余　$Al_2O_3' = Al_2O_3 - (K_2O + Na_2O + CaO)$

(4) $xAl_2O_3' = x\,c$（刚玉）。

除剩余 SiO_2' 以外，其他各项计算方法均与正常类型相同。

$$SiO_2' = SiO_2 - [6or + 6ab + 2an + tn]$$

3．碱过饱和类型　$Na_2O + K_2O > Al_2O_3$（分子数）

计算步骤与正常类型略有不同：

(1) $xK_2O + xAl_2O_3 + 6xSi_2O = x\,or$（钾长石）

剩余　$Al_2O_3' = Al_2O_3 - K_2O$

(2) $xAl_2O_3' + xNa_2O + 6xSiO_2 = x\,ab$（钠长石）

剩余　$Na_2O' = Na_2O - xAl_2O_3$

(3) $xNa_2O' + xFe_2O_3 + 4xSiO_2 = x\,ac$（霓石）

1) 如果 $Fe_2O_3 < Na_2O'$，则形成锥辉石后，还有剩余的 Na_2O，剩余的
$Na_2O'' = Na_2O' - Fe_2O_3$ $xNa_2O'' + xSiO_2 = xns$（硅酸钠）

2) 如果 $Fe_2O_3 > Na_2O'$，则剩余的 $Fe_2O_3' = Fe_2O_3 - Na_2O'$
$$xFe_2O_3' + xFeO = xmt（磁铁矿）$$

（4）因 Al_2O_3 已全部用于形成钾长石和钠长石，所以 CaO 不能形成 an，只能形成 wo，$xCaO + xSiO_2 = xwo$（硅灰石）

其他各项计算方法与正常类型相同。

$$SiO_2' = SiO_2 - [6or + 6ab + 4ac + ns + wo + den + dfs + tn]$$

归纳以上各种类型岩石所具有的标准矿物共生组合如下（表 10-2）。

不同类型中标准矿物主要组合见表 10-2 所列。

CIPW 计算中标准矿物的共生组合

（据李方正、蔡瑞凤主编，《岩石学》，1993）　　　　　　　表 10-2

岩石类型 / SiO_2 饱和程度	正常类型 $K_2O + Na_2O + CaO$ $> Al_2O_3 > K_2O + Na_2O$		铝过饱和类型 $Al_2O_3 > K_2O + Na_2O + CaO$		碱过饱和类型 $K_2O + Na_2O > Al_2O_3$	
$SiO_2' > MgO' + FeO''$（SiO_2' 形成紫苏辉石后有剩余）	q or ab an	di hy	q or ab an c	hy	q or ab	di hy ac
$MgO' + FeO'' > SiO_2' > \frac{1}{2}$($MgO' + FeO''$)（$SiO_2'$ 不足以全部形成紫苏辉石）	or ab an	di hy ol	or ab an c	di hy ol	or ab	di hy ol ac
$\frac{1}{2}$($MgO' + FeO''$) $>$ SiO_2'（SiO_2' 不足以形成橄榄石，由 ab→nc 来补偿）	or ab an nc	di ol	or ab an nc c	di ol	or ab	di ol ac

（三）将标准矿物分子数化作重量数

$$矿物重量数 = \frac{矿物分子数 \times 矿物分子量}{1000}$$

三、计算实例

CIPW 标准矿物计算法叙述比较繁杂，但计算并不困难，通过计算，能较快掌握。该法在地质队生产单位已有编程软件在电脑上进行计算和处理。

（一）正常类型　安徽凹山辉石闪长玢岩

将氧化物重量百分数换算成氧化物分子数，由于 $CaO + K_2O + Na_2O > Al_2O_3 > K_2O + Na_2O$，属于正常类型岩石。计算结果见表 10-3。

安徽凹山辉石闪长玢岩

（据李方正、蔡瑞凤主编，《岩石学》，1993）　　　　表 10-3

氧化物	质量(%)	分子数	ap	ilm	mt	or	ab	an	di wo	di en	di fs	hy en'	hy fs'	q	总计
SiO_2	54.1	901				78									901
TiO_2	0.89	11		11											11
Al_2O_3	17.68	174					13	86	75						174
Fe_2O_3	3.85	24			24										24
FeO	4.93	68⎫			24						8		27		70
MnO	0.15	2 ⎭		11											
MgO	3.46	86								19		67			86
CaO	6.20	111	9					75	27						111
Na_2O	5.36	86					86								86
K_2O	1.24	13				13									13
P_2O_5	0.30	3	3												3
H_2O	2.38														
去 H_2O 后的烧失总量	97.2														
标准矿物分子数			3	11	24	13	86	75	27	19	8	67	27	9	
标准矿物质量百分数			1.01	1.67	5.56	7.24	45.09	20.86	3.14	1.91	1.05	6.73	3.56	0.54	98.36

（二）铝过饱和类型　江西钨矿过渡型成矿花岗岩

将氧化物重量百分数换算成氧化物分子数，由于 $Al_2O_3 > CaO + K_2O + Na_2O$，属于铝过饱和类型。计算结果见表 10-4。

江西钨矿过渡型成矿花岗岩

（据徐永柏主编，《岩石学》，1985）　　　　表 10-4

氧化物	含量	分子数	ap	il	mt	or	ab	an	C	di wo	di den	di dfs	hy en	hy fs	ol fo	ol fa	Q	总计
SiO_2	67.03	1116				270	246	86					32	23			459	1116
TiO_2	0.47	6		6														6
Al_2O_3	15.30	150				45	41	43	21									150
Fe_2O_3	1.31	8			8													8
FeO	2.50	35 ⎫			6	8								23				37
MnO	0.12	2 ⎭ 37																
MgO	1.29	32								32								32
CaO	2.57	46	3					43										43
Na_2O	2.52	41					41											41
K_2O	4.21	45				45												45
P_2O_5	0.20	1	1															1
H_2O																		
去水后总和	97.52																	
标准矿物分子数			3	6	8	45	41	43	21		32		23				459	
标准矿物重量（%）			1.01	0.91	1.85	25.04	21.5	11.96	2.14		6.24						27.57	98.2

第十一章　沉积岩概论

第一节　沉积岩的概念及其研究意义

一、沉积岩的基本概念

沉积岩是在地表或地表以下不太深的地方，在常温常压下，由母岩的风化产物或由生物作用和某些火山作用所形成的物质，经过搬运、沉积、成岩等地质作用而形成的层状岩石，如砂岩、页岩、石灰岩等。

沉积岩与岩浆岩不同，它有以下特征：

1. 沉积岩的矿物组合比较简单，每种岩石通常由 1~3 种矿物组成。其中有些矿物如黏土矿物、盐类矿物等均为沉积岩所特有。
2. 沉积岩的结构如碎屑结构、泥质结构、砾屑结构、生物结构等，岩浆岩是没有的。
3. 沉积岩成层构造、各种层面构造（波痕、泥裂等）、缝合线构造等为其独有。
4. 沉积岩中常含有生物化石。

沉积岩分布非常广泛，覆盖了全球大陆面积的 75%，但就质量只占地壳质量的 9%；体积仅占地球体积的 0.02%。所以沉积岩仅是地壳表面薄薄的一层。

二、研究沉积岩的意义

沉积岩不仅分布广泛，而且记录着地壳发展演化的漫长历史。层层岩石好似一部万卷史书，向人们展示着地壳的发展历程。沉积岩中蕴藏着丰富的矿产资源，其中，金属矿产有铁、锰、铜、铅、锌、铝、磷、钾等；煤、石油、天然气、油页岩等可燃有机矿产几乎全为沉积岩类型；有些沉积岩本身就是矿产，如石灰岩、白云岩、黏土岩等，它们是工业可以直接利用的原料或辅助原料。因此，研究沉积岩具有重要的理论意义和实际意义。

第二节　沉积岩的形成过程

沉积岩的形成一般要经历风化、搬运、沉积和成岩四个阶段。但火山碎屑岩主要由火山作用形成。

一、母岩的风化作用

母岩风化作用指地壳表层的岩石（岩浆岩、变质岩和先成的沉积岩）在温度变化、大气、水、生物活动以及其他表生因素的影响下，发生机械破碎和化学变化的作用。它的产物是沉积岩的主要物质来源。

（一）母岩在风化过程中的变化

1. 岩浆岩、沉积岩、变质岩由于是在不同的条件下形成的，其各自的矿物成分、结构不同，所以风化的快慢及程度大不一样。其中岩浆岩最易风化，其次是变质岩，沉积岩较稳定，一般难以风化。

2. 岩石的抗风化能力，主要取决于其组成矿物，不同的矿物抗风化能力相差较大。

(1) 铁镁矿物　铁镁矿物主要为橄榄石、辉石和角闪石等。它们稳定性最低，其中橄榄石最易风化，辉石次之，角闪石又次之。这些矿物在风化产物中很少保留，故在沉积岩中很少见。在遭受风化时，这些矿物中的铁、镁、钙等阳离子首先析出，硅也部分或全部析出，大部分呈溶液状态被带走，一部分硅凝聚成蛋白石、玉髓。大部分 Fe^{2+} 被氧化为含水氧化铁堆积在原地。故这些矿物的风化产物呈棕色、褐色、红色等。

(2) 长石类　长石抗风化能力比铁镁矿物强。在风化过程中各种长石的稳定性也是不相同的；钾长石比斜长石稳定；在斜长石中，酸性斜长石比基性斜长石稳定。所以，在沉积岩中常见的是钾长石和酸性斜长石的碎屑。长石风化后一般形成高岭土、蛋白石、铝土矿。

(3) 云母类　黑云母容易风化，而白云母抵抗风化能力较强。在沉积岩中白云母常见。黑云母遭受风化时分解成伊利石和绿泥石，最终变为细分散的氧化铁、氢氧化铁和高岭石等。白云母在较强的化学作用下也能分解，游离出部分 K_2O 和 SiO_2，再经过水化而变成伊利石，最终变为高岭石。

(4) 石英　石英抗风化能力最强，在风化过程中几乎不发生化学变化，仅发生机械破碎。母岩遭受风化后，其中所含的石英几乎全部保留在风化产物中，母岩风化得愈彻底，其相对含量就愈高。

(5) 碳酸盐矿物　本类矿物主要有方解石和白云石，它们在富含 CO_2 的水中极易溶解，由于其硬度较小，还易发生机械破碎。

(二) 风化产物

母岩经受风化作用后形成以下三种产物：

1. 碎屑物质　即矿物碎屑和岩石碎屑。它们是母岩机械破碎的产物，如长石、石英砂、白云母碎片和各种砾石等。

2. 残余物质（不溶残积物）　母岩在分解过程中形成的不溶物质，如黏土矿物、褐铁矿及铝土矿等。

3. 溶解物质　母岩在化学风化过程中被溶解的成分，如 Cl^-、SO_4^{2-}、Na^+、K^+、Ca^{2+}、Mg^{2+}、Fe^{2+}、Al^{3+}、Si^{4+} 等。它们大都呈真溶液或胶体溶液状态被流水搬运至远离母岩的湖海中。

母岩风化产物是沉积岩的主要物质成分。碎屑物质是砾岩、砂岩和粉砂岩的主要成分；不溶残积物是黏土岩的基本物质成分。碎屑物质和不溶残积物可合称为陆源碎屑物质。溶解物质则是各种化学岩和生物化学岩的基本成分。

二、风化产物的搬运与沉积作用

风化产物除了少部分残积在原地外，大部分物质都要在流水、冰川、风和重力等作用下进行搬运和沉积。沉积物类型不同，搬运与沉积的方式也各异。

(一) 碎屑物质的搬运与沉积作用

碎屑物质的搬运与沉积作用是一种机械作用，搬运碎屑的介质有水、大气（风）和冰（冰川），但水是最重要的搬运介质。

1. 碎屑物质在流水中的搬运和沉积作用

碎屑物质在流水中被搬运的状况主要取决于两个因素：(1) 碎屑物质的重力、相互吸引力和磨擦力,其中重力是主要的;(2)流水能量的大小,包括流速和流量。在搬运碎屑物质中,流速的作用最大。

一般情况下,当流水的动能大于碎屑的重力,并克服引力和摩擦力时,碎屑被搬运;而当流速减慢,碎屑沉降速度大于流速时就会发生沉积。碎屑颗粒的沉降速度与颗粒大小、相对密度和形状有关。粒度粗、相对密度大、圆形的颗粒沉速大,反之则小。

2. 碎屑物质在搬运过程中的变化和机械沉积分异作用

(1)粒度的变化 粒度的变化是随搬运距离的增加,粒度由粗变细,而且颗粒大小愈来愈趋于一致。

大小混杂的碎屑物质在搬运过程中,发生黏度分异。粒度大的难以搬运,当流速稍有减少,就会下沉;粒度小的易于搬运。出现了沿着搬运方向,碎屑按砾石、砂、粉砂、黏土等颗粒大小的沉积顺序(图11-1)。

与此同时,也发生相对密度的分异。相对密度大的难以搬运而易于沉积;相对密度小的易于搬运而难于沉积。这样出现了沿着搬运方向,碎屑物按相对密度大小依次沉积的现象(图11-2)。

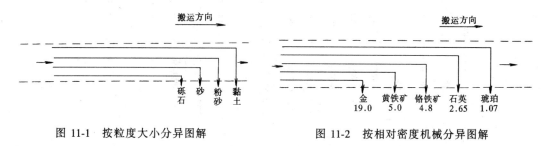

图 11-1 按粒度大小分异图解　　图 11-2 按相对密度机械分异图解

(据李方正、蔡瑞凤主编的《岩石学》,1993)

(2)形态的变化 碎屑颗粒的形态包括圆度(颗粒的棱和角被磨蚀的圆化程度)、球度(颗粒接近球体的程度)和形状三方面。由于摩擦作用的结果随搬运距离的增加,碎屑颗粒的磨圆程度与近于球形程度将愈来愈高。硬度大和有解理的颗粒则不易磨圆,粗粒的比细粒的易磨圆。

碎屑物质在形状上发生分异。粒状碎屑不如片状碎屑搬运的远,这是因为片状颗粒悬浮能力强,如远离陆源区的泥质沉积物中常有较大的白云母鳞片。

(3)矿物成分的变化

矿物成分变化表现为随着搬运距离的增加,碎屑颗粒中性质不稳定的矿物,继续崩解和化学分解,使其数量逐渐减少;而性质稳定的矿物则相对增加,矿物成分愈来愈单一,这就是成分分异。主要表现在邻近母岩的区域,往往碎屑物质的成分比较复杂;而远离母岩的地带,碎屑物质成分渐趋简单,而多为稳定矿物。

由于上述机械沉积分异作用,结果分别形成了砾岩、砂岩、粉砂岩和泥质岩等陆源碎屑岩类,同时在沉积物(主要是冲积物)中可以形成如金、铂、锡石、黑钨矿、独居石、金刚石、刚玉等有用的砂矿床。

(二)溶解物质的搬运、沉积和化学沉积分异作用

风化产物中的溶解物质,它们分别以离子和胶体形式进入溶液,如 Na_2CO_3、NaCl、$Ca(HCO_3)_2$、$FeSO_4$……的真溶液,Al_2O_3、SiO_2、$Fe(OH)_3$ 等胶体溶液。它们随着流水

而发生运移，很少发生沉淀，以至被搬到主要沉淀场所——海湖盆地。

1. 胶体溶液物质的搬运和沉积作用

胶体的质点很小，介于 1～100nm 之间，所以重力影响很微小；胶体质点带有电荷，带正电荷的为正胶体，如铁、铝等的含水氧化物胶体；带负电荷的为负胶体，如硅、锰等含水氧化物胶体。同种电荷胶体质点之间相互排斥而不凝聚，可长期处于搬运状态。电解质的加入，或者两种不同电荷胶体相互作用，使电荷中和，胶体质点相互凝聚，受重力影响而沉淀。此外，胶体溶液的浓缩可引起胶体凝聚而沉淀。

2. 真溶液搬运和沉积作用

真溶液中物质的搬运或沉积，主要决定于可溶物质的溶解度。溶解度大的物质，易于搬运，难于沉淀；溶解度小的物质则相反。溶解物质的溶解度还与溶液的酸碱度、氧化还原电位、温度、压力以及 CO_2 的含量等因素有关。

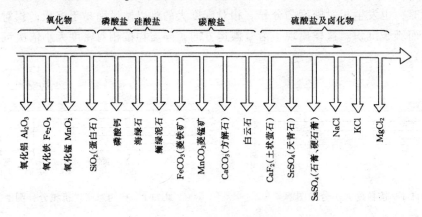

图 11-3　化学沉积分异图解

(据李方正、蔡瑞风主编的《岩石学》，1993)

3. 化学沉积分异作用

溶解物质在搬运过程中，由于各种元素和化合物的溶解度不同，常常按一定顺序沉积下来，称为化学沉积分异作用。

化学沉积分异作用表现为溶解度较小的物质先从溶液中沉淀；溶解度较大的物质则搬运较远，后沉淀出来。普斯托瓦洛夫（1940 年）综合前人资料，系统研究了化学沉积分异的现象，提出了溶解物质化学沉积分异的一般模式（图 11-3）。自盆地岸边至海盆方向的沉积次序是：氧化物→磷酸盐→硅酸盐→碳酸盐→硫酸盐→卤化物。

(三) 生物搬运和沉积作用

生物的搬运和沉积作用主要有两种方式：一种是生物的新陈代谢作用，即生物在生活的活动中不断地从周围介质环境中吸取一定的物质成分，组成其肉体和骨骼；当生物死亡后，其遗体可堆积形成特殊岩石或矿床。另一种作用是由于生物作用而引起周围介质条件的改变，从而影响某些物质的搬运和沉积。如由生物作用排出的有机酸，使水介质的 pH 值变低，从而使氧化铁更易搬运。

三、沉积物的成岩作用和沉积岩的后生作用

沉积物沉积以后，即开始进入形成沉积岩的阶段，而且在形成沉积岩后，在岩石发生风化或变质之前，岩石还会发生一些改造。上述过程可划分为两个阶段，即沉积物的成岩作用和沉积岩的后生作用。

（一）沉积物的成岩作用

松散的沉积物转变为致密、固结、坚硬的岩石的作用，称为成岩作用。成岩作用主要包括以下作用：

1. 压固作用　这是一种由于上覆沉积物的重力和水体的静水压力，使松散沉积物排出水分、孔隙减少、体积缩小、密度加大，进而转变成固结的岩石的作用，这是成岩的主要作用之一。

2. 胶结作用　松散的沉积碎屑颗粒，通过粒间孔隙水中的化学沉淀物等胶结物的粘结变为坚硬的岩石，这种作用称为胶结作用。作用结果使沉积物固结成岩，减少孔隙度。常见的胶结物有：碳酸盐质、硅质、铁质、有机质和黏土矿物等，这些大都是由溶解于水中的物质沉淀而成。

3. 重结晶作用　胶体和化学沉积物质等非晶质，逐渐转变为结晶质或细小晶体；或由于溶解、局部溶解或扩散作用，使原始晶体继续生长、加大的现象等，称为重结晶作用，如蛋白石变为玉髓和石英。重结晶作用可使松散的沉积物固结成岩，也可破坏沉积物的原生结构和构造而形成新的结构和构造。例如沉积物的颗粒大小，形状及排列方向等，均可因重结晶作用而被破坏，细薄层理也因重结晶而消失。

（二）沉积岩的后生作用

后生作用是指沉积物固结成岩以后至岩石遭受风化或变质作用以前所发生的一系列变化。发生的原因有温度升高，上覆岩层的压力增大以及深部地下水沿岩石裂隙上升。作用的类型有：交代作用、重结晶作用、压溶作用等，造成岩石进一步被压固、晶粒变粗和形成后生矿物、结核和缝合线等。常见的后生矿物有：石英、自生长石、沸石、绿泥石、绢云母、黄铁矿、白铁矿、碳酸盐类矿物等。

第三节　沉积岩的物质成分

一、沉积岩的化学成分

沉积岩的物质来源是多方面的，其中最主要的是母岩风化的产物。因此，沉积岩的化学成分与母岩有密切的联系。由于其经受过表生破坏作用，故其化学成分与原岩，特别是岩浆岩有明显的差异（表 11-1）。

沉积岩与岩浆岩的平均化学成分（重量%）

（据克拉克和华盛顿，1924 年）　　　　　　　　　表 11-1

氧化物	沉积岩	岩浆岩	氧化物	沉积岩	岩浆岩
SiO_2	57.95	59.14	FeO	2.08	3.80
TiO_2	0.57	1.05	MgO	2.65	3.49
Al_2O_3	13.39	15.34	CaO	5.29	5.08
Na_2O	1.13	3.84	CO_2	5.38	0.10
K_2O	2.86	3.13	H_2O	3.23	0.15
P_2O_5	0.13	0.30	其他	1.27	0.38
Fe_2O_3	3.47	3.08	总计	99.30	100.88

从上表中所列的沉积岩与岩浆岩平均化学成分对比中可以看出，二者的主要化学成分虽然比较接近，但也存在着如下几个明显差别：

(1) 沉积岩中 Fe_2O_3 的含量多于 FeO，岩浆岩则相反。这是因为沉积岩形成于地表水体中，氧气充足，大部分铁元素氧化成高价铁。

(2) 沉积岩中 K_2O 的含量多于 Na_2O，而岩浆岩中则相反。这是因为黏土胶体质点能吸附钾离子，以及含钾的白云母等矿物在地表条件下相当稳定之故。

(3) 沉积岩中富含 H_2O、CO_2 和有机质，而这些物质在岩浆岩中几乎是没有的。

二、沉积岩的矿物成分

沉积岩的矿物成分也有本身的特点，常出现的只有20余种，如石英、长石、云母、黏土矿物、碳酸盐类矿物、卤化物矿物及含水的铁、锰、铝等的氧化物矿物。然而，在一种岩石中所含有的主要矿物通常不超过 3~5 种。

沉积岩的矿物成分与岩浆岩有显著的不同（表11-2）。

沉积岩和岩浆岩的平均矿物成分（%）
（据张贵义主编，《综合地质基础》，1992年）　　　　　表 11-2

矿物名称	沉 积 岩	岩 浆 岩	备 注
黏土矿物	14.51	—	
白云石及部分菱镁矿	9.07	—	
方解石	4.25	—	
沉积铁质矿物	4.00	—	沉积岩特有矿物
石膏及硬石膏	0.97	—	
磷酸盐矿物	0.15	—	
有机质	0.73	—	
石英	34.80	20.40	
白云母	15.11	3.85	
钾长石	11.02	14.85	沉积岩和岩浆岩共有矿物
钠长石	4.55	25.60	
磁铁矿	0.07	3.15	
榍石和钛铁矿	0.02	1.45	
钙长石	—	9.80	
黑云母	—	3.86	
角闪石	—	1.66	岩浆岩特有矿物
辉石	—	12.10	
橄榄石	—	2.65	

从表11-2可以看出，沉积岩与岩浆岩的矿物成分明显不同，表现为：

1. 岩浆岩中大量存在的橄榄石、辉石、角闪石及黑云母等，在沉积岩中非常少见。

2. 钾长石、酸性斜长石、石英等矿物，在沉积岩中和岩浆岩中含量都大，但岩浆岩中的长石比沉积岩多，而石英在沉积岩中比岩浆岩中的含量大得多。

3. 在沉积岩形成过程中新生成的矿物，如黏土矿物、盐类矿物、碳酸盐矿物及有机质等在岩浆岩中基本没有。

组成沉积岩的矿物，按其形成阶段可分为以下几种类型，即：陆源碎屑矿物、同生矿物、成岩矿物和后生矿物。后三者都是在沉积岩形成的过程中生长的，故又统称自生矿物。陆源碎屑矿物来源于风化原岩，故又称继承矿物，常见有石英、长石、白云母、黏土矿物以及锆石、榍石、磷灰石、金红石等重矿物。自生矿物常见有盐类矿物、碳酸盐矿物、自生黏土矿物；铝、铁、锰的氧化物和氢氧化物；自生石英和自生长石等。

第四节 沉积岩的结构、构造和颜色

一、沉积岩的结构

沉积岩的结构指组成沉积岩物质的结晶程度、颗粒形状、大小及相互充填、胶结关系等。不同类型的沉积岩由于形成的作用和方式不同，所以具有不同的结构类型。例如陆源碎屑岩主要为碎屑结构，火山碎屑岩具有火山碎屑结构，黏土岩具有泥质结构，化学及生物化学成因岩石具有晶粒结构等。各类结构特征将在相应的沉积岩中介绍。

二、沉积岩的构造

沉积岩的构造是指沉积岩各组成部分的空间分布和排列方式。常见的沉积岩特征构造有层理和层面构造、缝合线、结核等。

（一）层理构造 层理是通常由沉积物的物质成分、结构、颜色沿垂直于沉积物表面方向变化而显示出来的一种层状构造。它是沉积岩最重要的特征之一，是与岩浆岩、变质岩相区别的重要标志。

层理的最小组成单位是细层（图11-4a），其厚度极小，几毫米至几厘米，成分上有一定的均一性，它是在一定条件下同时形成的。在成分、结构、厚度及空间产出状态上具有统一性的一组细层，称为层系（图11-4b），形成于相同沉积条件下。由两个或更多的在性质上相似的层系组合起来，便形成层系组（图11-4c），它们形成于相似沉积环境，中间无明显不连续现象。

层（岩层）是沉积岩的基本组成单位。同一层岩石具有基本均一的成分、颜色、结构和内部构造，其上、下被层面与相邻的层分开。上述的细层、层系、层系组均是层（岩层）的内部构造。层往往以岩性命名，如石灰岩层、石英砂岩层等。层（岩层）一般按厚度分为：

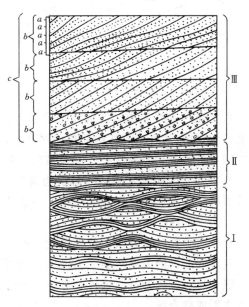

图11-4 层理的基本类型
(据博特温金娜，1957)
Ⅰ—波状层理；Ⅱ—水平层理；Ⅲ—斜层理；
a—细层；b—层系；c—层系组

| 块状层 | 厚度大于1m | 中厚层 | 厚度0.5~0.1m |
| 厚　层 | 厚度1~0.5m | 薄　层 | 厚度0.1~0.001m |

层理按其形成特征可分为下列几种基本类型：

1. 水平层理 由一系列与层面平行的细层呈直线状排列而形成的层理，称水平层理（图11-4Ⅱ）。此种层理多形成于平静的或微弱流动的水介质环境中，常见于泥质岩及粉砂岩中。

2. 波状层理　具这种层理的细层呈波状起伏，但其总体方向平行于层面（图 11-4 Ⅰ）。这种层理是在水介质具有一定波动条件下形成的，多出现在滨海或滨湖的浅水带沉积中，多见于粉砂岩和细砂岩。

3. 斜层理　由一系列与岩层面呈斜交的细层组成的层理称斜层理（图 11-4Ⅲ）。这种层理多是在单向水流（或风）的作用下形成的，常见于河床沉积物中。细层的倾斜方向代表水流方向。有些岩层的相邻层系中的细层的倾斜方向不一致，它们相互交错，形成交错层理，这是由于搬运介质（流水或风）的方向不断改变造成的。

（二）层面构造　这种构造是在沉积物未固结时形成的。最常见的层面构造是波痕、泥裂。

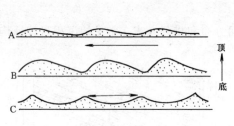

图 11-5　波痕
（据张贵义、李延焕，《地质学概论》）

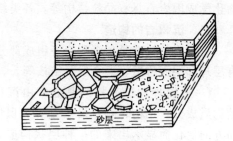

图 11-6　泥裂
（据 Shrock，1948）

1. 波痕　在尚未固结的沉积物层面上，由于流水、风及波浪作用形成的波状起伏的表面（波痕面），经成岩作用后被保存下来，称为波痕。波痕常见于砂岩和粉砂岩中。按其成因可分为风成波痕（A）、水流波痕（B）和浪成波痕（C）（图 11-5）。

2. 泥裂　泥裂是未固结的沉积物露出水面后，因受阳光曝晒，经脱水收缩干裂而形成的裂缝。它也可保留在岩层层面上，也是一种较为常见的岩层层面构造（图 11-6）。

（三）缝合线

是指在垂直沉积岩层理的断面上，呈不规则的齿状接缝。它很像动物头盖骨的接合缝。缝合线起伏的幅度从小于 1mm 到几厘米。

缝合线一般认为是固结岩石遭受压力后发生不均匀的溶解，难溶的黏土物质和铁质残留下来形成缝合线。

（四）结核

是指在成分、结构、颜色等与围岩有显著差异的矿物集合体。结核的成分有碳酸盐质、锰质、铁质、硅质、磷酸盐质和黄铁矿等。结核形态有球形、椭球形、透镜状、扁豆状或不规则团块状等；大小悬殊，内部构造也不一致。

三、沉积岩的颜色

根据成因，沉积岩的颜色可分原生色和次生色，原生色又分为继承色和自生色。

（一）继承色

为由矿物碎屑和岩石碎屑所形成的颜色，这些碎屑是从陆源区搬运来的，所形成的岩石继承了碎屑原有的颜色。如长石砂岩由于含大量钾长石为肉红色。

（二）自生色

为自生矿物所构成的颜色，如含海绿石的岩石为绿色，石灰岩为灰白色，自生色为大部分泥质岩、化学岩和部分碎屑岩所具有。

（三）次生色

是在后生作用阶段或风化过程中，岩石发生变化而产生的颜色。如红色页岩的局部 Fe^{3+} 还原成 Fe^{2+}，而使岩石出现浅绿色斑点。

沉积岩的自生色可反映沉积岩环境。例如由铁的氧化物所造成的红色和褐色是沉积介质为氧化条件的标志，是炎热和潮湿气候条件下形成的。

第五节 沉积岩的分类

沉积岩的分类主要依据岩石的成因、成分、结构等进行划分的。一般以成因作为沉积岩大类的划分基础，而以成分、结构等特征作为划分岩石类型的依据（表11-3）。

沉积岩分类简表（据徐永柏，《岩石学》，1985） 表11-3

陆源碎屑岩类（按粒度细分）	火山碎屑岩类（按粒度细分）	泥质岩类（按成分、固结构程度分）	碳酸盐岩类（按成分、结构-成因分）	其他岩类（按成分细分）
砾岩（角砾岩） 砂岩 粉砂岩	集块岩 火山角砾岩 凝灰岩	成分： 　高岭石黏土 　蒙脱石黏土 　伊利石黏土 固结程度： 　黏土 　泥岩 　页岩	成分： 　石灰岩、白云岩、泥灰岩 结构-成因： 　亮晶颗粒石灰岩 　泥晶颗粒石灰岩 　泥晶石灰岩 　结晶石灰岩 　礁灰岩	铝质岩 铁质岩 锰质岩 硅质岩 磷质岩 蒸发岩 可燃有机岩

思 考 题

11-1 沉积岩的概念及特征？

11-2 沉积岩的形成一般分为哪四个阶段？简述各个阶段中发生的主要现象。

11-3 母岩的风化产物有哪几种类型？各种风化产物以什么方式被搬运和沉积？各形成何类岩石？

11-4 沉积岩的构造有哪些？简述各种构造的基本特征。

11-5 各种成岩作用具体如何使松散的沉积物变成坚固的沉积岩？

11-6 沉积岩的矿物成分与岩浆岩相比有何不同？

11-7 沉积岩的颜色分为哪几种？各种颜色是如何形成的？

11-8 沉积岩按成因分为哪几大类？各大类有哪些岩石？

11-9 各种母岩及主要矿物抗风化能力怎样？

11-10 何谓机械沉积分异作用、化学沉积分异作用？

第十二章 沉积岩各论

第一节 陆源碎屑岩类

一、概述

陆源碎屑岩是指母岩经风化作用所形成的碎屑物质（岩屑、矿物碎屑等），经过机械搬运和沉积，并进一步压实和胶结而形成的岩石。此类岩石由碎屑物和填隙物两部分组成。其中碎屑物质在岩石的含量大于50%。

陆源碎屑岩根据碎屑粒度分为：粗碎屑岩（砾岩和角砾岩）；中碎屑岩（砂岩）；细碎屑岩（粉砂岩）三类。它们是沉积岩中分布很广的岩石，数量仅次于泥质岩，居第二位。

二、陆源碎屑岩的特征

（一）物质成分

陆源碎屑岩主要由碎屑物质、胶结物质和杂基（二者合称填隙物）三部分组成。碎屑物质又分岩石碎屑（岩屑）和矿物碎屑（矿屑）两类。

1. 碎屑物质

（1）岩石碎屑　岩屑是各种不同类型岩石经机械破碎而成的碎块。它的大量出现反映了母岩风化不彻底、搬运近、沉积快等特点。岩屑主要分布在砾岩中；在砂岩中也有一部分；而粉砂岩中则几乎不出现。这是因为随着碎屑粒度变小，岩屑逐渐地破碎分离成矿物碎屑。

（2）矿物碎屑　在碎屑岩中常见的有二十余种，但在一种碎屑岩中，碎屑一般不超过3～5种。最主要的碎屑矿物是石英、长石和白云母，其次常见重矿物。其中石英在碎屑岩中分布最广，含量最多。长石含量仅次于石英，常见的是钾长石，其次是酸性斜长石；白云母含量较少，常集中于细砂岩、粉砂岩的层面；重矿物在碎屑岩中含量通常小于1%；常见的重矿物有：锆石、榍石、金红石、石榴子石、磷灰石、尖晶石、铬铁矿、磁铁矿等。

2. 胶结物

胶结物是在碎屑颗粒之间的化学沉淀物质。一般都是在成岩阶段形成的各种自生矿物，能把松散的碎屑胶结变成坚硬的岩石，其在碎屑岩中含量小于50%。

常见的胶结物有：碳酸盐质（方解石、白云石）、硫酸盐质（石膏、重晶石）、硅质（蛋白石、玉髓、石英）、铁质（赤铁矿、褐铁矿）、磷酸盐质及海绿石、沸石等。

3. 杂基

杂基又称基质，是充填于碎屑颗粒之间的细粒机械混入物，它是和碎屑物质一起由机械作用沉积下来的。包括小于0.03mm的细粉砂和泥质，它们对碎屑物质也起胶结作用。

（二）陆源碎屑岩的结构

陆源碎屑岩的结构主要是碎屑结构。包括碎屑颗粒本身的特征、胶结物的特点以及碎屑与填隙物之间的关系等三方面。

1. 碎屑颗粒大小（粒度）

碎屑颗粒的大小称为粒度，它是以颗粒直径来计量的。一般把碎屑颗粒的粒级划分为：

(1) 砾大于2mm $\begin{cases} 巨砾 >1000mm \\ 粗砾 1000\sim100mm \\ 中砾 100\sim10mm \\ 细砾 10\sim2mm \end{cases}$

(2) 砂 2~0.05mm $\begin{cases} 粗砂 2\sim0.5mm \\ 中砂 0.5\sim0.25mm \\ 细砂 0.25\sim0.05mm \end{cases}$

(3) 粉砂 0.05~0.005mm $\begin{cases} 粗粉砂 0.05\sim0.03mm \\ 细粉砂 0.03\sim0.005mm \end{cases}$

碎屑岩中的碎屑结构，是根据碎屑的粒度来命名，如：砾级—砾状结构；砂级—砂状结构；粉砂级—粉砂状结构。

自然界中单纯由一个级别的碎屑组成的碎屑岩是很少的，更多的是由多种粒级碎屑混合组成。碎屑岩中碎屑颗粒大小的均匀程度称为分选性，分选性一般可分为好、中、差三级。当某一粒级的碎屑含量大于75%时，称为分选性好；含量在50%~75%时称中等分选性；若没有一种粒级碎屑含量能超过50%或碎屑颗粒大小相差很远时，称分选性差。

2. 碎屑颗粒的形态

碎屑颗粒的形态主要是指颗粒的圆度和形状。

颗粒的圆度一般分为四级（图12-1）。

棱角状：碎屑棱角无磨蚀或只有轻微磨蚀，仍具尖锐的棱角。

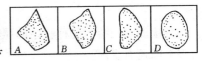

图 12-1 颗粒的圆度
A—棱角状；B—次棱角状；
C—次圆状；D—圆状

次棱角状：碎屑棱角被磨蚀，尖角并不十分突出。

次圆状：棱角显著被磨蚀，但仍可看出碎屑的原始轮廓。

圆状：棱角全部被磨圆；碎屑的原始轮廓消失。

碎屑颗粒的形状，决定于它的三个主轴的相对大小，基本上分为四种形状。

球状或等轴状：三轴相近或相等。

扁球状或扁状：一轴较短，另两轴相近或相等。

椭球状或柱状：两轴相近或相等，另一轴较长。

不规则状：三轴不等或具有其他特殊形状。

3. 胶结物的结构

是指胶结物自身的结晶程度、颗粒大小、排列和生长方式等。

胶结物结构可分为：非晶质结构、隐晶质结构和显晶质结构。由于非常细小，肉眼难以辨认。

4. 胶结类型

胶结物或杂基与碎屑颗粒之间的相互关系称为胶结类型或支撑性质。它主要取决于碎屑颗粒与胶结物或杂基的相对含量和颗粒之间的相互关系。不同胶结类型反映岩石形成的不同条件。例如：当搬运介质为具一定强度的稳定水流时，沉积时细粒杂基被冲走，沉积下来的是较粗的颗粒，而且颗粒彼此接触，在成岩过程中才沉淀出胶结物，形成所谓的"颗粒支撑"结构。如果流动介质为含大量细粒杂基，则杂基与颗粒一起快速堆积下来，形成"杂基支撑"的结构，碎屑颗粒互不接触，散布于杂基中（图12-2）。

胶结类型有以下三种（图12-3）：

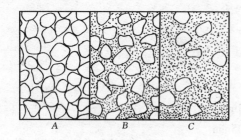

图12-2 支撑性质

A—没有杂基的颗粒支撑；B—有填隙杂基的颗粒支撑；C—杂基支撑

（据 S.K.Nockolds）

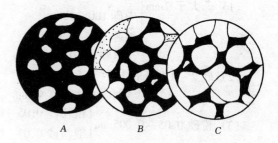

图12-3 胶结类型

A—基底式胶结；B—孔隙式胶结；C—接触式胶结

（据李方正、蔡瑞凤主编，《岩石学》，1993）

（1）基底式胶结 此种胶结的填隙物含量多，碎屑颗粒互不接触，孤立地散布于填隙物之中。填隙物（杂基）和碎屑物是同时沉积的。

（2）孔隙式胶结 此种胶结的碎屑颗粒紧密相接触，填隙物充填于粒间孔隙中，且含量少。

（3）接触式胶结 此种胶结的颗粒相互接触，含量极少的胶结物仅存在于颗粒的接触处，颗粒间还有空隙。

三、陆源碎屑岩的分类和命名

根据碎屑颗粒大小，陆源碎屑岩可分为三类：

（一）粗碎屑岩—砾岩和角砾岩 主要碎屑直径 > 2mm。

（二）中碎屑岩—砂岩 主要碎屑直径为 2~0.05mm。

（三）细碎屑岩—粉砂岩 主要碎屑直径为 0.05~0.005mm。

按粒度对碎屑岩进行命名时，应遵循下列原则，即以碎屑颗粒的主要粒级（含量占50%以上）来确定岩石的基本名称；若还有其他粒级的碎屑且含量在25%~50%之间时，则可在岩石的基本名称之前冠以"××质"；如次要粒级含量在5%~25%之间，则在岩石的基本名称前冠以"含××"；如其他碎屑含量在5%以下，则不参加命名。例如某碎屑岩中，大于2mm的碎屑占35%，0.05~2mm的碎屑占65%，可命名为砾质砂岩。另一岩石，若大于2mm的碎屑占15%，而0.05~2mm的碎屑占85%，应命名为含砾砂岩。

四、陆源碎屑岩的主要类型

（一）砾岩和角砾岩

粒度大于2mm的陆源碎屑其含量大于50%的沉积岩称为砾岩。按其主要砾石的粒级将砾岩划分为：细砾岩（砾径2~10mm），中砾岩（砾径10~100mm），粗砾岩（砾径100~1000mm），巨砾岩（砾径>1000mm）。若砾石多数为棱角状，则称角砾岩。岩石成分多为岩屑，次有长石、石英等矿物碎屑。砾岩和角砾岩一般不显层理，在细砾岩中有时可见到斜层理和粒序层理。

砾岩可以按砾石成分分为单成分砾岩和复成分砾岩；也可以按成因分为冰川角砾岩、岩溶角砾岩、河床砾岩、洪冲积扇砾岩、滨海砾岩等；在地层研究中按其所处的层位关系分为底砾岩和层间砾岩。

单成分砾岩的砾石大多数为同类岩石，如石英质砾石，砾石主要为石英岩、燧石岩、脉石英等。

复成分砾岩是指主要砾石成分在两种以上。这类砾岩的砾石有一些是不耐风化的，因而一般未经历长距离搬运和长期磨蚀，其分选性和圆度一般均较差，填隙物成分也较多样，通常是在山麓带快速堆积形成的。洪冲积扇砾岩及河流中上游河床砾岩多为复成分砾岩。

所谓"底砾岩"是指分布于古剥蚀面上的砾岩，砾岩层呈角度不整合或平行不整合覆盖在年代更古老的地层之上。

（二）砂岩

粒径 2~0.05mm 的陆源碎屑含量大于 50% 的沉积岩称为砂岩。按其主体砂粒粒度可以划分为粗砂岩（粒径为 2~0.5mm），中砂岩（粒径为 0.5~0.25mm），细砂岩（粒径为 0.25~0.05mm）。

按砂岩中杂基的含量将其分为两大类：杂基含量小于 15% 的为净砂岩（简称砂岩）；杂基含量大于 15% 的为杂砂岩（或称硬砂岩）。

净砂岩和杂砂岩的进一步划分均采用三角形图解（图 12-4）。

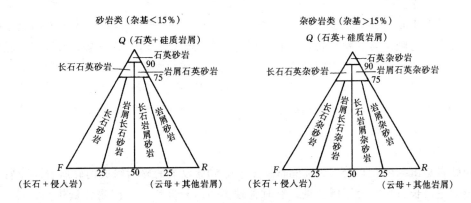

图 12-4 砂岩的分类（单位：%）

（据刘宝珺主编，《沉积岩石学》，1980）

以 QFR 为三端元组成的三角形图解将净砂岩、杂砂岩划分为相同的七类（表 12-1）：

1. 石英砂岩

石英砂岩中的石英碎屑（包括硅质岩和石英岩岩屑）含量在 90% 以上，含少量长石及其他岩屑。胶结物多为硅质、钙质和铁质，多为中细粒砂状结构。一般圆度高，分选好，缺乏泥质杂基，颜色较浅，常为灰白、浅黄色。

石英砂岩常呈厚度不大，但分布广而稳定的岩层出现。常具交错层理及波痕。石英砂岩是在地形平坦、气候潮湿的地区，母岩经过较彻底的化学风化，碎屑经长距离的搬运，在海湖滨岸和浅水区，受充分磨蚀和分选后沉积而成的。

砂岩成分分类表（据李方正、蔡瑞凤主编，《岩石学》，1993）　　　表 12-1

岩类名称	岩石名称	主要碎屑颗粒含量（%）			备 注
		石英（Q）	长石（F）	岩屑（R）	
石英砂岩 （杂砂岩）	1. 石英砂岩（杂砂岩） 2. 长石石英砂岩（杂砂岩） 3. 岩屑石英砂岩（杂砂岩）	>90 75~90 75~90	<10 5~25 <15	<10 <15 5~25	长石>岩屑 岩屑>长石
长石砂岩 （杂砂岩）	4. 长石砂岩（杂砂岩） 5. 岩屑长石砂岩（杂砂岩）	<75 <75	>25 25~75	<25 10~50	长石>岩屑
岩屑砂岩 （杂砂岩）	6. 岩屑砂岩（杂砂岩） 7. 长石岩屑砂岩（杂砂岩）	<75 <75	<25 10~50	>25 25~75	岩屑>长石

注：当杂基>15%时，为杂砂岩类。

2. 长石砂岩

碎屑组分主要是石英和长石，石英含量小于75%，长石含量大于25%，岩屑含量小于25%。长石以钾长石和酸性斜长石为主。胶结物多为钙质，有时为铁质，硅质少见。常含泥质杂基。长石砂岩一般为粗中粒砂状结构，圆度较差，分选不好或中等，颜色多为肉红色或粉红色。

长石砂岩的形成需要有富含长石的花岗岩、花岗片麻岩等母岩，强烈的物理风化使其崩解破碎，并在近源区快速堆积而成。

3. 岩屑砂岩

碎屑颗粒中石英含量小于75%，岩屑含量大于25%，长石小于25%；岩屑成分随母岩而异，常见有喷出岩、粉砂岩、页岩、板岩、千枚岩、片岩、碳酸盐岩岩屑等。除泥质杂基外，可见硅质和碳酸盐质胶结物，泥质杂基常变成绿泥石和绢云母。碎屑的分选和圆度均差，颗粒呈棱角状。因泥质杂基含量多，常呈基底式胶结，颜色呈灰绿、灰黑色。

岩屑砂岩的形成需要强烈的剥蚀破碎、搬运不远及快速堆积的环境，这点和长石砂岩的形成环境类似。

（三）粉砂岩

粉砂岩是由粒度在0.05~0.005mm，含量在50%以上的碎屑组成的碎屑岩。碎屑成分以石英为主，长石次之，岩屑少见，有时含较多的白云母片。重矿物含量较高，可达2%~3%。碳酸盐胶结物较常见，铁质和硅质较少。

粉砂岩按粒度分为粗粉砂岩（粒度0.05~0.03mm）和细粉砂岩（粒度0.03~0.005mm）。

粉砂岩因颗粒细小，肉眼难以识别其矿物成分和形态特征，野外鉴定时可根据其粗糙的外貌和断口，以及用手搓捻粉末时有砂感与泥质岩相区别。

粉砂岩是在搬运距离较远、水动力条件较弱、沉积速度缓慢的条件下形成的，常具有水平层理和微波状层理。它多分布于河漫滩、三角洲、沼泽以及湖、海的较平静的浅水区。

五、陆源碎屑岩的研究意义

各种陆源碎屑岩都有重要的地质和经济意义。

砾岩的出现标志是沉积间断或区域不整合的存在。砾岩的特点反映着母岩成分、剥蚀和沉积速度、搬运距离、水流方向和水动力条件，对确定古地理和沉积环境都有重要意义。砾岩往往是重要的储水层和储油层，有的还含有金、铀、金刚石等重要矿产。

砂岩分布很广，各地质时代及各种沉积环境中均有出现。研究砂岩可为恢复古地理、古构造、古气候、古水流以及划分地层等提供重要的资料。

砂岩是良好的储水层和储油层。砂岩又是重要的建筑材料和玻璃原料，有的还含有金、铂、金刚石、锡石、黑钨矿、刚玉以及铜、铀等矿产。

第二节　火山碎屑岩类

一、概述

火山碎屑岩是火山爆发所形成的各种火山碎屑物质，经堆（沉）积后固结形成的岩石。火山碎屑主要来自岩浆岩或已固结的熔岩，其成分与岩浆岩相同，火山碎屑又在空气或水中搬运和沉积，这与沉积岩相仿，故火山碎屑岩具有双重特征。

火山碎屑岩在自然界分布很广，各地质年代和各地区均有广泛分布。

二、火山碎屑岩的成分

火山碎屑岩的成分包括较大的火山碎屑物和较小的火山填隙物（主要为细火山灰、尘等）。火山碎屑根据其物质状态分为岩屑、晶屑和玻屑。

（一）岩屑

岩屑形状多样，大小不一。依物态分刚性及塑性两种。刚性岩屑是已凝固的熔岩，或火山基底和火山通道围岩，火山爆发时冲碎而成。形状多为尖角状、棱角状。

塑性岩屑又称浆屑，是火山爆发时被撕裂的熔浆。当它冷凝时，仍处于塑性或半塑性状态。具玻璃质或玻基斑状结构，形状为火焰状、撕裂状、树枝状、透镜状及条带状等（图12-5）。还有形如纺锤、梨状、麻花状的火山弹，是半塑性熔浆被抛在空中旋转而成，表面具旋扭和裂隙，常有淬火壳（图12-6）。

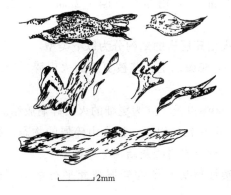

图 12-5　塑性岩屑

图 12-6　火山弹

（据李方正、蔡瑞凤主编，《岩石学》，1993）

（二）晶屑

常见的晶屑有石英、钾长石、斜长石，其次有黑云母和角闪石等。晶屑外形不规则，呈棱角状，部分有熔蚀和明显裂纹；黑云母和角闪石常出现扭曲和暗化现象（图12-7）。它们大多数来源于火山爆发前已结晶的斑晶，也有少量来自围岩。

（三）玻屑

即火山玻璃碎片。它是由于喷发时，岩浆中的气体急剧膨胀使岩浆炸碎并迅速冷凝形成。玻屑分碎状玻屑和塑变玻屑。碎状玻屑呈弧面棱角状或浮石状（图12-8）；塑变玻屑是炽热的玻屑在上覆火山堆积物的重压下经过塑性变形（压扁、拉长、叠置、定向排列）形成的，往往互相熔结粘连（图12-9）。

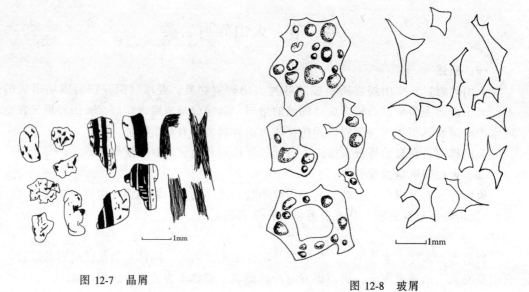

图12-7 晶屑　　　　　　　　　　图12-8 玻屑

（据李方正、蔡瑞凤主编，《岩石学》，1993）

三、火山碎屑岩的结构、构造

（一）火山碎屑岩的结构

火山碎屑物质的粒级划分为：集块（>64mm）、火山角砾（64~2mm）、火山灰（2~0.065mm）、火山尘（<0.065mm）。

根据火山碎屑物质的粒度、含量及物态可将火山碎屑岩的结构分为以下类型。

1. 集块结构　指大于64mm的火山碎屑含量在50%以上，并被更细的火山碎屑胶结的结构。

2. 火山角砾结构　指2~64mm的火山碎屑占50%以上，并为更细的火山碎屑胶结。

3. 凝灰结构　凝灰结构是小于2mm的火山碎屑占70%以上。按火山碎屑的物态，凝灰结构进一步可划分为晶屑凝灰结构、玻屑凝灰结构及岩屑凝灰结构等三种。

4. 塑变结构　又称熔结碎屑结构，主要由塑性玻屑和塑性岩屑彼此平行熔结而成（图12-9）。

（二）火山碎屑岩的构造

1. 假流纹构造　是由压扁拉长的塑性玻屑和焰舌状塑性岩屑呈定向排列而成（图12-9），貌似熔岩中的流纹状构造。"假流纹"延伸不远。

2. 层理构造　由于火山碎屑被风、水搬运、沉积形成的水平层理及交错层理。

3. 火山泥球构造 主要由较细的中、酸性火山碎屑物组成的球状、椭圆形及扁豆状颗粒构造。泥球大小从1mm到几厘米。内部为较粗的火山灰，边部为极细的火山尘，呈同心纹状。它往往是大陆喷发，水中沉积的产物（图12-10）。

图 12-9 塑性玻屑彼此平行熔结
形成塑变结构
（据 F.J. 佩蒂庄等）

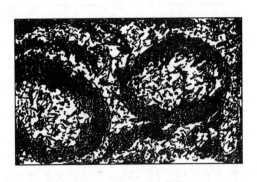

图 12-10 火山泥球构造
温州瞿溪
（据成都地院）

四、火山碎屑岩的分类命名

以成因为前提，以火山碎屑的粒度、含量、成岩方式作为依据，将火山碎屑岩划分为如表12-2所示。

表12-2首先根据成因将火山碎屑岩分为火山碎屑熔岩类型、火山碎屑岩类型及沉积火山碎屑岩类型三种。再按火山碎屑物的含量和成岩方式划分为火山碎屑熔岩、熔结火山碎屑岩、火山碎屑岩、沉积火山碎屑岩和火山碎屑沉积岩五种岩类。然后再按火山碎屑物的粒度及相对含量分为三个基本种属：集块岩、火山角砾岩和凝灰岩。岩石命名以分类的岩石作为基本名称，前面加上成分、物态、次生变化等形容词，如碳酸盐化流纹质晶屑凝灰岩。

火山碎屑岩分类表（据李方正、蔡瑞凤主编，《岩石学》，1993） 表 12-2

类型	向熔岩过渡类型	火山碎屑岩类型		向沉积岩过渡类型	
岩类	火山碎屑熔岩类	熔结火山碎屑岩类	正常火山碎屑岩类	沉积火山碎屑岩类	火山碎屑沉积岩类
组分及含量	火山碎屑物90%～10%，分布于熔岩基质中	火山碎屑物>90%，其中塑性碎屑物为主	火山碎屑物>90%，无或很少塑性碎屑物	火山碎屑物90%～50%，其他为正常沉积物	火山碎屑物占50%～10%，其他为正常沉积物
岩石名称＼成岩方式＼碎屑粒度	熔浆粘结	熔结、压实	压实	压实和水化学胶结	
集块>64mm	集块熔岩	熔结集块岩	集块岩	沉集块岩	凝灰质巨砾岩
火山角砾64～2mm	角砾熔岩	熔结火山角砾岩	火山角砾岩	沉火山角砾岩	凝灰质砾岩

续表

岩石名称 \ 成岩方式 \ 碎屑粒度	熔浆粘结	熔结、压实	压实	压实和水化学胶结	
凝灰 <2mm	凝灰熔岩	熔结凝灰岩	凝灰岩	沉凝灰岩	2～0.065mm 凝灰质砂岩
					0.065～0.004mm 凝灰质粉砂岩
					<0.004mm 凝灰质泥岩

五、火山碎屑岩的主要类型及特征

（一）火山碎屑熔岩类

是火山碎屑岩向熔岩过渡的岩石，在熔岩中可含90%～10%的火山碎屑物质，具碎屑熔岩结构。按主要粒级划分为集块熔岩、角砾熔岩和凝灰熔岩。

（二）熔结火山碎屑岩类

是火山碎屑物经熔结（焊结）方式而形成的岩石。塑变火山碎屑物占90%以上，具塑变结构、假流纹构造（图12-9）。岩石致密，外貌似熔岩。按粒度可分为熔结集块岩、熔结火山角砾岩和熔结凝灰岩。

（三）火山碎屑岩类

即正常火山碎屑岩类，指火山爆发产生的火山碎屑占90%以上，经压实为主的成岩作用而形成的岩石。按粒度大小分为集块岩、火山角砾岩和凝灰岩。

集块岩：主要由50%以上粒径大于64mm的火山碎屑组成。具集块结构，斑杂构造。火山碎屑主要为岩屑，棱角状，此外还有火山弹及浮岩。由细粒的岩屑、晶屑和玻屑填隙。分选差，不具层理。集块岩绕火山口分布，或充填于火山口内。因此它是寻找古火山或火山口的重要标志。

火山角砾岩：由50%以上粒度在64～2mm的火山碎屑物组成，具火山角砾结构，斑杂或块状构造。火山角砾棱角明显，分选差，粒度变化大。火山角砾岩一般多分布在火山口附近，也可以离火山口较远的地方堆积，分布范围比集块岩广泛一些。

凝灰岩：由70%以上粒度小于2mm的火山碎屑物组成，具典型的凝灰结构，块状构造。颜色浅而多变，多孔疏松，有粗糙感，次生变化显著。由于粒度细小，常堆积在距火山口较远的地方，是分布最广的一种火山碎屑岩。

（四）沉积火山碎屑岩类和火山碎屑沉积岩类 为火山碎屑岩与正常沉积岩间的过渡类型，前者含火山碎屑物质90%～50%，后者含火山碎屑10%～50%，其他为正常的陆源或盆地沉积物，如各种砂、黏土和化学沉淀物。

第三节 泥 质 岩 类

一、概述

泥质岩是粒度小于0.005mm、主要由黏土矿物组成的岩石。此类岩石是由母岩风化形成的黏土矿物，以悬浮状态搬运到水盆地后经机械沉积而成。

泥质岩是分布最广的一类沉积岩，占沉积岩总量的60％左右。

二、泥质岩的矿物成分

主要由黏土矿物组成，为高岭石、伊利石（水云母）、蒙脱石等。它们的颗粒微小（<0.005mm）；次要有粉砂级的陆源碎屑矿物石英、长石、白云母和少量重矿物；常有自生矿物碳酸盐、硫酸盐、硅质矿物、铁的硫化物以及磷灰石、石盐、海绿石以及有机质、动植物化石。

三、泥质岩的结构、构造与颜色

（一）泥质岩的结构

根据黏土、粉砂及砂的相对含量，可划分出如下几种类型（表12-3）。

按粒度划分的泥质岩结构类型

（据李方正、蔡瑞凤主编，《岩石学》，1993）　　　　表12-3

粒级及含量 结构类型	各粒级含量（％）		
	黏　土	粉　砂	砂
泥质结构	>95	<5	—
含粉砂泥质结构	>75	5~25	<5
粉砂泥质结构	>50	25~50	<5
含砂泥质结构	>75	<5	5~25
砂泥质结构	>50	<5	25~50

泥质结构的岩石，以手触摸有滑腻感，用小刀切割的切面很光滑，断口为贝壳状或鱼鳞状。粉砂泥质结构和砂泥质结构的岩石，以手触摸有粗糙感，刀切面不平坦，断口粗糙。含砂泥质结构和砂泥质结构的岩石，手触摸有明显的颗粒感觉，肉眼可见砂粒，断口呈参差状。

鲕状结构、豆状结构：鲕粒、豆粒都由黏土矿物组成；前者粒径小于2mm，后者大于2mm。

（二）泥质岩的构造

包括层理、波痕、泥裂、结核等构造。层理一般为水平层理；块状构造在泥质岩中也常见。页理是泥质岩的一种特征构造，可看成为非常薄的水平层理，主要是片状黏土矿物平行排列所致。

（三）泥质岩的颜色

泥质岩的颜色多种多样，取决于黏土矿物的成分和形成的环境。

成分单一的高岭石泥质岩多呈白色、浅灰色。红色、紫色、棕色、黄色等多是岩石中含有Fe^{3+}的氧化物和氢氧化物所致，反映岩石形成于强氧化环境。绿色、蓝色多是岩石中含有Fe^{2+}的化合物和铁的硅酸盐矿物，反映岩石形成于弱氧化—还原条件下。灰色、黑色是由于岩石中富含有机质或含有黄铁矿等硫化物，反映岩石形成于还原或强还原环境。

四、泥质岩的分类和主要岩石类型描述

（一）按混入物粒度、成分的分类

按泥质岩中混入的砂或粉砂的数量可分为：泥岩、含粉砂泥岩、粉砂质泥岩、含砂泥岩及砂质泥岩。

（二）按固结程度分类（表12-4）

泥质岩按固结程度的分类表　　　　　　　　表 12-4

岩石名称	固 结 程 度	构造特征
黏　　土	未固结—弱固结，易吸收水分，有可塑性、粘结性等	块　　状
泥　　岩	弱—中等固结，加水不易泡软，加水一昼夜，仍具可塑性	块　　状
页　　岩	强固结，加水不被泡软，沿页理方向易剥开，打击后成薄片	页　　理

1. 黏土为疏松状岩石，质纯者细腻质软，颜色以浅色为主。按成分分为：

高岭石黏土：主要由高岭石组成，多为灰白、浅灰色。土状、有滑感。具可塑性、吸水性、粘结性及耐火性等物理特性。是陶瓷、耐火工业的重要原料。

蒙脱石黏土：又称膨润土、斑脱岩，主要由蒙脱石组成，一般为粉红、灰白或淡黄色。重要特征是吸水性强，吸水后体积膨胀，吸附性强。可塑性和耐火性差。工业上用作吸附剂和脱色剂。

伊利石黏土：成分比较复杂，除伊利石外，还含其他黏土矿物、石英、长石、云母等碎屑和重矿物。颜色多样。

2. 泥岩：黏土经中等程度的成岩、后生作用后固结形成的。泥岩层理不明显，呈块状构造，没有页理。在水中不易被泡软，可塑性比黏土差。

3. 页岩：为具有页理构造的泥质岩。可根据自生矿物、混入成分和颜色等进一步划分，常见如下类型。

钙质页岩：

含有少量方解石的页岩，方解石含量不超过25%。

硅质页岩：SiO_2 含量超过普通页岩，可达85%以上。硅质由隐晶质的玉髓和蛋白石组成。岩石致密、坚硬。常与燧石岩等共生。

红色页岩：含较多分散的氧化铁、氢氧化铁的页岩。形成于干旱气候带的氧化环境中。

黑色页岩：含大量细分散的有机质和硫化铁，颜色黑但不污手。它主要形成于缺氧富含 H_2S 的闭塞水盆地中。

炭质页岩：含多量炭化的有机质，与黑色页岩的区别是条痕黑色，污手。

油页岩：含油率为4%~20%的页岩，颜色黄褐、暗棕、黑色等。相对密度小，具弹性和滑腻感。用小刀能刮出刨花状薄片，用火柴可点燃冒黑烟，发出油味。

五、泥质岩的研究意义

泥质岩在自然界中分布十分广泛。它可以直接为工业所利用，质地较纯的泥质岩和黏土是重要的陶瓷原料、耐火材料、净化剂、填充材料。一些富含有机质的泥质岩是重要的生油岩层。泥质岩中还有重要金属矿产，如银、钼、锌、镍、铬、钒、铀等。泥质岩的颜色和成分可反映沉积环境。

第四节　碳酸盐岩类

一、概述

由方解石和白云石等碳酸盐矿物组成的沉积岩称为碳酸盐岩。主要岩石类型为石灰岩和白云岩。碳酸盐岩中常可混入数量较多的陆源碎屑物质（砂、粉砂、泥），当混入物的含量超过50%时，则过渡为陆源碎屑岩（砂岩、粉砂岩、泥质岩）。

碳酸盐岩在地壳中分布仅次于泥质岩和碎屑岩，约占沉积岩分布面积的1/5。据统计，碳酸盐岩在我国约占沉积岩总面积的55%，特别在西南地区，分布更为广泛。

碳酸盐岩是一种极其重要的沉积岩，它本身就是重要的建筑、化工和冶金原料；更重要的是世界上有一半的油气与碳酸盐岩有关。在碳酸盐岩中的层控矿床有：汞、锑、铜、铅、银、镍、钴、钼、铀等金属和重晶石、自然硫、水晶、冰洲石等非金属；与碳酸盐岩共生的层状矿产有：铁矿、石膏、硬石膏、岩盐、钾盐等。一些裂隙和孔隙发育的碳酸盐岩同样是地下水的重要含水层。

碳酸盐岩的形成作用比较复杂，既有化学作用、生物作用和生物化学作用，又有机械作用。碳酸盐岩可以形成于多种环境之中，浅海、深海、湖泊及其他大陆环境。其沉积物来源包括：生物作用、生物化学作用形成的沉积物；真正化学沉淀的碳酸盐；波浪、潮汐和水流的机械作用，剥蚀破碎已形成的碳酸盐沉积物，并使其短距离搬运和再沉积的碎屑。

二、碳酸盐岩的物质成分

（一）化学成分

碳酸盐岩的主要化学成分有 CaO、MgO 和 CO_2，此外还有 SiO_2、Al_2O_3、FeO、Fe_2O_3、K_2O 和 H_2O 等。

（二）矿物成分

碳酸盐岩的矿物成分主要有：方解石、白云石、文石、菱铁矿、铁白云石等碳酸盐矿物。此外还有石膏、硬石膏、重晶石、岩盐、黄铁矿、陆源碎屑矿物如黏土矿物、石英、长石等。

三、碳酸盐岩的结构

不同成因类型的碳酸盐岩，具有不同的结构类型，主要有下面几种。

（一）粒屑结构

由波浪和流水剥蚀破碎、机械搬运和沉积作用而形成的碳酸盐岩，具有与陆源碎屑岩类似的结构，称粒屑结构。

粒屑结构由三个部分组成：颗粒、泥晶基质、亮晶胶结物。

1. 颗粒（粒屑、异化粒）

颗粒是指在沉积盆地内部，由化学、生物化学、生物作用及波浪、潮汐和岸流的机械作用形成的颗粒。它与陆源碎屑岩中的砾石、砂粒和粉砂相似。颗粒主要有五种类型：内碎屑、生物碎屑、鲕粒、球粒和团块。

（1）内碎屑和生物碎屑　内碎屑是已沉积的弱固结碳酸盐沉积物，被波浪、潮汐和岸流作用磨蚀成的碎屑物。内碎屑按其粒度可分为以下五类，见表12-5。

内碎屑按直径大小划分　　　　表 12-5

粒级大小（mm）	>2	2~0.06	0.06~0.03	0.03~0.004	<0.004
内碎屑名称	砾屑	砂屑	粉屑	微屑	泥屑

生物碎屑是指生物化石的碎片或经过搬运的非原地生长的完整化石。它们在盆地内一定地区生成的，一般移动不远，因而大多数能反应其生活环境。这是碳酸盐岩沉积环境的

识别标志之一。

（2）包粒和球粒 包粒是指外形呈球状或椭球状，内部有核心，围绕核心具同心纹状或放射状包壳的颗粒，粒径 0.25~2mm 的为鲕粒（图 12-11），粒径大于 2mm 的为豆粒。

球粒或称团粒，是由一种细粒的、呈卵圆形或球形、内部结构均匀的颗粒。球粒的粒径大小约在 0.1~0.5mm 之间，分选良好，在岩石中成群出现（图 12-12）。

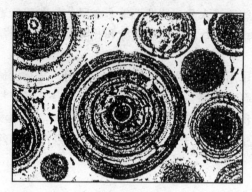 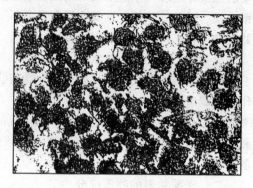

图 12-11 亮晶鲕粒灰岩　　　　　　　　图 12-12 亮晶球粒灰岩
鲕粒具同心结构　　　　　　　　　　　　球粒多呈球形，成群出现

（据李方正、蔡瑞凤主编，《岩石学》，1993）

（3）团块 是具不规则外形和无内部结构的复合碳酸盐颗粒，内部可包裹小生物、小球粒等，常由蓝藻粘结。

2．泥晶基质

是沉积盆地内形成的成分单一的碳酸盐软泥，与碎屑岩的杂基相当。充填于颗粒间，同时对颗粒起着胶结作用。泥晶在标本中颜色较暗，浑浊。

3．亮晶胶结物

是充填于碳酸盐颗粒间隙中的化学沉淀物质，对颗粒起胶结作用，相当于碎屑岩中的化学胶结物。亮晶的晶粒常大于 0.01mm。亮晶颜色浅，较干净明亮。

泥晶是在水动力条件较弱的环境中沉积形成的；而亮晶胶结物则是在沉积物沉积以后，水动力条件较强，颗粒间孔隙中的泥晶被冲走，而富含 $CaCO_3$ 的水溶液在成岩期间沉淀于颗粒孔隙中形成的。

（二）生物骨架结构

由原地生长的珊瑚、海绵、苔藓虫、层孔虫及藻类等造礁生物形成的礁灰岩所具有的结构。它是原地生长的群体生物钙质骨骼构成骨架，在其间隙中充填有其他生物或碎屑及化学沉淀物。

（三）晶粒结构（结晶结构）

由结晶的碳酸盐矿物晶粒组成的结构。这是由化学、生物化学等形成的碳酸盐岩石，经过强烈的重结晶作用而形成的结构。根据晶粒大小可划分成如下七种结构类型，见表 12-6。

晶粒结构类型　　　　　　　　　　　　　　表 12-6

结构类型	砾晶	粗晶	中晶	细晶	粉晶	微晶	泥（隐）晶
颗粒大小（mm）	>2	2~0.5	0.5~0.25	0.25~0.05	0.05~0.01	0.01~0.001	<0.001

四、碳酸盐岩的分类和命名

（一）碳酸盐岩的矿物成分分类

碳酸盐岩的矿物成分分类是基本的、最常用分类方法。

根据碳酸盐岩中方解石和白云石的相对含量，可将碳酸盐岩分为六种类型，如表12-7。

碳酸盐岩矿物成分分类表

（据李方正、蔡瑞凤主编，《岩石学》，1993）　　　　　表 12-7

岩 石 名 称		方解石 $CaCO_3$ 含量（%）	白云石 $CaMg(CO_3)_2$ 含量（%）	CaO/MgO 比值
石灰岩类	石 灰 岩	100~95	0~5	>50.1
	含白云质石灰岩	95~75	5~25	50.1~9.1
	白云质石灰岩	75~50	25~50	9.1~4.0
白云岩类	钙质（灰质）白云岩	50~25	50~75	4.0~2.2
	含钙质（灰质）白云岩	25~5	75~95	2.2~1.5
	白 云 岩	0~5	95~100	1.5~1.4

碳酸盐岩中常混入不少黏土物质，根据方解石或白云石与黏土质的相对含量，可划出一系列的过渡类型，其分类见表12-8。

石灰岩（或白云岩）与泥质岩的过渡类型岩石

（据李方正、蔡瑞凤主编，《岩石学》，1993）　　　　　表 12-8

岩 石 类 型		方解石（或白云石）（%）	泥 质（%）
石灰岩（或白云岩）	石灰岩（或白云岩）	100~90	0~10
	含泥石灰岩（或白云岩）	90~75	10~25
	泥灰岩（或白云岩）	75~50	25~50
泥 质 岩	灰质泥岩（或白云质泥岩）	50~25	50~75
	含灰质泥岩（或白云质泥岩）	25~10	75~90
	泥 质 岩	10~0	90~100

（二）石灰岩的结构成因分类

石灰岩的结构成因分类是近代对石灰岩深入研究过程中提出来的，这种分类是目前最流行、最有使用价值的分类方案（表12-9）。

首先把石灰岩划分为四大类型，即：Ⅰ.颗粒石灰岩，Ⅱ.泥晶石灰岩，Ⅲ.晶粒石灰岩，Ⅳ.生物礁石灰岩。Ⅰ.颗粒石灰岩是颗粒含量10%~100%的岩石，Ⅱ.泥晶石灰岩则是颗粒含量小于10%的岩石。

根据颗粒与泥晶、亮晶的相对含量，将颗粒石灰岩划出四种岩石类型：亮晶颗粒石灰岩、泥晶颗粒石灰岩、颗粒泥晶石灰岩和含颗粒泥晶石灰岩。再根据颗粒的类型，细分为内碎屑、生物碎屑、鲕粒、球粒、藻粒等相应的石灰岩。

（三）白云岩的分类

按白云岩的成因分：1.同生白云岩，在沉积阶段后期形成；2.成岩白云岩，为沉积物在固结过程中，由白云岩化作用形成；3.后生白云岩，由石灰岩被交代而形成。

白云岩根据其结构特征，分为颗粒白云岩、泥晶白云岩及细—粗晶白云岩等。

石灰岩的分类

（据李方正、蔡瑞凤主编，《岩石学》，1993）　　　　　表 12-9

介质能量	颗粒(%)	泥晶 亮晶	Ⅰ.颗粒石灰岩	颗粒					晶粒	生物骨架
				内碎屑	生物碎屑	鲕粒	球粒	藻粒		
强—弱	>50	泥晶<亮晶		亮晶颗粒石灰岩	亮晶内碎屑石灰岩	亮晶生物屑石灰岩	亮晶鲕粒石灰岩	亮晶球粒石灰岩	亮晶藻粒石灰岩	Ⅲ.晶粒石灰岩	Ⅳ.生物礁石灰岩
		泥晶>亮晶		泥晶颗粒石灰岩	泥晶内碎屑石灰岩	泥晶生物屑石灰岩	泥晶鲕粒石灰岩	泥晶球粒石灰岩	泥晶藻粒石灰岩		
	25~50	75~50		颗粒泥晶石灰岩	内碎屑泥晶石灰岩	生物屑泥晶石灰岩	鲕粒泥晶石灰岩	球粒泥晶石灰岩	藻粒泥晶石灰岩		
	10~25	90~75		含颗粒泥晶石灰岩	含内碎屑泥晶石灰岩	含生物屑泥晶石灰岩	含鲕粒泥晶石灰岩	含球粒泥晶石灰岩	含藻粒泥晶石灰岩		
	<10	>90	Ⅱ.泥晶石灰岩							

五、碳酸盐岩的主要类型

（一）石灰岩

岩石主要由方解石组成，常混有白云石、黏土矿物等。颜色多种：白色、灰色、黑色等，滴稀冷盐酸剧烈起泡。

1. 内碎屑灰岩

内碎屑灰岩由50%以上的内碎屑和充填其间的亮晶或泥晶构成。按粒度，内碎屑灰岩又可分为：砾屑灰岩、砂屑灰岩和粉屑灰岩。

砾屑灰岩：我国华北普遍存在的竹叶状灰岩是一种典型的砾屑灰岩（图12-13）。砾屑呈扁圆或椭圆形，切面长条形，似竹叶状。其磨圆度较好，大小不一，自几毫米到几厘米。砾屑成分多为泥晶灰岩、粉屑灰岩和含生物屑泥晶灰岩，表面常有一棕红或紫红色的氧化铁质圈。填隙物为泥晶、砂屑等。

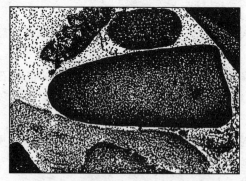

图 12-13 泥晶砾屑灰岩竹叶状砾屑
磨圆分选较好，且有氧化圈

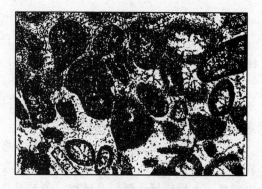

图 12-14 亮晶砂屑灰岩
砂屑具磨蚀痕迹，亮晶胶结

（据李方正，蔡瑞凤主编，《岩石学》，1993）

砂屑灰岩：砂屑结构。砂屑颗粒磨圆度好，分选性好。亮晶砂屑灰岩常见（图12-14），泥晶砂屑灰岩一般较少。岩石常具有交错层理、波痕等构造。

2．生物碎屑灰岩

岩石为生物碎屑结构，生物碎屑含量在50%以上。生物碎屑除某些较坚固的微体生物外，多为离解程度不一的碎片，并经过一定程度的磨圆和分选。填隙物可以是亮晶或泥晶。岩石命名时可用生物名称，如泥晶有孔虫灰岩、亮晶海百合灰岩等。

3．鲕粒灰岩

是鲕粒含量在50%以上的石灰岩，具鲕粒结构。按胶结物的不同分为：亮晶鲕粒灰岩和泥晶鲕粒灰岩。

4．晶粒灰岩

具晶粒结构的石灰岩。可根据晶粒大小分为：粗晶灰岩、中晶灰岩、细晶灰岩、粉晶灰岩及微晶（泥晶）灰岩。

（二）白云岩

岩石主要由白云石组成，但常混有方解石和黏土矿物等。岩石多呈浅灰色、浅黄灰色。粒屑结构、晶粒结构，块状构造。岩石滴稀冷盐酸不起泡，粉末缓慢起泡。

1．内碎屑白云岩

岩石由内碎屑和亮晶或泥晶构成，成分均为白云石。按内碎屑粒度，可分为砾屑白云岩、砂屑白云岩、粉屑白云岩。

2．泥晶白云岩

由泥晶白云石组成。可含少量方解石、泥质、铁质等杂质，泥晶结构，块状构造。

3．细—粗晶白云岩

岩石由细—粗粒的白云石晶粒组成。浅灰至灰色、断口呈砂糖状。是由较强烈的白云石化或重结晶作用形成的白云岩。

（三）泥灰岩

泥灰岩是石灰岩和泥质岩之间的一个过渡类型。其中方解石含量在75%～50%，黏土矿物在25%～50%。泥灰岩呈浅灰、浅黄、浅红、紫红等颜色，泥晶—粉晶结构。风化后表面疏松，加稀冷盐酸强烈起泡，反应后表面出现一层黄色泥质薄膜。泥灰岩多呈薄层状，有时呈透镜体出现于泥质岩中。

第五节　其他沉积岩类

一、概述

本类岩石主要是由沉积盆地内的真溶液或胶体溶液经化学或生物化学作用沉淀而形成的。根据岩石成分可分为：铝质岩、铁质岩、锰质岩、硅质岩、磷质岩、蒸发岩。

岩石较少见，又多属矿产，仅介绍硅质岩，其他岩石在矿床基础中介绍。

二、硅质岩类

硅质岩的主要矿物成分有蛋白石、玉髓和自生石英。还可混有黏土矿物、碳酸盐矿物和氧化铁等。岩石多呈黑色，少数呈白色或红色。多为隐晶结构，有时呈微晶、鲕粒或生物结构。常呈层状、条带状或结核状产出。岩石致密坚硬、具贝壳状断口、化学性质稳定，不易风化。

硅质岩分布较广，在沉积岩中其数量仅次于泥质岩、砂岩和碳酸盐岩，居第四位。

硅质岩的主要类型有以下几种。

1. 硅藻土

是由硅藻遗体（主要为蛋白石）堆积后经初步成岩作用而成的一种土状岩石。硅藻土呈白色、浅黄或暗灰色，质轻，相对密度 0.4～0.9，孔隙度可达 90%，吸水性强、粘舌。

硅藻土多为大陆淡水湖泊沉积，大部分是第三纪和第四纪形成的。

硅藻土是一种用途很广泛的非金属工业原料。它具有多孔性、吸附性、隔热性、耐热性、耐酸、质轻等特性，近年来被广泛用于冶金、建材、化工、橡胶、油漆、造纸等行业。

2. 碧玉岩

主要由自生石英和玉髓组成，并常混有氧化铁、黏土矿物和有机质。隐晶质结构，条带状或层状构造。致密坚硬，贝壳状断口。

3. 燧石岩

主要由玉髓和蛋白石组成。隐晶质结构。多呈灰色、黑色，致密坚硬，具贝壳状断口。常呈层状、条带状、透镜状或结核状，燧石岩是硅质岩中最常见的一种岩类。

思 考 题

12-1 陆源碎屑岩是如何形成的？根据碎屑粒度陆源碎屑岩分为几类？

12-2 陆源碎屑岩的物质成分由哪三个部分组成？各部分具体为哪些物质？

12-3 胶结类型分哪几种？叙述各种类型的特点。

12-4 何谓砾岩、砂岩、粉砂岩？

12-5 何谓火山碎屑岩？写出集块岩、火山角砾岩、凝灰岩的物质成分、结构、成岩方式。

12-6 砂岩按粒度、成分如何分类？

12-7 何谓泥质岩？泥质岩按固结程度分为哪三类？页岩有哪些岩石种类？

12-8 碳酸盐岩中的粒屑结构、晶粒结构、生物骨架结构各是如何形成的？各有何特点？

12-9 碳酸盐岩按成分有哪些主要类型？按结构—成分如何分类？

12-10 如何鉴别石灰岩、白云岩、泥质岩、硅质岩？

12-11 陆源碎屑岩、火山碎屑岩、内碎屑灰岩在结构、成分、成岩方式三方面有何不同？

第十三章 变质岩概论

第一节 变质作用及变质岩

一、变质作用及变质岩的概念

变质岩是组成地壳的主要岩石类型之一,它是地壳发展过程中,原来已存在的各种岩石(岩浆岩、沉积岩、变质岩),由于其所处地质环境的改变,在特定的地质和物理化学条件下,所形成的具有新的矿物组合和结构构造的岩石。这种由地球内力作用引起的使原岩发生转化再造的地质作用,称为变质作用。

由变质作用所形成的岩石称为变质岩。由岩浆岩经变质作用后形成的变质岩称正变质岩;由沉积岩经变质作用后形成的变质岩称副变质岩;原先的变质岩进一步遭受变质作用后也可形成另一种新的变质岩。

二、变质岩的分布及其与矿产的关系

变质岩在我国分布很广,从前寒武纪至新生代都有变质岩形成,但多数分布在古老的结晶地块和构造带中。在我国山东、河北、山西、内蒙古等地,变质岩均有大面积出露。

在变质岩系中蕴藏着丰富的矿产资源,如铁、锰、铜—钴—铀、金—铀、云母、滑石—菱镁矿、磷、刚玉、石墨、石棉等。被称为"鞍山式铁矿"的沉积——变质铁矿是我国很重要的铁矿资源。

第二节 变质作用的因素

所谓变质作用因素,主要指的是引起岩石发生变质作用的外部因素,包括温度、压力以及具化学活动性的流体。

一、温度

温度是引起岩石变质的主要因素。可从两方面引起岩石发生变化:一是使岩石产生重结晶,使非晶质变成晶质或隐晶质变成显晶质,矿物颗粒由细变粗。如原来的隐晶质的石灰岩经变质重结晶后可变为显晶质的大理岩。二是温度会促使岩石中某些矿物之间发生化学反应,各种组分重新组合形成新矿物。如在一定温度压力条件下,硅质灰岩中的二氧化硅和方解石反应形成硅灰石。反应式为:

$$CaCO_3 + SiO_2 \xrightarrow{470℃} CaSiO_3 + CO_2 \uparrow$$
$$\text{方解石 \quad 石英} \qquad \text{硅灰石}$$

一般来说,变质作用温度范围在 $200 \sim 1000℃$ 之间,温度愈高,变质作用愈强烈。当温度为 $150 \sim 250℃$ 时,开始有变质矿物如沸石、叶蜡石等生成,被认为是变质作用温度的下限。而温度超过 $800 \sim 900℃$ 时,将使许多岩石发生选择性熔融,从而发生混合岩化作用。进一步,则属岩浆作用范畴。

变质温度的来源，一般认为有：

1. 地热增温梯度。地下温度随深度增大而增高。
2. 岩浆熔融体所带来的热。当岩浆侵入时，使围岩增温。
3. 构造运动所产生的热。当构造运动产生时，断裂块体相互错动和挤压，能产生高温。

二、压力

可分为静压力和定向压力（应力）二种。

（一）静压力（负荷压力）

静压力是由上覆岩石重量引起的，它随着深度增加而增大，且对岩石的作用各向均等。静压力增大，有利于形成分子体积小、密度较大的新矿物，岩石结构变得致密坚硬。例如，Al_2SiO_5 的几种同质多象变体中，在较高温度（500~600℃）及低压环境下形成的红柱石（相对密度为 3.1~3.2），当其处于高压环境时可转变为蓝晶石（相对密度为 3.56~3.66）。

变质作用中压力作用的范围，一般认为可从 0.1GPa 至 1~1.2GPa，换算成深度可从 3km 至 35km。

（二）定向压力（应力）

定向压力是由构造运动或岩浆活动所引起的侧向挤压力。岩石在定向压力的作用下，当超过其弹性限度时可发生变形，进一步则使岩石产生节理、裂隙或形成片理、线理、流劈理构造、发生破碎、塑变等。岩石中的矿物在定向压力作用下，也会发生变形、破碎及光学性质上改变。

三、具化学活动性的流体

具化学活动性的流体是以 H_2O、CO_2 为主要成分，并包含多种金属和非金属及 F、Cl、B、P 等物质的水溶液，是一种活泼的化学物质。当这些溶液在岩石孔隙中，由于压力差或溶液中活动组分的浓度差而引起流动时，便对周围岩石发生交代作用，产生组分的迁移（带出或带入），形成与原岩性质迥然不同的变质岩石。例如镁橄榄石在含 SiO_2 的水溶液的作用下，可被交代形成蛇纹石。其化学反应式如下：

$$3Mg_2[SiO_4] + 4H_2O + SiO_2 \rightarrow Mg_6[Si_4O_{10}](OH)_8$$
$$\text{镁橄榄石} \qquad\qquad\qquad \text{蛇纹石}$$

应该指出，各项变质因素在变质作用中不是孤立的，通常都是同时存在、互相配合和互相制约的，并且随着时间的推移而发生变化。不同的变质作用往往以某种因素为主，其他因素为次。一般情况下，温度起主导作用，配合着压力和溶液的活动。

第三节 变质作用的方式

一、重结晶作用

重结晶作用是指岩石在变质作用过程中，原岩中的矿物发生溶解、组分迁移、再沉淀结晶，使得同种矿物颗粒不断增大，相对大小逐渐均匀化，颗粒外形变得较规则的变化过程。重结晶作用不形成新的矿物类型。例如石灰岩由于其中的方解石发生重结晶而变成大理岩。

二、变质结晶作用

变质结晶作用是指在变质作用的温度压力范围内，在原岩基本保持固态的条件下，新矿物的形成作用。新矿物的形成是通过特定的变质反应来实现的，多数情况下涉及岩石中各种组分的重新组合，所以也称之为重组合作用。变质反应有固体⇌固体反应（如红柱石、蓝晶石、夕线石的同质多象转变）、脱流体相反应（如白云母＋石英＝钾长石＋红柱石或夕线石＋水）等。

三、变形和破碎作用

各种岩石在应力作用下，当应力超过了弹性限度时，则发生破碎和变形，此时还伴随应力下的重结晶，从而改变原岩的性质。变形和破碎的强度与应力大小、作用方式和持续的时间及岩石本身的力学性质有关。

四、变质分异作用

变质分异作用是指成分、结构、构造均匀的原岩，经变质作用致使矿物成分、结构、构造产生不均匀现象的各种作用。这是由于温度、压力、应力和溶液的影响，原岩本身的某些组分经扩散作用发生迁移，不均匀地聚集形成的，这一过程中没有组分从系统外部带入或带出。

五、交代作用

在变质作用过程中，由于流体相运移发生物质组分的带入带出时，引起组分间的复杂置换的作用。交代作用的结果是使原岩的化学成分发生改变。在交代作用过程中，新矿物的形成与原有矿物的消失是同时进行的。它是一种重要的成岩和成矿作用。

第四节　变质作用的类型

根据变质作用发生的地质条件和变质过程中起主导作用的因素，将变质作用分为以下几种类型。

一、接触变质作用

接触变质作用发生在岩浆岩侵入体和围岩的接触面附近，主要是由岩浆携带的热量和从岩浆中析出的气水溶液使围岩发生变质的作用。接触变质作用所需的温度较高，所需的静压力较低。按照引起接触变质的主导因素的不同，可分为下列两种。

（一）热接触变质作用

引起变质的主要因素是温度。岩石受热后发生矿物的重结晶、脱水、脱炭及物质成分的重结晶及重组合的　种变质作用。形成新矿物及变晶结构，但岩石中总的化学成分并无显著的变化。如石灰岩受热变质后，重结晶形成粒度较粗的大理岩。

（二）接触交代变质作用

引起变质的因素除温度以外，从岩浆中分泌的挥发性物质对围岩进行交代作用，故原岩的化学成分有显著的变化，新矿物大量产生，结构构造也都发生变化。典型的是中酸侵入体与石灰岩的接触带上，由于发生接触交代作用而形成的矽卡岩。

二、气成热液变质作用

气成热液变质作用是由具有较强化学活动性的气体和液体对原岩进行交代而使岩石的矿物成分和化学成分等发生变化的一种变质作用。它既包括岩浆岩的自变作用，也包括各种围岩蚀变作用。气液变质作用的温度变化范围大致在 100~800℃，压力一般低于 $4 \times 10^8 Pa$。如橄榄岩受气成热液变质作用后变成蛇纹岩。

三、动力变质作用

动力变质作用出现在大断裂上或构造运动强烈的地带，多呈狭长的带状分布。在构造运动产生的定向压力作用下，使岩石发生变形破碎，一般温度不高，重结晶作用不强烈。

四、区域变质作用

区域变质作用泛指在大面积区域范围内的一种变质作用。这种变质作用与区域性的岩浆活动、构造运动相互伴生，延续时间长，其变质作用因素比较复杂。它往往是由温度、压力和具化学活动性流体等综合作用的结果。区域变质作用的深度从地下几千米至几十千米，压力为 $2 \times 10^8 \sim 10 \times 10^8 Pa$，温度为 200~800℃。化学活动性流体的作用显著而广泛。

由于区域变质作用持续时间长，温度和压力变化大，因此在许多区域变质岩发育的地区，常常出现变质程度不同的岩石，在空间上呈明显的带状分布，称区域变质带。一般将区域变质带分为浅变质带、中变质带和深变质带。在不同的变质带中，形成的矿物组合及岩石类型是不相同的。

五、混合岩化作用

混合岩化作用是在区域变质作用基础上地壳内部热流继续升高，便产生深部热液及局部重熔熔浆的渗透、交代、贯入等方式使岩石发生变质的作用。它是一种介于深度变质作用和岩浆作用之间的地质作用。在这种作用进程中，有广泛的流体相存在，温度的升高导致原岩的局部熔融，形成一种深融结晶岩与原变质岩相互成复杂组合的岩石。

第五节 变质岩的物质成分

一、变质岩的化学成分

变质岩的化学成分，取决于原岩的化学成分与变质作用的类型和强度，如果没有组分的加入和带出，则变质岩基本保持着原岩的化学成分。由于变质原岩可为各种沉积岩、岩浆岩等，所以变质岩的化学成分比较复杂。总的来说，仍主要为 SiO_2、Al_2O_3、Fe_2O_3、FeO、MnO、MgO、CaO、Na_2O、K_2O、CO_2 及 TiO_2、P_2O_5 等。但各种氧化物的含量，在不同的变质岩中相差极大。如大理岩由石灰岩变质形成，其化学成分主要为 CaO、MgO、CO_2。研究变质岩化学成分有重要意义。

1. 变质岩的化学成分是变质岩分类的重要依据之一。如有人按化学成分将变质岩分为泥质、长英质、碳酸盐质、基性、镁质变质岩五类（或所谓五种等化学系列）。
2. 变质岩的化学成分，是恢复原岩类型的重要依据。
3. 研究变质岩的化学成分，对查明变质成矿作用及变质岩的成因方面，可以提供重要的信息。

二、变质岩的矿物成分

变质岩的矿物种类很多，而且复杂，可以从不同的方面对其进行划分。

（一）根据变质矿物的出现范围

将变质岩的矿物分为岩浆岩、沉积岩、变质岩均有的矿物和仅出现在变质岩中的矿物二类（表13-1），后一类可称为特征变质矿物。

变质岩中常见矿物简表	表 13-1
变质岩、岩浆岩、沉积岩中均有的矿物	仅在变质岩中出现的矿物（特征变质矿物）
石英、斜长石、钾长石、白云母、黑云母、金云母、角闪石、辉石、橄榄石、磁铁矿、赤铁矿、磷灰石、碳酸盐矿物、金红石、锆石、、榍石	红柱石、蓝晶石、夕线石、石墨、硬绿泥石、透闪石、阳起石、硅灰石、方柱石、符山石、帘石类、绿泥石、绢云母、堇青石、十字石、滑石、硬玉、石榴子石类、蛇纹石

从表 13-1 中可以看出变质岩矿物有几点较为突出的特征：

1. 变质岩中广泛发育纤维状、片状、长柱状和针状矿物，如透闪石、阳起石、云母类、石墨、夕线石等；

2. 变质岩中同质多象矿物发育，如红柱石、蓝晶石和夕线石。

（二）按照变质矿物的成因

由于变质作用的温度、压力和化学活动性流体状况有较大的变化范围，所以原岩变质程度也有低级、中级到高级的区别。变质岩中的大部分矿物都是稳定在一定的变质条件下的，根据其稳定范围及变质程度可以分为低级变质矿物、中级变质矿物、高级变质矿物（表13-2）。

由表 13-2 中可知，属于低级变质矿物有绢云母、绿泥石、蛇纹石、滑石、钠长石等；属于中级变质矿物主要有白云母、黑云母、十字石、蓝晶石、斜长石等；属于高级变质矿物有夕线石、紫苏辉石、正长石等。

变质岩中常见矿物的稳定范围

（据李方正、蔡瑞凤主编，《岩石学》，1993）表 13-2

矿物	低级变质	中级变质	高级变质
滑石	━━		
蛇纹石	━━━		
绿泥石	━━━━		
绢云母	━━━━		
钠长石	━━━━	━ ━	
帘石	━━━━━	━	
硬绿泥石	━━━━	━	
透闪石	━━━━	━━	
阳起石	━━━	━━━━	
白云母	━━━	━━━━	
黑云母		━━━━━	━ ━ ━
普通角闪石		━━━━━━	━ ━
钾微斜长石		━━━━━	━ ━ ━
十字石		━━━	
方柱石		━━━━	━
符山石		━━━━	━
斜长石		━━━━━━	━━━━
蓝晶石		━━━━	━
铁铝榴石		━━━━━	━━━
透辉石		━━━	━━━
镁橄榄石			━━━━
正长石			━━━━
夕线石			━━━━
紫苏辉石			━━━━

第六节 变质岩的结构构造

变质岩结构构造是变质岩的主要特征之一。它们是原岩在固态下，通过重结晶、变质结晶、变形破碎及变质分异、交代等作用形成的。

一、变质岩的结构

根据成因，把变质岩结构分成四大类：即变余结构、变晶结构、变形结构、交代结构。其中变形结构在动力变质岩中讲述。而交代结构由于现象细微，肉眼难辨，本教材不介绍。

（一）变余结构

变质程度较低的岩石，由于重结晶及变质结晶进行得不完全，而保留有原岩的结构，称为变余结构。变余结构的命名方法：是在原岩结构之前加上"变余"二字。常见变余结构类型有：

1. 副变质岩有关的变余结构：变余泥质结构、变余砂状结构、变余砾状结构、变余火山碎屑结构等。

2. 正变质岩有关的变余结构：变余斑状结构、变余辉绿结构等。

（二）变晶结构

变晶结构是变质岩最基本最重要的结构。它是原岩在固态下通过重结晶、变质结晶作用而形成的结晶质结构的总称。根据变晶矿物的颗粒大小、自形程度、形状等，可进一步划分出如下类型。

1．根据矿物颗粒的大小

（1）按矿物颗粒的绝对大小分为（表13-3）：

表 13-3

结构	粗粒变晶结构	中粒变晶结构	细粒变晶结构	微粒变晶结构
粒径（mm）	>3	3~1	1~0.1	<0.1

（2）按矿物颗粒的相对大小分为

1）等粒变晶结构　组成岩石的主要矿物颗粒大小基本相等，一般不具定向排列。大理岩、石英岩等常具此种结构。

2）不等粒变晶结构　岩石中主要矿物颗粒大小不等，但粒度呈连续变化。

3）斑状变晶结构　在粒度较细小的矿物中，分布着较大的矿物晶体，二者相差悬殊。较细小的矿物称为基质，较大的矿物晶体称为变斑晶。变斑晶常为石榴子石、十字石、红柱石、硬绿泥石、蓝晶石等，它们的自形程度比较高（图13-1）。

2．根据矿物的自形程度

（1）自形粒状变晶结构　岩石中绝大部分矿物是自形晶。

（2）半自形粒状变晶结构　岩石是由半自形晶粒组成。

（3）他形粒状变晶结构　岩石由他形晶粒组成。

3．根据矿物的结晶习性与形态

（1）粒状变晶结构　指岩石由粒状矿物组成，各种矿物彼此紧密镶嵌，而定向构造不明显。石英岩、大理岩等常具此种结构（图13-2）。

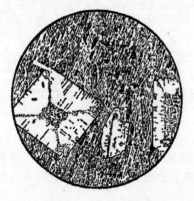

图 13-1　斑状变晶结构
（据乐昌硕主编《岩石学》）

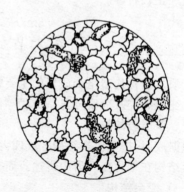

图 13-2　粒状变晶结构
（据刘吉祯等《地质学基础》）

由热变质作用形成的细粒或显微粒状变晶结构称"角岩结构"。它通常由细粒等粒的石英、长石、云母等矿物紧密镶嵌而成,一般不具片理。

(2) 鳞片变晶结构　岩石主要由云母、绿泥石等片状或鳞片状矿物组成。这些片状矿物常呈定向排列。千枚岩、云母片岩常具这种结构（图 13-3）。

(3) 纤状变晶结构　指岩石主要由柱状、针状或纤维状矿物组成（图 13-4）。

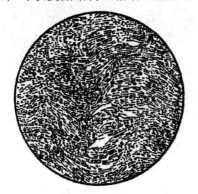

图 13-3　鳞片变晶结构
（据刘吉祯等《地质学基础》）

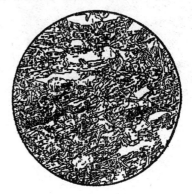

图 13-4　纤状变晶结构
（据陈尚迪主编《岩矿地质基础》）

当针状、纤维状矿物呈束状、放射状排列时,可形成束状变晶结构和放射状变晶结构。另外,针状矿物与片状、粒状矿物混合出现时,可形成纤维鳞片粒状变晶结构。

二、变质岩的构造

变质岩的构造是指变质岩中各矿物的空间分布特点和排列状况。可以分为变余构造与变成构造两类。

(一) 变余构造

岩石变质后仍保留原岩的构造特征,称为变余构造。变余构造是恢复变质原岩的重要标志。在副变质岩中,常出现变余层理构造、变余波痕构造及变余雨痕构造；在正变质岩中,常出现变余气孔构造、变余杏仁构造及变余流纹构造。

(二) 变成构造

原岩通过重结晶及变质结晶等形成的构造。这类构造在变质岩中占有重要地位,常见有以下几种。

1. 斑点构造　泥质岩石在变质作用的初期,原岩中某些成分集中,形成形状不同、大小不等的斑点,称斑点状构造。常见的斑点成分有炭质、铁质、硅质以及堇青石、空晶石、云母矿物的雏晶等。

2. 板状构造　泥质岩在定向压力作用下,产生一组平行的破裂面,沿破裂面可将岩石剥成板状。破裂面平整光滑,这种构造称板状构造。常见于浅变质作用形成的岩石中,如板岩（图 13-5）。

3. 千枚状构造　岩石中的鳞片状矿物呈定向排列,使岩石成薄片状；因鳞片状矿物粒度细小肉眼难以分辨,仅在岩石片理上见有强烈的丝绢光泽,常有小挠曲、小褶皱（图 13-6）。

4. 片状构造　岩石重结晶作用完全,岩石中大量的片状、柱状矿物（云母、角闪石等）定向排列而形成片理。片理面常发生挠曲或小褶皱，沿片理面常劈裂成波状起伏的细小波状面，此构造称片理构造。

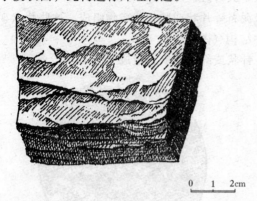

图 13-5　板状构造　岩石具光滑平整的破裂面并且呈板状

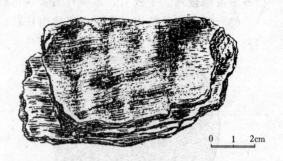

图 13-6　千枚状构造　岩石中显微鳞片变晶矿物（绢云母、绿泥石等）成定向排列，在片理上具强烈的丝绢光泽，并有波状起伏

（据李方正、蔡瑞凤主编，《岩石学》，1993）

5. 片麻状构造　岩石中以粒状矿物为主，同时伴有部分呈定向排列的片状或柱状矿物，但数量较少，且彼此呈断续排列，其间被粒状矿物如石英、长石等所隔开。

6. 块状构造　岩石中的矿物成分及结构都很均匀，不呈定向排列。

思　考　题

13-1　什么是变质作用及变质岩？
13-2　变质作用的因素有哪三种？它们各起何作用？
13-3　变质作用的类型分为哪五种？各种有何特点？
13-4　变质岩的主要造岩矿物有哪些？哪些是变质岩中特有的矿物？
13-5　变质岩的结构，构造各有哪些？
13-6　千枚状构造、片状构造、片麻状构造各有何特征？
13-7　各种变质作用类型中，有哪几种变质作用方式？起主导作用的变质因素是什么？
13-8　岩浆岩、沉积岩、变质岩在矿物成分、结构、构造三方面，总体上有什么不同？
13-9　叙述各种变质作用方式的特点？
13-10　常见的低级、中级、高级变质矿物各为哪些？

第十四章 变质岩各论

变质岩可根据变质作用类型划分为接触变质岩、气成热液变质岩、动力变质岩、区域变质岩和混合岩五大类。

第一节 接触变质岩类

接触变质岩是由于岩浆的侵入，岩浆所散发的热量和化学流体作用于围岩，促使围岩产生重结晶、重组合，或者发生成分的交代而形成一系列新的变质岩。它分布于岩体接触带及其附近的围岩之中。接触变质岩按成因类型可划分热接触变质岩和接触交代变质岩两种类型。

一、热接触变质岩

热接触变质岩主要是由于岩浆体所散发的热能使围岩产生变质而成。因此，温度是变质的主要因素（变质温度范围在 300~800℃ 之间，有时可高达 1000℃ 左右）。静压力对矿物组合的影响较为次要，定向压力随构造运动的强度和岩浆体侵入方式而异。岩浆体所散发的挥发组分对变质结晶和重结晶有一定的影响。

由于离炽热的岩浆侵入体愈近，温度愈高；离侵入体愈远，则温度愈低。因此在垂直接触带的剖面上常依次出现变质程度不同的岩石，这些岩石常围绕侵入体呈环状分布，形成热接触变质圈（晕）。近侵入体为高级变质圈，自内向外逐渐变为中级、低级直到未变质的围岩。变质圈的发育程度取决于岩体的规模大小、岩体的侵入深度、岩体的成分、围岩的成分及岩体与围岩的接触关系。

（一）热接触变质岩的分类和命名

1. 热接触变质岩的分类

热接触变质岩的分类可按原岩化学成分（等化学系列）及变质程度划分，如表14-1所示。

2. 热接触变质岩的命名

热接触变质岩的命名一般采用次要矿物+主要矿物+岩石基本名称的方法。岩石基本名称是根据矿物组合、结构构造相结合的原则定出。热变质岩的基本岩石名称有斑点板岩、角岩、大理岩、石英岩、接触片岩、接触片麻岩。

（二）常见的热接触变质岩

1. 斑点板岩

指泥质岩受到较弱的接触热变质作用形成的岩石。原岩成分大部分没有重结晶、重组合。岩石总体呈隐晶质，铁质、炭质成小斑点，新生矿物仅见绢云母、绿泥石、黑云母、红柱石、堇青石的雏晶。具明显的变余泥质结构和斑点状构造。

2. 角岩

角岩是泥质岩经中到高级接触热变质作用形成的。岩石常呈暗灰至黑色，具角岩结构或基质为角岩结构的斑状变晶结构，块状构造。除变斑晶外，肉眼很难分辨基质的矿物成分。变斑晶常为红柱石、堇青石等，有红柱石角岩、堇青石角岩、云母角岩等。

热接触变质岩分类表　　　　　　　　　　表14-1

原岩成分		黏土质岩石	碳酸盐岩石	镁质岩石	铁镁质岩石	长英质岩石
低级变质	岩石名称	斑点板岩、角岩	变质石灰岩、大理岩	角岩、接触片岩	角岩、接触片岩	长英质角岩、石英岩
	矿物组合	绿泥石、绢云母、石英、空晶石、红柱石、堇青石	方解石、白云石、透闪石、滑石、石英	绿泥石、蛇纹石、滑石、碳酸盐矿物、透闪石、阳起石	钠长石、绿泥石、绿帘石、阳起石、石英	绿泥石、绢云母、石英、红柱石、钠长石
中级变质	岩石名称	云母角岩、接触片岩	大理岩	镁质角岩、接触片岩	基性角岩、接触片岩	长英质角岩、石英岩
	矿物组合	黑云母、白云母、石英、红柱石、堇青石、石榴子石、角闪石、长石	方解石、透闪石、绿帘石、石英、斜长石、符山石、钙铝榴石	蛇纹石、透闪石、阳起石、尖晶石、碳酸盐矿物	斜长石、绿帘石、阳起石、石英、角闪石、镁铝榴石、铁铝榴石	石英、斜长石、碱性长石、黑云母、白云母、普通角闪石
高级变质	岩石名称	粗粒云母角岩、接触片麻岩	大理岩	镁质角岩	基性角岩、接触片麻岩	长英质角岩、石英岩
	矿物组合	长石、夕线石、石英、堇青石、石榴子石、黑云母、角闪石、辉石、刚玉、尖晶石	硅灰石、方解石、透辉石、钙长石、钙铝榴石	尖晶石、辉石、镁橄榄石、堇青石	斜长石、透辉石、紫苏辉石、橄榄石、镁铝榴石、铁铝榴石	石英、斜长石、碱性长石、黑云母、普通角闪石、辉石

3. 大理岩

大理岩是碳酸盐岩（石灰岩、白云岩）经热接触变质作用形成的。一般呈白色，含杂质时可呈现不同的颜色和花纹。具粒状或斑状变晶结构、块状或条带状构造。矿物成分主要为方解石、白云石，可含蛇纹石、透闪石、硅灰石、滑石、透辉石等特征变质矿物。常见有方解石大理岩、白云石大理岩、透闪石大理岩等。

4. 石英岩

石英岩是由石英砂岩或硅质岩受热接触变质形成的。一般呈白色或灰白色，当具有含铁的氧化物时，可呈褐色或红褐色，多为粒状变晶结构，块状构造。矿物成分主要为石英，有时含少量绢云母、白云母、绿泥石等变质矿物。

二、接触交代变质岩——矽卡岩

矽卡岩是由中酸性岩浆侵入到碳酸盐岩中，岩浆中析出的高温气水热液与围岩发生交代作用（岩浆中的 Si、Al、Fe 等加入围岩，围岩中 Ca、Mg 等进入岩浆），从而在接触带上形成的一种在矿物成分、结构构造都比较特殊的变质岩。形成于岩体边缘的叫内矽卡岩，形成于围岩部分的叫外矽卡岩。根据矿物组合可分为钙质矽卡岩和镁质矽卡岩两类。

(一) 钙质矽卡岩

由中酸性岩浆与石灰岩、大理岩发生接触交代形成。主要矿物组合为：钙铝—钙铁石榴石、钙铁辉石—透辉石、硅灰石、符山石等。可有晚期热液矿物透闪石、阳起石、绿泥石、绿帘石、方解石等，还有金属矿物磁铁矿、赤铁矿、黄铜矿、方铅矿、闪锌矿、白钨矿等。

(二) 镁质矽卡岩

镁质矽卡岩是由中酸性岩浆交代白云岩、白云质灰岩形成的。主要由镁硅酸盐类矿物，如橄榄石、透辉石、紫苏辉石、硅镁石、金云母、尖晶石以及次生的蛇纹石、绿泥石等矿物组成。有用矿物有磁铁矿、石棉、滑石、辉钼矿等。

矽卡岩的颜色较深，多为红褐色、浅黄色或暗绿色，多为不等粒粒状变晶结构、斑杂构造、块状构造，相对密度较大。矽卡岩中经常形成多金属硫化物矿床，是寻找铁、铜等金属矿产的重要标志。主要类型有石榴石矽卡岩、透辉石矽卡岩、符山石矽卡岩、镁橄榄石—透辉石矽卡岩等。

第二节 气成热液变质岩类

气成热液变质岩是在热的气液态溶液作用下使原岩发生交代作用所形成的岩石。它可以产生于两种岩石之间或一种岩石本身，通常沿构造破碎带及矿脉边缘发育，是一种良好的找矿标志，称围岩蚀变或蚀变岩石。

气水热液的来源，一般认为有以下几种：

1. 岩浆结晶分异后所析出的气水溶液；
2. 变质作用过程中原岩（特别是沉积岩）脱水所形成的气液；
3. 混合岩化过程中分泌出来的气水溶液；
4. 与地下水有关的气水溶液。

一、气成热液变质岩的分类和命名

根据原岩成分和交代作用的产物，可将气成热液变质岩分为蛇纹岩、青磐岩、云英岩、次生石英岩、黄铁细晶岩五种。

气成热液变质岩的命名主要考虑蚀变的性质和交代强度，命名原则如下：

1. **不完全蚀变岩石的命名** 蚀变作用进行不完全，保留有原岩的矿物成分或结构构造特征，命名按：××岩化+原岩名称，如云英岩化花岗岩。

2. **完全蚀变岩石的命名** 蚀变作用进行得很完全，岩石全部由新生蚀变矿物、重结晶矿物组成，则直接按蚀变性质及其矿物命名，如蛇纹岩、黄玉云英岩等。

二、气成热液变质岩的主要岩石类型

1. 蛇纹岩

蛇纹岩是由镁质超基性岩经气成热液变质作用，原岩中的橄榄石和辉石发生蛇纹石化所形成的。岩石一般呈暗灰绿色、黑绿色或黄绿色，色泽不均匀，有时成斑驳花纹，风化后颜色变浅，可呈灰白色。质软，具滑感。常见为隐晶质结构，致密块状或带状、角砾状等构造。蛇纹岩的矿物成分主要为蛇纹石，有时含有少量透闪石、金云母、滑石、磁铁矿、钛铁矿、铬铁矿等。蛇纹岩常产于超基性岩体的顶部和边部。与蛇纹岩有关矿产有

铬、镍、钴、铂、石棉、滑石、菱镁矿等，含镁高的蛇纹岩还可作为耐火材料和化肥原料。

2. 青磐岩

青磐岩是中基性浅成岩、喷出岩和火山碎屑岩在中—低温热液作用下，特别是含 H_2S、CO_2 的热液作用下经交代作用所形成。由于在安山质火山岩中最为发育，因此又叫变安山岩。

青磐岩一般呈灰绿色至暗绿色。隐晶质，但往往具变余斑状结构及变余火山碎屑结构，块状、斑杂状、角砾状构造。矿物成分较复杂，主要有阳起石、绿帘石、绿泥石、钠长石、碳酸盐矿物等。青磐岩分布较广，尤其在活动区常作区域性分布。与青磐岩有关的矿产有铜、铅、锌等多金属硫化物和金、金—银脉状矿床等。

3. 云英岩

云英岩是由酸性侵入岩受气成高温热液交代作用蚀变所形成的岩石。云英岩一般颜色浅，呈浅灰、浅绿色。粒状变晶结构或鳞片粒状变晶结构，块状构造。主要矿物成分是石英、云母、次为黄玉、电气石、萤石、绿柱石、锡石、石榴石等，常含金属矿物、黑钨矿、白钨矿、黄铁矿、辉钼矿、辉铋矿等。云英岩是寻找钨、锡、钼、铋及一些稀土元素矿床的重要找矿标志。

4. 次生石英岩

次生石英岩是中酸性火山岩等在硫质火山喷气和中低温热液的交代作用下蚀变所形成。次生石英岩一般为浅灰或深灰色，隐晶质至细粒变晶结构，块状构造。主要矿物成分是石英（蛋白质及玉髓）、绢云母、明矾石、高岭石、红柱石、叶蜡石，次要矿物有刚玉、黄玉及金属矿物黄铁矿、赤铁矿等。次生石英岩分布较广，尤其在火山口或附近的火山岩中更为发育，有时见于岩体接触带。与其有关的矿产有非金属矿产明矾石、高岭石、叶蜡石等以及铜、铅、锌、金、银等多金属矿床。

第三节 动力变质岩类

一、概述

由动力变质作用形成的岩石，称为动力变质岩。动力变质作用主要与断层及韧性剪切带有关，该类岩石常呈狭长带状分布，并具有一些特征的变形结构和构造。

研究动力变质岩具有重要的意义，可以帮助我们查明地质构造，恢复地层层序，在找矿勘探、水力设施、工程建筑等均有重要作用。

二、动力变质岩的结构构造

（一）动力变质岩的结构

动力变质岩的结构主要为原岩受到强大应力作用致使矿物颗粒破裂、错动、重结晶，从而形成破碎结构。常见的有角砾状结构、碎裂结构、碎斑结构、糜棱结构等。

1. 角砾状结构 断层带中的构造角砾岩，多是由肉眼可见的岩石碎块和碎屑构成的，其结构称为角砾状结构（图14-1）。

2. 碎裂结构 在应力作用下，岩石破裂成外形不规则、带棱角的碎块，碎块间被少量破碎研磨的细粒或粉末物质所充填，这种结构称为碎裂结构（图14-2）。

图 14-1　断层角砾岩的角砾状结构

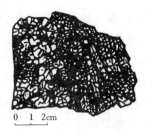
图 14-2　花岗岩的碎裂结构

（据叶俊林等主编，《地质学概论》，1996）

3．碎斑结构　这是岩石经强烈挤压错动造成大量微细碎屑中，混杂一些粗大的碎屑所形成的一种结构。大碎屑称为碎斑，微细碎屑粉末称为碎基。

4．糜棱结构　岩石受强应力作用，在较高的温度及较大的围压下，通过韧性变形引起粒径减小，形成细粒甚至隐晶质的碎基。当碎基含量占岩石的主要部分，且具有明显的流动构造，其中仅有少量"残斑"呈眼球状夹于其中时，称糜棱结构（图14-3）。

（二）动力变质岩的构造

动力变质岩由于岩石遭受破碎的程度不同，所以其岩石构造不易辨认。总的可以分为二类。一是脆性变形形成的碎裂岩，多为块状构造；另

图 14-3　糜棱结构（河南小秦岭）
（据叶俊林等编《地质学概论》，1996）

一类韧性变形的糜棱岩中由于矿物颗粒拉长及新生矿物的定向排列，形成的条带构造、眼球构造及流动构造等。

三、动力变质岩的分类命名

动力变质岩根据变形性质、碎裂程度、岩石结构分为压碎岩（包括构造角砾岩、碎裂岩）、糜棱岩、千糜岩、玻状岩等类型。

动力变质岩的命名，以上述分类的岩石作为基本名称，然后根据原岩或矿物成分及碎裂程度进一步命名，如花岗质构造角砾岩、碎裂石灰岩等。

四、动力变质岩的主要岩石类型

（一）构造角砾岩

构造角砾岩是由构造运动（主要为断裂运动）使原岩破碎成角砾，经再胶结而形成的一种岩石。这种岩石具有典型的角砾状结构。岩石主要由大小不等的带棱角的原岩碎块组成，并被成分相同的细碎屑或部分外来物质（如硅质、铁质等）所胶结。构造角砾岩可进一步根据原岩特征命名为××质构造角砾岩等。

本类岩石通常沿断裂带分布，是断裂带的显著标志之一。

（二）碎裂岩

碎裂岩是原岩在较强的应力作用下形成的，主要由粒度相对较小的岩石碎屑和矿物碎屑及岩石粉末构成。其胶结物可以是铁质、硅质或碳酸盐质，具碎裂结构或碎斑结构。碎裂岩根据碎裂程度分为碎裂××岩、碎裂岩、碎斑岩。其中碎裂岩与碎斑岩的区分，前者

碎屑（碎斑）多于碎粉（碎基），后者碎斑少于碎基。

（三）糜棱岩

这是原岩遭受强烈挤压破碎所形成的具有糜棱结构的岩石。其粒度极细，比较均匀，岩石非常致密；有时因具有一定程度的硅化而比较坚硬；常具有类似流纹的条带状构造。矿物成分以石英、长石为主，有时含少量新生矿物（绢云母、绿泥石等）。

（四）千糜岩

千糜岩是与糜棱岩相似的细粒岩石，它是在强烈挤压应力作用下形成的。其矿物成分和结构、构造与千枚岩相似，岩石特点有：被磨细的矿物已大部分重结晶，形成绢云母、绿泥石、钠长石、绿帘石、石英等新生矿物。其次片理发育，可见一组或几组片理，有时见紧密小褶皱。

第四节 区域变质岩类

一、概述

区域变质岩是由区域变质作用形成。区域变质岩常呈大面积分布，其面积有的地区可达百万平方千米以上。岩石的分布往往具有一定的延伸方向，同时变质程度深浅不同的岩石，在空间上常呈有规律的带状分布，形成明显的区域变质带。

区域变质岩大多数为结晶质岩石，岩石中的矿物多呈定向排列，形成明显的片理和片麻理。

二、区域变质岩的分类与命名

区域变质岩的分类方法较多，本书按照原岩类型、变质程度将主要岩石分类如表14-2所示。

常见区域变质岩分类表　　　　表14-2

原岩类型	低级变质岩	中级变质岩	高级变质岩
黏土质岩石	板岩、千枚岩、绢云母片岩	白云母片岩、黑云母片岩	黑云母片岩、片麻岩
长英质岩石	变质砂岩、粉砂岩、砂质板岩、变质流纹岩、英安岩、凝灰岩、千枚岩、绢云片岩、石英岩	变粒岩、黑云母斜长片岩、云母石英片岩、长石石英岩、各种浅粒岩	片麻岩及变粒岩（浅色麻粒岩）、黑云母石英片岩及石英岩
碳酸盐岩	大理岩、钙质千枚岩	大理岩、钙质云母片岩	透辉石大理岩、镁橄榄石大理岩、钙质片麻岩、变粒岩
铁镁质岩石	绿泥石片岩、绿帘石片岩、阳起石片岩	斜长角闪岩、角闪片岩	斜长角闪岩、角闪石岩、麻粒岩、榴辉岩
镁质岩石	蛇纹石片岩、滑石片岩、绿泥片岩	（片状）角闪石岩、角闪石片岩	辉石岩、角闪石岩、橄榄石岩

区域变质岩的命名是按照结构、构造与主要矿物成分相结合的原则，先定出基本名称，如千枚岩、云母片岩；再将特征变质矿物作为形容词定详细名称，如绢云母千枚岩、石榴石云母片岩。

三、区域变质岩的主要岩石类型

（一）板岩

板岩是变质程度很低，为具板状构造的区域变质岩。原岩的矿物成分基本上没有重结晶。板岩外表呈致密隐晶质状，其矿物成分难以鉴别；有时在板理面上有少量的绢云母、绿泥石等新生矿物。板岩一般由泥质岩、粉砂岩、中酸性凝灰岩经轻微变质而成，通常按其颜色或含杂质的不同加以命名，如黑色炭质板岩、黄绿色粉砂质板岩、灰色凝灰质板岩等。其相应的结构为变余泥质结构、变余粉砂质结构、变余凝灰质结构等。质地坚硬的板岩，可沿板面剥开成板材，作为房瓦、地面板或装饰板材等开发利用。

（二）千枚岩

千枚岩是变质程度略高于板岩，具有千枚状构造的区域变质岩。原岩的矿物成分基本上已全部重结晶，主要由微小的绢云母、绿泥石、石英、钠长石等新生矿物组成。千枚岩具微细粒鳞片变晶结构，矿物颗粒粒径多小于 0.1mm。

岩石的片理面上具明显的丝绢光泽，并常见小皱纹。千枚岩一般按颜色和可判别的矿物成分进一步命名，如银灰色千枚岩、绿泥石千枚岩等。

（三）片岩

片岩是具有片状构造的区域变质岩，其分布极为广泛。片岩多具显晶质的鳞片变晶结构，或基质为鳞片变晶结构的斑状变晶结构。主要由片状矿物（云母、绿泥石、滑石等）、柱状矿物（阳起石、透闪石、角闪石等）和粒状矿物（长石、石英等）组成。若粒状矿物含量小于50%，则以主要的片状矿物命名，如二云母片岩、绿泥石片岩；也可以主要的柱状矿物命名，如角闪石片岩。若粒状矿物含量大于50%，则以占主导地位的二种矿物命名，如白云母石英片岩。一般规定片岩中长石含量小于25%，可含特征变质矿物石榴石、十字石、红柱石等。

（四）片麻岩

片麻岩是具有片麻状构造的区域变质岩。多为中—粗粒粒状变晶结构。其矿物成分石英和长石的含量大于50%，且长石含量必须大于25%。片状、柱状矿物有云母、角闪石、辉石等。有时含夕线石、蓝晶石、石榴子石等特征变质矿物。

片麻岩可根据所含长石的种类分为钾长片麻岩和斜长片麻岩两类，然后再根据暗色矿物或特征变质矿物进一步分类命名，如角闪斜长片麻岩、黑云钾长片麻岩等。片麻岩分布也很广泛。

（五）斜长角闪岩

岩石主要由角闪石和斜长石组成。其矿物成分中角闪石等暗色矿物含量大于或等于50%，斜长石含量小于50%，石英很少或无，常见石榴子石、绿帘石、云母和透辉石。岩石具粒状变晶结构，块状构造，或略具定向构造。斜长角闪岩主要为基性岩和富铁白云质泥灰岩在中-高温的区域变质作用中形成的。若这种岩石中角闪石含量大于85%，则称为角闪石岩。

（六）变粒岩

是一种片理不发育的粒状变晶结构的中等变质程度的区域变质岩，常为细粒粒状变晶结构。矿物成分主要是石英和长石（长石含量>25%），有时含有黑云母、白云母、角闪石，其总量不超过30%。当片状、柱状矿物含量较多时，可具弱片麻状构造。变粒岩的进一步命名可根据主要的片状、柱状矿物。如黑云母变粒岩、角闪石变粒岩。深色矿物含量小于10%时称浅粒岩。

（七）麻粒岩

是一种变质程度很深的变质岩。细粒到中粒花岗变晶结构，片麻状或块状构造。矿物成分以长石为主，可含一定数量的石英。铁镁矿物以紫苏辉石为主，角闪石、黑云母极少，可含少量的石榴子石、金红石、夕线石、堇青石、蓝晶石等。

（八）榴辉岩

主要由辉石和石榴石组成的变质程度很深的区域变质岩。其中的辉石为绿辉石，其特点是呈绿色，石榴子石以镁铝榴石为主，颜色为肉红色。此外，尚含少量石英、角闪石、刚玉、蓝晶石、顽火辉石、金红石、尖晶石等。中粗粒不等粒变晶结构，块状构造，有时也呈斑杂状或片麻状构造。岩石相对密度较大，一般可达3.6。

还有石英岩、大理岩也可由区域变质作用形成，其岩性特征与前述热接触变质岩类中的石英岩、大理岩相同，只是形成的作用不同，且所含的次要矿物有差别。

第五节 混合岩类

一、概述

混合岩是由混合岩化作用形成的岩石，其岩石成分可分基体和脉体两部分。基体是各种区域变质岩，如片麻岩、片岩、变粒岩等；脉体则是由混合岩化作用新形成的活动组分，通常为长英质、伟晶质及石英脉等组成。根据基体和脉体的相互关系及相对含量的不同，可将混合岩划分为很多岩石种类。

混合岩与其他变质岩区别的显著标志，就是岩石中侵入、交代现象十分发育，形成特殊的结构构造。混合岩常与区域变质岩相伴生，且在分布上经常与区域变质带一致。

二、混合岩的结构构造

（一）混合岩的结构

混合岩由于是由基体、脉体组成，所以肉眼描述结构一般也分别描述这两部分。基体结构即原各种区域变质岩的结构，主要为柱状变晶结构，鳞片粒状变晶结构等；脉体的结构主要为粒状变晶结构、细晶结构、伟晶结构。岩石中广泛发育的交代结构，由于现象细微，肉眼无法辨认。

（二）混合岩的构造

混合岩的构造是由基体、脉体二部分的空间分布构成的，按其形态特征分为：

1. 条带状构造　　脉体呈条带状沿基体的片理分布，二者呈相间的条带状出现。
2. 眼球状构造　　脉体呈眼球状、透镜状沿基体的片理分布。眼球常为长石的巨晶或长石石英集合体。
3. 角砾状构造　　基体被脉体割成大小不等的角砾，杂乱分布。
4. 肠状构造　　指脉体呈复杂的肠状弯曲分布在基体之中。
5. 阴影构造　　又称星云状或雾迷状构造。在混合岩化程度很高的岩石中，基体和脉体的界线已基本消失，基体很少，仅留下一些交代残留体的轮廓，呈斑杂状、阴影状分布在花岗质的脉体中。

还有片麻状、块状等构造。

三、混合岩的分类命名

混合岩的分类主要根据基体、脉体的含量、构造特征进行划分（表14-3）。

混合岩的命名首先根据分类的基础定出基本名称，进一步可按基体、原岩和脉体成分详细命名。

混合岩分类表

（据徐永柏主编，《岩石学》，1985年改编） 表14-3

岩石类型		脉体含量	构造特征	脉体成分
混合岩化变质岩		<15%	条带状 眼球状	伟晶质及石英脉等
混合岩	条带状混合岩 眼球状混合岩 角砾状混合岩 肠状混合岩 阴影状混合岩	15%~90%	条带状 眼球状 角砾状 肠状 阴影状	伟晶质 花岗质
混合花岗岩		>90%	片麻状 阴影状 块状	花岗质

四、混合岩的主要岩石类型

（一）混合岩化变质岩

该岩石是混合岩化程度最轻微的岩石。其特征是，岩石中以基体为主，脉体含量小于15%。基体和脉体界线分明，这类岩石的具体命名方法，是以原岩名称为基础，前面加上脉体形态特征及"混合质"三个字即可，如条带状混合质二云片岩等。

（二）混合岩

这是一类混合岩化作用较强烈的岩石。脉体含量一般在15%~90%，脉体与基体界线由清楚到模糊。该类岩石的命名方法是：脉体+基体+构造+混合岩，如长英质斜长角闪角砾状混合岩。当混合岩化程度较深，脉体与基体界线不明显时，其命名可按暗色矿物+构造+混合岩。

（三）混合花岗岩

该岩石是混合岩化最强烈（称花岗岩化）的产物。其特点是脉体含量大于90%，基体和脉体界线已完全消失。岩石总的矿物成分与花岗岩及花岗闪长岩相当，所以不好区分，但矿物分布不如花岗岩均匀，局部地方尚有因暗色矿物较为集中而形成的斑点、团块及条带，因而出现不同程度的片麻状、阴影状构造。岩石的粒度也不够均匀，在暗色矿物较多的地方粒度细；浅色矿物部分粒度粗。

混合花岗岩与岩浆成因花岗岩相比，有以下特点：

混合花岗岩没有固定的形态，一般与其他混合岩呈渐变过渡关系；其周围岩石没有接触变质现象；岩石常见片麻状、阴影状构造，岩性不均匀；可见刚玉、蓝晶石、夕线石等岩浆花岗岩没有的矿物等。

思 考 题

14-1 变质岩分为哪几类，是按什么划分的？
14-2 热接触变质岩与接触交代变质岩在成因、形态、分布上有何不同？
14-3 怎样认识矽卡岩？
14-4 各种气成热液变质岩是如何形成的，它们各自有何矿物成分？
14-5 动力变质岩常见有哪些岩石？它们在岩石成分和结构上有何特征？
14-6 分别写出板岩、千枚岩、片岩、片麻岩、斜长角闪岩、变粒岩、麻粒岩、榴辉岩、大理岩、石英岩的变质程度、结构、构造、常见矿物。
14-7 混合岩主要分为哪三类？各类间如何区分？
14-8 混合花岗岩与岩浆花岗岩有何不同？

第四篇 古生物基础与地史

第十五章 古生物基础

第一节 古生物概述

一、化石及其形成

（一）古生物

古生物是指在地质历史时期中曾经生存过而现在已大部分绝灭了的生物。由于古生物与今生物（现生物）之间很难用某一时间界限来把它们截然划分，为了研究的方便，一般以最新地质时代——全新世的开始（距今约为一万年）来作为古生物与今生物的分界，也就是，全新世以前的生物称之为古生物，而全新世开始以来的生物则称之为今生物（现生物）。

在地质学领域中，有一门研究地质历史时期中的生物界及其进化发展的科学，称为古生物学。古生物学研究的对象是化石（还有一些生物成因的沉积结构也逐渐成为古生物学研究的对象，如叠层石、核形石、矿瘤等）。

（二）化石

化石是指保存在岩层中的古生物的遗体或遗迹。凡化石都能指示古生物的存在，都保持了古生物的某些特征（如形态、构造、纹饰等），或是保存了古生物生命活动中留下的产物（如足迹、爬痕、粪、蛋等），即遗迹。

（三）化石的形成

不是所有的古生物或古生物生命活动过程中的产物都可以保存在地层中而形成化石的，绝大多数的古生物死亡以后，都腐烂损坏或被其他生物所吞食掉。所以，古生物的遗体或遗迹要保存下来形成化石，是必须具备一定的条件的。一般来说要具有硬体，如外壳、鳞甲、骨骼、植物纤维或孢子、花粉等；死后要被沉积物迅速掩埋，以免遭生物、物理和化学等破坏作用的破坏；还要经过石化作用。因此，化石大多是古生物的硬体部分，只有在特殊条件下，少数古生物的软体和遗迹也能较完整地保存下来形成化石（如琥珀中的昆虫，第四纪冻土层中的猛犸象等）。

石化作用大致可以分为三种：一是充填作用，即生物硬体中的空隙被地下水中所含矿物质充填的作用，此种作用常见于新生代的一些贝壳和哺乳动物的骨骼化石。二是换质作用（交代作用），即生物硬体的成分被地下水中所含矿物质置换的作用，如常见的硅化木就是换质作用的产物。三是炭化作用，即生物遗体中的不稳定成分（如 O、H、N 等）被分解逸去而仅留下炭质薄膜保存成化石的作用，如骨骼成分为几丁质（$C_{15}H_{26}N_2O_{10}$）的笔石化石以及原为碳水化合物的植物化石等。

二、古生物的分类和命名

（一）古生物的分类

古生物分类的方法有两种：一种是建立在亲缘关系基础之上的分类的方法，称为自然分类法（也称系统发生分类法）；另一种是根据化石之间某些构造和形态上的相似性所作的人为分类的方法，称为形态分类或人为分类法。

古生物的分类单位和现代生物一样，由大而小主要有：界、门、纲、目、科、属和种七个单位。除这些主要分类单位外，还有各种辅助单位：亚门、亚纲、亚目、亚科、亚属、亚种以及超门、超纲、超目和超科。其中种，又称物种，是古今生物分类的基本单位。每一类生物都有其分类位置。现以北京直立人为例，说明其分类位置如下：

$$\begin{aligned}&界 \cdots\cdots 动物界\\&门 \cdots\cdots 脊索动物门\\&亚门 \cdots\cdots 脊椎动物亚门\\&纲 \cdots\cdots 哺乳纲\\&目 \cdots\cdots 灵长目\\&科 \cdots\cdots 人科\\&属 \cdots\cdots 人属\\&种 \cdots\cdots 直立人种\\&亚种 \cdots\cdots 直立人北京亚种\end{aligned}$$

（二）古生物的命名

古生物和现代生物一样，一经研究后，在发表时必须按照国际上统一规定取一个国际通用的科学名称——学名。各级分类单位的学名一律用拉丁文或拉丁化文字书写或印刷。属和属以上的学名采用单名法，即由一个字构成，开首的字母要大写；科及科以上的学名用正体字书写或印刷。种的学名采用双名法，属名在先，开首字母大写；种名在后，开首字母小写。属名及种名均用斜体字书写或印刷。有时在各级学名之后附有原命名人的姓氏（以拉丁字正楷字体拼写，开首字母大写）和命名年代，以便于查考。例如：

Redlichia　　　　*chinensis*　　　　Walcott,　　　　1905
莱得利基虫　　　　中华
（属名）　　　　（种名）　　　　（命名人姓氏）　　　　（命名年代）

该种应译为中华莱德利基虫（译名的种名在前，属名在后）。有时在文献中见有属名后为 sp. 这是 species（种）的缩写，写在属名之后，表示种名未确定，如 *Calamites sp*. 即为种名未确定的芦木，可译为：芦木（未定种）。

三、古生物的进化及生物与环境的关系

生物的进化与环境密切相关。在内外因素的影响下，生物产生变异。不能适应环境的变异被自然淘汰，能够适应环境的变异则可保留下来，一代代遗传并且得到逐渐加强，到一定程度就会产生质变而形成新的物种。也就是说，由于环境和生物变异、遗传、自然选择的结果，使生物界中旧的物种不断灭亡，新的物种不断产生，因而使生物不断地进化发展。

生物与其生活的环境是相互联系、相互作用、相互制约的。任何生物都不能脱离生活

环境而存在，一定的生物只能适应一定的生活环境，如鱼不能离开水体而生活，陆生植物必须有土壤、水分和阳光；生物的生命活动过程中，又能改变环境，如树林可使荒山变为"绿色的海洋"，使沙漠变绿洲，可以调节气温等，以致改变当地的气候。这就是生物与环境的关系。

第二节　主要古生物类别简介

一、䗴类

（一）䗴的一般特征

䗴是一类已经绝灭了的微小的单细胞动物，因外形常呈纺锤形而得名为䗴或纺锤虫。其个体的大小一般如麦粒，长约 3～6mm，最小者不到 1mm，大者可达到 20～30mm 或更大。

䗴类是温暖的浅海远岸底栖动物，依靠伪足伸缩活动，少数种类营漂浮生活。化石主要保存于灰岩中，钙质页岩和硅质岩中较少见。

（二）䗴壳的构造

䗴壳的主要构造如下（图 15-1）。

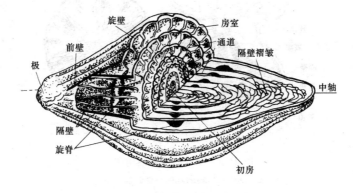

图 15-1　䗴壳的构造

䗴壳的中心为一球形的初房，初房之外有许多围绕初房包旋生长的房室，房室每增长一圈为一壳圈；房室的外壁相连而成旋壁。旋壁的细微的构造主要分为致密层、透明层、疏松层（位于致密层的内、外两面，分别称内疏松层和外疏松层）和蜂巢层等。根据组成旋壁细微的构造不同，可将旋壁分为单层式、三层式、四层式及二层式（图 15-2）。旋壁向内弯的部分称为隔壁，隔壁与中轴平行、平直或褶皱。旋壁的蜂巢层向下延伸而形成的板状物称为副隔壁。隔壁底部中央的一个半圆形小孔叫口孔。口孔两侧堆积物形成的堤坝状隆脊叫旋脊。两条旋脊之间成沟渠状物叫通道。

（三）䗴类的地史分布及地质意义

䗴类最初出现于早石炭世晚期，全盛于二叠纪至晚二叠世末期全部绝灭。它在地理上分布广泛，几乎全球各洲的石炭纪、二叠纪海相沉积中均有发现，而且演化迅速，因此，对石炭、二叠纪地层的划分、对比有很重要的价值，是一种良好的标准化石。

二、珊瑚

（一）珊瑚的一般特征

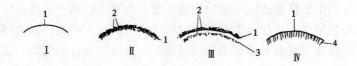

图 15-2 蜓壳旋壁的细微构造

Ⅰ—单层式；Ⅱ—三层式；Ⅲ—四层式；Ⅳ—二层式

1—致密层；2—内外疏松层；3—透明层；4—蜂巢层

珊瑚是海生底栖固着生活的高等腔肠动物,有单体和群体(复体)之分,一般生活于温暖清澈的浅海区。珊瑚动物的软体叫珊瑚虫,形态呈袋状,顶端有口,口周围环生许多触手,口下有一食道(食管)与腔肠(体腔)相通,腔肠内有许多放射状排列的隔膜(图 15-3)。

珊瑚硬体称珊瑚体,其外围的壁称之为外壁;体内有呈放射状排列的直立的薄骨板,称为隔壁;有水平方向排列的骨板称为床板（横板）;珊瑚体边缘,介于隔壁之间有上下叠置,状如鱼鳞大小均一的上凸小板,称为鳞板;有时珊瑚体边缘有不规则的,切割隔壁的,状如泡沫的小骨板称为泡沫板;有的珊瑚体的中心有直立的钙质实心轴,称为中轴;有的则是直立的,且横切面是呈蛛网状的虚心轴,称为中柱。

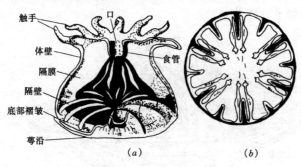

图 15-3 珊瑚的解剖结构图

(a) 现代六射珊瑚软体与骨骼的关系；

(b) 横切面：长的为隔膜，短的为隔壁

(二) 四射珊瑚

四射珊瑚有单体及复体之分，单体外形常呈锥状、柱状及拖鞋状，复体常呈丛状和块状。四射珊瑚的隔壁和床板都很发育。隔壁有原、后生之分。原生隔壁有六个：主隔壁、对隔壁、两个侧隔壁和两个对侧隔壁，这六个隔壁把珊瑚体分为两个主部和两个对部。后生隔壁又有长隔壁和短隔壁之分；长隔壁又称一级隔壁，生长于主部及对部，生长时，每次在两个主部和两个对部都同时分别长出一个，共四个，因而得名四射珊瑚（图 15-4）。短隔壁又可分二级、三级隔壁，生长于长隔壁之间且为不分先后同时长出，是为轮生。

根据四射珊瑚的内部构造可分为四种构造类型：单带型——隔壁+床板；泡沫型——只有泡沫板；双带型——隔壁+床板+鳞板（或泡沫板）及隔壁+床板+中轴或中柱；三带型——隔壁+床板+鳞板（或泡沫板）+中轴或中柱（图 15-5）。

(三) 床板珊瑚

床板珊瑚全为复体珊瑚，块状或丛状，由许多细小的管状小个体组成，管内床板发育，因而得名。床板珊瑚的隔壁不发育，个体之间的连接构造有连接孔、连接管或连接板。

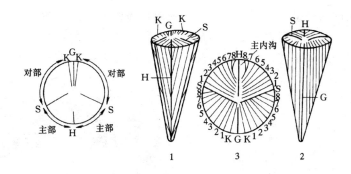

图 15-4 四射珊瑚隔壁排列方式示意图

H—主隔壁；G—对隔壁；S—侧隔壁；K—对侧隔壁

1~8 为一级隔壁及其生长顺序。

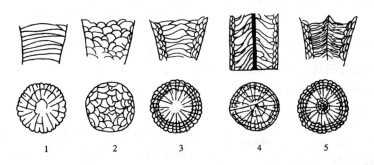

图 15-5 四射珊瑚的构造类型

1—单带型；2—泡沫型；3—双带型；4、5—三带型

（四）珊瑚的地史分布及地质意义

珊瑚包括许多现存和已灭绝的种属，其中四射珊瑚和床板珊瑚化石甚多。

四射珊瑚在古生代非常繁盛，进化迅速，构造由简单到复杂，石炭、二迭纪时出现了中柱或中轴构造，到二迭纪末全部绝灭。

床板珊瑚化石最早见于晚寒武世地层中，具联结构造的种类始于中奥陶世，以中志留世和中泥盆世为最盛时期，石炭纪时大为减少，二迭纪末趋于绝灭。

我国古生代地层中，四射珊瑚、床板珊瑚化石丰富，对奥陶纪至二迭纪海相地层划分、对比和进行岩相分析都具有十分重要的意义。

三、腕足动物

（一）腕足动物的一般特征

腕足动物全为海生单体动物。软体有两个旋曲的腕（纤毛环），为呼吸及捕食之用，故名腕足。一般体外具有不对称的两瓣外壳，两壳大小不等，一般大的称为腹壳，小的称为背壳，每壳左右两侧对称，常有内茎从腹壳上的茎孔伸出。

腕足动物大多群居在水深 200m 以内的温暖的浅海中，几乎全属固定底栖，也有少数生活在深海中。化石一般保存完整，灰岩、页岩或砂岩中均有保存。

（二）腕足动物壳的形态及外部构造

腕足动物壳形随着观察方向不同而变化很大：在腹视或背视时，常有近方形、圆形、卵形和三角形等；侧视时，则反映两壳的凹凸形态，可分双凸、平凸、凹凸、凸凹和双曲等类型，每一类型的前一字形容背壳，后一字则形容腹壳的形态（图15-6）。一般将两壳的开闭部定为前方，铰合部定为后方。其壳长指前后端之间的最大距离；壳宽指与壳长垂直的壳体两侧之间的最大距离，壳厚指垂直壳长、壳宽的两壳之间的最大距离（图15-7）。

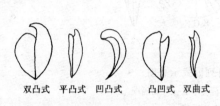

图15-6 腕足动物两壳凸凹的类型

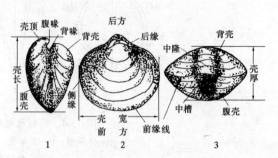

图15-7 腕足动物壳体定向及度量
1—侧视；2—背壳正视；3—前视

一般腹壳中央常凹陷，称为中槽；背壳中央常凸起，称为中隆。壳后方中央的高凸处称为壳顶。壳顶附近弯曲而尖锐部分称壳喙。两壳在后部铰合的接触线称铰合线。铰合线与壳喙之间的三角形面称铰合面。铰合面中央的三角形孔洞称三角孔。覆盖在三角孔上的一块三角形板状物称为三角板（图15-8）。

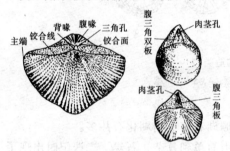

图15-8 腕足动物壳的外部构造

（三）腕足动物的地史分布及地质意义

腕足动物从寒武纪到现代都有，繁盛于古生代。寒武纪和奥陶纪是无铰纲繁盛时期，此后逐渐衰退延至现代；有铰纲在奥陶纪开始繁盛，志留、泥盆纪时达于极盛，石炭、二叠纪时仍然相当繁盛。古生代末，大量属种灭绝；中生代时大为衰退；新生代时只剩下少数属种。

腕足动物标准化石很多，对古生代海相地层的划分与对比具有重要意义。

四、软体动物

软体动物包括现生的螺、蚌、乌贼等，广布于咸水、淡水和陆地上。软体动物从古生代到现代都很繁盛，很多属种是重要的标准化石。

（一）腹足类

腹足类是现代软体动物中最庞大的一类，属种繁多，分布广泛，大多生活于水底，少数生活于陆地，营爬移、钻穴及附着等生活。软体居于壳内，肌肉足发达，位于躯体腹面，故而得名（图15-9）。

腹足类螺壳由螺环组成，最大（最后）的一个螺环叫体环（体螺环）；其余螺环总称为螺塔，螺塔的尖端称螺顶；最初几个螺环的外切线在螺顶处的交角称顶角；螺壳旋卷宽松时在壳的中心所留下的凹陷称为脐孔；螺壳旋卷紧密时在壳中心所形成的实心的壳质轴，称为壳轴（中轴）；体环开口处为壳口；壳口前端的一条长沟称前沟；口

图15-9 腹足动物的软体构造

缘外翻光滑部分为唇；靠近螺轴者为内唇；另一侧为外唇（图 15-10）。

腹足类最早出现于寒武纪，时代越新越繁盛，现代达全盛。奥陶纪、石炭纪、中生代的侏罗白垩纪和新生代是腹足类在地史上的四个繁盛期。

（二）双壳类

双壳类的软体左右两侧对称，头部退化，因为两片外壳一般互相对称，故名双壳类。又因具有两对瓣状鳃和一个斧状的肌肉足，故又称为瓣鳃类或斧足类。双壳类大多营浅水底栖的爬移、钻穴或固着生活，少数还可以浮游。

双壳类的壳形有圆形、椭圆形、三角形或扇形等。两壳的尖锐部分称壳喙；壳喙附近的高凸部分称壳顶。将壳顶向上，壳喙尖端指向观察者前方，此时位于对称面左边的壳称为左壳，右边的壳称为右壳；壳喙尖端所指方向称为前方，相反的方向称为后方。上方称为背部，下方称为腹部，壳面光滑或具同心纹线、层或放射纹线、褶，有的具瘤、刺等壳饰。有些双壳类在壳喙前面的韧带区形成新月形凹陷，称为小月面，壳喙后面的狭长的凹陷，称为盾纹面。此外壳顶前后有翼状伸出部分，分别称前耳及后耳（图 15-11）。

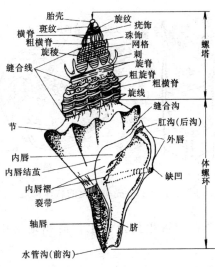

图 15-10 腹足动物螺壳综合构造图

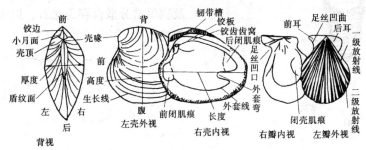

图 15-11 双壳类壳的构造

双壳类在早寒武世开始出现，一直延续到现代，以中、新生代最为繁盛。

海相双壳类最早见于早寒武世；陆相双壳类从泥盆纪才开始出现。我国三迭纪的陆相双壳类化石主要产于北方。侏罗、白垩纪时，海、陆相的双壳类均很繁盛。但因我国侏罗、白垩系几乎全为陆相地层，故多见陆相双壳类化石。在划分、对比中生代、新生代地层中，双壳类化石具有重要的实际意义。

（三）头足类

头足类是软体动物中最高级的一纲。头很显著，在口的周围生有许多触腕用以捕食、爬行和游泳，故名头足类。头足类全为海生肉食性动物，善于游泳，也可爬行，身体两侧对称。大多数头足类的软体外包有硬壳，如鹦鹉螺类和菊石类，少数硬壳被包在软体中，如箭石、乌贼类。在我国，以鹦鹉螺类和菊石类化石最为重要（图 15-12）。

头足类外壳壳形以锥形和平旋形为主，壳有前方、后方、腹、背方之分；旋壳中央的

215

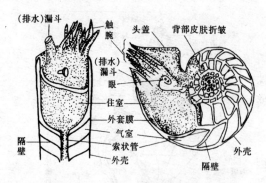

图 15-12 具外壳头足类的软体构造

凹陷称为脐；壳表面有生长线、横肋（棱、脊）、纵棱、脊；瘤、突起、刺等壳饰。

壳内部构造有：胎壳、住室（体室）、气室；隔壁（梯板）、隔壁孔、隔壁颈或隔壁领、连接环、体管、缝合线（隔壁与壳壁内面的交线）等（图 15-13、图 15-14）。

鹦鹉螺类出现于晚寒武世，至奥陶纪、志留纪达到全盛，在泥盆纪后大为衰退。菊石类从晚古生代出现，至中生代兴盛，中生代末灭绝。鹦鹉螺类在奥陶纪海相地层中，菊石类在晚古生代及中生代海相地层中留下了非常丰富的化石，具有重要的地层意义。

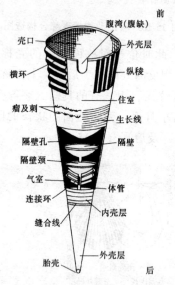

图 15-13 直角石壳的构造（示意图）

五、三叶虫

（一）三叶虫的一般特征

三叶虫是较低等的节肢动物，营浅海底栖爬行或游泳等生活。其背甲在横向上分为头、胸、尾三部分，在纵向上被两条从头到尾的背沟分为轴部和两个肋部三部分，故名三叶虫。三叶虫背甲一般为椭圆形。头、尾及胸甲常分散保存为化石，以头、尾甲化石常见。

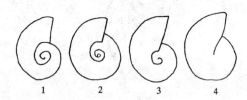

图 15-14 平旋壳的类型
1—外卷；2—半外卷；3—半内卷；4—内卷

（二）三叶虫的背甲构造

三叶虫头甲多呈半圆形，分头鞍和颊部两部分。头鞍上有鞍沟、鞍叶，头鞍之后有颈沟、颈环、颈环上可具瘤或刺；颊部被面线分为固定颊和活动颊，固定颊上有眼叶，活动颊上有眼；头鞍与固定颊合称头盖。头甲的边缘分称为前边缘，侧边缘和后边缘；前边缘被一边缘沟分为内边缘和外边缘；侧边缘与后边缘相交处称颊角，颊角若向后延伸便成颊刺。

三叶虫胸甲由胸节组成，胸节由轴节和肋节组成。轴节上有关节半环，肋节上有肋沟，其末端向后延伸成肋刺。

三叶虫尾甲分为尾轴和尾肋，尾轴、尾肋上分节数相等或不相等。尾缘可具缘刺、尾刺等（图 15-15）。

（三）三叶虫的地史分布和地质意义

三叶虫在寒武纪初已大量出现，寒武纪、奥陶纪时极为繁盛；志留纪开始衰退，晚古生代仅存少数代表，古生代末全部灭绝。

我国三叶虫化石非常丰富，分布广泛，是寒武纪地层划分对比的重要根据。

六、笔石动物

（一）笔石动物的一般特征

笔石动物是一类已经绝灭的海生群体动物。由于其几丁质的骨骼形成化石后，很像是铅笔在岩石上书写的痕迹，故名笔石。笔石多数营海生漂流生活（少数固着海底），分布广，演化快，数量多，是奥陶纪、志留纪的重要标准化石。

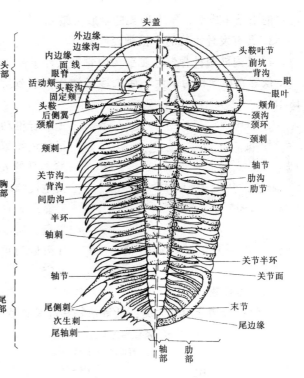

图 15-15 三叶虫背甲构造图

（二）笔石体的主要构造

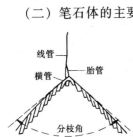

图 15-16 由两个笔石枝组成的笔石体

笔石动物的硬体统称笔石体，它由一个胎管和一个或多个笔石枝组成（图 15-16）。胎管位于笔石体始端，胎管上有胎管口、胎管刺、线管、由线管硬化的管轴。胞管是笔石软体的住室。第一个胞管从胎管长出，从第二个胞管开始，后一胞管是从前一胞管上长出，这样连续生长，便形成笔石枝。胞管一端连通形成共通沟（共管），另一端向外开口称胞管口（图 15-17）。

（三）笔石动物的地史分布与地质意义

笔石动物最早出现于中寒武世，奥陶纪、志留纪最盛，早泥盆世末期衰退，至早石炭世全部绝灭。由于正笔石动物地史分布短，地理分布广，演化迅速，成为划分对奥陶纪、志留纪地层的重要标准化石。

七、古脊椎动物

脊椎动物是动物界中最高等的一类，例如鱼、蛙、鸟、狗、猴、人等，种类繁多，适应能力强。

除了都具有脊椎骨外，还有以下的共同特点：

1. 身体两侧对称，一般可分为头、颈、躯干和尾部。
2. 身体具有两对附肢作为运动器官（低等脊椎

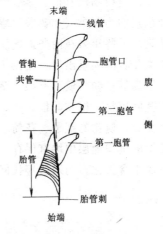

图 15-17 笔石体构造

动物的附肢不成对，水生种类的附肢为鳍）。

3. 具有发育完善的中枢神经和脑。

4. 具内外两种骨骼，主要为内骨骼（外骨骼如鱼鳞、蹄、角、鸟的羽毛等）。

低等脊椎动物为水生，后来逐步演化发展到陆地和空中生活。脊椎动物的分类见图15-18。

图 15-18 脊椎动物分类图

脊椎动物化石最早见于奥陶纪地层中，泥盆纪是鱼类繁盛发展的时代；石炭、二迭纪是两栖类主要的发展时期；中生代时爬行类盛极一时；新生代哺乳类和鸟类兴起；生物的演化发展规律很显著。脊椎动物个体较大或很大，身体结构也复杂，所以化石常是较零散骨骼，其中以头骨和牙齿最为重要，鉴定价值最大，但一般比较难以鉴定。

八、古植物

一般将植物分为两大类：低等植物和高等植物。其分类情况如图 15-19。

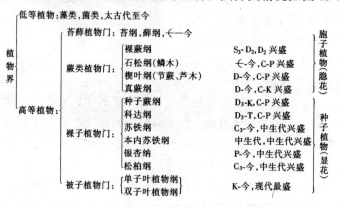

图 15-19 植物自然分类及其兴衰时期简图

低等植物没有根、茎、叶的分化，又称为叶状体植物，绝大多数为水生。其中含有各种色素的为藻类（如蓝藻、绿藻、红藻等）；不含色素的为菌类。故一般又统称为菌、藻植物。近些年来在南非地区距今 35 亿～32 亿年前的太古宇中发现有菌类和藻类化石。而藻类化石的大量出现，则始于中、晚元古代，其中叠层石最重要。

高等植物一般都有根、茎、叶的分化，并有输导组织，因而能适应陆上生活，故又称为茎叶植物。植物的根、茎、叶等常分散保存为化石。其中保存最多的为叶化石，其次为茎化石。植物的孢子、花粉、果实亦能保存为化石。由于孢粉体积微小，数量极多，各种类型的沉积地层中均有保存，可用以划分、对比地层，尤其是在石油、煤田勘探工作中及解决不含大化石的地层年代问题上作用更大。

思 考 题

15-1 什么叫古生物？什么叫化石？有哪几种石化作用？

15-2 䗴、珊瑚、腕足类、腹足类、双壳类、头足类、三叶虫、笔石动物等类古生物的一般特征有哪些？这些古生物的主要硬体构造各有哪些？它们的地质意义各如何？

15-3 脊椎动物能保存为化石的，主要是哪些部位？

15-4 低等植物和高等植物的主要特征各是什么？

第十六章 地 史 概 论

地史——地球的发展历史。地史学即历史地质学，是一门研究地球历史的科学。它主要是研究地壳发展历史和规律的一门地质学科。地史学研究的内容是：研究生物发展史，以确定岩层的时代顺序及其划分和对比；研究沉积发展史，确定岩层形成的环境条件，以重塑古地理；研究构造发展史及与之有关的岩浆活动和变质作用。地史学研究的主要资料就是地层及其所含化石。地史学根据地层的组成、分布、变形及生物化石等方面的特征来分析地壳发展的历史。

第一节 地层的划分、对比及地质年代表

一、地层的概念

地层是在一定的地史时期中和一定的地质环境下形成的层状岩石。因而，地层具有一定的层位；它可以是沉积岩或是火山岩或是由它们变质而来的变质岩；它是层状岩石；各地层之间可以可见的层面为界，也可以岩性、化石及地质年代等划定的界面为界；它与岩石的区别是，它具有时间和空间概念，而岩石没有。例如灰岩，它只是一种岩石的名称，而由灰岩构成的"船山组"，则是在晚石炭世形成的，分布于华南一带、有一定厚度的一套岩层，它有明显的生成时间和一定分布空间范围的涵义。

二、地层的划分和对比

地层划分——对某一地区的地层剖面，依据其生成顺序、岩性特征、古生物化石特征等内在规律，将其划分为若干个适当的单位（描述单位或分层单位），并建立这个地区的地层系统的过程。

地层对比——研究和确定不同地区地层剖面的地层特征及其相互的时间关系的过程。

地层划分对比的方法主要有如下几种：

（一）地层层序律法

按岩层形成的原始顺序，先形成的在下，后形成的在上的这种自然规律来判别岩层相对新老关系的方法，称之为地层层序律法。

（二）生物地层学法

利用古生物化石划分、对比地层的方法称为生物地层学方法，常用的有以下几种：

1. 标准化石法

在地层中保存的化石，那些地史分布短，演化迅速，地理分布广，数量多，特征明显，仅出自一定层位的古生物种属化石，叫标准化石。利用标准化石来划分、对比地层的方法称为标准化石法。

2. 生物群组合法

在野外常常可以见到多种不同类型的化石出现在同一层或同一个地层系统之中。如果把所有这些生物化石（即化石组合）进行综合分析来划分、对比地层，就叫生物群组合法。

3. 孢粉分析法

根据地层中所含孢子或花粉的组合特征来划分、对比地层的方法称之为孢粉分析法。对一些不含大型化石的地层的划分、对比具有重要的意义。

由于生物的进化、发展具有阶段性、进步性和不可逆性，因此，保存在地层中的化石，在不同时代的不同层位上也就不同。任何一个"种"的化石，只能在某一段地层中存在。另外，同一时期生物界总体面貌具有一致性。这些就是生物地层学方法能够准确地划分、对比地层的依据。

（三）岩石地层学方法

在不同时间和不同沉积环境下，形成的岩石往往具有不同特征。根据岩石的岩性特征来划分和对比地层的方法叫岩石地层学法。主要可分以下几种：

1. 岩性法

利用岩层的不同岩性特征如：颜色、粒度、成份、硬度，原生结构构造及风化特征等来划分、对比地层的方法。这种方法只能适用于较小范围内。如华北蓟县和昌平两个地区的上元古界青白口系，按其岩性可划分为三个部分：下部以页岩为主，称"下马岭组"；中部以砂岩为主，称"长龙山组"；上部主要为砂岩、泥灰岩，称"景儿峪组"。

2. 标志层法

利用岩层中的标志层来划分对比地层的方法。地层剖面中，那些厚度不大、岩性稳定、特征突出，易于识别的岩层称之为标志层。如华北地区下寒武统馒头组顶部有一层鲜红色易碎页岩，厚度不大而且稳定，自辽宁经山东、河北直到河南均有出露。所以这一具有特殊颜色的岩层就可作为划分、对比我国北方下寒武统馒头组顶界的一个很好的标志层。

3. 沉积旋迴法

利用岩层中的沉积旋迴的材料来划分、对比地层的方法称之为沉积旋迴法。

所谓沉积旋迴是指地层的岩性粗细在剖面纵向上出现连续的、有规律的更迭，如由砾岩—砂岩—页岩—灰岩，或出现相反的情况。沉积旋迴的形成是由于沉积环境条件随着时间的推移发生更迭的结果。而这种沉积环境的更迭主要与地壳周期性的下降、上升运动交替进行有关，而这种运动常波及很大的范围。所以，沉积旋迴现象可以作为一定区域内地层划分、对比的依据（图16-1，示沉积旋迴与地层划分的关系）。

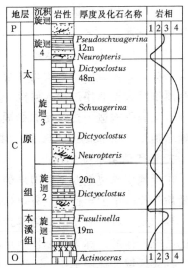

图16-1 山西石炭纪地层柱状图，表示沉积旋迴与地层划分的关系

（据王鸿祯 1980）

（四）地层接触关系法

利用地层间的假整合和角度不整合的接触关系来划分、对比地层的方法（图16-2）。

假整合和角度不整合面的存在，表明在一定的区域范围内，在一定的地质历史时期中曾有一个明显的沉积间断。新老地层间被一个沉积间断面（剥蚀面）所分开，这是地层中的自然地质界面，因而可利用来划分、对比地层。

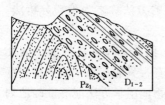

图16-2　角度不整合接触

此外，还有地球物理学方法、同位素年龄法等方法。

三、地层单位和地质年代表

（一）地层单位

由于地层划分的依据不同，也就有多种类型的地层单位，目前国际上一般把地层单位分为：岩石地层单位、生物地层单位和年代地层单位三类。这里主要介绍岩石地层单位和年代地层单位。

1. 岩石地层单位

以地层的岩性、岩相特征作为主要依据而划分的地层单位，叫岩石地层单位。这种地层单位主要用来反映一个地区的沉积过程和环境特征，因而只能适用于一定范围。地方性或区域性地层层序主要是由这类单位构成的。它是一般地质工作的基本实用单位。岩石地层单位分为群、组、段、层等四级。

组：是岩石地层单位的基本单位，一个"组"具有岩性、岩相和变质程度的一致性。它可以由一种岩石组成，也可以由两种或更多的岩石互层组成。一个组常用地名加"组"来命名，如筇竹寺组、馒头组。

段：是比"组"低一级的地层单位，是组的再分，代表组内具有明显岩性特征的一段地层。段可用地名加"段"命名，如乌龙箐段，也可以用岩石名称加"段"来命名，如石灰岩段等。

层：最小的岩石地层单位。指组内或段内的一个明显的特殊单位层。通常对能起标志层作用的层才起专名。

群：是级别比组高一级的最大岩石地层单位。由两个或两个以上经常伴随在一起而又具有某些统一岩石学特点的组联合构成，如石千峰群，但组不一定归并为群。群也可以是一套厚度巨大没有作过深入研究，但很可能划分为几个组的岩系。一大套厚度巨大、组分复杂，又因受构造干扰致使原始顺序无法重建时，也可以看做一个特殊的群。群的命名是用地名加"群"，如泰山群。群与群之间有明显的沉积间断或不整合。

2. 年代地层单位

年代地层单位主要是以地层的形成地质年代为依据而划分的地层单位。年代地层单位和地质年代表中的年代单位有严格的对应关系。年代地层单位的级别，由大到小依次分为宇、界、系、统和阶、时间带等六个不同等级。其中，宇、界、系、统是全世界可以作为对比的统一标准，称为国际性地层单位；阶和时间带一般只适合使用于某一个大区域内，故又称大区域性地层单位。

宇　是最大的年代地层单位。根据生物是稀少、低级还是丰富、高级，把整个地层划分成三个宇：太古宇、元古宇、显生宇。

界　是宇中所划分的次一级地层单位。如显生宇内由老至新划分为古生界、中生界和新生界。界主要是根据生物演化的巨大阶段来划分的。

系 是界内所划分的次一级地层单位。如古生界从下到上依次分为寒武系、奥陶系、志留系、泥盆系、石炭系和二迭系。

统 是系内划分的次一级地层单位。一个系有的分为二个统，如二迭系下统和二迭系上统。有的系可分为三个统，如泥盆系下统、泥盆系中统和泥盆系上统。

阶 是统内进一步划分的地层单位。一个统可以分为几个阶。如我国上寒武统自下而上分为崮山阶、长山阶和凤山阶。

时间带 是在年代地层单位中级别最低的一个正式单位。是根据生物属、种的延限带建立起来的地层带。延限带是指任一生物分类单位在其整个延续范围之内所代表的地层体。

(二) 地质年代单位和地质年代表

1. 地质年代单位

不同等级的年代地层单位所对应的地质年代称为地质年代单位。

由于同一岩石地层单位的时限在各地不一致，变动较大，其地质年代单位一般笼统地称为"时"、"时代"或"时期"。

地层单位和地质年代单位的关系如下表 16-1。

地层单位和地质年代单位的分类及相互关系表 表 16-1

地层单位分类	使用范围	地层划分单位	地质年代单位
年代地层单位	国际性的	宇	宙
		界	代
		系	纪
		统	世
	大区域性的	(统)	(世)
		阶	期
		时间带	时
岩石地层单位	地方性的	群 组 段 层	时（时代，时期）

2. 地质年代表

地质年代表是综合了世界的地层划分、对比和生物发展阶段的研究，结合同位素地质年龄资料编制而成的（表 16-2）。

地质年代表　　　　　　　　表16-2

宙(字)	代(界)	纪(系)	世(统)	同位素年龄值 Ma	构造阶段(及构造运动)	生物界 植物	生物界 动物
显生宙 (字 PH)	新生代 (界 Kz)	第四纪(系)Q	全新世(统 Q_h)	0.01	新阿尔卑斯构造阶段(喜马拉雅构造阶段)	被子植物繁盛	出现人类 哺乳动物与鸟类繁盛
			更新世(统 Q_p)				
		第三纪(系)R	新第三纪(系)N	上新世(统 N_2)	2.5		
				中新世(统 N_1)	23		
			老第三纪(系)E	渐新世(统 E_3)			
				始新世(统 E_2)			
				古新世(统 E_1)	65		
	中生代 (界 Mz)	白垩纪(系)K	晚白垩世(统 K_2)		老阿尔卑斯构造阶段	燕山构造阶段	裸子植物繁盛	爬行动物繁盛
			早白垩世(统 K_1)	135			
		侏罗纪(系)J	晚侏罗世(统 J_3)				
			中侏罗世(统 J_2)				
			早侏罗世(统 J_1)	205		印支构造阶段	
		三迭纪(系)T	晚三迭世(统 T_3)				
			中三迭世(统 T_2)				
			早三迭世(统 T_1)	250			
	古生代 (界 Pz)	二迭纪(系)P	晚二迭世(统 P_2)		(海西)华力西构造阶段	蕨类及原始裸子植物繁盛	两栖动物繁盛
			早二迭世(统 P_1)	290			
		石炭纪(系)C	晚石炭世(统 C_2)				
			早石炭世(统 C_1)	355			
		泥盆纪(系)D	晚泥盆世(统 D_3)			裸蕨植物繁盛	鱼类繁盛
			中泥盆世(统 D_2)				
			早泥盆世(统 D_1)	410			
	古生代 (界 Pz)	志留纪(系)S	晚志留世(统 S_3)		加里东构造阶段	裸蕨植物繁盛	海生无脊椎动物繁盛
			中志留世(统 S_2)				
			早志留世(统 S_1)	439			
		奥陶纪(系)O	晚奥陶世(统 O_3)			真核生物进化 藻类及菌类植物繁盛	
			中奥陶世(统 O_2)				
			早奥陶世(统 O_1)	510			
		寒武纪(系)Ɛ	晚寒武世(统 $Ɛ_3$)				
			中寒武世(统 $Ɛ_2$)				
			早寒武世(统 $Ɛ_1$)	570			
元古宙 (字 PT)	新元古代 (界)(Pt_3)	震旦纪(系)Z	晚震旦世(统 Z_2)	700			裸露无脊椎动物出现
			早震旦世(统 Z_1)	800			
		青白口"纪"(系)Qb		1000	晋宁运动	原核生物	
	中元古代 (界)(Pt_2)	蓟县"纪"(系)Jx					
		长城"纪"(系)Chc		1800	吕梁运动		
	古元古代 (界)(Pt_1)	滹沱"纪"(系)Ht					
		未　名		2500	阜平运动		
太古宙 (字 AR)	新太古代 (界)(Ar_2)			3100			
	古太古代 (界)(Ar_1)			3850		生命现象开始出现	
冥古宙 (字 HD)				4600	地球形成		

(引自叶俊林等《地质学概论》,1996)

第二节　岩　相　分　析

地层是地质历史遗留下来的最主要的物质记录。根据地层的岩性、结构、构造特征和生物特征推论其形成环境和条件,从而重塑古地理的研究方法就叫岩相分析。岩相分析和古地理的研究不仅是再造地质历史的重要方法,并且对一些沉积矿产(如石油、煤、磷块岩等)的找矿和勘探有重要的指导意义。

一、沉积相的概念

沉积岩是在一定的自然地理环境和一定的地质条件下形成的,这些因素就决定了沉积岩的一切原生特征(包括岩石特征和古生物化石特征),这些原生特征反过来又能够反映其形成时的沉积环境。

(一)沉积相

所谓沉积相,就是沉积岩岩石特征和所含的生物化石特征及它们所反映的沉积环境的总和。例如浅海珊瑚灰岩相,指的是以珊瑚礁为主的礁状灰岩,反映出一种海水清澈温暖的浅海环境。可见,沉积相的概念中包括了沉积环境和物质记录两个方面的内容。

(二)岩相分析的原则

岩相分析的原则是:仔细研究现代沉积物与它们的形成环境和地质作用的关系,把这些研究成果应用到对地史时期沉积物的研究上。这个原则就是所谓的现实主义原则,也称历史比较原则。

二、沉积相的主要类型及特征

沉积相一般可分为海相、陆相和过渡相三大类型。

(一)海相

在正常海中(海水含盐度为3.5%±0.2%),根据海底地形和海水深度划分为滨海、浅海、半深海和深海等四个海区。于是海相沉积也相应地分为滨海相、浅海相、半深海相和深海相四种相型。

1. 滨海相特征

滨海区位于潮汐地带,波浪作用强烈,环境动荡,不适宜生物生长。沉积物比较复杂,以碎屑(砾石、砂、粉砂)沉积为主,其次有黏土质及少量碳酸盐。常见到的岩石有砾岩、砂岩、粉砂岩等;岩层呈似层状、透镜状;化石少,保存不完整,有时夹有陆生生物;常见到交错层、波痕、雨痕和泥裂等原生构造。滨海相有关的矿产有石油、天然气等。

2. 浅海相特征

浅海区位于大陆棚地带,地势平坦,水深0~200m,是海生生物的乐园。沉积物除砂、粉砂质和黏土质外,有大量的碳酸盐沉积。常见到的岩石有化学和生物化学成因的碳酸盐岩以及碎屑岩和黏土岩类。常具特有的礁灰岩和海绿石矿物;岩层稳定,一般为水平层理;化石丰富,生物门类众多;常见有鲕状、豆状、肾状以及竹叶状等原生结构。主要有铁、锰、磷、铝等沉积矿产。

3. 半深海相特征

半深海区位于大陆斜坡地带,水深在200m至2000m之间。水深,光线不能透射,温度低而食物少,不适于底栖生物生存。生物少,以浮游生物为主。沉积物为黏土质和碳酸盐类,以黏土岩和化学岩为主,化石稀少。

4. 深海相特征

深海区位于深海盆地,水深大于2000m。这里黑暗无光,温度低而压力大,仅有少量漂浮生物。沉积物主要为红色黏土和深海软泥,有时可见浊流沉积物,化石极为稀少。

(二)陆相

大陆上地形复杂,气候变化大,沉积介质多样,因而陆相沉积类型繁多。陆相沉积在空间分布上是不稳定的,相变更为显著。同时代沉积物,即便在小范围内也常常是不连续的。

陆相沉积物一般以碎屑物和黏土为主,除大型湖泊外,化学沉积少见。沉积物层理和结构、构造类型多种多样。陆相沉积物中含有淡水生物和陆生植物遗体。

研究陆相的成因和分布,对寻找煤、石油、天然气以及铁、金、铂、金刚石等砂矿有着重要的意义,对工程建筑也具有现实意义。

按成因陆相可分为残积相、坡积相、洪积相、河流相、湖泊相、沼泽相和冰川相、荒漠相等多种类型。

(三)过渡相

海陆过渡环境是指受海面明显的短期变化影响,由海到陆的过渡地带,它兼受海洋地质营力与大陆地质营力作用。

过渡相的主要特征是含盐度变化大;生物化石少而且具有特殊的海陆混合生物;沉积物颗粒一般较细。常见的过渡相以泻湖相和三角洲相最为重要。其中,泻湖相产钾盐、岩盐、石膏、硼等矿产,三角洲相和石油等矿产有着密切的关系。

三、岩相古地理图

(一)岩相古地理图的内容和意义

根据岩相分析,将某一地质时代单位的自然地理特征,如海陆分布、陆地起伏、剥蚀区和沉积区、沉积厚度等,按一定比例尺描绘在地图上就成为古地理图。在古地理单位的基础上再加上岩相带在空间上的分布就构成岩相古地理图。岩相古地理图对于了解沉积矿产中的铁、锰、铝、磷、石油、煤、岩盐等的形成条件和分布规律以及找矿方向等方面具有重要作用。

(二)岩相古地理图的编制

在收集资料的基础上,根据编图目的,结合资料的数量和质量确定编图范围、编图单位和比例尺,然后开始编制各种基础图件,如实际材料图、沉积等厚线图、岩性图、岩相图、沉积物来源图、古生态图、古构造图等。

在基础图件的基础上,进行综合研究、编绘综合图件。将一个地区某一地质年代的沉积区与剥蚀区的界线、海陆分布轮廓、岩相分带、沉积等厚线综合

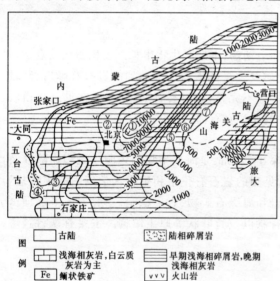

图 16-3 燕辽海槽元古代岩相古地理图

表现在一张图上,就是岩相古地理图(图16-3)。

第三节 沉积地层的基本层序、地层格架和地层模型

沉积地层的基本层序调查——区域地层格架调查——区域地层模型研究的方法,已成为沉积岩区区域地质调查的基本方法。这是一整套融地层学、沉积学最新理论、概念、方法、成果于一体的,具有内在联系的方法体系。采用这样的方法有助于地质人员科学、客观地描述和研究沉积地层的组成、结构、时空存在状况及其他地质属性与特征,从而把精力集中在沉积地质学的重要问题之上;又能促进地质人员在客观描述的基础上产生联想,并根据实际情况、需要和学科的新发展而自动调整研究方法和内容,从而减少盲目性,增加自觉性及预见性。下面简要地介绍有关的几个概念。

一、基本层序

基本层序(Essential sequence)是沉积地层垂向序列中按某种规律叠覆的、一般能在露头范围内观察到的、代表一定地质间隔发育特点的单层组合。基本层序内各单层在沉积时不一定完全连续,但其顶、底常由更明显的侵蚀或突变界面所限定。所谓基本,是相对于地层序列中一定地层间隔(如段或组或群等)而言,一定地层间隔往往由某1~2种基本层序反复重现组成。它是地层单位最重要的实质性内容之一,是地层最原始的结构和最基本的细胞组织。

基本层序内各单层一般是有某种成因联系的,它们可能是一个沉积过程不同阶段的产物,或者是同一环境中出现的各种沉积——成岩作用产物的规律性组合。因此,研究基本层序对查明一定地层间隔的成因、形成环境和沉积作用有重要的意义(图16-4)。

基本层序按其性质可划分为旋迴性基本层序和不显旋迴性的基本层序。

旋迴性基本层序:由于沉积作用本身具有自旋迴性,只要外界随机因素的干扰不过分强大,沉积作用的产物就会呈现旋迴性特点,所以沉积序列多带有旋迴性,这也是我们识别、划分基本层序的主要依据之一。旋迴性基本层序是由三个以上的单层按一定顺序依次叠置而

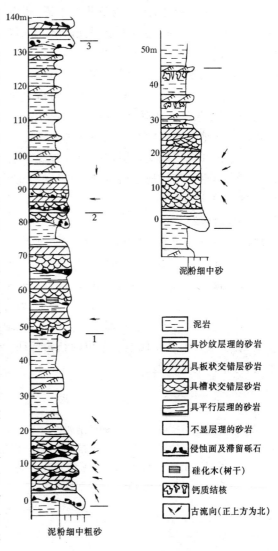

图16-4 地层的基本层序
(引自魏家庸等《沉积岩区1:5万区域地质填图方法指南》1991)

成的,多在一定地层间隔反复重现。因此,可以用基本层序的个数及代表性单层组合来表示该地区间隔的组成与结构特征。这种基本层序多是某种周期性过程中他旋迴与自旋迴机制联合作用(以前者为主)的产物,它不仅是解开沉积作用和环境之谜的钥匙,而且在将来其中一部分还可能成为详细测年的工具。

不显旋迴性的基本层序:凡肉眼看不出垂向变化规律的沉积序列,如岩性单一的黏土页岩或泥岩,看不出叠覆规律的薄层(毫米至厘米级)韵律沉积等,可以任取一段地层柱当作岩性均匀的不显旋迴性的基本层序,来表示该地层间隔的特征。

厚大的生物礁、丘,单一的灰岩等根据其中的特殊夹层或成岩作用标志(包括胶结类型的变化、内沉积物的富集部位等)或生物特征的变化等来识别基本层序。

个别的地层间隔内不同岩性的单层呈随机组合关系,可根据较明显的特殊沉积层,如块体流沉积层、生物富集层或侵蚀、突变界面等分出基本层序。

由上述可见,"基本层序"与沉积学术语"相组合",在某种情况下是相当的,但比相组合的含义更广。它们是描述性术语,与解释性术语"相模式"不同。

二、地层格架

区域性岩石地层单位的时、空有序排列形式称为地层格架,它可以用一定的几何图形来表示。地层格架又可分为空间格架和时间格架两类。地层的空间格架又叫做岩石地层的沉积格架;时间格架又叫年代地层格架。两类格架中,岩石地层格架为基础,它是客观存在的,是可根据岩石地层序列的结构和空间排列特征、几何形态、几何关系查觉的描述性格架,是沉积盆地分析和沉积地层及层控矿产分布规律预测的基础。年代地层格架是解释性格架。要建立高分辨率的年代地层格架,除使用生物地层方法和年代地层方法之外,还必须研究岩石地层格架的几何关系。

三、地层模型

地层模型(Stratigraphic model/pattern)是地层实体的形态、组成、结构、时空存在状况的简化表达和综合解释,研究和建立地层模型是进行盆地地层分析的基本方法。

地层模型还可以分为不同的亚类:仅表示一个地层垂向间隔的组成和结构的,为剖面地层模型;表示岩石地层单位的形态、时空分布、组成与结构变化、同其他地层单位的相互关系的,为岩石地层模型;表示生物地层单位的组成、地层位置、地层标志、时空变化的,为生物地层模型;表示某一地区年代地层单位的结构特征、与岩石地层单位、生物地层单位等的相互关系的,为年代地层模型。

思 考 题

16-1 什么是地层? 地层与岩石的区别如何?
16-2 什么是地层的划分和对比? 地层划分对比的方法有哪些?
16-3 什么是沉积相? 海相有哪几种? 各有什么特征?
16-4 熟记地质年代表中地质年代的划分情况。

第十七章 地史简述

第一节 前古生代简述

前古生代(AnPz)又称前寒武纪(An∈),指的是寒武纪以前的地史时期,也就是指离现在6亿年以前的地史时期。

这是一段漫长的地史阶段。若以45亿年前作为地球形成时期,这个地史阶段就有39亿年;若以38亿年前地球上开始有地质作用的时间计,也有32亿年之久。这个漫长的地史时期又可分为若干个阶段(表17-1)。

前古生代阶段的划分及时限范围　　　　　表 17-1

前古生代的生物界与古生代相比,显得十分的原始、低级和贫乏,以水生的菌藻类为主。只是到了这个地史阶段的末期,才出现低级的海生无脊椎动物。

前古生代形成的地层叫前古生界(前寒武系)。由于受到多次的地壳运动和岩浆活动的影响,前古生界均受到程度不同的变质作用。前古生代地层中蕴藏了极为丰富的矿产。

由于震旦纪在地史中占有特殊的地位,故在后面独立叙述。

一、前震旦纪(AnZ)

本地史阶段包括距今8亿年以前的太古宙和元古宙,本地史阶段形成的地层称前震旦系。

(一)前震旦纪生物界及主要化石

1. 太古宙

地球上生命的出现据推测大约在36亿年前。但在太古宙时期的生物都是极为低等的原核生物,整个生物体呈简单的条状、片状、丝状。

2. 元古宙

(1)早元古代生物的总面貌与太古宙相似,但在早元古代末出现了真核生物,这就使得生物进化过程中完成了由原核—真核生物的发展。

(2)中、晚元古代:这个阶段生物仍以大量的微体古植物为主(菌、藻类)。不过,在中元古代时,高级藻类(如褐藻、红藻等)大量出现,这就标志着生物进化过程中完成了由单细胞

—多细胞的发展。主要化石,叠层石:喀什叠层石(Pt_2)、锥叠层(Pt_2)、裸枝叠层石(Pt_3)、贝加尔叠层石(Pt_3)。微古植物:厚缘小球藻、光球藻、粗面球形藻等。

(二)中国的前震旦系

前震旦系在我国分布较广,岩层组合复杂,有变质岩、混合岩、变质沉积火山岩系及沉积岩系。其中蕴藏着丰富的铁、铜、镁、金、锰、石棉、云母等矿产。

1. 太古宇和下元古界

我国的太古宇和下元古界主要分布于昆仑山—秦岭—大别山一线以北地区。华北地区的太古宇和下元古界分布十分广泛,其中以晋冀交界的五台山—太行山地区出露较好,研究程度较高,是太古宇和下元古界典型地区之一,其剖面资料见图17-1。

华北其他地区的太古宇与下元古界与上述剖面基本可以对比。山东的泰山群、内蒙和燕山的桑干群、东北南部的鞍山群、秦岭东段的登封群等与之相当。此外冀东的迁西群已获得30亿～36亿年的同位素年龄资料,故迁西群为我国最老的地层。

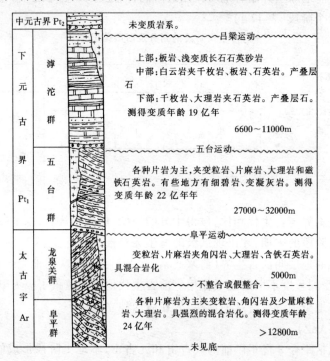

图17-1 山西太行、五台地区太古宇、下元古界综合柱状剖面示意图
(引自金洪钦,《古生物地史学基础》,1995)

2. 中、上元古界

我国的中、上元古界分布广,发育全,沉积类型多。其中,华北一般为未变质岩系,华南为变质岩系。

(1)华北地区的中、上元古界

华北地区的中、上元古界基本上属于似盖层沉积,表明华北地区自吕梁运动后,结束了地槽发展阶段而进入了相对稳定的发展阶段——地台发展阶段。蓟县地区的中、上元古界发育较全可作为代表,其剖面介绍如下:

上覆地层　下寒武统府君山组

～～～～～（蓟县运动）～～～～～不整合或假整合－－－－

青白口系

景儿峪组　泥质灰岩。

　　　　　　　　　　　　　　　　　　　　　　　　　　　　　　111m

骆驼岭组　杂色海绿石砂岩、页岩。底部为长石石英砂岩，含砾砂岩。　119m

下马岭组　杂色页岩，底部为砾岩、粗砂岩。

　　　　　　　　　　　　　　　　　　　　　　　　　　　　　　177m

－－－－假　整　合－－－－

蓟县系

铁岭组　青灰色灰岩及白云质灰岩，下部含锰白云岩、砂岩。

　　　　　　　　　　　　　　　　　　　　　　　　　　　　　　325m

洪水庄组　灰绿色、黄色页岩，底部为薄层状砂泥质白云岩；上部夹石英砂岩、粉砂岩。

　　　　　　　　　　　　　　　　　　　　　　　　　　　　　　131m

雾迷山组　含燧石条带及沥青质白云岩夹少量砂岩，下部含粉砂质白云岩。

　　　　　　　　　　　　　　　　　　　　　　　　　　　　　　3416m

杨庄组　紫红色砂质、泥质白云岩，含石盐假晶。底部有砾岩。

　　　　　　　　　　　　　　　　　　　　　　　　　　　　　　775m

－－－－假　整　合－－－－

长城系

高于庄组　含沥青质燧石结核或条带白云岩、白云质灰岩，夹含锰页岩；底部为石英砂岩。

　　　　　　　　　　　　　　　　　　　　　　　　　　　　　　1543m

大洪峪组　石英砂岩、含燧石白云岩夹火山岩。　　　　　　　　　408m

－－－－假　整　合－－－－

团山子组　灰色白云岩，下部为页岩。含顶部石盐假晶。　　　　　522m

串岭沟组　黑色页岩，夹安山岩、玄武岩及凝灰角砾岩。　　　　　889m

常州沟组　紫红色石英砂岩、斜层理发育。底部为砾岩。　　　　　859m

～～～～不　整　合（吕梁运动）～～～～

下伏地层　迁西群。

从剖面中看出，这里的中、上元古界厚度巨大（近万米），同时夹有海底火山岩，是一套未变质的似盖层沉积。整个剖面代表了一个巨大的海进——海退沉积旋迴。在青白口期末，由于蓟县运动的影响，本区上升为剥蚀区。

(2)华南区的中、上元古界

华南区中、上元古界广泛分布，为一套以浅变质为主的岩层。厚度大，一般在数千米至万米不等。层位大致与华北的蓟县系和青白口系相当。由于晋宁运动的影响，使其褶皱变质成为杨子准地台的基底岩系。

(3)西部地区的中、上元古界

我国西部地区的中、上元古界研究程度较低，是一套巨厚的变质岩系，由于塔里木运动的影响，使其褶皱固结成为塔里木地台的基底岩系之一。

(三)前震旦纪地史特征及矿产

1. 太古宙

由于当时的地壳还很薄弱,地壳运动较为频繁,致使海低喷发活动非常的剧烈,到处都是动荡的原始海洋,而陆地只是以星点状的陆核的形式,散布于那无边的海洋之中。

从我国太古宇的分析可知,其原岩为一套"半黏土质"为主的碎屑岩和基性、中基性的火山岩系而缺少纯石英岩、碳酸盐岩的组分。

2. 元古宙

早元古代:早期地壳仍然处于较为活动状态,形成大量的含铁石英岩沉积和中基性的海底火山喷发岩系;晚期受地壳运动影响,使一些分散的陆核连接起来,并逐渐趋向稳定,沉积物中出现大量的碳酸盐岩,且海底火山喷发岩明显减少。

中、晚元古代:一些稳定而巨大的古陆开始形成(如处于南半球的"冈瓦纳古陆"及我国北方的中朝古陆),在古陆边缘形成一些浅海环境。因此,在这样的环境下,地史上第一次出现了大量的藻礁膏盐沉积和卤素沉积。

这时我国华北、华南在地质发展史上显现的差异为:华北除中朝古陆南北侧的海槽中见有少量火山活动外,一般显现出较稳定的环境,华南则仍然处于相对活动状态。

前震旦纪时的地壳运动是十分频繁而强烈的。在我国北方有三次广泛而强烈的地壳运动。阜平运动,发生于前25亿年左右,使我国华北和东北南部地区的太古宇强烈褶皱和变质,随着岩浆的侵入,发生强烈的混合岩化和花岗岩化作用而成为一套深变质岩系。五台运动,发生于前22亿年左右,使五台群及其相当岩层发生褶皱和中等变质作用及受到岩浆侵入,并使下伏的太古宇进一步变质和改造。吕梁运动,发生于前19亿年左右,使滹沱群及其相当岩层发生褶皱和浅变质作用及受到岩浆的侵入。

由于这三次地壳运动的结果,使我国华北—东北南部地区的太古宇和下元古界固结而成为中朝准地台的基底岩系。吕梁运动以后,使华北地区结束了活动状态而进入了地台的发展阶段。晋宁运动和塔里木运动,发生于前8亿年左右,其结果使得华南广大地区及塔里木地区的中、上元古界褶皱变质成为杨子准地台和塔里木地台的基底。

3. 矿产

(1)铁矿:1)鞍山式铁矿,产于华北东北南部的太古宇和下元古界中。2)宣龙式铁矿,产于华北中元古界长城系串岭沟组中。

(2)锰矿:产于华北蓟县中元古界高于庄组和铁岭组中及下元古界滹沱群中。

(3)磷矿:产于苏北连云港和皖北中元古界下部。

(4)内生矿产:铜、铀、金、镍、石棉等。

二、震旦纪(Z)

"震旦"是古印度对中国的称呼,是德国地质学家李希霍芬把这个词引进到地层学中的。

震旦纪是一个特殊的地史阶段。从生物界来看,其总面貌与前震旦纪生物差不多,虽然在本纪后期出现了几个门类的后生动物,但与寒武纪生物相比有很大的差别,仍然显得原始、低级和贫乏。从沉积方面来看,又与其后的地史时期中的很相似,即从震旦纪开始,在很多地方形成真正的盖层沉积。

(一)震旦纪的生物界

震旦纪处于生物飞跃发展的前夜。

震旦纪的植物:仍以海生菌藻类为主,并以高级藻类中的褐藻、红藻进一步繁盛为特点。

震旦纪的动物:出现了几个门类的后生动物——埃迪卡拉动物群。这个古动物群是以水母类、海鳃类、海绵类、环节类及其他未定门类的生物组成。由于这些生物都没有硬壳,都是以印痕的形式保存成化石,故称之为"印痕动物群"、"软躯动物群"等。在晚震旦世晚期出现了一些小型的带壳动物——小壳动物。

(二)中国的震旦系

我国的震旦系主要分布于华南地区及西北的部分地区。华北地区除辽南和豫西、徐淮一带有少量出露以外,一般缺失。湖北三峡的震旦系剖面是我国震旦系的典型剖面。简述如下:

上覆地层 下寒武统水井沱组

- - - - 整合或假整合 - - - -

上震旦统

灯影组 灰白色燧石带或燧石结核的白云岩、灰岩,产文德带藻等微古植物、海绵骨针和圆管螺。

650m

———— 整 合 ————

陡山沱组 黑色页岩、泥质灰岩及白云岩上部夹燧石结核,产瘤面球形藻等微古植物。

231m

- - - - 假 整 合 - - - -

下震旦统

南沱组 灰绿色冰碛砾岩,有冰川擦痕。产古片藻等微古植物。 62m

- - - - 假 整 合 - - - -

莲沱组 紫红、灰绿色长石石英砂岩、凝灰质砂岩、凝灰岩,底部具砂砾岩。产粗面球形藻。

102m

∼∼∼∼不 整 合∼∼∼∼

下伏地层 前震旦系崆岭群或黄陵花岗岩。

上剖面共分二统四组。下统莲沱组为陆相到滨海相沉积。其与下伏的变质岩系呈角度不整合接触,是受雪峰运动或晋宁运动影响造成的。南沱组是一套冰成堆积,是我国震旦系划分对比的"重要标志之一"。上统包括陡山沱组和灯影组,是浅海沉积,岩相稳定,分布较广,是一次较为广泛的海侵期的产物。

(三)震旦纪地史概况

1. 震旦纪地史简况

震旦纪时,出现了真正的盖层沉积。震旦纪时另一个突出点是出现了冰川活动,说明在震旦纪中期,地球上曾出现了现在已知的地史上第一次大冰期。并且,在大冰期之后,气候转变为干热,从而形成了膏盐沉积。到了震旦纪末期,由于地壳运动的影响,华南许多地区普遍上升,发生海退。

震旦纪时,由于"软躯"后生动物和小壳动物的相继出现,表明此时已处于生物大发展的前夜。

2. 矿产

震旦纪的矿产主要为沉积矿产,有铁矿、锰矿、磷矿等。

第二节 古生代简述

一、早古生代

早古生代包括寒武纪、奥陶纪和志留纪。开始于距今 6 亿年,结束于距今 4 亿年,历时约 2 亿年。

早古生代海侵广泛,海生生物空前繁盛,海相地层广泛分布。

(一)早古生代的生物界及重要化石

1. 早古生代的生物界

(1)寒武纪的生物界

地史一进入寒武纪,海生无脊椎动物飞速发展。出现了大量的、门类众多的海生无脊椎动物,差不多所有的海生无脊椎动物门类都已出现。以三叶虫为主(约占 60%),其次是腕足类(约占 30%),此外还有海绵动物、古杯动物及笔石动物等。在北美晚寒武世地层中还发现原始无颌类化石碎片,表明原始的脊椎动物已经出现。植物则以海生藻类为主,还有一些微古植物。

(2)奥陶纪的生物界

奥陶纪是海生无脊椎动物大发展的时代,无论是在数量上还是种类上都超过了寒武纪,几乎所有的海生无脊椎动物门类都已齐全了。当时海洋中的主要无脊椎动物门类为:笔石动物、头足动物中的鹦鹉螺类、三叶虫和腕足类等。特别是笔石动物,在奥陶系和志留系的划分对比中占有重要地位。此外还有层孔虫、腹足类、双壳类、介形虫及床板珊瑚和低等的四射珊瑚等。原始的脊椎动物无颌类进一步发展。植物仍然是一些海生藻类。

奥陶纪自然地理环境的分异导致了生物相的明显分区。当时突出的生物相是具鹦鹉螺、腕足类、三叶虫等化石的介壳相和富含浮游生物笔石类而少底栖生物的笔石相。海相地层中介壳灰岩相甚为常见,往往反映正常开阔浅海的沉积环境;有些地区则为笔石页岩相,其岩性常以黑色页岩为主,它一般反映还原条件下的滞流海湾环境。

(3)志留纪的生物界

志留纪时,海生生物继续发展,但门类有所不同。海生无脊椎动物仍占主要地位,其中以单笔石类特别发育为特征;珊瑚和腕足类也大量地繁育;此外还有介形虫、竹节石、牙形石等;还出现了大型的半淡水生活的节肢动物板足鲎。脊椎动物无颌类进一步发展。在晚志留时,出现了原始的半陆生植物裸蕨类。

2. 早古生代的重要化石

(1)寒武纪的重要化石

三叶虫:莱德利基虫$\in_1$;德氏虫、毕雷氏虫$\in_2$;蝙蝠虫、蝴蝶虫、假球接虫$\in_3$。腕足类:以原始的无铰纲为主,如小园货贝$\in_{1-2}$等。古杯类:早寒武世开始大量出现,中寒武世达到极盛,如原古杯$\in_{1-2}$等。

(2)奥陶纪的重要化石

笔石:扇形网格笔石、均分笔石、四笔石、对笔石等 O_1;丝笔石、舌笔石、双头笔石等 O_2;叉笔石等 O_3。

腕足类:杨子贝、中华正形贝等 O_1。鹦鹉螺类:阿门角石 O_1、震旦角石等 O_2。三叶虫:古等称虫 O_1(华北)、南京三瘤虫 O_3(华南)等。

(3)志留纪的重要化石

笔石:锯笔石、耙笔石、赛氏单笔石等 S_1;弓笔石、瑞卡顿单笔石 S_2、卷笔石 S 等。腕足类:五房贝 S 等。珊瑚:链珊瑚、蜂巢珊瑚;泡沫珊瑚等。三叶虫:王冠虫 S_2。腹足类:练房螺 $O-S$。

(二)我国的下古生界

我国的下古生界以海相沉积为主,发育良好,化石丰富,沉积类型多,研究详细。

1. 寒武系

我国的寒武系全为海相,广泛分布于我国北方、南方及西北的祁连山、天山等地区,以碳酸盐岩和碎屑岩为主,分下、中、上三统。其中以西南地区的下寒武统发育最全,华北地区的中、上寒武统研究最为详细。

(1)华南地区的寒武系

华南地区为龙门山——哀牢山一线以东,秦岭——淮阳山以南的我国南部地区。整个华南区寒武系均较发育,其中在武陵山——幕阜山以西北的长江流域(扬子区)发育有巨厚的白云质灰岩、白云岩和厚层灰岩;而在其东南一侧的东南区则以碎屑岩相为主。

在西南的滇东地区,下寒武统发育齐全,(是全国建阶和对比的标准),自下而上全为海相沉积,在早寒武世龙王庙期有白云质灰岩形成,说明当时气候干旱。在此区中寒武统出露零星,缺失上寒武统。其剖面介绍如下

上覆地层:中寒武统

————整　　合————

下寒武统

龙王庙组　灰色泥质白云质灰岩夹少量砂页岩,含中莱德利基虫。

48m

沧浪铺组　上部:灰绿、暗绿色砂质页岩及薄层砂岩,含古油栉虫。下部:以石英砂岩为主,夹砂质页岩并具波痕、斜层理。

155m

筇竹寺组　中上部:灰绿、深灰色页岩夹薄层砂岩,含三叶虫:云南头虫、始莱德利基虫、武定虫。下部:黑色页岩。

127m

梅树村组　磷块岩、白云岩、白云质灰岩及含磷粉砂岩,富含小壳动物。

40m

————整　　合————

下伏地层　震旦系

在鄂西及宁镇一带,寒武系三统都有,均为碳酸盐类沉积;在浙西、皖南、赣北一带的下寒武统以黑色页岩为主,中、上寒武统为薄层灰岩,含球接子类三叶虫;桂东、粤北、赣南等地则为碎屑岩相。

(2)华北—东北南部地区的寒武系

在贺兰山—六盘山一线以东,秦岭—淮阳山以北,延吉—辽源—赤峰—商都一线以南的我国华北—东北南部地区,在寒武纪时为广阔的浅海,形成以碳酸盐岩为主沉积,化石丰富,岩相、厚度稳定。可以山东张夏一带的寒武系为代表。其剖面如下:

上覆地层 下奥陶统冶里组

————整　合————

上寒武统

凤山组　薄层灰岩夹页岩及少量竹叶状灰岩,含褶盾虫、方头虫、卡尔文虫、济南虫等。

114m

长山组　竹叶状灰岩和薄层灰岩互层,含长山虫等。　　　　　　　　　52m

崮山组　页岩及竹叶状灰岩,底部有薄层砾岩一层,含蝴蝶虫、蝙蝠虫等。　27m

中寒武统

张夏组　灰黑色鲕状灰岩和灰岩互层,含德氏虫、叉尾虫等。　　　　　170m

徐庄组　紫红色页岩和灰岩互层,含贝利虫等。　　　　　　　　　　50m

毛庄组　紫红色页岩夹少量鲕状灰岩,含山东盾壳虫。　　　　　　　32m

下寒武统

馒头组　紫红色页岩夹泥灰岩,页岩中含食盐假晶,底部为硅质灰岩。含中华莱德利基虫。

70m

～～～～不　整　合～～～～

下伏地层　太古界变质岩系

张夏地区下寒武统发育不全,馒头组仅相当于滇东龙王庙期的沉积。中、上寒武统发育齐全(是全国中、上寒武统的标准分层区),都为滨浅海环境下的沉积。其中中寒武统以具鲕状灰岩为特色,上寒武统以具竹叶状灰岩为特色,说明当时气候温暖,海水较为动荡。带壳生物化石极为丰富,是一典型的壳相沉积。

我国西北地区寒武系以火山岩与海相沉积相间为特征。

2. 奥陶系

我国奥陶系分布广泛,发育良好,下、中、上三统俱全。

(1)华南地区的奥陶系

本区奥陶系发育良好,下、中、上三统都有,其分布范围与寒武系相当。不同的是出现了明显的相分异现象,即笔石页岩相和壳灰岩相的分异。有三种类型的沉积:华中西南区为一套壳灰岩相为主的稳定类型沉积,可以鄂西宜昌剖面作为代表;在皖南、浙西、湘中一带,奥陶系为厚度较大的,以笔石页岩相为主的过渡类型沉积;在湘南、赣南、粤西、桂北一带,则发育了巨厚的含笔石的砂页岩沉积,并夹有火山岩,为活动类型沉积。现将鄂西宜昌奥陶系剖面介绍如下:

上覆地层　下志留统

————整　合————

上奥陶统

五峰组　黑色硅质页岩及灰质页岩。产四川叉笔石。　　　　　　　　2m

临湘组　灰绿色瘤状灰岩,含南京三瘤虫。　　　　　　　　　　　　20m

中奥陶统

宝塔组　赭灰色龟裂纹灰岩,含中国震旦角石。　　　　　　　　　　9m

庙坡组　黄绿色、黑色页岩,含纤细丝笔石。　　　　　　　　　　　2m

下奥陶统

牯牛潭组　紫灰、灰色厚层灰岩与瘤状灰岩互层,含瓦氏长颈角石。　　　20m

大湾组　灰黄色瘤状灰岩夹黄绿色页岩和泥灰岩,含杨子贝、中华正形贝、瑞典断笔石。
　　　　　　　　　　　　　　　　　　　　　　　　　　　　　　　26m

红花园组　灰黑色厚层灰岩,含朝鲜角石。　　　　　　　　　　　　22m

分乡组　灰色灰岩夹黄绿色页岩,含刺笔石。　　　　　　　　　　　53m

南津关组　灰色厚层结晶灰岩,偶夹黄绿色页岩,含平滑小栉虫,指纹头虫,亚洲网格笔石等。　　　　　　　　　　　　　　　　　　　　　　　　　70~80m

──────整　合──────

下伏地层：上寒武统

上述剖面总厚二百余米,主要为灰岩夹少量页岩,化石丰富,代表稳定型的浅海沉积。整个剖面构成了一个完整的沉积旋迴。

(2)其他地区的奥陶系

华北—东北南部地区的下奥陶统岩性稳定,以灰岩及白云岩沉积为主,普遍分布;中奥陶统分布局限,在相当大范围内缺失;上奥陶统缺失。

西北地区的奥陶系厚度巨大,火山岩系发育,相变显著且大部分已变质,属地槽型沉积。

东北北部地区的奥陶仅出露于大、小兴安岭一带,厚度巨大,以碎屑沉积为主夹有火山岩系且发生变质。

西藏珠峰地区的奥陶系以碳酸盐岩为主,产头足类、三叶虫及腹足类等化石。

3. 志留系

除华北—东北南部地区完全缺失志留系以外,我国其他各大区域都有志留系分布。其中以华南地区的志留系研究较详。

本区志留系也可分为稳定和活动两种类型。扬子区的志留系是典型的陆表海稳定沉积,宜昌地区的志留系可作代表;滇东一带缺失下志留统,中、上志留统属滨浅海沉积;川南黔北地区下志留统下部为笔石页岩相,上部和中统为介壳灰岩沉积和滨浅海沉积,其顶为红层,可能属上志留统;宁镇地区下、中志留统为海相碎屑沉积,上统茅山组为陆相砂岩。

东南区的志留系主要分布于湘粤桂及皖浙两个海槽区。湘粤桂海槽区的志留系为纯笔石碎屑岩相,可以钦县—防城一带的志留系作为代表,志留系发育全,总厚三千余米,富含笔石化石,具复理石韵律结构;皖浙海区志留系属冒地槽型沉积。

湖北宜昌志留系剖面是重要标准剖面之一,简述如下:

上覆地层　中泥盆统

----假　整　合----

下志留统

纱帽组　灰绿色页岩、砂质页岩,向上砂岩增多,含霸王王冠虫、丁氏郝韦尔贝、标准网栅笔石。　　　　　　　　　　　　　　　　　　　　　　　　　　　654m

罗惹坪组　上部:黄绿色页岩、粉砂质页岩及粉砂岩,含弓形单栅笔石;下部:钙质页岩夹灰岩,产湖北古珊瑚、五房贝和三叶虫等。　　　　　　　　　138m

龙马溪组　上部:黄绿色页岩夹粉砂岩,含赛氏单笔石、盘旋半靶笔石;下部:黑色页岩,底部为黑色硅质页岩,页岩。含三角半靶笔石、锯笔石、直笔石、尖笔石,雕笔石等。

———————整　合———————　512m

下伏地层　上奥陶统

上述剖面只有下志留统。龙马溪组是一套笔石页岩沉积；罗惹坪组和纱帽组产底栖带壳生物化石，这说明本区在早志留世早期是滞流海盆环境，中、晚期成为正常的滨浅海。本区在早志留世末上升成为剥蚀区直至中泥盆世初期才又下降接受沉积。

（三）早古生代地史简况

早古生代是个大的海侵时期，其中以早奥陶世的海侵规模最大，因而普遍发育海相沉积。我国南方在早寒武世初，海水首先从西南侵入，因而在滇、黔、川一带下寒武统发育齐全。中、晚寒武世海侵扩大，在长江中下游一带普遍形成一套碳酸盐岩沉积。奥陶纪时，本区沉积环境较为多样，沉积主要有介壳灰岩相和笔石碎屑岩相；一般情况是：下奥陶统以介壳灰岩相为主，中、上奥陶统以安静浅海下形成的龟裂纹灰岩及瘤状灰岩为特征；到了晚奥陶晚期至早志留早期由于海退形成滞流海湾环境下的笔石页岩相沉积；早志留世末，海水从华南大部分地区撤退，仅在西南部的钦县防城一带有中、上志留统沉积。

我国北方地区寒武纪的海侵较南方要晚，直到早寒武世龙王庙期，海水才使华北成为一个广阔的寒武纪浅海，形成一套红色页岩为主的沉积；中寒武世海侵进一步扩大，海水加深，形成富含生物碎屑的鲕状灰岩为特色的沉积；晚寒武世时，海水变浅，形成以竹叶状灰岩为特色的沉积。在早奥陶世时，又开始了大规模海侵，普遍形成厚层灰岩的沉积；到了中奥世末，整个华北地区上升为陆，成为剥蚀区，一直持续到中石炭世初。

早古生代阶段称加里东构造阶段。早古生代时期的地壳运动中最强烈的一次褶皱运动发生在志留纪末期，国际上称为加里东运动。在我国南方称为广西运动，使南岭海槽（湘、桂、粤、赣一带）褶皱上升成为剥蚀区；在我国北方称为祁连运动，使北祁连海槽褶皱升起成为古陆。除此以外，在寒武纪和奥陶纪发生的地壳运动一般表现为升降运动。

在我国南岭、祁连山一带有大量的加里东期花岗岩分布；在西北与东北地区有加里东期的火山喷发活动。

我国早古生代地层中蕴藏着丰富的沉积矿产，有磷、石煤、膏盐、铁矿等。

二、晚古生代

晚古生代包括泥盆纪、石炭纪和二迭纪、三个纪，开始于距今4亿年，结束于距今约2.5亿年，历时约1.5亿年。

晚古生代是地球上陆地面积不断扩大的时期，因此，这个地史时期中陆生生物空前的发展和繁盛，陆相沉积大量形成，煤系地层广泛发育。在南半球，冰川活动遍及冈瓦纳古陆。

（一）晚古生代的生物界与重要化石

1. 晚古生代的生物界

晚古生代海生无脊椎动物继续繁盛，重要的生物类别是腕足类、四射珊瑚和䗴类。尤其是䗴类，自早石炭世晚期出现以后，迅速演化和发展，成为石炭、二迭纪极为重要的海生无脊椎动物门类。陆生脊椎动物鱼类、两栖类大为发展，使得泥盆纪和石炭、二迭纪分别成为鱼类的时代和两栖类的时代，二迭纪末，由两栖类演化出真正的爬行动物。陆生植物空前繁盛，在晚泥盆世时，地球上首次出现小规模的森林，到了石炭二迭纪时，地球上遍布着莽莽的原始森林；在二迭纪晚期，裸子植物苏铁类、松柏类出现了。

(1) 泥盆纪的生物界

泥盆纪的重要化石门类有陆生植物、鱼类、腕足类及四射珊瑚等。泥盆纪植物主要是裸蕨类、石松类、节蕨类和真蕨类，它们都是以孢子繁殖。泥盆纪时鱼类特别繁盛。腕足类以石燕贝类极繁盛为特征。床板珊瑚仍然发育，四射珊瑚主要为泡沫型和双带型。正笔石目的单笔石类在早泥盆世末灭绝。三叶虫大大衰退。头足类中原始的菊石类出现。此外还有牙形石、竹节石等。

(2) 石炭纪的生物界

石炭纪时，除陆生植物外，重要的化石门类主要为䗴、珊瑚、腕足和两栖类。陆生植物主要为石松、节蕨、真蕨和种子蕨类，早石炭世时，植物的面貌与晚泥盆世的植物相似，到了中、晚石炭世，由于森林向大陆内部扩展，出现了植物地理分区现象，形成北温带、热带和寒带植物区。两栖类大为发展，在中、晚石炭世时出现了原始爬行类。䗴类在早石炭世晚期出现以后，迅速演化，在早二迭世晚期达到其发展的最高峰，到二迭纪末，则完全灭绝了。腕足类以长贝类为主，其次为石燕贝类。珊瑚中的四射珊瑚出现了三带型构造。

(3) 二迭纪的生物界

二迭纪的重要化石门类仍然是陆生植物、两栖类、䗴、珊瑚和腕足类还有菊石类。陆生植物与石炭纪植物面貌相似，不同的是在晚二迭纪时出现了到中生代才繁盛的裸子植物；植物分区也相似，不同的是原热带植物区分为华夏热带植物区和欧美热带植物区两个植物区。两栖类继续繁盛，迅速演化，至二迭纪末出现了真正的爬行动物。䗴类在早二迭世晚期达极盛，个体大，构造复杂，至晚二迭世时，只剩下少数属种，个体小，构造反趋简单，二迭纪末绝灭。珊瑚类在早二迭世时成为四射珊瑚在古生代的最后一个造礁期，以复体三带型四射珊瑚发育为特色。腕足类仍以长身贝类为主，出现一些特殊类型。

2. 晚古生代重要化石

(1) 泥盆纪的重要化石

植物：原始鳞木 D_2，斜方薄皮木 D_3。鱼类：沟鳞鱼 D_2-D_3。腕足类：巅石燕 D_1-D_2，鹗头贝 D_2，准云南贝 D_3。珊瑚：拖鞋珊瑚 D_1-D_2，切珊瑚 D_2，蜂巢珊瑚 $S-P$。其他：新单笔石 D_1；松卷菊石 D_1；塔节石 D_2；尖棱菊石 D_3。

(2) 石炭纪的重要化石

陆生植物：古芦木 C_1，大脉羊齿 C_{1-2}，卵脉羊齿 C_3。䗴：始史塔夫䗴 C_1 晚期，纺锤䗴 C_2，麦粒䗴 C_3，假希瓦格䗴 C_3。腕足：大长身贝 C_1，网格长身贝 $C-P$，分喙石燕 C_{2-3}。珊瑚：假乌拉珊瑚 C_1，贵州珊瑚 C_1 晚期。

(3) 二迭纪的重要化石

陆生植物：准织羊齿 P_1，大羽羊齿 P_2，瓣轮叶 P_2。䗴：米斯䗴 P_1，新希瓦格䗴 P_1，韦伯克䗴 P_1，古䗴 P_2。珊瑚：多壁珊瑚 P_1；早坂珊瑚 P_1；腕足类；网格长身贝 $C-P$；蕉叶贝 P_2；欧姆贝 P_2。菊石：假提罗菊石 P_2 等。

(二) 我国的上古生界

我国的上古生界陆相沉积发育，海相、海陆交互相广泛分布。

1. 泥盆系

我国的泥盆系分布广，除华北—东北南部地区、川中南、黔北一带缺失外，其他地区都有分布，以华南的泥盆系研究较详。

(1) 华南地区的泥盆系

华南地区的泥盆系一般可分为三种类型：一是浅海相沉积，分布于滇东、黔南、广西、粤北、湘中南等地；二是海陆交互相沉积，分布于湘赣边境及川东、鄂西一带，只有中上统；三是陆相沉积，分布于苏南、皖南、浙江一带，为河湖相沉积。在浅海相中又可划分出两种类型，一是近岸浅海相沉积，称为象州型；二是远岸深水相沉积，称南丹型。浅海相泥盆系以桂中象州剖面为代表，简述如下：

上覆地层　下石炭统岩关组

――――假　整　合――――

上泥盆统

融县组　以灰岩或鲕状灰岩为主，夹白云岩，含弓石燕、云南贝等。　　　430～1800m

中泥盆统

东岗岭组　灰色灰岩、泥质灰岩夹白云质灰岩、白云岩，含六方珊瑚、鸮头贝等。
　　　　　　　　　　　　　　　　　　　　　　　　　　　　　　　　　　300～750m

应堂组　深灰色生物碎屑岩、黄色泥灰岩、页岩，含冯氏奇石燕等。　　　150～180m

下泥盆统

四排组　灰至深灰色生物灰岩夹白云岩和灰岩，含阔石燕等。　　　　　　40～800m

郁江组　生物碎屑灰岩及泥岩、页岩、泥灰岩，含双腹扭形贝、拖鞋珊瑚等。200～1000m

那高岭组　灰绿色页岩为主，夹灰岩扁豆体，含东方石燕。　　　　　　100～1300m

莲花山组　以紫红色砂岩为主，中下部为砾状砂岩，上部夹少量红色泥岩，含云南鱼、亚洲棘鱼及植物化石碎块。　　　　　　　　　　　　　　　　　　　　400～1000m

～～～～～不　整　合～～～～～

下伏地层　褶皱变质的下古生界

上剖面中，下统下部的莲花山组属陆相至滨海相碎屑沉积，其余均为浅海相为主的沉积，沉积物以泥质、钙质为主，富含底栖带壳生物化石，反映一种近岸浅海环境。

(2) 其他地区的泥盆系

西北及东北北部区，泥盆系为含火山岩系的海相地层；三江－滇西区，一般下部为含单笔石的碎屑岩和灰岩，上部为碎屑岩夹灰岩，产丰富的珊瑚化石，厚达2000m，在金沙江东岸、滇西一带变为碳酸盐相沉积；喜马拉雅地区，泥盆系下部为产单笔石、新单笔石和竹节石的页岩、灰岩，上部以碎屑岩为主。

2. 石炭系

我国石炭系发育全，沉积类型多，海相、海陆交互相和陆相都有，是重要的含煤层位。

(1) 华南地区的石炭系

华南地区除川中、川南、黔北缺失以外，其他地区石炭系发育完全。下石炭统有含煤层位，中、上石炭统普遍为广阔浅海的碳酸盐岩沉积。黔南都匀、独山一带石炭系发育最全，化石丰富，研究详细，其剖面介绍如下：

上覆地层　下二迭统梁山组

――――假　整　合――――

上石炭统

马平组　以灰白、肉红色结晶灰岩为主，含麦粒䗴、假希瓦格䗴等。　　　46～289m

中石炭统

威宁组　灰白色灰岩、白云岩及白云质灰岩为主,含小纺锤䗴、纺锤䗴及腕足类。

679～529m

下石炭统

上司组　灰色、深灰色碳酸盐岩及砂岩、页岩,含袁氏珊瑚、大长身贝。　　113～671m

旧司组　灰岩及灰白色石英砂岩、页岩及煤线,含中国贵州珊瑚、泡沫珊瑚及植物化石。

53～860m

汤耙沟组　深灰色灰岩夹黄灰色石英砂岩、页岩及白云岩,含假乌拉珊瑚。　27～326m

革老河组　深灰色灰岩夹白云质灰岩及页岩,含泡沫内沟珊瑚及腕足类、层孔虫等。

23～218m

————整　　合————

下伏地层　上泥盆统尧梭组

上剖面中,革老河组和汤耙沟组为浅海相沉积,显示了本区的第一次海侵;旧司组为海陆交互含煤岩系,是本区第一次海退的产物;上司组又为浅海沉积,显示本区的第二次海侵。中、上统为浅海碳酸盐岩相,华南东部与之相当的岩层,中统称黄龙组,上统称船山组,说明中、晚石炭世华南海侵扩大。

(2)华北—东北南部的石炭系

本区缺失下石炭统,中、上石炭统为海陆交互相的含煤沉积。山西太原西山剖面研究较早、最详,可作代表,此剖面如下:

上覆地层：下二迭统山西组

----假　整　合----

上石炭统

太原组

上　段　底部为灰白色粗粒石英砂岩,中部页岩、粉砂岩夹煤层,顶部为灰岩。含卵脉羊齿、假希瓦格䗴、太原府网格长身贝。　　　　　　　　　　　　　33m

中　段　底部为灰色石英砂岩,向上为砂页岩、煤层及灰岩,在中部灰岩中含燧石结核及燧石层,含假希瓦格䗴、太原网格长身贝。　　　　　　　　　　　42m

下　段　下部粗粒石英砂岩,向上渐变为页岩夹煤及灰岩。含麦粒䗴、腕足类及植物化石鳞木、芦木等。　　　　　　　　　　　　　　　　　　　　　　20m

中石炭统

本溪组　灰色页岩、砂岩、薄层灰岩夹薄煤层,下部为铁铝层。含纺锤䗴、小纺锤䗴、大脉羊齿。　　　　　　　　　　　　　　　　　　　　　　　　　　7～36m

----假　整　合----

下伏地层　奥陶统上马家沟组

(3)其他地区的石炭系

西北地区的石炭系以碎屑岩类沉积为主,有时含火山岩系,厚度大。东北北部的石岩系为海相沉积,厚度很大,有的地区发育火山岩系。三江一带以海相灰岩夹火山岩为特色。喜马拉雅山区以浅海碎屑岩为主。

3．二迭系

我国二迭系分布广,发育全,海相、海陆交互相及陆相都有。华南以海相沉积为主,华北—东北南部区为陆相沉积。

(1)华南地区的二迭系

华南二迭系以海相碳酸盐沉积为主,也有海陆交互相及滨海沼泽相的含煤岩系。黔中二迭系剖面可作代表:

上覆地层　下三迭统

―――――整　　合―――――

上二迭统

长兴组　灰黑色灰岩,含燧石团块,下部夹泥质灰岩,产:古纺锤䗴。　　　8~116m

龙潭组　黄褐色、黑色页岩,砂岩、灰岩和煤层。产:欧姆贝、米克贝、大羽羊齿等。

110~420m

―――假　整　合―――

峨眉山玄武岩组　灰绿、暗绿色玄武岩夹火山角砾岩,凝灰岩及砂泥岩。　0~342m

―――假　整　合―――

下二迭统

茅口组　浅灰及白色质纯灰岩。产:新希瓦格䗴、卫根珊瑚等。　　138~455m

栖霞组　深灰、灰黑色灰岩、含燧石结核。产:拟纺锤䗴、米斯䗴、早坂珊瑚等。

57~195m

梁山组　砂岩和黑色页岩,夹薄煤层。产:鳞木䗴和腕足类化石。　　0~168m

―――假　整　合―――

下伏地层　上石炭统

黔中剖面在我国西南地区具有一定的代表性,总厚近1400m。下统底部的梁山组,为含煤的砂页岩,有时夹有灰岩,含植物及䗴类化石,属海陆交互相沉积。其上的栖霞组、茅口组为连续沉积的灰黑及浅灰色碳酸盐岩,含各种䗴类和群体珊瑚化石,属浅海相。早二迭世末发生海退,产生沉积间断,至晚二迭世初又复下降接受沉积,在西南地区还有玄武岩喷发。覆于晚二迭世玄武岩之上的龙潭组,是一套砂岩、页岩夹灰岩的含煤地层,产植物、䗴类及腕足类化石,属海陆交互相沉积。晚二迭世晚期的长兴组,由灰岩组成,属浅海相沉积。

(2)其他地区的二迭系

华北—东北南部的二迭系是一套陆相地层。太原西山二迭系剖面可以代表其一般情况,介绍如下:该剖面由二统四组组成。下统包括山西组和下石盒子组,上统包括上石盒子组和石千峰组。该剖面厚约600余米。下二迭统下部山西组,底部为中粗粒石类砂岩,中上部夹煤层,属内陆沼泽含煤相,下二迭统上部下石盒子组,可分两部分:下部夹煤层,属沼泽相,说明当时气候湿润,上部主要为黄绿色砂岩夹紫红色及杂色页岩、泥岩及炭质页岩,属河湖相。气候比较湿润,但不含煤。

上二迭统下部的上石盒子组,以红色、杂色碎屑沉积为主,代表湿热气候下的河湖相沉积。上部的石千峰组以红色砂泥质沉积为主并夹有石膏,代表一典型干旱气候条件下的河流湖泊相沉积。

综上所述,太原西山二迭系剖面的变化规律是:各组厚度由下而上变化很大;颜色由灰黑→黄绿→紫红;含矿性由含煤→不含煤→含石膏。这些特征说明了该地区经历了由沼泽低地逐渐变为河湖盆地,气候由潮湿变为干旱。

西北地区二迭系以陆相沉积为主;东北北部地区以海陆交互相为主夹有火山岩系;川、青、藏交界的玉树一带为巨厚的火山沉积组合;喜马拉雅山以北地区则以海相沉积为主;我国台湾省有二迭系海相灰岩分布。

(三)晚古生代地史简况

在晚古生代阶段,陆地面积急剧地扩大,气候和沉积条件的分异非常显著,致使陆生生物大量繁育,陆相沉积大量发育,煤系地层大量形成。

我国在晚古生代时,虽然曾多次发生海侵,有时海侵范围还相当广泛(如石炭纪的中、晚期),但就整个阶段来看,主要的倾向是陆地面积不断扩大。

华北—东北南部地区,自早奥陶世(或中奥陶世)末上升成为剥蚀区以后,直到中石炭世初才开始重又遭受海侵。中、晚石炭世时,地壳升降频繁,海水时进时退,形成海陆交互相的含煤沉积。在石炭纪末,本区又一次上升,从此结束了大规模海侵的历史,进入到大陆环境发展阶段。二迭纪时,早期形成陆相沼泽煤沉积,晚期形成红色沉积。

华南地区由于广西运动的影响,华南海槽上升成为南岭山系。泥盆纪时,海侵向东只达到湘赣边境一带,由西南向北东方向渐次形成浅海相—海陆交互相—陆相泥盆系。早石炭世时,本区地壳升降频繁,形成夹有煤系沉积的下石炭统;中、晚石炭世时海侵扩大,到处形成浅海碳酸盐沉积;石炭纪末,本区又大面积上升。二迭纪是又一海侵期,早二迭世海侵规模相对较大,沉积以碳酸盐为主;晚二迭世海侵规模较小,形成海陆交互相及碳酸盐或硅质沉积。早二迭世梁山期和晚二迭世龙潭期形成含煤岩系,其中,龙潭组是华南最重要的含煤岩系。

西北及东北北部区,晚古生代时是海槽区,形成巨厚的夹有海底火山喷发岩的海相沉积。西藏、川西、滇西地区晚古生代是海侵区,海相沉积发育。

晚古生代阶段称海西构造阶段,此阶段发生过多次褶皱运动。发生于石炭纪末,二迭纪初的地壳运动在我国称天山运动(二迭纪末的称北山运动),在西北、内蒙古和东北北部表现得最强烈,使天山、阿尔泰山、北山、大小兴安岭、长白山等区的古生代大海槽在石炭、二迭纪时先后褶皱上升成为山系。与此同时,在华北和南方则主要表现为升降运动。

与地壳运动相对应,晚古生代有多期的岩浆侵入及火山喷发活动。在吕梁山、天山、阿尔泰山、内蒙古及我国台湾省等地形成大面积中酸性或基性侵入岩分布。在滇、黔、川地区早二迭世末有峨眉山玄武岩形成。

晚古生代仍以形成沉积矿产为主。最重要的有煤、铁矿,还有铝土矿、金矿等。

第三节 中生代、新生代简述

一、中生代简述

中生代包括:三迭纪、侏罗纪和白垩纪。开始于距今 2.5 亿年,结束于距今 0.65 亿年,历时约 1.85 亿年。

(一)中生代的生物界与重要化石

1. 中生代的生物界

中生代是裸子植物、爬行动物及菊石类大发展时期,因而分别被称之为"裸子植物的时代"、"爬行动物的时代"和"菊石的时代"。到了中生代末,裸子植物逐渐被被子植物所取代,而爬行动物中的恐龙类及菊石类则突然绝灭了。

(1) 三迭纪的生物界

三迭纪时生物界发生了显著的进化和发展。裸子植物和爬行动物迅速发展和繁盛起来而取代了蕨类植物和两栖类,特别是爬行动物中的恐龙类,在三迭纪中期出现以后,很快遍布世界各地。晚三迭世时,原始哺乳动物出现了。

海生无脊椎动物主要是菊石类和双壳类,其次是腹足类等。腕足类则明显衰退。

(2) 侏罗纪的生物界

侏罗纪的生物界是由脊椎动物、植物、淡水和海生无脊椎动物等组成,其最突出的特征是恐龙类、菊石类和裸子植物的极度繁盛,显现出了典型的中生代生物群面貌。晚侏罗世时,鸟类出现了,这是生物进化史上一个很重要的事件。淡水无脊椎动物以双壳类为主,叶肢介和介形虫常见。海生无脊椎动物中六射珊瑚、海胆、海百合也比较发育。

(3) 白垩纪的生物界

白垩纪时,生物界又经历了一次迅速的演化和发展。裸子植物逐渐衰退,在早白垩世晚期被子植物开始出现,至晚白垩世时取代裸子植物而占据了植物界的主要地位。爬行动物达到极盛,使得白垩纪与侏罗纪一起构成了爬行动物极盛的时代,至白垩纪末,恐龙类绝灭了,只有少数类别的爬行动物延续到新生代。淡水鱼类继续发展。哺乳动物出现了到新生代才繁盛的有袋类和原始有胎盘类。无脊椎动物中,海生者仍以菊石、箭石类为主,淡水生者也仍以双壳类、叶肢介和介形虫为主。

2. 重要化石

(1) 三迭纪

爬行动物:肯氏兽 $T_1^3 - T_2$;喜马拉雅鱼龙 T_3。菊石:蛇菊石 T_1;前粗菊石 T_2;粗菊石 T_3。双壳类:克氏蛤 T_1;正海扇 T_2;褶翅蛤 T_3。植物:肋木 T_{1-2};网叶蕨—格子蕨植物组合、贝尔脑蕨—拟丹尼蕨组合 T_3。

(2) 侏罗纪

爬行动物:禄丰龙 J_1;马门溪龙 J_2。鱼类:狼鳍鱼、中脐鱼 J_3。双壳类:费尔干蚌 J_1;丽蚌 J_2;中村蚌 J_3。菊石:香港菊石、白羊石 J_1;喜马拉雅菊石 J_3。植物:网叶蕨、格子蕨 J_1;膜蕨型锥叶蕨 $J_1 J_2$;葛伯特鲁福德蕨 $J_3 - K_1$。

(3) 白垩纪

爬行动物:准噶尔翼龙 K_1;霸王龙 K_2。双壳类:褶珠蚌、类三角蚌 K_1。菊石类:塔菊石 K_2。陆生植物:拟金粉蕨 K_1;耳羽叶、短叶杉、似银杏 K_1;木兰、桦木、红杉等 K_2。

(二) 我国的中生界

我国中生界以陆相沉积为主。三迭纪时,我国处于"南海北陆"状态,即以昆仑山、祁连山、秦岭一线为界,此线以南的华南区以海洋为主,海陆并存,形成了以海相为主的三迭系;此线以北的我国北部地区,除东北北部的那丹哈达岭地区有海相沉积外,全为内陆盆地类型沉积,并主要分布于太行山以西的陕甘宁及西北地区。到了侏罗、白垩纪时,我国境内除西藏、滇西及其他一些边缘地区仍为海区外,其余大部分地区为大陆环境,广泛形成陆相的侏罗、白垩系。

1. 三迭系

华南区在三迭纪时,在龙门山、哀牢山一线以东属于稳定的浅海区,三迭系以川、滇、黔、桂及长江下游一带较为发育,并且一般下、中三迭统为浅海相,而上三迭统则为海相交互相或陆相沉积,如江西的安源群,云南的一平浪群等;此线以西,除喜马拉雅区为稳定线海外,其余皆属海槽区,形成地槽型沉积为主的三迭系。贵州贞丰一带三迭系剖面研究较详,介绍如下:

上覆地层 下侏罗统

-----整合或假整合-----

上三迭统

二桥组　灰色砂、泥岩夹炭质页岩,含新月型格子蕨化石。　　　　　　　　　　304m

火把冲组　互层状灰色砂岩,黑色页岩夹炭质页岩及煤层,含那本褶翅蛤、云南蛤及腕
　　　　　足类和侧羽叶等大量植物化石。　　　　　　　　　　　　　　　714m

把南组　灰黄色砂页岩夹泥灰岩、炭质页岩及煤层,含贵州褶翅蛤等。　　　　442m

中三迭统

法郎组　灰色灰岩、灰绿色砂、页岩夹泥灰岩,含海燕蛤、鱼鳞蛤及前粗菊石等。1100m

关岭组　白云岩、盐溶角砾岩、灰岩、砂岩、底部为绿色高岭石页岩,含褶翅蛤及腹足类
　　　　化石。　　　　　　　　　　　　　　　　　　　　　　　　　　1350m

下三迭统

永宁镇组　灰绿色、紫色页岩,泥灰岩、灰岩及白云质灰岩、白云岩,含刺提罗菊石等。
　　　　　　　　　　　　　　　　　　　　　　　　　　　　　　　　　835m

飞仙关组　以紫红色砂岩、泥岩为主,夹泥灰岩。下部含蛇菊石、王氏克氏蛤;上部含正
　　　　　海扇。　　　　　　　　　　　　　　　　　　　　　　　　　516m

-----假　整　合-----

下伏地层　上二迭统

上述剖面,下三迭统下部以砂泥质沉积为主,向上碳酸盐岩增多,并出现白云岩,显示早三迭世后期海水开始咸化;至中三迭世早期仍为咸化的泻湖相白云岩沉积,晚期为正常浅海沉积;到晚三迭世时,本区海退,上三迭统中下部为滨海相、海陆交互相沉积,二桥组已是陆相碎屑堆积,表明三迭纪末期本区地壳上升海水完全退出本区。整个剖面构成一个大型的海侵—海退沉积旋迴。这在华南地区具有普遍意义。

华北区三迭纪时已成一片广阔的大陆,形成太行山以西为山系与大、中型盆地相间排列,太行山以东为大片剥蚀区,东北地区则分布着零星小型内陆盆地的古地理景观。陕甘宁盆地中的三迭系可作为典型代表:下统由刘家沟组和和尚沟组组成,是一套紫红色砂岩泥岩沉积,砂岩中交错层理发育,含肋木及脊椎动物化石,代表干旱气候下的河湖相碎屑岩沉积组合;中统下部的二马营组属干旱气候的紫红色河湖相碎屑岩沉积,仅局部夹一些灰绿色夹层,中统上部铜川组及上统延长群以灰绿、黄绿色砂岩、页岩为主,下部夹黑色油页岩,顶部含煤,富含拟丹尼蕨—贝尔瑙蕨植物群和其他化石,说明晚三迭世气候已转为温暖湿润。

我国西北地区陆相三迭系发育良好,准噶尔盆地的三迭系大体可以和陕甘宁盆地三迭系相对比。

2.侏罗系

我国侏罗系以陆相为主,主要分布于我国东部地区和西北地区。海相侏罗系主要分布于西藏、青南及滇西等地。

在我国东部太行山、雪峰山一线以西和西北地区,发育了大、小型内陆盆地中的河湖相、湖泊相及湖沼相沉积,并且,下、中侏罗统普遍为含煤沉积,上侏罗统则出现红色碎屑及砾岩堆积。太行山、雪峰山一线以东,下至中侏罗统普遍发育陆相含煤沉积,而中至上侏罗统则普遍形成一套巨厚的中酸性火山岩夹陆相夹层的岩层。大型盆地中的侏罗系可以陕甘宁盆地中的侏罗系剖面作为代表,简介如下:

上覆地区　下白垩统

————假整合或角度不整合————

上侏罗统

芬芳河组　紫红色砾岩夹少量砂岩。　　　　　　　　　　　　　　　　　　1174m

安定组　紫及灰色砂泥岩夹泥灰岩及页岩、油页岩,产:裸蛛蚌、巴来鱼及介形虫化石。

84m

中侏罗统

直罗组　灰绿色长石砂岩及互层状杂色泥岩,产:锥叶蕨、假铰蚌化石。　139m

延安组　长石砂岩及互层状灰色砂岩与黑色泥岩夹薄煤层,产:锥叶蕨、费尔干蚌化石。

276m

下侏罗统

富县组　灰绿色砂岩、泥岩、炭质页岩夹油页岩及煤层,产:新芦木、锥叶蕨及双壳类化石。

72m

————假　整　合————

下伏地层　上三迭统

剖面中侏罗系下统富县组和中统延安组,含煤、油页岩及双壳类化石,属湖沼相。中统直罗组是以砂泥岩为主的河湖相沉积。上统安定组含泥灰岩、薄层页岩及鱼化石,属典型湖泊相。而芬芳河组,属粗粒度沉积,是湖盆边缘山麓堆积相。总的来看,本剖面是以湖泊相沉积为主,缺火山岩系。早侏罗世气候比较温湿,形成含煤沉积,中晚侏罗世,沉积物逐渐变为红色岩系,说明气候逐渐干旱。

西藏地区的侏罗系有三种类型:南部定日、聂拉木一带,属浅海相沉积;中部雅鲁藏布江一带属半深海相;北部唐古拉山区,属滨海至浅海相。

滇西地区的侏罗系有二种类型:兰坪、江城一带属陆相加海陆交互相沉积;保山、畹町一带属浅海到海陆交互相沉积。

东北北部完达山区侏罗系属浅海相泥岩及海陆交互相含煤岩系。

3. 白垩系

白垩纪时,我国和侏罗纪时一样,大部分地区为大陆环境,海侵区仅限于新疆西南部、西藏及我国台湾省等地,因此白垩纪沉积以陆相为主。

东部地区的白垩系:在我国东部地区,白垩纪时,西面分布着四川盆地和陕甘宁盆地;在东面沿海一带分布着一列 NE 到 NNE 向排列的小型盆地;在上两者之间,新出现了一系列大型的沉降盆地,即松辽、华北、苏北、江汉等盆地。在各类盆地中,形成了不同沉积类型的白垩系。

东面近海小型盆地中的白垩系一般由火山岩和红色碎屑岩组成。火山岩一般为中酸性和中基性喷发岩,分布限于东北及沿海地区,由东往西逐渐减弱,喷发期以早白垩世为主,且具有间歇性特点。

中间大型盆地中的白垩系,以松辽盆地研究程度高,具有一定代表性,其剖面介绍如下:

上覆地层　下第三系

~~~~~~不　整　合~~~~~~

上白垩统

明水组　棕及灰绿色泥岩、粉砂岩。产:介形虫。　　　　　　　　　　　　597m

四方台组　杂色砂泥岩及棕红色泥岩。产:介形虫、双壳类。　　　　　　　394m

嫩江组　下部为灰黑色、灰绿色泥岩夹油页岩;上部为深灰,灰绿色泥岩、砂岩互层。
　　　　产:双壳类、叶肢介、鱼化石。　　　　　　　　　　　　　　　　750m

下白垩统

姚家组　灰黑、灰绿色泥岩夹粉砂岩、棕红色泥岩。　　　　　　　　　　　210m

青山口组　灰绿、灰黑色泥岩夹砂岩、油页岩。　　　　　　　　　　　　　614m

泉头组　互层状紫红色、灰绿色砂岩及泥岩。　　　　　　　　　　　　　1000m

登楼库组　紫色、黑色、灰绿色砂砾岩、砂岩、砂质泥岩。　　　　　360～1500m

----假　整　合----

下伏地层　上侏罗统

上述剖面表明,这是一套淡水湖泊相的暗色夹杂色的有机岩和碎屑岩沉积。由于湖水深浅经常变化,沉积物的性质,包括粒度、颜色、有机物的含量也随着变化,因而形成良好的生油层、储油层和盖层组合。

华北盆地和苏北盆地白垩纪时湖水较浅,以火山岩和红层为主,厚度较薄。江汉盆地的白垩系厚度不大,湖水浅,气候干燥,以红层夹膏盐层为其特色。

四川盆地和陕甘宁盆地,在白垩纪时形成河湖相和湖泊相沉积。四川盆地中的白垩系是一套在干热气候条件下形成的红色岩系。陕甘宁盆地只有下白垩统,是一套灰绿、紫红色砂泥质沉积,是干燥、半干燥气候环境下形成的河湖相到湖泊相沉积。

在我国西北地区,白垩系主要分布于柴达木盆地、塔里木盆地边缘和准噶尔盆地等大型盆地及天山、祁连山、秦岭等山区的小型盆地中。沉积相复杂,湖泊相、河流相、山麓堆积相均有。

西藏地区的白垩系有三种类型:南部岗巴定日一带属稳定浅海相;中部江孜地区属地槽型沉积;北部拉萨一带属海陆交互相和浅海沉积。

滇西地区只有下白垩统有海层夹层,其余大部分为陆相沉积。

我国台湾省东部分布有海槽型沉积的白垩系。

(三)中生代地史简况

中生代,尤其是侏罗、白垩纪,是世界上海侵广泛的时期。但是中亚和东亚则例外,是大陆占优势的时期。因而,中生代时,我国和亚洲地区是以陆相沉积广泛分布为特征。

我国三迭纪时,昆仑—秦岭以北为陆地,大陆上分布着大大小小的内陆盆地,在陆盆地中,早、中三迭统以红色碎屑沉积为主,晚期为含煤沉积。昆仑—秦岭以南以海为主,海陆并存,其沉积为浅海相的碎屑岩及碳酸盐岩。三迭纪晚期,由于印支运动的影响,地壳普遍上升,因之海陆交替相或纯陆相的含煤沉积比较普遍。

侏罗白垩纪时,我国海侵范围大大缩小,主要在西藏、滇西、我国台湾省及东北乌苏里江下游等地区,其余地区,几乎全为陆地。以贺兰山、龙门山、哀牢山一线为界,东部先后形成两列大型盆地,即四川、陕甘宁盆地和松辽、华北、江汉盆地。盆地中的沉积,早侏罗世为含煤建造;中侏罗世至白垩纪,主要为红色碎屑岩或杂色岩系,但在东北北部,晚侏罗世为含煤沉积。东部沿海一带分布着一系列小型盆地,由于燕山运动的影响,火山岩系特别发育,沉积中经常有火山岩夹层。

西部仍以昆仑山为界,南为海区,北为陆地。昆仑山以南的喜马拉雅海槽区,侏罗白垩系为浅海相的碎屑岩及碳酸盐岩。滇西海水时进时退,以海陆交替相沉积为主。昆仑山以北是大型盆地与高大山脉相间排列区。盆地中的沉积,早侏罗世气候温湿,含煤沉积比较普遍;中侏罗世—白垩纪,气候逐渐转为干燥,主要是湖相或河湖相碎屑沉积。

中生代构造阶段称老阿尔卑斯构造阶段。中生代构造运动可分为两期:发生于三迭纪晚期的称印支运动;发生于侏罗、白垩纪的称燕山运动。在我国,印支运动不但使青藏高原东部的川西海槽褶皱隆起,而且使龙门山、哀牢山一线以东的华南浅海区褶皱或上升成陆,从而结束了我国东部南海北陆的局面。由印支运动而引起的岩浆活动,主要分布在川西、滇西、秦岭和桂、湘、赣、粤等地区。燕山运动以褶皱、断裂为主,并伴有剧烈的火山喷发和岩浆侵入,其影响遍及全国,造成了我国东部现代地貌的基本轮廓。

中生代是我国主要成矿时期之一,主要矿产有:煤、石油天然气、盐类和内生多金属矿。

煤:主要含煤层位,华南为上三迭统与下侏罗统,华北则是中、上侏罗统,东北北部为上侏罗统至下白垩统。

石油及天然气:中生代陆相盆地蕴藏有极为丰富的石油和天然气。如四川、陕甘宁、松辽、华北及西北的准噶尔、塔里木、柴达木等盆地。

盐类:中生界中盐类矿产丰富,如四川盆地三迭系中的盐矿、滇西上白垩统中的钾盐矿等。

内生金属矿产:有钨、锡、钼、铋、铁、铜、铅、锌等,分布于东南沿海及长江中下游一带。

二、新生代简述

新生代包括第三纪和第四纪,开始于距今0.65亿年一直至今,历时0.65亿年,第四纪开始于距今0.2亿年。

新生代是现代生物形成和人类出现和进化发展的时代,是现代地貌逐渐形成的时代。

(一)新生代的生物界及重要化石

由中生代进入新生代,脊椎动物的变化主要表现在爬行动物的衰退,哺乳动物、鸟类和真骨鱼类的极大繁盛。所以新生代是"哺乳动物的时代"。哺乳动物在三迭纪末期已经出现,但中生代期间一直没有很大发展,直到新生代时哺乳动物才随着爬行类的衰亡而兴起,特别是其中的真兽类(有胎盘类)更为繁盛。中生代末期,无脊椎动物中最重要的变化,是中生代海洋中占统治地位的菊石类完全绝灭,箭石类也大为衰退而新生代兴起的是双壳类、腹足类、有孔虫、六射珊瑚、海胆、苔藓虫及介形类等。新生代是"被子植物的时代",它们类型多,适应性强,既有木本,又有草本,遍布于热带、亚热带、温带与寒带。由于各地古地理、古气候条件的不同,新生代有着明显的植物分区现象。

1. 第三纪

第三纪生物发展的基本特征是哺乳动物和被子植物高度发展和繁盛。

(1)脊椎动物

第三纪陆生脊椎动物发展的突出点是爬行类的衰退和哺乳动物的迅猛发展,迅速辐射演化,不仅在陆地上,而且向海洋和空中扩展,出现了空中飞翔的蝙蝠类和海洋生活的鲸类;长鼻类、有蹄类等演化清楚。重要化石有早第三纪的阶齿兽、始祖象、始马;晚第三纪的安琪马等。现代鸟类在第三纪大发展,中新世的山东鸟是重要代表。此外,还有中新蛇、玄武蛙及雅罗鱼等。

(2)植物

第三纪植物以被子植物为主,然后依次是裸子植物、蕨类植物等。常见化石有红杉、樟等。此外藻类也分布普遍,其中轮藻在陆相地层中有重要意义。

(3)无脊椎动物

第三纪海生无脊椎动物以双壳、腹足类、有孔虫、六射珊瑚最为繁盛,如海扇、岗巴螺、货币虫等。陆生无脊椎动物,除双壳、腹足类繁盛外,介形虫类亦发育,常见化石有扁卷螺、田螺等。

2.第四纪

第四纪生物界总面貌与现代已很接近,人类的出现和发展具有特殊意义。哺乳动物继续发展。鱼类、两栖类、鸟类已接近现代类型。无脊椎动物仍以双壳类、腹足类为主;植物的面貌与现代没有多大差别。

(二)中国的新生界

1.第三系

我国第三系分布广泛,以陆相沉积为主,海相分布局部。

(1)下第三系

东部大型盆地中的下第三系:我国东部地区的松辽盆地、华北盆地、江汉盆地和苏北盆地在继中生代沉积之后,早第三纪继续接受沉积,一般为浅湖相弱还原条件下的暗色砂泥质沉积,其中华北盆地的下第三系厚达5000m,属干湿气候相间条件下的产物。

东部小型盆地中的下第三系,有三种类型。干燥盆地的红色碎屑岩堆积:该类沉积分布广泛,常见于长江以南与南岭山地南缘以北的区间,如湖南衡阳盆地、广东南雄盆地等,以红色砂、砾岩为主,常夹岩盐和石膏。湿润盆地区的有机岩堆积:这类堆积分布在东北地区和南岭山地以南的小型盆地中,我国重要煤炭基地的辽宁抚顺煤田,即是湿润区小型断陷盆地堆积之一例,还有南岭山地以南的茂名、百色等盆地,有早第三纪中后期形成的油页岩及含煤沉积。干湿过渡带的盆地堆积:我国东部在干旱气候带与北部潮湿气候带之间,有一个干湿过渡地带(主要位于华北地区),以厚度大,夹有一些淡水灰岩或泥灰岩为其特征,如山东的官庄组。

海相下第三系 海相下第三系主要发育于喜马拉雅区及我国台湾省,其中喜马拉雅地区为含货币虫的碳酸盐岩为主夹页岩沉积,我国台湾省的下第三系是海相砂泥质浅变质岩系,代表活动型的海槽沉积,与更老的变质岩系共同组成台湾岛的中央山脉。

(2)上第三系

东部大型盆地的泥砂质堆积:松辽、华北、江汉和苏北等盆地中,晚第三纪的沉积范围比早第三纪时广阔。如松辽盆地范围曾扩大到整个松辽平原,以碎屑岩为主,夹薄煤层,代表温暖气候下的稳定大型盆地沉积。

中小型盆地中的湖相堆积：典型代表是山东临朐一带的中新统山旺组。由泥岩、硅藻土、油页岩夹玄武岩组成，厚100m左右，含丰富的动、植物化石为其特征，是典型的静水湖相沉积。上新世的土状堆积分布在晋陕地区，为红色黏土沉积，产三趾马等哺乳动物化石，称三趾马红土，它是高原上燥热气候条件下的湖相堆积。

海相上第三系：雷州半岛南部、海南岛北部因断裂下沉遭受海浸，故有中新统及上新统的夹玄武岩的海相沉积。此外，在我国台湾省中央山脉两侧都有海相上第三系分布。

2. 第四系

我国第四系陆相沉积分布广泛，兼有海相。第四系一般未胶结，呈松散状态。沉积类型多样。

（1）黄土堆积　第四纪的黄土与黄土状岩石广泛分布于西北的黄土高原、华北平原、东北平原南部，尤以黄河中下游地区最为发育，厚度从数十至百余米不等。典型黄土是黄色或棕黄色粉砂细粒尘土，结构松散，具有多孔性、垂直节理显著，无层理或层理不显著。

（2）冰川堆积　我国第四纪冰川堆积遍布华南、西南、西北和东北等地。在庐山剖面中主要为泥砾堆积和分布零星的漂砾。

（3）洞穴堆积　发育于石灰岩地区。在我国华南地区更普遍。洞穴堆积中常含有丰富的哺乳动物或古人类化石及其用具。

（4）河湖相沉积　第四纪河湖相沉积分布广泛。如河北西北部的泥河湾组，由杂色砂砾层、砂层、泥层及泥灰层组成，产长鼻三趾马、板齿象、三门马为代表的泥河湾动物群。

此外，沿海地区，在全新统中有海侵层夹于陆相地层中。海相第四系仅见于我国台湾省、沿海岛屿及大陆沿海的少数地区的。在东北、山西、华东、台湾省、雷州半岛等地区还有玄武岩浆喷发堆积。

(三)新生代地史基本特征

燕山运动后，我国现代地貌的轮廓已基本形成。第三纪时，我国除台湾省、喜马拉雅山一带为海侵区，近海地区有短期海侵以外，其他广大地区全为陆地。贺兰山、龙门山、衰牢山一线以东区的东部地区，陆地上有两列大型盆地，西边是四川、陕甘宁盆地，由于地壳上升关系，盆地中第三系不发育；东边为松辽、华北和江汉平原，这是继中生代之后，继续发展的大型凹陷区，盆地中第三系很发育，并在局部地方有海相夹层。

西部地区，第三纪地貌特征，基本上和中生代相似，大型隆起(山脉)与大型盆地交替排列，盆地内不但第三系普遍发育，而且含石油、煤等重要矿产。

第三纪中后期强烈的喜马拉雅运动，不但使喜马拉雅、台湾省等地区褶皱上升，海水退出，而且伴有基性岩浆喷发活动和岩浆侵入。

第四纪的地壳运动以升降作用为主，我国西部地区，因山脉与盆地差异升降关系，促使喜马拉雅山、昆仑山、天山高耸入云，青藏高原跃居为世界屋脊，珠穆朗玛峰成为世界第一高峰，盆地因长期下降结果，第四系大面积覆盖。东部地区，大型凹陷带第四纪时继续下降，因此，第四系广泛分布，并在近海地区有短期海相沉积。

思 考 题

17-1　试叙述从太古宙到等四纪的地质历史时期中，生物从最原始的生命形式发展到最高等生物人类的演化经历。
17-2 试叙述各地质时代的重要化石门类。
17-3 试叙述古生代各纪的沉积类型。
17-4 试叙述自太古宙以来所发生的主要地壳运动及其影响。
17-5 试叙述各地质时代的主要矿产。

第五篇 构 造 地 质

第十八章 构 造 地 质 基 础

构造地质学的研究对象是地壳中的地质构造。所谓地质构造,就是主要由构造运动造成的岩层和岩体的变形。变形有宏观的,也有微观的。构造地质学主要研究宏观变形,即肉眼可见的手标本、野外露头乃至更大范围的构造形态,如岩层和岩体的产出状态,以及岩层和岩体中存在的褶皱、断层、节理、劈理、线理等。

第一节 岩层的成层构造及其产状

岩层和岩体是构成地壳地质构造的物质基础,而岩层和岩体的产状是研究地壳构造的形态基础,也是构造地质学研究的基本内容之一。在地壳表层,沉积岩是分布最广的岩石类型。占地球表面71%的海洋,绝大部分被沉积物覆盖,陆地部分据估计也有75%的面积是沉积岩。成层构造是沉积岩中普遍存在的构造现象,在许多变质岩和部分火成岩中(如火山岩和一些重力分异比较明显的深成岩)也可见到。因此,我们研究地质构造首先要研究岩层的成层构造和产状。

一、岩层的成层构造

(一)岩层和地层

岩层,主要指成层的沉积岩,也包括喷出岩和由二者经区域变质作用而成的变质岩。它们是一定地质时期和一定地质作用的产物,大都具有层理或成层特征。因此也比较清楚地反映了它们原始沉积(堆积)状况和后来构造变形的特征。同时,根据它们的叠覆关系进行岩层的分层和确定其形成顺序。从地壳发展历史的意义来说,有了时代(或层位)概念的岩层也就是地层。

(二)层理及其识别

层是组成层状岩石的最基本单位,它是由上下界面与其他岩石分开的、性质一致的地质体。层与层的界面叫层面,上下层面之间的垂直距离就是层的厚度。层可以很薄,如页岩和千枚岩厚度还不到1mm;也可以相当厚,如一些石灰岩、砂岩厚度可达几米。层状岩石被许多层面分割,由于岩石成分、结构、颜色的交替而显示出来的成层现象,叫做层理。它是层状岩石最重要的原生构造,认识层理,是研究岩石变形的基础。可根据以下几方面来识别层理:

1.岩石成分、结构上的变化。如岩石组分上或矿物颗粒粗细的变化,出现成层,显示出层理。有时扁平砾石或原生结核排列成带,或云母成面状分布,也能显示出层理。这些都是块状砂岩或粗粒碎屑岩确定层理的良好标志。

2. 在层理隐蔽的岩石中，如看到一层或数层颜色稍有不同的条带或夹层，可作为确定层理的标志。这些条带和夹层必须是岩石的原生颜色，次生风化颜色则不能作为层理识别依据。

3. 一些巨厚层岩石，如碳酸盐岩、砂岩、泥岩、砾岩等，可以从成分上或粒度上不同的夹层或透镜体（如砂岩中夹砾岩层，碳酸盐岩夹泥质岩层，泥岩中夹砂砾岩层），或砾岩中砾石排列等来识别层理。

4. 根据某些原生层面构造，如波痕、泥裂、雨痕等的分布特征和一些生物化石分布、埋藏状态，可以帮助识别层理。

对于火山岩则可从以下几方面来识别层理：

5. 在喷出岩中注意寻找沉积岩或成层明显的火山碎屑岩夹层，利用它们可以识别层理。

6. 中酸性火山岩系中，凝灰岩常与熔岩互层，一般凝灰岩成层比较稳定，可以利用它来识别层理。

7. 熔岩中的扁平或长条形气孔和杏仁体、捕虏体、斑晶等的定向排列以及平行的流纹构造、条带状构造和流面构造，都可以作为识别层理的标志。

（三）岩层层序的确定

在野外观察研究地质构造时，首先要正确判别岩层层序，可以说，岩层层序的确定是观察研究地质构造的前提。因为岩层形成后，经过构造变动，可以保持正常产状，即上层面（顶面）在上方，下层面（底面）在下方；如果出现相反的情况，上层面（顶面）在下方，下层面（底面）在上方，层序颠倒了，即岩层产状发生了倒转。因此，不弄清岩层层序，就会对观察研究地质构造带来困难，甚至做出错误的判断，对找矿勘探和解决某些地质问题造成损失。确定地层时代和层序，主要还是根据古生物化石，但对一些化石稀少的岩层，如火山岩或变质岩就需依据岩层中的一些原生构造或次生构造特征来确定岩层的顶、底面，从而判别岩层产状的正常或倒转。关于次生构造确定层序，在后面有关章节论述，这里只介绍如何根据岩层中的一些原生构造来确定岩层层序。

1. 对称波痕：对称波痕具有尖棱波峰（脊）和圆弧的波谷，波峰向上为正常层序，向下为倒转层序。

2. 泥裂：是沉积物还未固结时露出水面，经暴晒而发生收缩和裂开形成的裂缝。常见于泥岩中，粉砂岩和碳酸盐中也有。泥裂在层面上多呈多边形网络状，有时呈放射状或不规则分叉状。断面上呈"V"字形裂缝，常为上覆沉积物所充填。泥裂尖端指向岩层底面，所以尖端指向下方为正常层序，反之为倒转层序。

3. 雨痕和冰雹印痕，稀疏的雨滴或冰雹落在露出水面尚未固结的泥质或粉砂质沉积物面上形成的圆形或椭圆形凹坑。印痕常为上覆沉积物所充填，故上覆岩层底面形成圆形或椭圆形的瘤状突起的印模。因此，凹坑印痕总是出现在岩层顶面，而瘤状印模则出现在岩层的底面（图18-1）。以此可以判别岩层的

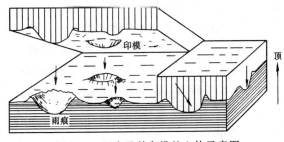

图 18-1 雨痕及其印模的立体示意图
（据 R·R·施劳克，1948）
图中的小箭头指示雨痕或冰雹的下落方向

层序。

4. 斜层理：某些呈收敛型的斜交层理和交错层理的呈弯曲状的细层，通常其上端与平直层理成大角度相交，其下端变缓与平直层理趋于平行或相切，即弯曲的细层与平直层理成大角度相交的一边是顶面，趋于平行或相切的是底面。

5. 冲刷面：岩层沉积后，出露水面或在水下因水流流速加大，发生冲刷破碎，造成凸凹不平的冲刷面，接着在不平整的冲刷面上再堆积时，往往就形成含有下伏岩层的岩块。根据这种现象，可以判别岩层层序。

6. 韵律层理：也叫韵律层或粒级层，是岩石的粒度和物质成分按一定顺序作有规律的递变交替出现。如一个岩层中每一层（一个粒度层）都是由下而上粒度逐渐由粗变细，而两个相邻粒级层之间，在粒度上有较大差别。根据韵律层的这种特征，可以帮助判别岩层层序。

7. 熔岩的枕状构造和多孔状顶部。海底喷发的熔岩常具枕状构造，枕状体的顶面通常是向上凸出的（图18-2）。另外，由于熔岩内气体向上逸散，某些熔岩顶部可见到气孔构造或杏仁构造密集的地段，它们也具有指示岩层层序的作用。

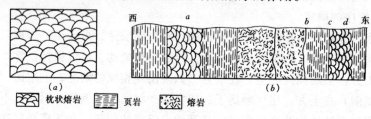

图 18-2　熔岩流的顶面
(a) 正常的枕状构造；(b) 枕状构造和气孔构造说明顶面向右

二、岩层产状、出露特征及厚度

(一) 岩层的产状

所谓产状是指地质体（岩层、岩体、矿体等）在地壳中的空间分布位置和产出状态。

在比较广阔而平坦的沉积盆地（海洋、湖泊）中的沉积物，其原始产状一般是水平或近于水平的。但是，由于沉积盆地的古地形影响，岩层的原始产状并不都是水平的。例如，沉积在沉积盆地（海洋、湖泊）边缘、岛屿周围或者在水底隆起等处的沉积岩层，由于原始地形的影响，形成局部倾斜产状，即原始倾斜。至于陆相沉积，如残积、坡积、冰川沉积及风成沉积等大都具有一定的原始倾斜。

岩层形成后，由于受地壳运动的影响，其原始产状发生了不同程度的改变，有的还保持了原来近于水平的产状，形成水平岩层；有些则发生倾斜，形成倾斜岩层；有些发生弯曲，甚至倒转，或者发生破裂错断，形成了各种各样的地质构造。

岩层在地壳中的产状是各种各样的，但是基本产状有三种：水平的、倾斜的和直立的，即水平岩层、倾斜岩层和直立岩层。

(二) 岩层产状要素及其测定

1. 岩层产状要素

(1) 走向　岩层面与水平面相交的线称为走向线，走向线两端所指方向即为走向，用走向线与地理子午线之间的夹角来表示（图18-3）。岩层的走向都有两个方位角值。在实测记录时，为了简便，一般只测量、记录靠北一端的方位数值。岩层的走向表示岩层在空间的水平延伸方位。

(2) 倾向 在岩层面上垂直岩层走向线沿倾斜面向下所引的直线称倾斜线（图18-3）它在水平面上的投影称真倾向线，简称倾向线。倾向线所指岩层倾斜一端的方位即为岩层的真倾向，简称倾向。倾向能说明岩层向下延伸的方位。一个测点只有一个倾向，倾向数值加上或减去90°便得出走向值。在岩层面上，凡不与走向线直交的任一倾斜线均称假（视）倾斜线，它在水平面上的投影称假（视）倾向线，所指的方位为假（视）倾向。在一个层面上假（视）倾向有无数个。

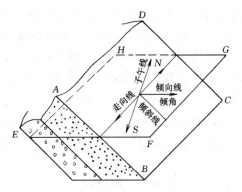

图18-3 岩层产状要素
ABCD—岩层层面；EFGH—水平面

(3) 倾角 岩层倾斜线与倾向线之间的夹角称岩层真倾角，简称倾角。假（视）倾斜线与相应的假（视）倾向线之间的夹角称假（视）倾角。在一个测点上，岩层倾角只有一个，出现在与岩层走向相直交的剖面上；假（视）倾角有无数个，都出现在与岩层走向斜交的剖面上。因此，在绘制方向与岩层走向斜交的剖面时，该剖面上的岩层倾角需按假（视）倾角数值绘制。

真、假（视）倾角的关系如图18-4所示。其间的换算关系可用下式表示：

$$\mathrm{tg}\alpha' = \mathrm{tg}\alpha \cdot \cos\omega$$

上述关系表明，当 $\omega = 0°$ 时，$\cos\omega = 1$，则 $\mathrm{tg}\alpha' = \mathrm{tg}\alpha$，$\alpha' = \alpha$，即垂直岩层走向的剖面上出现的岩层倾角为真倾角；当 $\omega \neq 0°$ 时，$\cos\omega > 1$，则 $\mathrm{tg}\alpha' < \mathrm{tg}\alpha$，$\alpha' < \alpha$，即斜交岩层走向的剖面上出现的岩层视倾角总是小于真倾角；当 $\omega = 90°$ 时，$\cos\omega = 0$ 则 $\alpha' = 0$，即平行岩层走向的剖面上，岩层视倾角为0°。

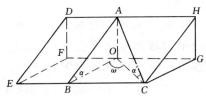

图18-4 真倾角与假倾角关系
DECH—岩层层面；FECG—水平面；
DH—走向线；AB—倾斜线；OB—倾向线；AC—假倾斜线；OC—假倾向线；
α—真倾角；α'—假倾角；
ω—真假倾向线间夹角

在野外测量岩层产状，通常是测得真倾向、真倾角，通过换算可求得作剖面图的视倾角。地质工作者用的野外记录簿内均附有"倾角换算表"，该表是根据上述关系式编制而成。如利用罗盘已测得岩层倾角值，并已知岩层走向与剖面间夹角值后，就可在该表中查得与之对应的视倾角值。

2.岩层产状要素的测定与表示方法

(1) 岩层产状要素的测定 测量岩层的产状要素，是地质调查中的一项基础工作。只有掌握岩（矿）层在各个地段的产状要素，才可能正确认识区内的地质构造特征。测定岩层产状要素，可以在野外直接测定，也可利用其他方法间接测定。

直接测定 用地质罗盘直接在岩层层面上测量其倾向、倾角，测量时要注意选择有代表性又便于施测的层面。

间接测定 在不能直接用地质罗盘测量产状的地方，可根据地质调查所得有关资料和数据进行间接测定（间接测定产状的方法详见实习三十四）。

（2）产状要素的表示方法　有文字表示法、符号表示法。

文字表示法　这种方法多用于野外记录、地质报告以及剖面素描中，一般采用方位角表示。将方位角分为360°，以正北方为0°（360°）。通常只记倾向和倾角，如岩层倾向205°，倾角25°，记为205°∠25°。

符号表示法　用于地质平面图上，常用的符号有：

　　╱⁵³　　岩层倾斜，长线表示走向，短线表示倾向，数字为倾角值；

　　╳　　　岩层水平，倾角0°～5°；

　　↗　　　岩层直立，箭头指向新岩层；

　　╱⁶⁰　　岩层倒转，箭头所指为倒转后倾向，数字为倾角值。

（三）水平岩层的出露特征及厚度

岩层形成以后，虽然经过一次或多次构造运动，仍保持水平状态，即岩层的同一层面上的各点具有相同的海拔高程，这就是水平岩层。所谓水平岩层，其产状也是相对水平，绝对水平是少有的，在实际的地质工作中，一般将倾角在0°～5°范围的岩层就视为水平岩层。

在岩层没有发生倒转的前提下，水平岩层具有下列特征：

1. 老岩层在下，新岩层在上，显示正常的沉积层序。

2. 岩层在地面上出露情况与地形切割程度有密切关系。切割越深，岩层出露越多。老岩层出露在冲沟、河谷等低洼处。

3. 水平岩层顶面与底面的高差，就是岩层的厚度。

4. 水平岩层出露的宽度，决定于岩层厚度与地形。当厚度一定时，地形越平缓出露宽度越大（图18-5）。

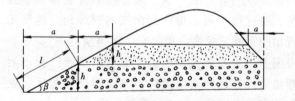

图18-5　水平岩层的厚度和露头宽度

h—岩层厚度；a—露头宽度；l—岩层顶底界线间斜长；β—地形坡度角

5. 水平岩层的厚度（h），可以根据沿斜坡测得视厚度（l）和地形坡度角（β）计算出来（图18-5）。

$$h = l \cdot \sin\beta \quad (18-1)$$

水平岩层的露头线平行于地形等高线，露头形态决定于地形。

（四）倾斜岩层的出露特征及厚度

由于构造运动的影响，使原始水平产状的岩层发生变动，形成在一定地区内岩层大致向一个方向倾斜，其倾角介于水平岩层与直立岩层之间，就叫做倾斜岩层。

倾斜岩层在自然界最普遍、最常见，它往往是某种地质构造的一个组成部分，如为褶曲的一翼，断层的一盘。因此，正确认识倾斜岩层的特征，是分析、认识各种地质构造的基础。

1. 正常的倾斜岩层，新岩层在上，老岩层在下，显示和水平岩层类似的层序关系。但是有一部分倾斜岩层是倒转的，显示相反的新老关系，即老岩层在上，新岩层在下。

2. 岩层新老和地形高低没有一定关系。但是，倾斜平缓的岩层近似水平岩层，老岩层出露与否受到地形切割深度的影响。

3. 倾斜岩层露头线与地形等高线斜交，露头形态取决于倾斜程度和岩层的倾斜方向与地形倾斜方向的关系。一般说来呈波状弯曲。

4. 当岩层厚度一定时，露头宽度受岩层倾角、地形坡度以及岩层的倾斜方向与地形倾斜方向的关系诸因素影响。

当地面水平时，露头宽度与岩层倾角（α）有关，倾斜越小出露宽度越大（图 18-6）。岩层厚度可按下述公式计算：

$$h = l \cdot \sin\alpha \tag{18-2}$$

当地面与岩层向同一方向倾斜，地形坡度角（β）大于岩层倾角（α）时（图 18-7）：

$$h = l \cdot \sin(\beta - \alpha) \tag{18-3}$$

当地面与岩层向同一方向倾斜，地形坡度角（β）小于岩层倾角（α）时（图 18-8）：

$$h = l \cdot \sin(\alpha - \beta) \tag{18-4}$$

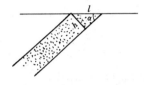
图 18-6
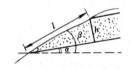
图 18-7

图 18-8

当地面与岩层向相反方向倾斜时，岩层厚度与露头宽度一般有如下关系（图 18-9）：

$$h = l \cdot \sin(\alpha + \beta) \tag{18-5}$$

以上(2)~(5)诸式，都适用于沿垂直岩层走向方向测量露头宽度的情况，如果露头宽度不是沿垂直走向测量的，那么应先换算成沿这个方向的宽度。

（五）直立岩层的出露特征及厚度

岩层产状直立，一般是局部的现象，也可以看做是倾斜岩层的特例。

直立岩层的特征是：

1. 不显示上下关系，即不能按一般重叠次序判断岩层新老次序。

2. 直立岩层露头线是一条直线，不受地形切割影响。

3. 当地面水平时，直立岩层露头宽度就是它的厚度。当地面倾斜方向与岩层走向正交时，露头宽度与岩层厚度间有如下关系（图 18-10）：

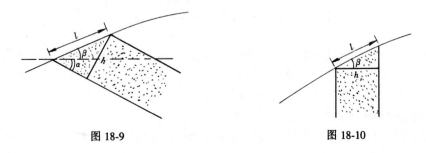

图 18-9　　　　　　　　　　图 18-10

$$h = l \cdot \cos\beta \tag{18-6}$$

三、地层的接触关系

由于岩层的形成受控于地壳运动,也由于地壳运动是很复杂的,因而反映在岩层之间的接触关系也有各种类型,但大致可归为整合和不整合两种基本类型。

(一)地层接触关系的类型

1. 整合　当一个地区较长时期处在持续下降的沉积环境下,沉积物一层层连续堆积,这样形成的一套岩层,它们在时代上是连续的,在产状上是平行一致的,这样的一套岩层之间的接触关系称为整合接触。因此,具有整合接触关系的岩层特征是:上下岩层产状平行一致,时代连续、岩性稳定或做有规律的递变。

2. 不整合　如果一个区域在沉积了一套岩层以后上升出水面,沉积作用中断了,并遭受一定程度的剥蚀,然后再次下降又接受沉积。这样一个过程,表现在先后沉积的两套地层之间缺失了一部分地层,上下地层时代是不连续的,也就是在一定的地质时期发生过沉积间断。上下地层之间这种接触关系称为不整合。新老地层之间存在一个沉积间断面,这个沉积间断面称为不整合面,不整合面在地面的出露线为不整合线,它是重要的地质界线之一。不整合面以上的较新地层,称为上覆地层,以下较老地层称为下伏地层。

3. 不整合的类型　根据不整合面上下地层的产状及所反映的地壳运动特征,不整合一般分为两大类,即平行不整合(假整合)和角度不整合(不整合)。在生产实践中,不整合即指角度不整合,否则应予以说明。

(1) 平行不整合　表现为上下两套地层产状彼此平行,但两套地层之间缺失部分地层,说明在它们之间发生过一定时期的沉积间断。其形成过程可以概括地表示为:下降沉积→平缓上升遭受剥蚀(沉积间断)→再下降接受新的沉积(图18-11(a))。

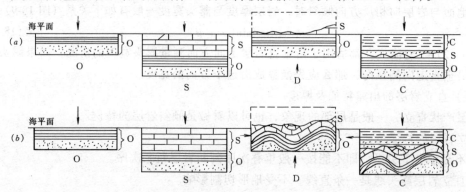

图 18-11　平行不整合 (a) 和角度不整合 (b) 的形成过程示意图
O—奥陶系;S—志留系;D—泥盆系;C—石炭系
箭头代表地壳运动垂直或水平运动方向
(据成都地院编《动力地质学原理》,1978)

(2) 角度不整合　角度不整合主要表现为不整合面上下两套地层之间既缺失部分地层,彼此的产状又相交,其形成过程可以概括为:下降沉积→隆起、褶皱、断裂并遭受剥蚀(沉积间断)→再下降接受新的沉积(图18-11(b))。

(二)地层接触关系的确定

不整合是地壳构造运动的产物。构造运动引起地表自然地理环境的变化,从而影响到生物界的演化和沉积岩性的变化。同时，构造运动还与岩层变形、区域变质作用和岩浆活动有着密切联系。因此，在这许多方面的反映，都可作为确定不整合的直接或间接的标志。

1. 古生物地层方面的标志：上下地层所含的化石如出现古生物演化不连续或突变，说明当地在某时期自然地理环境发生过巨大变化，有过沉积间断。根据化石和区域地层对比，确定两地层之间缺失了某些地层而又不是断层造成的地层缺失，则是不整合存在的确切证据。

2. 沉积方面的标志：不整合面是古大陆剥蚀面。因此，两套地层之间有一个较平整的或高低不平的剥蚀面，面上还可能保存有古风化壳、古土壤层和其他风化剥蚀痕迹或古代风化淋滤矿产，如高岭土、褐铁矿等。上覆地层的底部常有下伏地层的岩石碎块、砂砾等，形成底砾岩。这些都是确定不整合的良好标志。

3. 构造方面的标志：一般来说，不整合以下的老地层受到的构造变形总是比上覆的新地层受到的次数要多，故其构造也要强烈而复杂些。如存在角度不整合，其上下两套地层的产状有明显不同，或两套地层所表现的构造形态有明显差异，或二者构造线方向截然不同（图18-12）；上下两套地层中裂隙或断层的发育差异，下伏地层中发育的某些裂隙或断层，在与上覆地层接触处突然中断，这些都可以作为不整合存在的依据。

4. 岩浆活动和变质作用方面的标志：不整合上下两套地层是地壳构造发展的不同阶段的产物，所以它们常常各有相伴生的、不同特点的岩浆活动和区域变质作用。

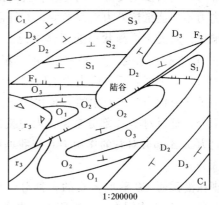

图 18-12　陆谷地区地质图
表示 $O_1 - S_3$ 与 $D_2 - C_1$ 两套地层的构造线方向
截然不同，二者为角度不整合接触关系

以上各种标志，从不同方面说明不整合存在的一些特征，其中地层古生物的标志是决定性的，其他方面的标志是旁证性的。所以在野外调查时要仔细观察，综合分析各种标志，才能得出正确的结论。

（三）研究地层接触关系的意义

地层不整合接触是一个重要地质现象，是地质历史上构造运动的性质和发生时期的一种直接记录；是研究地壳地质发展历史的重要依据，特别是反映巨大的、广泛的构造运动的区域性不整合，常常是地质历史阶段划分的重要标志之一，同时也是划分、对比地层的一个重要的、清楚的分界面，是地质填图的一个重要的地质界线。研究不整合还可以帮助我们了解古地理的变化。接近不整合面的上下岩层也常常成为重要的成矿带。如不整合面上常形成象铁、锰、磷、黏土矿等不同类型的沉积矿床和沉积型的稀有元素矿床。不整合还是构造上一个软弱带，是岩浆及其他含矿溶液易于进行活动的地带，在此有可能形成交代或填充的内生矿床。

由此可见，不整合的观察研究，在理论上和生产实践上都有重大意义。

*第二节 岩石应变分析基础

地壳中岩石的变形，除少数是在沉积物固结或岩浆凝固以前发生的，绝大多数是在固体状态下发生的，因此可以用研究一般固体变形的原理来研究它们。

一、应力的概念

地壳中的岩石发生变形，基本原因是受到其他物体所作用的力，这种力称为外力。岩石内部某一部分与其他部分之间也存在相互作用的力，叫做内力。例如，组成岩石的各原子、各分子间本来就有相互作用着的力，也就是岩石内部本来就有内力存在，不过这种内力不是我们这里所要研究的主要对象。

外力使岩石发生变形，同时在岩石内部引起附加内力。岩石具有弹性，就是因为这种附加内力不但能抵抗外力引起形变，而且还能消除这些形变。这种附加内力随外力加大而相应增加，对处于平衡状态的固体来说二者相等。但附加内力的增加，对于某一种材料（如某一种岩石）来说，具有一定限度，超过了这个限度，岩石就要破坏，这个限度就是岩石的强度。下面我们再讲内力的时候，指的就是这种由外力引起的附加内力。

为了研究内力在岩石中的分布和特征，采用截面法，即以一假想平面把岩石分成 A、B 两部分，这时对于 A 部分来说，内力就是 B 部分对它的作用力；反之，对于 B 部分来说，内力是 A 部分对它的作用力。当我们研究岩石某平面上的内力时，可以任意选取其中一部分。

现在沿截面 CD 截取岩石的一部分，从截面上某一点 M 附近划取一块微小面积 ΔF（图 18-13），如果作用在这块面积上的内力为 ΔP，那么：

$$P_{CD} = \frac{\Delta P}{\Delta F} \tag{18-7}$$

式中 P_{CD} 就是 ΔF 上的平均应力。由于截面上内力的分布一般是不均匀的，所以平均应力将与所取面积 ΔF 的大小有关。为了尽量缩小截面上内力分布不均匀的影响，可将 ΔF 尽量减小，在极限情况下就得到：

$$P = \lim_{F \to 0} \frac{\Delta P}{\Delta F} = \frac{dP}{dF} \tag{18-8}$$

p 称为截面上 M 点的应力。即作用于物体单位面积上的（附加）内力称为应力。它表示内力的大小，其单位用 kg/m^2 或 kg/mm^2 表示。与力一样，应力也是有方向的。正应力矢量相向的，称为压应力，相反的称为张应力。在地质学中，通常规定压应力符号为正，张应力符号为负，这与材料力学中的用法正好相反。

应力作用于截面上又可分解为垂直截面方向的正应力（σ）和平行于截面方向的剪应力（τ），它们之间的关系可用矢量合成法（图 18-14）：

$$p^2 = \sigma^2 + \tau^2 \tag{18-9}$$
$$\sigma = p \cdot \cos\alpha \tag{18-10}$$
$$\tau = p \cdot \sin\alpha \tag{18-11}$$

压应力、张应力和剪应力是可以互相派生、转化的。例如受到挤压的岩层除产生压应力外，在垂直压应力的方向上可以出现张应力，在斜交压应力的方向上可以出现剪应力。

关于应力性质的转化,见下面应变椭球体方面的内容。

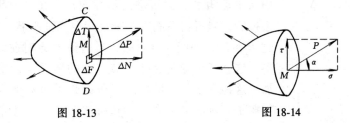

图 18-13　　　　　　　　图 18-14

二、变形的概念

当物体或岩石受到外力作用时,它的形状或体积发生变化,或者形状和体积同时发生变化,而其质量不变,称为变形。

岩石的变形是由于地壳运动产生的地应力所引起的,也可以由于温度的变化,或者其他因素所引起。由于岩石受到外力作用的方式不同和岩石的形状不同,所以,岩石变形也是多种多样的。但是,最常见的、基本的变形形式有五种:拉伸、压缩、剪切、弯曲和扭转(图 18-15)。

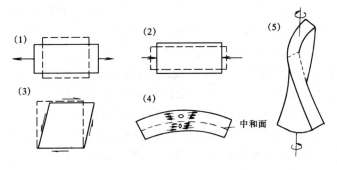

图 18-15　岩石变形的五种方式
(1)—拉伸;(2)—压缩;(3)—剪切;(4)—弯曲;(5)—扭转

按变形的性质,岩石和其他物体一样,在受外力作用时,一般都经历三个变形阶段:弹性变形、塑性变形和断裂变形(图 18-16)。岩石这三个变形阶段虽然依次发生,但不是截然分开的。由于岩石的性质(脆性和塑性)不同,因而三个阶段表现的程度就不同。如脆性岩石的塑性变形阶段很小(图 18-17),而塑性岩石的塑性变形就很大(图 18-16)。

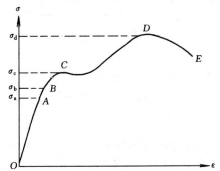

图 18-16　塑性材料(低碳钢)
做拉伸实验时的应力-应变曲线
(引自徐开礼、朱志澄主编的
《构造地质学》,1989)

1. 弹性变形

岩石在外力作用下发生变形,当外力取消后,又恢复到变形前的状态,这种变形称为弹性变形。弹性变形的特征是应力与应变成正比关系,这种关系符合虎克定律,相当于(图 18-16)中的 OA 直线段。

2. 塑性变形

外力继续增加,变形继续增加,当应力超过

261

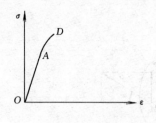

图 18-17 脆性材料拉伸时
的应力应变曲线

岩石的弹性极限时，岩石的变形就进入塑性变形阶段。如图中从 B 点开始，岩石进入塑性变形，在这种状态下即使外力去掉后，岩石也不能完全恢复到原来的形状，产生永久变形。过 B 点后，曲线显著弯曲，当达到 C 点时曲线很快就变成水平，这就意味着在没有增加应力的情况下，变形却显著地增加，这种现象称为材料的屈服。此时岩石抵抗变形的能力就很弱了。对应 C 点的应力值称屈服极限。过 C 点后应力缓慢增加，一直到 D 点，应力值增加到最大值，相当于 D 点的应力值叫强度极限。过 D 点后，塑性材料的变形进入另一新的变形阶段，即断裂变形。

3. 断裂变形

任何岩石的弹性变形和塑性变形总是有一定限度的，如应力达到或超过岩石的强度极限时，塑性材料在 E 点而脆性材料在 D 点断裂，形成断裂变形。

三、应变椭球体

（一）应变椭球体的概念

应变椭球体的理论是贝克尔在1893年从弹性力学中的应力椭球体的概念中引申出来，并应用于地质构造的力学成因和形成规律的分析。应指出，应变椭球体，只适用于对均质体发生均匀的弹性变形所作的几何形象的解析。

在各向同性的岩石中任取一立方体，假想其中存在一个圆球体，当立方体受力发生均匀变形时，在不超过极限的范围内，原来的圆球体变成三轴椭球体，叫做应变椭球体。

应变椭球体中的最长轴称最大应变轴（A 轴），它和拉伸最长或压缩最小的方向一致；最短轴称最小应变轴（C 轴），它和压缩最大或拉伸最小的方向一致；而中等轴称中等应变轴（B 轴），它反映了拉伸和压缩程度在最大和最小之间，或者保持原来球体直径的长度而没变化。这三个轴彼此垂直。

根据虎克定律在各向同性弹性物体中，应力与应变成正比关系，那么三个应变轴与三个主应力轴就相应一致（图 18-18）。

同时，在微量变形条件下，应变椭球体中，位于与 A 轴和 C 轴相交成45°的方位上，存在着一对成直角交叉的圆切面。这对圆切面的交叉线（共轭线）与 B 轴一致，这对圆切面叫最大剪切应力面。平行于此二圆切面上的剪切应力最大（图 18-19）。

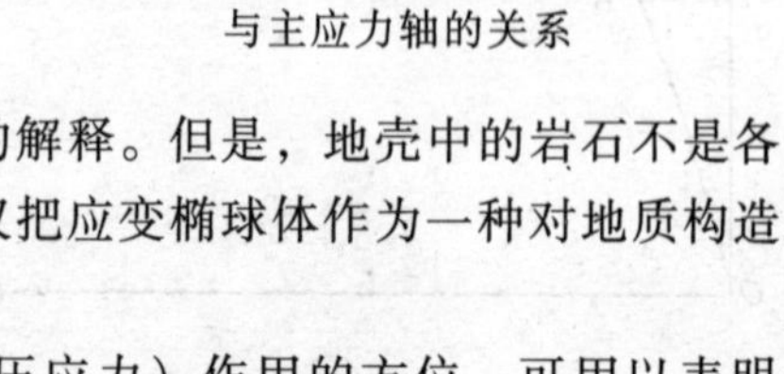

图 18-18 椭球体中应变轴与主应力轴的关系

（二）应变椭球体的应用

应变椭球体只适用于在各向同性连续的均质体中，发生微量的均匀的弹性变形时所作的几何形象的解释。但是，地壳中的岩石不是各向同性的介质，所产生的变形也较复杂。因此，我们仅把应变椭球体作为一种对地质构造进行定性分析的工具。

1. 应变椭球体的 A 轴反映最大张应力（或最小压应力）作用的方位，可用以表明岩石变形的最大拉伸方向，或物质塑性流动、矿物重结晶及定向排列方向。

2. 应变椭球体的 C 轴反映最大压应力（或最小张应力）作用的方位，可用以表明岩石变形的最大压缩方向。如褶皱的轴线、逆断层走向线、岩浆岩体的流线、片理走向等构

造线都与 C 轴垂直，而与 A 轴平行。

3. 垂直于 C 轴，而由 A 轴和 B 轴所构成面，为承受最大压应力的变形面，一切挤压构造面可与之一致。

4. 垂直于 A 轴，而由 C 轴和 B 轴所构成的面，为承受最大张应力的变形面，一切张裂构造面可与之一致。

5. 应变椭球体中两个圆切面反映最大剪切应力作用的方位，可用以表明岩石发生剪切位移的方向，一切剪裂隙、平移断层等都可与之平行。

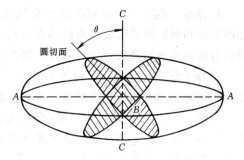

图 18-19 应变椭球体中等伸缩最大圆切面的位置及其与 C 轴的夹角

四、影响岩石力学性质和变形的主要因素

在地表常温常压条件下进行岩石试验所表现出的力学性质，与同一种岩石在自然条件下受地应力变形所表现的力学性质不是完全一样的。岩石的力学性质不仅决定与岩石本身，还决定与影响变形过程的许多因素，如围压、温度、时间、溶液等。

1. 围压（静水压力） 围压能增加岩石塑性变形的能力和提高它的强度。例如，对石灰岩在常压条件下进行实验，表现为弹性变形，当所施压力达到 $2800 kg/cm^2$ 时，发生破裂，基本不存在塑性变形阶段。如果在 2000 个大气压条件下进行实验，则石灰岩表现为塑性变形，所施压力达到 $6000 kg/cm^2$，石灰岩被压缩了 30% 还未破坏。这说明，在地表附近，大多数岩石表现是脆性的；但当岩石处于围压随深度而增加的地下，则变为具有高度塑性的物质。这是因为围岩能增强物质质点的内聚力，使晶格不易破坏，因而不易形成断裂的缘故。

2. 温度 许多固体物体，在常温下是脆性的，而在高温下则变成塑性的。例如，对大理石在围压 10000 个大气压条件下进行实验，当温度为常温时，其弹性极限为 2000 kg/cm^2；当温度为 750℃ 时，其弹性极限则减为 1000 kg/cm^2，也就是扩大了塑性变形的范围。这是因为温度增高可以增加物体内部质点的运动强度，使之容易产生位移，所以在较小的应力下也能发生塑性变形的缘故。显而易见，地壳中岩石在地热和高围压影响下，松弛现象就更显著，塑性变形的范围也会更加扩大。

3. 时间 施力与物体的时间长短，对岩石力学性质有很大的影响。一般来说，岩石所受的应力小于它的弹性极限时，不会产生永久变形。但是，如果作用时间很长或作用次数增多，也会引起缓慢的变形，这种现象称为蠕变。这种蠕变表现为弹性变形和塑性变形相互重叠的两种变形的总合。在蠕变中的弹性变形部分，当作用力消失后，经过一个较长的时间，可以逐渐复原，而蠕变中的塑性变形部分则可保留下来。

还需指明，如果作用时间继续延长或作用次数增多到一定程度时，还可以使物体由塑性变形发展到破裂变形。但在一定条件下，使某物质发生破裂的压力不能小于一定限度，如小于这个限度，即使重复施力多少次，也不能使物体发生破裂。

时间对岩石变形的影响，是与松弛作用密切相关的，当物体受缓慢的长时间的力的作用，质点有充分时间重新排列，于是产生永久变形。今天观察到的各种构造形态是与岩石遭受长时间的作用力密切相关的。

4. 溶液 岩石中存在有溶液和水汽时，在力的作用下，特别有利于与岩石变形相伴随的溶液和新矿物的形成（重结晶作用），从而促进了岩石的塑性变形，因此，溶液可以使岩石的弹性极限降低，提高岩石的塑性。

5. 压力状态 当岩石受到张力时会使岩石脆性增高，最容易发生张性断裂；而岩石受到压力时，岩石塑性相应提高，这时剪裂隙比张裂隙更易于产生。

观察分析地质构造时，必须综合考虑地质构造是岩石在地壳运动所引起的地应力作用下，经历了漫长的地质时代，处于地壳表层以下不同深处，受着不同围压、温度以及溶液的复杂影响而发生变形的结果。

思 考 题

18-1 何谓地质构造？在野外如何识别层理？
18-2 岩层产状要素包括哪些内容？
18-3 何谓岩层的厚度？正常的水平岩层在地质图上具何特征？
18-4 不整合分哪几类？确定角度不整合的存在有哪些标志？
18-5 试述平行不整合与角度不整合的异同点。
18-6 简述研究地层接触关系的意义。
18-7 应变椭球体的应用条件是什么？
18-8 试述影响岩石力学性质和变形的主要因素。

第十九章 地质构造的类型及特征

第一节 褶皱构造

褶皱是岩层在构造运动作用下所产生的一系列弯曲，是地壳中广泛发育的地质构造的基本形态之一。

一、褶皱的概念

褶皱的基本单位是褶曲。褶曲是岩层的一个弯曲，两个或两个以上的褶曲组合称为褶皱。

（一）褶曲要素

为了更好地研究和描述褶曲形态及其空间展布特征，首先应该对褶曲要素加以了解。任何褶曲都具有以下各要素（图19-1）。

核：褶曲的中心部分。通常只把褶曲出露地表最中心部分的岩层叫核。

翼：指褶曲核部两侧的岩层。一个褶曲具有两翼。两翼的岩层面与水平面的夹角叫翼角。

转折端：褶曲两翼会合部分，即从褶曲的一翼转到另一翼的过渡部分。没有太严格的界线，它可以是一点，也可以是一段曲线。

轴面：平分褶曲两翼的对称面称轴面。它可以是一个简单的平面，也可以是复杂的曲面。轴面产状可以是直立的、倾斜的、水平的。

枢纽：褶曲岩层的层面与轴面交线称枢

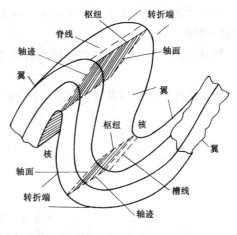

图19-1 褶皱要素示意图

纽。枢纽可以是水平的、倾斜的、直立的或波状起伏的。它表示褶曲在其延长方向上产状的变化。

轴迹：是指轴面与任何平面的交线。在褶曲的枢纽倾伏较缓的情况下，轴面和地面的交线在地质图上的投影叫轴迹或称褶轴。

脊线和槽线：在背斜构造中，同一个层面各横剖面上的最高点叫脊，它们的连线叫脊线；向斜构造中，同一个层面各横剖面上的最低点叫槽，它们的连线叫槽线。

（二）褶曲的基本形式

自然界岩层弯曲有各种各样的形态，但基本的形式只有两种，即背斜或向斜。

背斜：一般情况下背斜是一向上拱的弯曲，核部地层相对较老，两翼地层相对较新。

向斜：一般情况下向斜是一向下坳的弯曲，核部地层相对较新，两翼地层相对较老。

（三）褶曲的形态分类

1. 褶曲的横剖面形态

(1) 根据轴面和两翼产状分类（图19-2）。

图 19-2 按轴面产状的褶曲分类
(a) 直立褶曲；(b) 倾斜褶曲；(c) 倒转褶曲；(d) 平卧褶曲；(e) 翻卷褶曲

直立褶曲：轴面直立，两翼向不同方向倾斜，两翼角大致相等，两翼对称，故又称对称褶曲。

倾斜褶曲：轴面倾斜，两翼向不同方向倾斜，两翼角不等，两翼不对称，又称斜歪褶曲。

倒转褶曲：轴面倾斜，倾角更小，两翼向同一方向倾斜，其中一翼岩层发生倒转，两翼角不等，若两翼角相等则称为同斜褶曲或等斜褶曲。

平卧褶曲：轴面水平或近于水平，两翼岩层的产状也近于水平；一翼层位正常，另一翼层位倒转。

翻卷褶曲：轴面呈水平状且前端向下弯曲的褶曲，通常由平卧褶曲转折端部分翻卷而成。

(2) 按转折端及两翼特点分类（图19-3）。

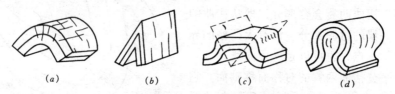

图 19-3 褶曲按岩层弯曲形态分类的示意图
(据徐开礼、朱志澄主编的《构造地质学》，1989)
(a) 圆弧状褶曲；(b) 尖棱状褶曲；(c) 箱状褶曲；(d) 扇形褶曲

圆弧状褶曲：两翼产状正常，较平直，转折端为圆滑弧形，这一类褶曲较常见。

尖棱状褶曲：两翼平直，转折端急转过渡成尖棱状。

箱状褶曲：转折端平直而两翼陡直。

扇形褶曲：转折端平缓弯曲而两翼岩层都发生倒转，核部岩层是正常的。

2. 褶曲的平面形态

(1) 按枢纽产状分类（图19-4）。

水平褶曲：也称平行褶曲，枢纽产状水平，两翼岩层走向平行。

倾伏褶曲：枢纽产状倾伏，两翼岩层走向不平行而逐渐转折汇合。

倾竖褶曲：枢纽产状直立，两翼产状也直立。

严格地说，在自然界褶曲的枢纽几乎都是倾伏的，而水平褶曲常是倾伏褶曲的一部

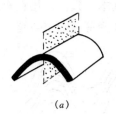 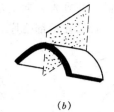 

图 19-4 按枢纽产状的褶曲分类
(a) 水平褶曲；(b) 倾伏褶曲；(c) 倾竖褶曲

分。而倾竖褶曲则是局部现象。

(2) 按平面长宽比例分类。

线型褶曲：长度与宽度之比大于 10∶1，褶曲在褶轴方向延伸较远，有的可从数十到上百公里以上。此种线形褶曲往往背向斜连续分布，褶曲的强度较大，是由强烈的水平挤压作用形成的（图 19-5 (a)）。

长圆形褶曲：也叫短轴褶曲，长宽比在 10∶1～3∶1 之间。若为背斜叫短轴背斜，向斜则叫短轴向斜（图 19-5 (b)）。

浑圆形褶曲：长宽之比小于 3∶1，褶曲延长方向不明显。若为背斜称穹隆（图 19-5 (c)），向斜则称构造盆地（图 19-5 (d)）。

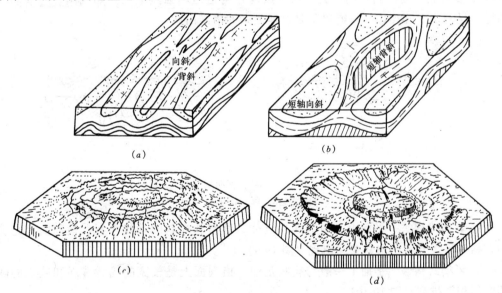

图 19-5 褶曲的平面形态类型
(a) 线状褶曲；(b) 短轴背、向斜；(c) 穹隆；(d) 构造盆地
((c)、(d) 两图据朱志澄、宋鸿林主编的《构造地质学》，1990)

3. 其他褶曲形态

平行褶曲：也叫同心褶曲。在褶曲中岩层作平行弯曲，岩层厚度不变。这种褶曲通常是由一套岩性较一致的强硬岩层组成，由于层间滑动而形成。这种褶曲不能无限地向下延伸，因为往下核部变窄，必为其他形式所取代（图 19-6）。

相似褶曲：岩层弯曲形态相似，在垂直方向上褶曲基本一致。岩层在弯曲过程中物质发生流动，两翼流向核部。因此，岩层在核部变厚，翼部变薄（图 19-7）。

图 19-6　平行褶曲

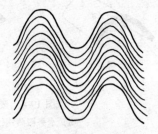
图 19-7　相似褶曲

二、褶皱的主要类型

褶曲在地壳中并非孤立存在，常在空间上作有规律的分布。褶皱形态种类繁多，大体有以下一些形态类型：

（一）剖面上的褶皱类型

1．复背斜和复向斜　都是由一系列线形褶曲组成。复背斜是一规模巨大的背斜，两翼为与轴向延伸一致的次级褶皱复杂化。复向斜则是两翼为次级褶皱所复杂化的巨大向斜。平面上看复背斜核部地层较老，两翼次级褶皱核部地层依次变新，复向斜则相反（图19-8）。复背斜、复向斜规模巨大，常常出现在构造运动强烈地区。如我国一些著名的大山脉，昆仑山、祁连山、秦岭等都是这样复杂的褶皱山脉。

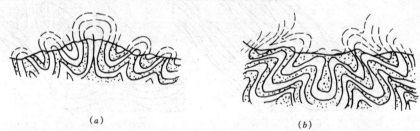
图 19-8　复背斜（a）、复向斜（b）示意图
（据《地质辞典》第一卷，1983）

2．隔档式褶皱　平面上一般为线形延伸，背斜和向斜的轴线平行，横剖面上是陡峻的背斜和平缓开阔的向斜相间出现（图 19-9）。

3．隔槽式褶皱　平面上一般为线状延伸，横剖面上是较宽的箱状背斜和狭长的陡峻的向斜相间排列（图 19-10）。

4．紧密褶皱　由紧密的线状背向斜组成，常伴有迭瓦状断层。其规模有大有小，在褶皱带内常见。

5．同斜褶皱　由一系列倒转褶曲所组成，褶曲轴面和两翼岩层都向同一方向倾斜。

（二）平面上的褶皱排列形式

1．平行排列　背向斜相间排列，轴向大致平行。复杂褶皱区大都属于这种类型。

2．雁列或斜列　一系列褶皱呈雁行状排列，轴向大致平行。如柴达木盆地茫崖地区雁列式褶皱（图 19-11）。

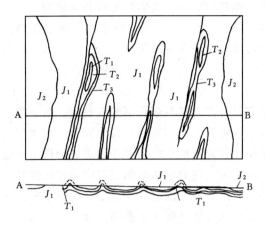

图 19-9　隔档式褶皱示意图
上面是地质图，下面是剖面图

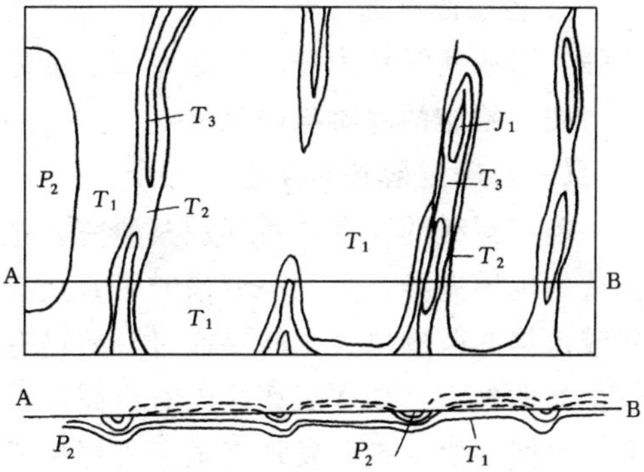

图 19-10　隔槽式褶皱示意图
上面是地质图，下面是剖面图

3．弧形排列　褶皱弯曲呈弧形排列。

三、褶皱的成因分析

岩层弯曲形成褶皱，其内因是岩性特征和岩石的力学性质，外因是构造运动力的作用方式。因此，可以从这两方面来分析褶皱的成因。

（一）外力作用方式对褶皱变形的影响

造成岩层弯曲的力，一般可分为水平作用力和垂直作用力两种。

1．水平作用力　使岩层发生弯曲变形的外力是水平的，也就是作用力平行水平层理方向，力学上类似杆的纵弯曲，此类褶曲就称纵弯褶曲。自然界绝大多数褶皱形成于这种水平作用力。

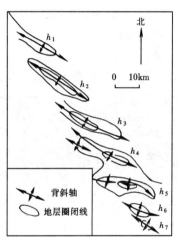

图 19-11　柴达木茫崖雁列褶皱

2．垂直作用力　使岩层发生弯曲变形的力的方向是垂直的，也就是作用力垂直沉积岩的层理方向，在力学上相当于横梁弯曲情况，此类褶曲就称为横弯褶曲。岩浆底辟和盐丘构造是此类褶曲的典型例子。

（二）岩石力学性质、岩性特征和对褶皱变形的影响

1．层理的作用　根据野外观察和模拟实验的结果，岩层的弯曲是由于层间彼此滑动或层内物质流动造成的，或者两者兼而有之。可见，层理在褶皱形成中起两种作用：第一，由于层理的存在，在变形过程中相邻岩层沿层面发生相对滑动，易于弯曲而成褶皱。这一点极易得到证明，取一副纸牌，将所有纸牌粘在一起，那么很难使之弯曲。如果各张纸牌都是自由叠放，那么就很容易弯曲，而且可以清楚地看到，每张牌之间都有相对滑动。第二，在变形过程中，层面起着限制物质流动的界面作用，岩石沿层面发生塑性流动。如果没有层理，只表现为岩石的缩短，而不会形成规则的弯曲形态。因此沉积岩的层理构造是产生褶皱的基本条件。

2．岩石力学性质的影响　岩石的力学性质直接影响褶皱的形态和类型。当力学性质

不同的两组岩层（厚度相同）一起褶皱时，往往出现下述鲜明对比：一组岩层形成平行褶皱，另一组形成相似褶皱；一组岩层形成平缓开阔褶皱，另一组岩层形成紧密褶皱。

3. 岩层厚度的影响　岩性相同的岩层，在同样的外力条件下，厚度大的岩层抗弯能力强，形成褶皱较为开阔，而厚度小的岩层常形成复杂的紧密褶皱。

四、褶皱的观察与研究

（一）确定褶皱的存在

确定褶皱的存在并对其观察研究，主要是靠野外的直接观察和填绘地质图。由于褶皱构造的规模差异很大，小型褶皱可直接在露头上观察到，对其判别也较为容易。较大型的褶皱占据的范围也大，需要通过分析已有的地质图或进行地质填图，并做综合分析后才能较全面地判定。如在观察区内有出露较好的倾斜岩层，在判别清楚地层层序和产状的基础上，且横穿岩层走向发现有某一岩层构成核部，有比它更新或更老的岩层在两侧呈对称分布时，就可以初步确定有褶皱存在。在根据岩层层序、新老展布关系确定背、向斜的位置之后，还应系统测量岩层产状和褶曲要素，如轴面、枢纽产状等，以判定其形态和产状类型。

（二）褶皱内部小构造的研究

褶皱形成过程中产生的许多小型构造称为褶皱内部小构造，其中包括层面擦痕、层间小褶皱、节理、脱顶构造等。观察、测量和分析这些小构造的产状、形态特征、性质和分布特征等，不仅有助于理清层序，也有助于了解与它们形成有关的主褶皱的形态和产状。

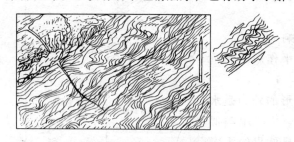

如在倾斜岩层中观察到有层间小褶皱，并已确认该倾斜岩层是褶皱的一翼时，利用层间小褶皱轴面和层理间锐角的指向判断其上、下岩层错动方向则有可能确定该倾斜岩层处于正常或倒转层序如图 19-12 所示，上岩层向下，下岩层向上判定为倒转产状。据此，可进一步判定背斜核部必定位于该岩层左侧，向斜核部必定位于该岩层右侧。

图 19-12　震旦纪硅质灰岩中发育的层间小褶皱素描图
据层间小褶皱的轴面和层理的锐夹角的指向，
判定该岩层是处于倒转产状
（据蓝淇锋等编绘的《野外地质素描》，1979）

（三）褶皱形成相对时期的确定

确定褶皱形成时期，也是观察、研究褶皱的重要工作。褶皱形成时期都和某时期的地壳运动有关。常用的是角度不整合分析法。

根据区域性角度不整合形成时代来确定褶皱形成的相对时期的方法是：如不整合面以下的地层都褶皱，而其上的地层未褶皱，则褶皱形成时期通常看做与角度不整合所代表的时期一致，即不整合面下伏褶皱中的最新地层沉积之后，上覆最老地层沉积之前（图 19-13）。

由某一角度不整合所分开的上、下两套地层，它们各自的时代、沉积特征都不同，其所形成的褶皱在形态、产状类型、延展方向也各有差异，以至与其有关的岩浆活动、变质作用、成矿作用等也不同。可以分别地称它们为不同地质发展历史中某一地壳运动时期中形成的构造层，即不同的构造层以其间的不整合面来划分。由此，划分和确定褶皱形成相对时期可依据：

1. 如角度不整合面上、下地层都已褶皱，但它们的延伸方向和形态各自不同，这说明至少发生过两次褶皱。

2. 如发现地层中有两个或两个以上的角度不整合面，而且几个不整合面上、下的地层都已褶皱，则说明该地区发生了三次或三次以上的褶皱；褶皱的次数愈多，早期的褶皱总是要比晚期的褶皱强烈、复杂。

确定褶皱形成时期还有其他方法，如根据与褶皱岩层相接触的岩浆岩体中或岩层中矿物同位素年龄的测定和根据褶皱岩层再次被褶皱（即褶皱的叠加）等的分析来确定多期褶皱的存在和各期褶皱形成的先后。

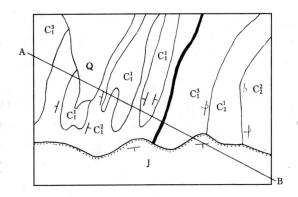

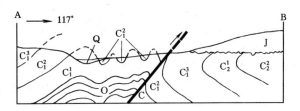

图 19-13 褶皱形成的相对时期的确定

侏罗系和石炭系呈角度不整合接触，但侏罗系未褶皱，褶皱是形成在中石炭纪之后、侏罗纪之前

（四）褶皱与矿产的关系

1. 褶皱与沉积矿产关系

就大的区域构造来说，大型向斜或构造盆地是各种沉积矿产形成的有利场所，它既控制沉积区的范围和环境，同时也控制着沉积矿产的形成范围和环境。

沉积形成的层状矿床随同其顶、底的岩层一起褶皱，其赋存规律和分布特征要受到褶皱的展布、产状类型和形态等因素的控制。

2. 褶皱与内生矿产关系

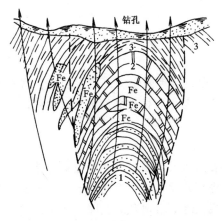

图 19-14 产在转折端中的鞍状矿体

（据武汉地院编的《构造地质学》，1975，内刊教材）

Fe—铁矿体；1—砂岩、板岩互层；
2—泥质白云岩；3—炭质板岩

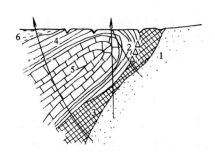

图 19-15 产在翼部层间破碎带中的矿体

（据 В·И·斯米尔诺夫，1976）

1—砂岩；2—角砾岩；3—矿体；4—泥质页岩；
5—石灰岩；6—坡积层

在地壳运动的强烈时期，伴随着褶皱形成的同时或后期，常伴随着各类岩浆活动，同时也伴随着矿化作用，在褶皱岩层中形成各种内生矿产。

与褶皱有关的小型构造，如脱顶构造、层间滑动中产生的剥离和破碎，转折端的张节理、核部的小型断裂等都可以为内生矿产的形成提供矿液运移的通道和沉淀、停积的空间，控制着内生矿床、矿体的产状、形状、赋存的位置和分布的规律。如在脱顶构造中形成的鞍状矿体（图19-14）；背、向斜倾伏端有脱顶、裂隙发育的脆弱部位和背斜顶部发育的纵张节理、翼部的层间剥离破碎带（图19-15）等可控制矿体的分布。

3. 褶皱与地下水和石油、天然气等资源的关系

由良好的蓄水岩层如砂岩或砂砾岩层和隔水层如页岩、泥岩等相结合构成的平缓、开阔的向斜有利于地下水的汇集和蓄积。向斜的核部沿着槽线的延伸地段是布置井位开采地下水的理想地段。如云南楚雄饱满街开采向斜构造中的地下水（图19-16）就是一个很好的实例。

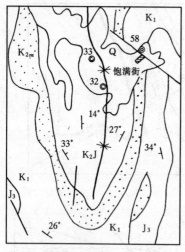

图19-16 云南楚雄饱满街附近的地质图及地下水开采实例
（据《怎样找地下水》，1975）
布置在白垩系砂岩向斜核部的两个钻孔（32号、33号），孔深分别为125m和212m，水头高出地面11.3m和16.3m。
1—白垩系砂岩；2—岩层的产状；3—向斜轴；4—断层；5—钻孔及编号

倾伏背斜的外倾转折端，由于纵张节理发育，并处于背斜的低处，尤其是外倾转折端处，地势也低洼的情况下，背斜中含水层的水会沿着裂隙和层间空隙向倾伏端汇集使该地段成为富水的地段。

石油、天然气矿产与褶皱的关系更为密切。背斜顶部，尤其穹隆构造的顶部为石油、天然气的集积部位并构成良好的封闭条件，这些含油、气的构造部位叫油气藏。

第二节 节　　理

节理是英语joint的译名，原意为"接合"，源出自英国煤田，矿工们认为岩石犹如砖墙，是由许多块体拼接而成。其实正好相反，岩石是由整体破裂而成为碎块的。

一、节理及其分类

（一）节理的概念

节理是指岩石中的破裂，这种破裂以两侧岩石未发生明显的相对位移为特征。

节理的长度、密度往往相差悬殊，有的节理仅几厘米长，有的几米、几十米；节理之间的距离也不等。它们在坚硬的岩石中往往有规律地成群出现。在同一地段，同一露头上可以看到许多产状不同，性质不同的节理。凡是同一时期，同一成因条件下形成的、性质相同而且互相平行的节理称节理组；同一作用力形成的彼此有规律结合的两组或两组以上的节理组，称节理系。节理与断层、褶皱往往是伴生的，它们是在统一构造作用力的条件下形成的，通过节理分析，可以帮助解决有关褶皱和断层的构造成因问题。

（二）节理的分类

节理的分类方案很多，主要有三种。

1. 节理的几何分类

据节理走向与岩层（或片理、片麻理）走向平行、正交或斜交，分为走向节理，倾向节理，斜交节理；据节理走向与褶曲轴向平行、正交或斜交，分为纵节理、横节理、斜节理（图 19-17）。

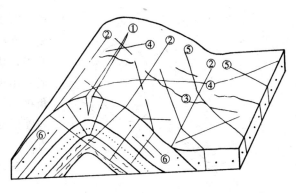

图 19-17 节理形态分类示意图
①、②为走向节理或纵节理；③为倾向节理或横节理；
④、⑤为斜向节理；⑥为顺层节理。

2. 节理的力学性质分类

根据节理力学性质可分张节理和剪节理两类。张节理是张应力超过岩石的抗张强度所形成，节理面垂直张应力方向，剪节理是剪切应力超过岩石的抗剪强度所形成，往往成对出现。

3. 节理的成因分类

节理的成因是多种多样的，大体可分为原生节理与次生节理两大类。原生节理是指岩石形成过程中产生的节理，如玄武岩中常见的柱状节理。次生节理，指岩石形成以后产生的节理，它又可分为构造节理和非构造节理，前者是由于地壳运动产生的，后者是由于风化、滑坡、崩塌等原因生成的。

二、节理的特征及其与褶皱、断层的关系

（一）节理的特征

1. 张节理的特征　节理多为开口，呈楔状；裂隙面粗糙不平，常无擦痕，在砾岩中绕砾石而过；延伸不深不远，沿走向和倾斜都尖灭很快；常成群出现，往往排列成雁行状或羽状；不同地段频度不同，疏密不均。

2. 剪节理的特征　节理面平直，裂口窄；延长、延深较大而变化较小；可切穿砾石、结核等；节理面上常见擦痕或摩擦镜面；疏密有规律，常等间距出现。

（二）节理与褶皱的关系

当岩层受弯曲形成褶皱的过程中，相应的产生下列节理：

岩层弯曲前，形成平面上的共轭剪节理系，节理面与层理大致垂直，剪节理走向与随后生成的褶曲轴向斜交。

随后，在岩层弯曲时，形成横剖面上的一对共轭剪节理系，节理面与层理面斜交，剪节理走向与褶曲轴向平行。

随着岩层弯曲加剧，在背斜顶部往往派生出纵张节理；同时，由于层间滑动，在褶皱翼部常有层间剪节理形成。这种层间剪节理，规模相对较小，被限定在某一岩层中，节理不穿透层面，它与层面所交锐角指示相邻岩层滑动方向。

（三）节理与断层的关系

由于断层主要是剪切作用，在作用过程中，紧靠断层两侧可以伴生或派生相应的张节理和剪节理。

根据断层作用派生的节理与断层面的交角关系，可以推断断层两盘位移方向和断层性

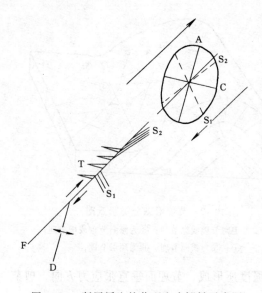

质（图19-18）。正断层和逆断层在剖面上判断，平移断层在平面上判断。张节理与断层面所夹锐角方向为本盘相对运动方向；剪节理多成对出现构成共轭节理系，其中一组与断层交角极小，其锐角也指向本盘运动方向，另一组与断层交角较大，其锐角所指方向为对盘运动方向。

三、节理的分期与配套

（一）节理的分期

所谓分期是指对节理形成时期的划分和鉴别节理形成的先后关系。节理的分期对探讨构造发育史和成矿作用都有重大意义。

在多组节理存在的情况下，区别节理的同期与不同期（即先后关系），大体有以下一些标志：

图19-18 断层派生的节理和小褶皱示意图
（据徐开礼、朱志澄主编《构造地质学》，1989，略有修改）
F—主断层；T—张节理；S_1、S_2—剪节理；D—小褶皱轴面；A、C—分别为应变椭球体最长轴和最短轴

1．对应错开关系。不同期的节理相交，往往后期节理将前期切断、位移，表现为对应的错开关系（图19-19）。

2．两组节理互相错切，表明该两组剪节理同期形成且为共轭剪节理（图19-20）。

3．一组节理被限制在另一组节理之间或其一侧，使被限制者不能穿切通过，则限制者为先期形成的节理，被限制者为后期形成的节理（图19-21）。

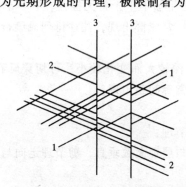

图19-19 不同期节理的对应错开现象
（前期的1、2组被后期的3组错开）

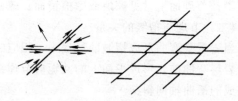

图19-20 共轭剪节理的互切现象

（二）节理的配套

所谓配套是指对多组节理中分别找出有成因联系的同期节理组合。在实际应用中，通常是对共轭剪节理配套，因为共轭轴（共轭剪节理的相交线）代表中等应变轴，再根据有关标志确定最小应变轴和最大应变轴，从而确定节理所在地段的应力和应变状况。具体的配套标志有：

1．同一岩层、同一岩性和同一构造部位上同期的两组剪节理常具有稳定的夹角和相似的节理特征（如发育程度、充填物、延伸形态等），据此可以配套。

2. 利用同期形成的两组剪节理相互切错关系进行配套（图19-20）。

3. 呈锯齿状的张节理通常是追踪于早先发育的共轭剪节理系，据此可以将张节理追踪的两组剪节理配套（图19-22）。

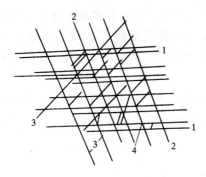

图 19-21　石灰岩中不同期节理的限制现象
（据马宗晋、邓起东，1965）
3、4组被1、2组所限制

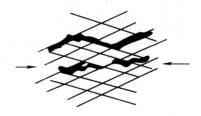

图 19-22　追踪张节理与剪节理配套
（箭头代表主应力方向）

第三节　断　　层

一、断层的概念

岩石受力达到一定强度，破坏了它的连续完整性，发生断裂，并且沿着断裂面（带）两侧的岩层发生显著的位移，称为断层。所以断层包括断裂和位移两重意义，断层是构造运动中所产生的一种很广泛的构造形态，其规模大小不等，从小于一米、数百米，到数百、数千千米。

（一）断层要素

断层基本组成部分称断层要素，断层要素包括以下方面（图19-23）。

1. 断层面和破碎带　把岩层或岩体断开，并发生错动位移的破裂面叫做断层面。它可以是平面，也可以是弯曲或波状起伏的面；它可以是直立的，但大多数是倾斜的。确定断层面的产状，用走向、倾向和倾角来表示。大规模的断层不是沿着一个简单的面发生，而往往是沿着一个错动带发生，带内岩石发生各种破碎（破碎类型与断层性质有关），称为断层破碎带，其宽度从数厘米到数十米，甚至更宽。

2. 断层线　断层面与地面的交线称断层线。断层线表示断层的延伸方向。断层线的形状决定于断层面的产状和地面起伏形状。

3. 断盘　断层面两边的、发生相对位移的岩块叫做断盘。当断层面是倾斜的，那么位于断层面以上的岩块叫上盘，断层面以下的岩块叫下盘。如果断层面是直立的，则往往以方向来说明，如断层的东盘或西盘，左盘或右盘

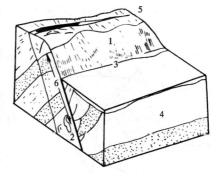

图 19-23　断层的几何要素示意图
（据张寿常编《构造地质学》，1956（内刊教材））
1—断层面；2—破碎带；3—断层线；
4—上盘；5—下盘；6—倾斜滑距

等。断盘又可以根据两盘的相对运动方向分别称为上升盘与下降盘。

（二）断距

断层两盘相对移动开的距离叫断距。假定在错开前有一原点，错开后分为两点，分别在上下两盘上，其间的距离是总断距，如图 19-24（AA'）；断层上下两盘顺断层面走向的移动量叫走向断距（$A'B$）；顺断层面倾斜方向的移动量叫倾斜断距（AB）；上下两盘在水平方向的移动量叫水平断距（AD）；在铅直方向的移动量叫铅直断距（BC）。这些断距都是总断距在不同方向上的分量。

但是，在自然界要找到总断距是很困难的。所以实际上在野外或地质图上所求得的断距是根据某一标准层的错开程度量得的。其中经常采用的是在垂直岩层走向的剖面上测量断距（图 19-25），计有下列各种：

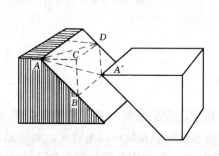

图 19-24　断距图解

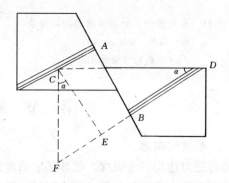

图 19-25　垂直岩层走向断距图解
AB：视断距；CE：地层断距；CF：铅直地层断距；CD：水平错开；α：地层倾角

1. 视断距：断层两盘上同一岩层的同一层面错开后的位移量（图 19-25 AB）。
2. 地层断距：断层两盘同一岩层的同一层面间垂直距离（图 19-25 CE）。
3. 铅直地层断距：断层两盘同一岩层的同一层面在铅直方向上的距离（图 19-25 CF）。

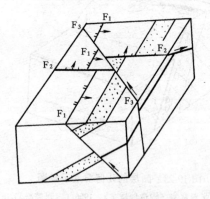

图 19-26　断层走向与岩层走向的关系
（据成都地质学院编《构造
地质学》，1977．（内刊教材））
F_1—走向断层；F_2—倾向断层；
F_3—斜交断层

4. 水平错开：断层两盘上同岩层的同一层面在水平方向上的距离（图 19-25 CD）。

二、断层的分类

为了认识断层存在的几何规律和断层的成因，可以从不同角度对断层分类：

（一）根据断层走向与岩层走向的关系分类（图 19-26）

1. 走向断层：断层走向与岩层走向一致，可以造成同一岩层的重复或缺失。

2. 倾向断层：断层的走向与岩层走向垂直，可以造成岩层中断或走向不连续。

3. 斜交断层：断层的走向与岩层走向斜交。

（二）根据断层走向与褶曲轴向或区域构造线的关系分类（图 19-27）

1. 纵断层：断层的走向与褶曲轴向或区域构造线一致。

2. 横断层：断层的走向与褶曲轴向或区域构造线垂直。

3. 斜断层：断层的走向与褶曲轴向或区域构造线斜交。

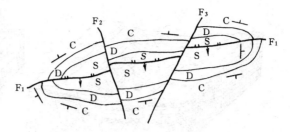

图 19-27　断层走向与褶曲轴向的关系
(据成都地质学院编《构造地质学》，1977．(内刊教材))
F_1—纵断层；F_2—横断层；F_3—斜断层

（三）按断层两盘相对运动分类

根据断层两盘的相对运动，可将断层分为三种类型（图 19-28）。需要指出的是，自然界断层的相对运动是复杂的，有些断层既有水平运动，又有上下运动，这里只介绍下面三种基本类型：

1. 正断层　断层上盘相对下盘向下滑动的断层。

2. 逆断层　断层上盘相对下盘向上滑动的断层。

3. 平移断层　断层两盘顺断层面走向相对滑动的断层。

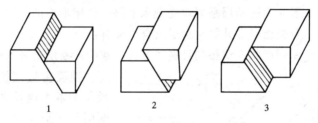

图 19-28　按断层两盘相对运动划分的断层和组合性命名
1—正断层；2—逆断层；3—平移断层

三、常见断层一般特征

1. 正断层

(1) 正断层的基本特征　上盘相对下降，下盘相对上升，断层面倾角较陡，通常在 45°以上。主要由于地块受到水平引张而拉伸，一般认为正断层是地壳岩块受水平张应力和重力作用而形成的。正断层的规模有大有小，两盘相对位移可以小到不足 1m，大到上千米，在地面延伸由数十米至几百千米，甚至上千千米。正断层由于倾角陡直，故在地面多呈直线延伸。

(2) 正断层的组合类型　常见的正断层组合类型有：

阶梯状断层：由若干条产状大致相同的正断层组成，它们各自的上盘相对在一个方向呈阶梯状下降（图 19-29）。

地堑和地垒：两条或两组大致平行，断层面相向倾斜，中间岩块相对下降，两边岩块相对上升的正断层组合称地堑（图 19-29）；与地堑相反，断层面相背倾斜，中间岩块相对上升，两边岩块相对下降的正断层组合称地垒（图 19-29）。

地堑和地垒常常共生。两个地堑之间必为地垒；同样，两个地垒之间必为地堑。大规模的地堑和地垒构造多与区域性的隆起和陷落有关。

在地形上地堑常造成狭长的凹陷地带，如世界著名的东非大裂谷（规模巨大的地堑又称裂谷）和我国的汾渭地堑等。

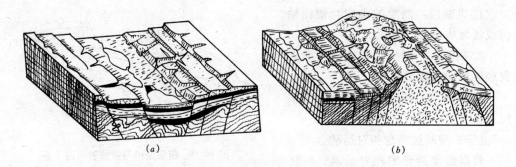

图 19-29 由阶梯状正断层组成的地堑和地垒
(引自成都地院编《构造地质学》,1977.(内刊教材))
(a) 地堑;(b) 地垒

2. 逆断层

(1) 逆断层的基本特征 上盘相对上升,下盘相对下降,断面倾角变化较大,一般把倾角大于45°的称冲断层;小于45°的称逆掩断层;小于25°则称辗掩断层。主要由于地块水平挤压而压缩,一般认为逆断层是岩块受到水平挤压作用形成的。

(2) 逆断层的组合类型 常见的逆断层组合类型有:

叠瓦状构造:一系列产状大致相同且逆冲方向一致的冲断层组合(图19-30)。

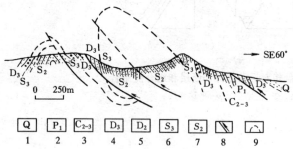

图 19-30 江苏茅山地区叠瓦式构造剖面图
(据长春地质学院编《构造形迹》,1979)
1—第四系;2—下二迭统;3—中、上石炭统;4—上泥盆统;
5—中泥盆统;6—上志留统;7—中志留统;8—逆断层;
9—推测被剥蚀的褶皱

推覆构造(图19-31):由一条或若干条大规模的逆掩断层或辗掩断层所组成,同一断层的断层产状总体平缓,而变化较大,呈波状起伏。它的一个重要特征是将老岩层推覆在新岩层之上,这些来自异地的老岩层称外来系统或推覆体,相对地停留在原地的称原地系统。如果在外来系统中间因剥蚀而露出一块原地系统,称构造窗(图19-32)。如果在原地系统上因剥蚀而残留一块孤立的外来系统则称飞来峰(图19-32)。

3. 平移断层

(1) 平移断层的基本特征 断层产状陡直,两侧岩块沿断层走向方向发生错断,是地块受到挤压、拉伸和剪切等方式的变形而沿直立的共轭剪切面形成的。又可按两盘平移方

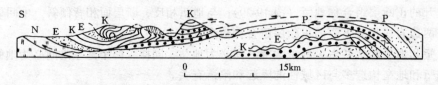

图 19-31 瑞士格拉鲁斯推覆构造
(据 M·P·毕令斯,1956)

向分为左推（左旋）和右推（右旋）两种（图19-33）。观察者视线垂直于断层走向，断层线对侧的断盘相对向左位移者为左推（左旋）平移断层；相对向右位移者为右推（右旋）平移断层。

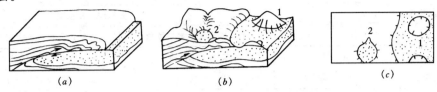

图 19-32　飞来峰和构造窗形成的示意图

(据 M·马托埃，1980)

(a)未被剥蚀的状态；(b)经风化剥蚀后形成的飞来峰和构造窗；(c)平面图；
1—飞来峰；2—构造窗

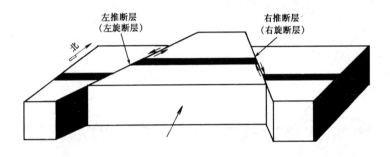

图 19-33　左推（左旋）断层与右推（右旋）断层

（2）平移断层组合类型　平移断层在平面上组合形式常呈平行式或斜列式。

四、断层的观察和研究

在野外观察和研究断层时，首先要确定断层是否存在，然后确定断层面的产状，两盘相对位移方向和断层性质、成因等。现在把判断断层存在的各种标志分述如下。

（一）断层存在标志

1. 构造不连续

岩层、矿层、岩墙、岩脉、变质岩相带和侵入体相带以及褶曲、断层等，在正常情况下，它们各自按产状和形态有一定的延伸展布规律。当我们发现某些岩层、岩体等地质体或其他地质界线在平面或剖面上突然中断或错开，这是断层存在的直接标志。

2. 地层的重复和缺失

在横穿岩层走向的路线观察或钻孔剖面中，按照这个地区的正常的地层层序，如发现某些地层按顺序重复出现；或者按区内正常地层层序应该存在的某些地层，发现它突然缺失，这是断层存在的一个重要标志，地层的不对称重复和缺失主要由走向逆断层和走向正断层所造成的。其具体表现则决定于断层位移类型和断层产状与地层产状的关系（表19-1、图19-34）。

3. 断层的伴生构造

在断层形成过程中，由于断盘相互挤压、错动和搓碎，常使断层面上、断裂带中或附近产生一些错动痕迹和伴生构造，这是认识断层的直接标志。

（1）擦痕和阶步

走向断层造成的地层重复和缺失　　　　　　　　表 19-1

断层性质	断层倾斜与地层倾斜的关系		
	二者倾向相反	二者倾向相同	
		断层倾角大于岩层倾角	断层倾角小于岩层倾角
正断层	重复（a）	缺失（f）	重复（c）
逆断层	缺失（b）	重复（e）	缺失（d）

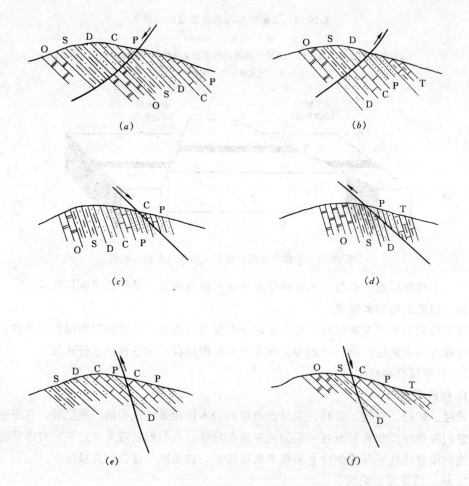

图 19-34　走向正（逆）断层造成的地层重复与缺失的六种剖面
（a）、（c）、（f）为正断层；（b）、（d）、（e）为逆断层

擦痕是断层两盘沿断层面错动摩擦在断层面上留下的滑动痕迹，常成平行的比较均匀的线条状，擦痕方向平行断盘相对运动方向。在断层滑动面上常有与擦痕同时存在而与擦痕线条相垂直的小阶坎，称为阶步。阶步的陡坎指示对盘运动方向。

（2）断裂带和构造岩

在断层发生过程中，两盘岩块相互挤压、错动，常使主断面附近的岩石发生破碎，形成与断层面大致平行的断层破碎带。断层破碎带的宽度（厚度）有的只有几厘米，有的达几百米，甚至几千米。在断层带中的岩石受构造力的作用，使原来岩石，矿物发生破碎、变形而形成构造岩。构造岩是断层存在的直接标志之一。较常见的构造岩有：

构造角砾岩：在断层错动过程中，使岩石发生碎块，碎块之间则为压碎研磨成的细粒和粉末填充胶结。正断层中发育的构造角砾岩，其角砾多呈棱角状；逆断层和平移断层的构造角砾岩，其角砾多呈磨圆状和压扁的透镜状。

糜棱岩：岩石及其组成矿物几乎都被压碎成微粒，碎粒和残留的碎斑均呈明显的定向排列，形成糜棱结构。此类构造岩也是产生在逆断层和平移断层中，一般不发生在正断层中。

断层泥：断层两侧的岩石性质较软而磨成细粉者称断层泥。

(3) 断层旁侧牵引构造

断层形成过程中，常使断层面旁侧岩层发生明显的弯曲，这种弯曲称为牵引褶曲或拖曳褶曲。牵引褶曲除了作为断层标志外，其弯曲突出的方向还被认为代表本盘的位移方向（图 19-35）。

(4) 地形、水文和植被上的标志

断层崖、断层三角面：断层上升盘可以露出地表形成悬崖，称断层崖。断层崖因受垂直于断层面的流水侵蚀而形

图 19-35 断层引起两盘岩层的牵引现象

成 V 形谷，谷与谷之间形成三角面，称做断层三角面。假如沿山前有一系列三角面存在，则很可能有断层存在。

山脉错开或中断：当平行排列的山脊彼此错开或截然与平原相接触，也可推测断层的存在。

断层谷、断层泉：顺断层线或地堑构造常形成断层谷，或者一系列湖泊、湿地或泉水出现。著名的北京玉泉山泉水就是出现在石炭、二迭纪煤系与奥陶纪灰岩的断层线上。云南东部的草海、嵩明湖、阳宋海、滇池、抚仙湖、异龙湖等大小几十个湖泊，都是沿着滇东大断裂分布的。

植被变化：植物分布的特点有时也可以作为分析断层存在的一种标志。例如有时沿着断裂带两侧因岩性不同而生长着不同的植物群落，有时在断层带因水分充足，生长着喜湿的高大植物等。

(二) 确定断层两盘相对位移方向

确定断层存在以后，应进一步测量断层产状，然后再确定断层两盘相对位移方向。确定断层两盘相对位移方向的方法可以归纳为以下几点：

1. 根据断层两盘岩石的新老判断　倾斜岩层中的走向断层，一般情况下是较老地层出露的一盘为上升盘，较新地层的一盘为下降盘。但也有例外，如当断层倾向与地层倾向一致，而断层倾角小于地层倾角时，则正相反，上升盘出露的地层反而比下降盘的地层新；又如地层产状发生倒转，情况也相反。

2. 根据褶曲核部宽窄变化或错开方向判断　切过褶曲的横断层或斜断层，在背斜中一般是上升盘一侧的核部比下降盘的核部宽；向斜则相反（图 19-36）。如两盘核部宽度并无突变，只是核部和轴线错开，这是平移断层的表现。

3. 根据牵引褶曲判断　柔性较大的岩石断开时，断层两侧岩层常发生小型牵引褶曲。

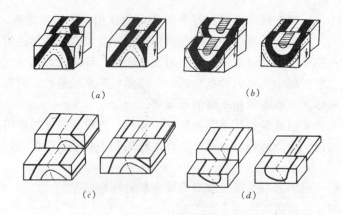

图 19-36 横向正断层造成褶皱宽窄突变和轴线错位
（a）、（b）轴面直立的背、向斜；（c）、（d）轴面斜歪的背、向斜

断层一盘的牵引弯曲末端指向另一盘滑动方向。

4．根据断层擦痕阶步（参见前述断层存在标志）。

如果已经查明断层的产状和两盘位移方向，则断层的性质（正断层、逆断层和平移断层）就很容易判断了。

（三）确定断层形成的相对时期

断层总是在被它切错的地层的时代之后形成的。如果被断层切断的一套地层之上被另一套较新的地层以角度不整合所覆盖。那么，我们可以确定该断层的形成时期是在不整合面以下一套地层中最新地层时代之后，而在不整合面以上一套地层中的最老一层时代之前。即其时代下限为下伏地层最新时代，其上限为上覆地层最老地层时代。

如果断层切错早期侵入岩体，后被晚期侵入体充填或吞蚀。那么，该断层时代下限为早期侵入体形成时代，其上限为晚期侵入体形成时代，即形成于早期侵入体之后，晚期侵入体之前。

如果一组断层被另一组断层错断，被错断的断层产生在前。两组断层互相错断，一般可认为是同期形成。

第四节 劈理和线理

劈理和线理是地壳上特别是变质岩区和强烈构造变形地带最常见的构造形态之一，是构造地质研究的重要对象。

一、劈理

（一）概述

劈理是岩石沿着一定方向平行排列的、密集的，能劈开成薄板或薄片的一种构造形态。劈理在强烈褶皱岩层、断层两侧和变质岩中较发育。劈理发育在岩石变形过程中的塑性变形到断裂变形的过渡阶段，它通常未破坏岩石的连续完整性，因而劈理不能简单理解为岩石的破裂变形；实际上，各种劈理都表现出不同程度的塑性变形的特征。

劈理面之间的岩石窄片叫做微劈石，劈理面之间的距离叫间距。劈理大多数是很密集的，间距多为 1~2mm 至几厘米，不足 1mm 的也很常见，劈理密集程度也可以用频度表示，如每毫米或每厘米多少条。

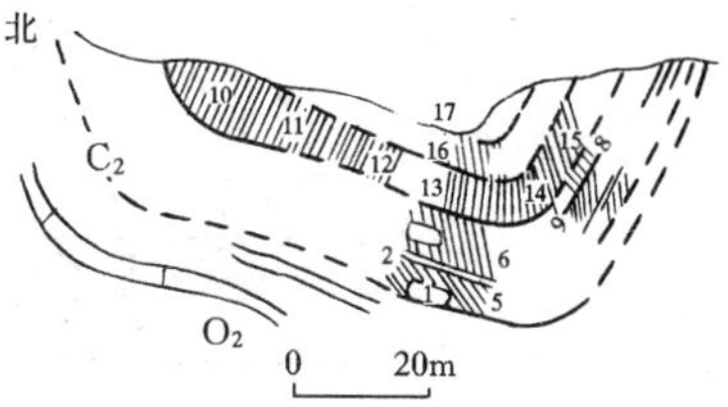

(二) 劈理的类型和特征

1. 破劈理 这是一种剪裂现象，表现为一组密集的破裂面，岩石中的矿物通常无定向排列现象。破劈理一般发育在强岩层所夹的弱岩层中。当几个岩层都出现破劈理时，由于岩性、层厚的差异，破劈理往往具不同的产状。如图 19-37 是一个典型实例。

图 19-37 京西野溪龙泉务向斜中之劈理

2. 流劈理 是一种穿层劈理。此种劈理沿劈理面方向矿物定向排列和重结晶明显，常使岩石原始成层构造（如层面）消失或仅留下轻微痕迹。劈理面上一般矿物的重结晶较小，如果重结晶较好，有明显的片状矿物如云母等的平行排列，则称为片理（图 19-38）。

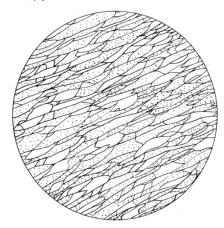

图 19-38 大理岩中的流劈理

3. 滑劈理 也是一种剪裂现象，以沿劈理面上发生小而可见的位移（滑动）为特征。如果滑劈理的滑劈面与岩石微层理不平行，此时微劈石中的微层理常发生一定程度的小弯曲（图 19-39）。

(三) 与褶皱断层有关的劈理

1. 与褶曲有关的劈理：在许多地方劈理与大型构造有一定的关系，尤其是与褶曲关系更为密切。劈理现象的观察和分析，是研究褶曲的一种手段。

(1) 轴面劈理：轴面劈理大部分是流劈理，也有滑劈理。轴面劈理是一种穿层劈理的组合形式，往往劈理贯穿整个褶曲岩层，产状稳定，并且劈理与褶曲轴面平行。

用轴面劈理与两翼产状关系可以判断岩层产状是否发生倒转。从（图 19-40（d））可以看出，只有在劈理与层理倾向相同且倾角较小情况下，岩层是倒转的，其他情况岩层产状总是正常的。轴面劈理还可以用以确定褶曲枢纽的产状，从（图 19-40（a）、（b）、（c））可以看出，当褶曲枢纽水平时，劈理与层理走向彼此平行；如果是倾伏的，劈埋走向就与层理走向斜交。

(2) 层间劈理：层间劈理绝大部分是破劈理，劈理面与岩层层面斜交，并与褶曲轴面成一定的交角，因而在同一岩层中，在褶曲的横剖面上构成扇形排列。这类劈理一般限制在某些岩石内，而不是在一个地区的褶皱中所有岩层都发育。

层间劈理与层面相交的锐角，通常指示相邻岩层滑动方向。一般情况下，利用它可以判断岩层层序及背斜、向斜位置（图 19-41）。与上层面相邻岩层相对滑向背斜顶部，与下层面相邻岩层相对滑向向斜槽部。

2. 与断层有关的劈理 是指与断层有成因联系的劈理，它分布在断

图 19-39 秦岭绿色片岩中的滑劈理素描

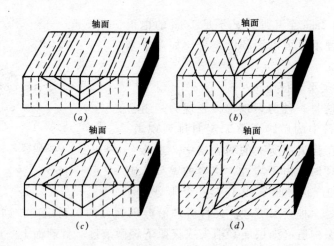

图 19-40 轴面劈理与水平褶曲和倾伏褶曲的关系

断线表示劈理。劈理与轴面的严格平行性是示意的；在许多背斜中劈理向下就趋向不一致。
(a) 对称无倾伏褶曲；(b) 对称向北倾伏褶曲；(c) 对称向南倾伏褶曲；(d) 倒转向北倾伏褶曲。

裂带中或附近，远离断裂带就不发育，甚至消失。与断层有关的劈理在成因上一般属破劈理，往往发育两组，其中一组大致与断面平行，另一组斜交；当断层构造作用加强时，亦可表现为滑劈理和流劈理。在野外当断层面产状不易测量时，可以测定与断面平行的破劈理产状来代表断层面产状。有时与断层斜交的破劈理发育时，其相交锐角指示对盘运动方向，进而判断断层的类型。

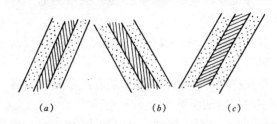

图 19-41 利用劈理确定岩层层序
及背、向斜的位置
（据徐开礼、朱志澄主编的《构造地质学》，1989）
(a) 层序正常，背斜在右；(b) 层序正常，背斜在左；
(c) 层序倒转，背斜在左

二、线理

（一）概述

线理是岩层中的小型和微型的相互平行的线状构造形态。例如岩石中的角闪石、蓝晶石或红柱石晶体的长柱作平行定向排列，就构成了线理。广义的线理包括沉积岩、岩浆岩和变质岩中所有的线状构造。

（二）线理的类型

从成因上，可将线理分为原生线理、次生线理和矿物生长线理。

1. 原生线理　原生线理最典型的例子就是流线。流线是侵入岩岩体中针状、柱状等矿物作定向平行排列而成的，也可以由暗色矿物透镜状析离体和长条形捕虏体顺长轴方向定向排列而成（图 19-42）。它一般分布于侵入体与围岩接触带附近。流线的方向在一定程度上反映了岩浆相对流动方向，但不能指出岩浆流动的绝对方向。

2. 次生线理　次生线理是岩石在变形时产生的一类线状构造，如香肠构造、窗棂构造和杆状构造等。

香肠构造：有的研究者将其称为布丁构造、串珠状构造、肿缩构造或构造透镜体。香肠构造是强硬岩层（如石灰岩、砂岩）与软弱岩层（各种泥质岩石）互层的岩系，在垂直于层面的挤压力作用下所形成的一种构造。在横剖面上，强硬岩层不易塑性变形而被拉断成各不连续的块体，样子很像一串香肠，故称香肠构造。

杆状构造：又称棒状构造或石英棒，是经受强烈变形的岩石中形成的一种线状构造（图 19-43）。其形态为比较细的圆柱体，它们成带成束的并排出现，构成明显的线状定向。杆状构造一般出现于变质较深的变质岩系中。其长度方向代表应变椭球体 B 轴方向。

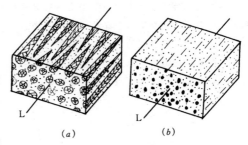

图 19-42　小型线理的类型
(据 E·J·特纳和 L·E·韦斯，1963)
(a) 等轴颗粒拉长构成的线理；
(b) 柱状矿物呈定向排列构成的线理

3．矿物生长线理　岩石强烈变形和变质作用过程中，沿垂直压应力方向所产生的针状矿物、柱状矿物或矿物集合体的平行定向排列，常构成很好的线状构造，这种线状构造称为矿物生长线理。它是由于矿物在挤压方向压溶，在垂直压力方向上重结晶生长而成，主要发育于深变质岩区或强烈动力变质带中。其线理方向代表应变椭球体 A 轴方向。

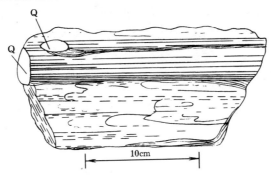

图 19-43　硅质片岩中未被变形的石英杆 (Q)
(据 G·威尔逊和 J·W·科斯格洛夫，1982)

思　考　题

19-1　何谓褶曲与褶皱？褶曲的基本形式有哪几种？具何特征？

19-2　褶曲要素有哪些？

19-3　褶曲按形态可分哪几类？各类褶曲是如何表述的？试用略图表示。

19-4　试述平行褶曲与相似褶曲的各自特征，并加以对比。

19-5　何谓复向斜、复背斜？图示隔档、隔槽式褶皱。

19-6　如何确定褶皱的形成时代？举例说明。

19-7　何谓节理组、节理系？根据节理的几何分类，节理可分为哪几种？

19-8　叙述张节理、剪节理的特征。

19-9　何谓共轭节理？

19-10　何谓断层？断层包括哪些要素？

19-11 用图示方法表示出地层断距与铅直地层断距。
19-12 正断层、逆断层、平移断层各具何特征?
19-13 正断层、逆断层的组合类型有哪些?
19-14 在野外根据哪些标志判定断层的存在?
19-15 劈理有哪些类型?研究劈理有何作用?

第二十章 地质图的判读

第一节 地质图的概念

一、地质图

地质图是用规定的符号、色谱或花纹将地壳某部分地质组成、地质现象，按比例概括投影到平面（地形图）上的图件。

一幅正规的地质图应该有图名、比例尺、图例、编图单位和编图日期。

图名常用整齐美观的大字书写。图名要表明图幅所在地区和图的类型，如《北京西山地质图》、《四川省大地构造图》等。

比例尺又名缩尺，可以表明图幅反映实际地质情况的详细程度。比例尺有三种类型：数字比例尺如 1:100 000，1:50 000；自然比例尺即图上 1cm 相当于自然界的实地长度，如 1cm 相当于 1km，1cm 相当于 500m；线条比例尺作成尺子状，长 6cm 或 8cm，宽 1~2mm，每 1cm 一段，分为 6 格或 8 格，自左边起第二格起定为 0，自 0 向右每格注上每厘米代表的实地长度，由 0 向左的 1cm 再分为若干小格，注上所代表的数字，如每 1mm 或 2mm 代表实地长度。比例尺一般注于图框外上方或下方正中位置。

图例是一张地质图不可缺少的部分，不同类型的地质图有不同的图例。一般地质图图例是用各种规定的颜色和符号来表明岩石的时代和性质。图例通常是放在图框外的右边或下方，如果在图框内有足够安放图例的空白处，也可以放在图框内，但仍然要按一定的顺序来排列。图例前面应该用醒目的字注明"图例"两字。

地层图例的顺序是自上而下由新到老的排列。如放在地质图的下方，一般可以自上而下由新到老的排列，再由左向右由新到老排列。图例应画成大小为 0.8cm×1.1cm 或 0.8cm×1.2cm 长方形的格子，排成整齐的行列。在方格的左面注明时代，右面注明岩石性质，再着上和注明与地质图上同层位的相同颜色和符号。没有确定时代的火成岩放在沉积岩图例的下面，按酸性程度排列，与之相当的喷出岩则排在这一侵入岩之下。变质岩按变质程度由浅而深自上而下排在火成岩的下面。已确定时代的喷出岩、变质岩要按时代顺序排列在图例相应的位置中。图上出露的岩层一定要有它的图例；图上没有出露的岩层绝不能有它的图例。

图例中的构造符号放在所有地层、岩石图例的下面，一般的顺序是这样：地质界线、褶皱轴迹（构造图中）、断层、节理以及层理、面理、流纹、流面等产状要素（已确定的与推测的应该分别注明）。

地质图上表示各种符号的颜色也有规定：地质界线用黑线，断层用鲜红线，河流用浅蓝色，地形等高线用棕色，城镇和交通网用黑色。

图框外上方要注明编图单位和编图日期，下方注明编图单位负责人及编图人。如根据许多材料综合编成的地质图，要在图框外右下方注上引用的资料，以及这些资料的编者、出版机关和出版日期。

为了表明该图所代表的地理位置，在小比例尺图上要画上经纬线。如果该图是国际地图分幅中的一幅，则应注明它的代号（在图名下面）。

二、地质剖面图

一幅正式的地质图应该附有一张或两张切过全区主要构造的剖面图，剖面图也有一定规格。

剖面图如单独绘出时，图名可以用剖面所在的大地名及其经过的主要地名（如山峰、河流、城镇等），如周口店地区（地质图所在地区）太平山—升平山地质剖面图或玉泉山—红山口地质剖面图。如为图切剖面，与地质图在一起，可以剖面代号表示，如 I—I′剖面图或 A—A′剖面图。

剖面图应有和地质图比例尺一致的垂直和水平比例尺。垂直比例尺用线条比例尺，表示在剖面两端竖立的尺子形状，其起点可以从本区最低点稍低一些的标高开始。如果剖面图附在地质图的下方，而水平比例尺与地质图比例尺相同时，则水平比例尺可省去，如果它们的比例尺不同，就一定要注明水平比例尺。剖面图的比例尺应该与地质图的比例尺大小一致，一般是不放大的，如果剖面图的垂直比例尺放大，那么必须在剖面图上注明水平比例尺和垂直比例尺。

剖面图的两端，用垂直线控制住剖面的边界，其一边标记垂直比例尺，下边用先选定标高的一根水平线作为基线。剖面图的两根垂直边线的上端要注明剖面方向（用方位角表示）。剖面经过的山、河、城镇也应在剖面地形起伏线上面注明。为了醒目美观，最好把方向、地名排在一条水平线上。剖面图的放置，一般南端在右方，北端在左，西左东右，南西和北西端在左边，北东和南东端放在右边。

剖面图也要附有图例，并且应该与地质图图例的颜色、代号一致。如果剖面图附在地质图上，则剖面图的图例可以省去，但要附上岩石花纹图例。

剖面图内一般不要留有空白。地下深处的岩层，应该根据当地岩层顺序和构造情况推测出来。

剖面在地质图上的位置，要用一条细线表示出来，两端注上代表剖面顺序的数字或符号，如 I—I′，A—A′等。在剖面图的两端也同样要注上这些数字或符号。

三、地层柱状图

一份正式的地质报告与地质图上应该附有全区的综合地层柱状图。

柱状图可以附在地质图的左边，也可以画在另一张纸上。比例尺视情况而定，一般要大于地质图的比例尺。

柱状图应有图名，如果是综合较大区域作出来的，则叫《××地区综合地层柱状图》。

柱状图中的地层要按照从老到新的顺序往上画，在绘制过程中要考虑到不整合和火成岩体侵入的关系，必须要把这些重要的现象正确地表示在图上。岩性柱子的宽度，要看地层的总厚度来决定。总厚度大，柱子要宽些，厚度小，柱子可窄些，一般为 2~4cm。目的是使图件整齐醒目。

第二节　地质图的判读

一、阅读地质图的一般步骤

读地质图，首先要看图式和各种规格。从图名和图幅代号，了解图的地理位置和图的类型；从比例尺大小可以折算图幅的面积，同时了解反映地质构造现象的详细程度；出版年月和引用资料，可以了解图幅的编制时间并便于查阅原始资料；图例的分析是读图的基础，通过图例可以搞清楚图幅内采用的各种符号，出露的地层和岩石类型，它们的生成顺序和时代以及地层间有无间断等。

地形分析是全面了解地质内容的前提，在较大比例尺（大于1:50000）地形地质图上，通过地形等高线和河流水系的分布来了解地形分布的特点。在中小比例尺（1:100000～1:500000）地质图上，主要根据河流水系的分布，支流与主流的关系，山势标高等了解地形特点。

一幅地质图所反映的地质内容是相当丰富的，在图上一般分析的项目有：地层、岩石的类型和它们的产状、时代、分布及其相互关系等；褶皱构造的形态特点、空间分布和形成时代；断裂构造的类型、规模、空间分布和形成时代以及岩浆岩和变质岩出露区的构造等。分析时边看、边记、边绘图以获得所需要的资料。各种构造形态的具体分析方法，将在有关实习中专门叙述。

二、地质图上岩层产状的判读

在地质图上分析岩层产状是判读地质图的基础，为此就要了解不同岩层产状在地质图上的表现特征。

（一）地质图上水平岩层的特征

1. 岩层露头线与地形等高线平行或重合。因此，在地质图上，水平岩层及其露头线呈不规则的同心圈状，在河谷、冲沟中呈锯齿状，其转折尖端指向上游。

2. 新岩层出露在地形高处，老岩层出露在低洼处。

3. 水平岩层在地质图上的出露宽度，取决于地面岩层的厚度和坡度。当地面坡度相同时，岩层厚度大，出露宽度也大；厚度小，出露宽度也小。岩层厚度相同时，地面平缓处，出露宽度大，坡度陡的地方，出露宽度小，在坡度等于90°的陡崖处，露头宽度为零，在地质图上出现岩层"尖灭"的假象。

（二）地质图上倾斜岩层的特征

在地质图上倾斜岩层露头分布较复杂，表现出地质界线与等高线相交的曲线延伸，但有一定规律，当其穿过沟谷或山脊时露头线均呈"V"字形态，故这种规律称"V"字形法则。掌握了"V"字形法则，就可以在地质图上根据该法则来判读倾斜岩层产状。此外，呈倾斜产出的层状似层状地质体或其他比较平整的地质界面，如断层面、不整合面等，也可以借助"V"字形法则在地质图上判读它们的产状。

根据岩层倾斜与地面坡度的不同结合情况，"V"字形亦有不同表现，现分述如下：

1. 当岩层倾向与地面坡向相反时，岩层露头线与地形等高线呈相同方向弯曲。但是，岩层露头线弯曲度总是比等高线弯曲度要小。在河谷处，"V"字形露线的尖端指向沟谷的上游；在山脊上，露头线的尖端指向山脊下坡（图20-1）。

2. 岩层倾向与地面坡向相同，且岩层倾角大于地面坡角时，岩层露头线与等高线成相反方向弯曲。在沟谷中，"V"字形露头线尖端指向下游；在山脊上，则指向山脊上坡（图20-2）。

3. 岩层倾向与地面坡向相同，但岩层倾角小于地面坡角时，岩层露头线与地形等高线也是向相同方向弯曲。在沟谷处，"V"字形露头线的尖端指向上游；在山脊上，"V"

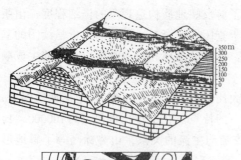

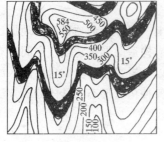

图 20-1 倾斜岩层界线形态特征之一
(据徐开礼、朱志澄主编,《构造地质学》,1989)

字形尖端指向山脊下坡(图 20-3)。但上述与第一种情况所表现的情况不同,这里的"V"字形露头线的弯曲度明显大于地形等高线的弯曲度,比较图 20-1 与图 20-3 即可清楚地看出。

需要注意的是,"V"字形法则对于填绘和阅读分析大比例尺地质图有指导意义。而在中、小比例尺地质图上,由于岩层露头线的延伸形态主要受岩层走向的变化所控制,地形影响的弯曲往往反映不明显。因此,一般很少运用"V"字形法则来分析判断岩层产状。

(三)地质图上直立岩层的特征

在地质图上直立岩层露头线呈直线分布,与地形变化无关,其出露宽度即岩层厚度,亦与地形变化无关。

三、地质图上褶皱断裂构造的判读

(一)地质图上褶皱构造的判读

地质图上褶皱构造的判读,通常根据岩层产状和岩层分布特征。二者比较起来,分布特征是更重要、更有用的依据。

1. 根据岩层产状判断褶皱构造

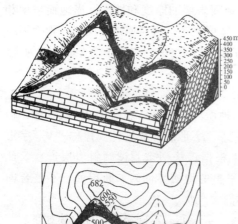

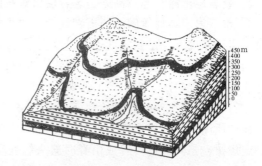

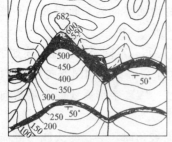

图 20-2 倾斜岩层界线形态特征之二
(引自徐开礼、朱志澄主编的《构造地质学》,1989)

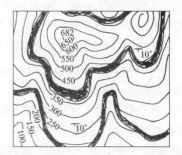

图 20-3 倾斜岩层界线形态特征之三
(引自徐开礼、朱志澄主编《构造地质学》,1989)

主要适用于不出现倒转产状、断层破坏不剧烈地区,而且只适用于读比例尺较大的地质图。背斜两翼倾斜方向相反，枢纽倾伏处出现外倾转折端；向斜两翼相向倾斜，枢纽翘起处出现内倾转折端。

2. 根据岩层分布特征判读褶皱构造

中小比例尺地质图上很少标注或完全不标注岩层产状。出现倒转产状或断层破坏强烈的地区往往不能依据岩层产状判读褶皱构造，这就要着重依据岩层分布特征。褶皱构造岩层的分布有两个主要特征：

(1) 相对于褶皱轴，两翼岩层对称重复出露。断层也可造成岩层重复出露，但不具对称性，应注意区别。

(2) 从核部到两翼，岩层新老变化与褶曲基本形式有关：背斜褶曲核部分布老岩层，两翼分布新岩层；向斜核部分布新岩层而两翼分布老岩层。一般来说，新老岩层分布情况是判读褶皱构造的主要依据。

(二) 地质图上断层的表示

在几种主要断裂构造中，地质图上一般只表示断层构造。少数情况下，如果节理或劈理特别有意义，也可以用示意的方法表示。着色地质图上断层通常用红线绘出，不着色的地质图上通常用较粗的黑线绘出。

思 考 题

20-1 一幅正规的地质图应包括哪些内容？
20-2 单独绘制的地质剖面图与图切剖面有何差别？
20-3 简述"V"字形法则的三种情况和应用条件。
20-4 如何在地形地质图上判断倾斜岩层产状？

综合地质实习指导书

实习一 晶体对称要素的操作

一、目的要求

1. 通过在晶体模型上找对称要素的操作，进一步加深理解晶体对称的概念。

2. 学会在模型上找对称要素的操作方法，并在找出该模型的全部对称要素后，确定其对称型和所属晶系。

二、实习准备

预习教材第三章第二节，弄清对称的概念及对称要素的内容。

三、实习内容与方法

观察晶体模型上面、棱、角的重复规律，从而找出它的对称要素。

（一）对称面（P）

1. 要确定一个平面是否为对称面，可根据晶体被平面分成的两部分是否能成镜像反映的关系。如教材中图 3-10 的长方形图形，P 面为对称面，而 Q 面不是对称面。

2. 一个晶体可以没有对称面，也可以有一个或几个对称面，但最多不超过 9 个。

3. 在找对称面时，模型尽量不要转动，以免遗漏或重复计数。

4. 对称面必然通过晶体的中心。

（二）对称轴（L^n）

1. 晶体中可能出现的对称轴只有 L^1、L^2、L^3、L^4、L^6。寻找对称轴时，使晶体围绕通过晶体中心的某一直线旋转，观察晶体在旋转一周时，有无相同的部分重复及重复次数，从而确定该直线是否为对称轴及它的轴次 n。如此重复寻找，将晶体的所有对称轴找出。

2. 晶体中可以没有对称轴，也可以有一个或几个对称轴；此外，几种不同的对称轴可以同时存在，此时应注意，同一对称轴不能重复计数。

（三）对称中心（C）

1. 有对称中心的晶体，其晶面的形状和大小都必然是成对的相互平行。

2. 找寻晶体是否具对称中心，只需将晶体的任意晶面置于桌上，观察晶体的上面晶面是否与它平行并且同形等大。逐一检查每一个晶面，若都有相互平行且同形等大的晶面出现，则此晶体具对称中心，否则无对称中心。

（四）晶体对称要素的记录方法

高次轴——低次轴——对称面——对称中心。

四、实习报告内容与格式

分析以下晶体模型的对称要素，并按格式填写实习报告。

斜方柱、三方单锥、四方双锥、六方柱、菱面体、八面体、五角十二面体、菱形十二面体。

内容_____   班级_____   姓名_____

模型号	对 称 要 素						对 称 型	晶 系
	L^6	L^4	L^3	L^2	P	C		

实习二　单形认识及聚形分析

一、目的要求

1．认识47种单形的形状，并了解它们在各晶族、晶系中的分布。

2．初步掌握18种单形的名称和特征，做到看见单形模型就能叫出单形名称，知道单形名称就能想出单形的形状。

3．深入了解聚形的概念，学会从聚形中分析单形的方法和步骤，体会单形相聚的原则及晶体形状的变化。

二、实习准备

预习教材第三章第三节，对各晶族的单形名称、特征建立初步概念。

三、实习内容与方法

1．观察常见的18种单形模型时，对照教材中表3-2～表3-4的单形图，观察单形的晶面数、晶面形状、晶面间的相互关系、横切面形状及晶面与对称要素之间的相对位置等内容，以便认识单形。

2．注意相似单形的区别，如斜方柱与四方柱，斜方双锥、四方双锥与八面体等。

3．分析1～2个简单的单形。分析时应首先找出对称型，确定所属的晶系；然后观察晶面的种类及数目，根据晶面的数目、晶面间的相对位置，定出单形的名称。在聚形的理想形态中，凡属同形等大的晶面，即为一个单形。一般有几种不同形状和大小的晶面，就有几个单形。

四、实习报告内容与格式

1．对照晶体的单形模型，观察方解石、绿柱石、十字石、方铅矿、黄铁矿、石榴石等矿物晶体的形态。

2．将18种常见单形填写于下表

内容_____   班级_____   姓名_____

模型号	对称型	晶系	晶面形状	横切面形状	特　征	单形名称

3．分析1～2个聚形模型，并指出各单形名称及单形数目。

实习三　认识和分析双晶

一、实习目的
1. 熟悉双晶的特征，体会双晶、聚形和单形的区别。
2. 初步学会分析双晶的方法，会找双晶面、双晶轴。
3. 了解几种矿物常见双晶的特点。

二、实习准备
预习教材第三章第四节中有关双晶的内容，搞清双晶及双晶要素的概念。

三、实习内容与方法
1. 识别双晶：根据双晶经常出现的凹角、缝合线或双晶纹来识别。
2. 确定双晶类型：通常按照双晶接合面是否规则来鉴别是接触双晶还是穿插双晶。前者双晶的个体间以规则的平面相接触，后者的接触面不规则。
3. 分析双晶要素：在双晶中相邻两个单体之间，假想有一个平面，若通过反映操作，能使双晶的两个单体重合或平行，该平面就是双晶面。在双晶中相邻两个单体之间，假想有一直线，若双晶中的一个单体围绕它旋转180°后可与另一个单体重合或平行，则该直线就是双晶轴。

四、实习报告内容
1. 分析磁铁矿、方解石、锡石、正长石等矿物双晶模型的双晶要素，并分别指出它们所属的双晶类型。
2. 参观若干天然产出的矿物双晶标本。

实习四　矿物的形态

一、目的要求
1. 认识常见晶体的晶面条纹。
2. 熟习单晶体的形态习性类型和集合体的形态类型。
3. 学会描述矿物的形态。

二、实习准备
复习第四章第二节内容。

三、实习内容和方法
1. 矿物形态的观察和描述方法

矿物形态多种多样，观察和描述时应从以下几方面着手：

对于矿物的单体形态，要观察它的晶体习性。若具有几何多面体外形，应描述其单形和对称情况，以及晶面特征（如晶面条纹等）和双晶等。

对于集合体，若为显晶质，则首先要圈定单体及判断单体的结晶习性。在集合体中单体间的界线可能是单体的晶面、晶棱、解理面或断口等。从一个方向上来观察，同一单体的晶面或解理面反光应是一致和连续的；不同单体的晶面或解理面其反光则不一致和不连续，这是圈定单体轮廓的重要标志。

但应注意，在集合体中，单体能以各种断面出现，从而出现各种断面的形态。因此，必须多观察和分析不同的单体可能出现的断面形态。例如，板状单体在集合体中不仅表现出宽阔的平面，也出现窄长条状的侧面。

每当单体形态确定之后，集合体形态则按单体形态和单体的排列方式加以描述。如粒状集合体、片状集合体等。

对于隐晶质和胶状集合体，既要描述外表形态，也要观察其切面的内部构造并加以描述。命名时则依常见物体类比而定，如鲕状、葡萄状等。

2．晶面条纹

观察石英、电气石和黄铁矿的聚形条纹；观察方解石和斜长石的聚片双晶条纹。

3．观察单晶矿物的晶体习性

一向延伸型　柱状（石英）、针状（辉锑矿）、纤维状（石棉）。

二向延展型　板状（重晶石）、片状（云母）。

三向等长型　粒状或等轴状（黄铁矿、石榴石等）。

4．观察矿物集合体形态

粒状集合体　纯橄榄岩（由橄榄石组成）。

板状、片状和鳞片状集合体　板状集合体（重晶石或钠长石），片状集合体（镜铁矿或辉钼矿），鳞片状集合体（云母或云母赤铁矿）。

柱状和针状集合体　柱状集合体（黄玉），针状集合体（电气石或金红石）。

放射状集合体　红柱石或阳起石。

纤维状集合体　纤维石膏或石棉。

晶簇状集合体　石英或方解石。

分泌体（玛瑙晶腺）和结核体（黄铁矿或铝土矿）。

钟乳状集合体（方解石），葡萄状集合体（硬锰矿），肾状集合体（赤铁矿）。

块状集合体（蛋白石）和土状集合体（高岭石）。

实习时对照教材中的叙述和插图，结合实习标本进行观察和比较。开放矿物陈列室参观矿物的形态部分。

四、实习报告的内容

标本号	矿物名称	描述（包括晶面条纹、晶体习性和集合体形态）

实习五　矿物的光学性质

一、目的要求

1．初步学会观察矿物的颜色、条痕、光泽及透明度。

2．基本掌握矿物光学性质的分类或分级的标准。

3．学会描述矿物的光学性质。

二、实习准备

复习第四章第三节矿物的光学性质。

三、实习内容和方法

1. 矿物的颜色

（1）颜色的成因类型　根据矿物颜色产生的原因，观察自色（如自然硫、方铅矿、黄铜矿等），他色（如紫水晶、烟水晶等）和假色（如斑铜矿、冰洲石等）。

（2）矿物颜色的观察和描述方法　观察矿物的颜色应注意在矿物的新鲜面或解理面上进行。其次对辨别同种颜色的不同色调，必须反复对比，观察其细致差别。

矿物的颜色繁多，描述时应力求确切、简明、通俗。主要有以下几种方法：

1）标准色谱法：利用标准色谱红、橙、黄、绿、蓝、青、紫及白、灰、黑来描述矿物的颜色。以下是几种标准色及其代表矿物：

红色——辰砂；　　　　　紫色——紫水晶；
橙色——铬铅矿；　　　　褐色——褐铁矿；
黄色——雌黄；　　　　　黑色——黑电气石；
绿色——孔雀石；　　　　灰色——铝土矿；
蓝色——蓝铜矿；　　　　白色——斜长石。

2）双重命名法：矿物往往呈现两种颜色的混合色，因此以两种色谱的颜色来命名，即把主要颜色放在后面，次要颜色（色调）作形容词放在主要颜色的前面，亮度（色彩）放在最前面来形容主、次要颜色。如浅黄绿色，即主要颜色是绿色，带有黄色色调，亮度大，色彩浅淡。

3）类比法：以实物的颜色来类比描述矿物的颜色。如描述具非金属光泽矿物的颜色时用橘红色（雄黄）、酒黄色（黄玉）等；描述具金属光泽的矿物颜色时用金属色类比，如铁黑色（磁铁矿）、铅灰色（方铅矿）、铜黄色（黄铜矿）、锡白色（毒砂）、金黄色（自然金）等。

2. 矿物的条痕

矿物在无釉瓷板上刻划时所留下的粉末颜色就是该矿物的条痕。观察磁铁矿、黄铜矿、赤铁矿、石墨的条痕，并对比上述矿物本身的颜色与条痕之间的关系。

观察条痕时应注意：应在干净、平整的瓷板上进行刻划，如不能直接划出条痕，可用小刀刮下粉末在白纸上观察；硬度>6的矿物（即硬度大于条痕板者），条痕多为无色，可以不试条痕，硬度特低的矿物，可在白纸上划痕后观察其条痕；观察条痕时要仔细，注意其细微的变化。条痕色的描述方法与描述矿物颜色的方法相同。

3. 矿物的透明度

观察下列矿物的透明度。

透明：冰洲石、石膏、水晶。

半透明：辰砂、闪锌矿。

不透明：石墨、黄铁矿、磁铁矿。

肉眼观察矿物的透明度，通常是透过矿物碎块边缘观察其他物体来进行的，并将矿物的透明度分为透明、半透明和不透明三级。观察时可借助条痕色来帮助确定：一般不透明矿物条痕色常为黑色或金属色；透明矿物条痕色常为无色和白色；半透明矿物条痕色呈各种彩色。

描述矿物透明度时，通常是放在颜色前面，如黄铁矿，不透明，浅铜黄色；若矿物是无色的，则放在颜色后面，如萤石，无色透明。

4．矿物的光泽

观察下列四个等级的光泽。

金属光泽：方铅矿、黄铁矿。

半金属光泽：赤铁矿、铁闪锌矿。

金刚光泽：金刚石、辰砂。

玻璃光泽：石英、长石、方解石。

观察下列六种特殊（变异）光泽。

油脂光泽：石英或霞石的断口。

松脂光泽：闪锌矿断口。

珍珠光泽：白云母或硬石膏。

丝绢光泽：纤维石膏或石棉。

蜡状光泽：叶蜡石或蛇纹石。

土状光泽：高岭石或褐铁矿。

观察上述四个等级的光泽时，应选择面积较大，平坦而且新鲜的表面，反复观察，并与已知光泽的标准矿物进行对比，或利用其他的光学性质来帮助鉴别光泽。如金属矿物不可能为玻璃光泽；浅色矿物不可能为金属或半金属光泽；条痕灰白或无色的矿物多属玻璃光泽等。

描述光泽时，应分别描述单体平整表面的光泽等级，不平整的或集合体则按特殊光泽描述。

四、实习报告的内容与格式

标本号	矿物名称	颜 色	条 痕	透明度	光 泽

实习六 矿物的力学性质

一、目的要求

1．初步学会鉴定矿物的硬度、解理、断口、相对密度和磁性。

2．初步掌握矿物硬度、解理、相对密度的分类或分级标准。

3．学会描述矿物的力学性质。

二、实习准备

复习第四章第三节矿物的力学性质。

三、实习内容和方法

1．矿物的硬度

通常确定矿物硬度的方法是刻划法，以求获得矿物的相对硬度。刻划工具除摩氏硬度计外，最常用的是用指甲（2.5）、小刀（5.5）来划分等级。

低硬度矿物：能被指甲刻伤，如滑石。

中等硬度矿物：能被小刀刻伤，但指甲刻不动，如萤石、方解石等。
高硬度矿物：小刀刻不动，如黄铁矿、石英等。

测试矿物硬度时，必须在矿物单体的新鲜面上进行，因为矿物由于风化、裂隙、或集合体的方式等影响矿物的硬度。因此，在测试矿物硬度时应注意：避免在细粒状、土状、粉末状、纤维状集合体上测试硬度；具脆性的矿物，在被小刀刻划时极易脆裂而脱落，不能认为矿物硬度小于小刀；用小刀刻划矿物时，用劲不要过大，劲要使在刀尖上，1~2划即可，注意爱护标本。

2. 矿物的解理

（1）观察下列不同解理等级的矿物。

极完全解理：云母、辉钼矿。

完全解理：方解石、方铅矿。

中等解理：辉石、角闪石。

不完全解理：磷灰石、绿柱石。

极不完全解理：石英、石榴石。

（2）解理的观察和描述：

为了正确地观察和描述解理，首先必须学会认识解理面，不要将解理面与晶面、断口混淆；其次，要从理论上知道，解理只能在晶体中出现，非晶质或胶体矿物无解理。观察和描述解理的方法如下：

1）首先要选择较大的晶体颗粒，对着光转动标本观察解理的有无。

2）判断解理的等级。必须对同种矿物进行较多的观察，如果同种矿物的表面被许多光滑平整的平面所包围，这种面可能为解理面，则该矿物可能为极完全或完全解理（区别在于能否剥开成薄片状）；若需仔细观察才能看到解理面，则可能为中等解理；若肉眼看不见平整光滑的平面，则为断口或不完全解理。

3）观察解理的方向和组数。一般寻找颗粒较大、棱角较突出、自由面较多的单体矿物，对着光转动，使颗粒不同部位先后对着光，寻找是否有不同方向的解理出现，有几个不同方向的，则说明有几组解理。当有两组及其以上解理时，要描述其解理夹角大小，以大于90°、小于90°或等于90°表示之。

4）解理的方向和组数可用单形名称来表示，如立方体解理（三组）、菱面体解理（三组）、柱状解理（二组）、底面解理（一组）等。

（3）矿物的断口

断口无固定方向，表面不平坦。观察和描述时，根据其破裂面的形状给予命名。观察下列矿物的断口。

贝壳状断口：石英。

参差状断口：磷灰石。

纤维状断口：纤维石膏。

土状断口：高岭石。

（4）矿物的相对密度

肉眼鉴定矿物相对密度时，通常是用手掂量的方法将矿物相对密度粗略分为轻级小于2.5；中级2.5~4；重级大于4等三级。掂量相对密度时，应选择体积大小近似，并且尽可能是一种矿物的标本。掂量下列矿物的相对密度。

轻级：石墨、自然硫。

中级：石英、萤石。

重级：方铅矿、重晶石

（5）矿物的磁性

肉眼鉴定矿物磁性时，多用普通马蹄形磁铁测试矿物的磁性，并分为强磁性、弱磁性和无磁性三级。用马蹄形磁铁测试下列矿物的磁性。

强磁性：磁铁矿、磁黄铁矿。

弱磁性：钛铁矿、黑钨矿。

四、实习报告的内容和格式

标本号	矿物名称	硬 度	解 理	断 口	比 重	磁 性

实习七　自然元素和硫化物大类

一、目的要求

1. 熟习自然元素和硫化物大类的化学组成、物理性质和成因产状。
2. 掌握自然元素矿物和硫化物矿物的主要鉴定特征及其相似矿物的区别。
3. 学会描述矿物的方法。

二、实习准备

复习第五章第二、三节。

三、实习内容与方法

1. 观察自然元素大类的 4 种矿物标本：自然金、自然硫、金刚石和石墨。
2. 观察硫化物大类的 13 种矿物标本：辉铜矿、斑铜矿、方铅矿、闪锌矿、辰砂、雄黄、雌黄、辉锑矿、辉铋矿、辉钼矿、黄铁矿、毒砂、黄铜矿。

实习时对照教材中有关矿物的叙述，结合实习标本的物理性质进行认真的观察和实验，熟记矿物的主要鉴定特征。对于相似矿物应进行反复地观察和分析比较，掌握区别它们的特征。在观察和实验的基础上，完成实习报告。

四、实习报告的内容与格式

描述矿物的内容：矿物的化学式、形态、主要物理性质和化学性质、共生组合和次生变化等[※]。描述须以文字叙述成文，不能以填表格方式完成。

标本号	矿 物 描 述	矿物名称

※从第七次至第十二次实习，实习报告的格式和描述矿物的内容均与此相同。

实习八 氧化物、氢氧化物和卤化物大类

一、目的要求
1. 熟习氧化物、氢氧化物大类和卤化物大类的化学组成、主要物理性质和成因产状。
2. 掌握氧化物、氢氧化物和卤化物的主要鉴定特征。
3. 掌握区别相似矿物的特征。

二、实习准备
复习第五章第四、五节。

三、实习内容与方法
1. 观察氧化物、氢氧化物、卤化物的 12 种矿物标本。赤铁矿、锡石、软锰矿、石英、蛋白石、铬铁矿、磁铁矿、硬锰矿、褐铁矿、铝土矿、萤石、石盐。
2. 简易化学试验：用过氧化氢区别锰的氧化物（硬锰矿、软锰矿）与褐铁矿，即在标本上加几滴过氧化氢（双氧水 H_2O_2），当剧烈起泡时，则为含锰矿物。
3. 鉴定氧化物主要依靠形态、条痕、解理及其他物理性质（如磁性），并与硫化物大类矿物相对比。
4. 氢氧化物大多数为表生作用的产物，其矿物形态常呈鲕状、土状、多孔状、致密块状等隐晶质集合体出现。

四、实习报告的内容与格式
实习报告的格式与描述矿物的内容同上。

实习九 岛状和环状硅酸盐亚类

一、目的要求
1. 熟习岛状和环状硅酸盐亚类的配离子构造特点、阳离子成分，与形态、物理性质之间的联系。
2. 掌握岛状和环状硅酸盐亚类矿物的主要鉴定特征。
3. 掌握区别相似矿物的特征。

二、实习准备
复习第五章第六节含氧盐大类硅酸盐类的有关内容。

三、实习内容与方法
1. 观察岛状和环状硅酸盐的 11 种矿物标本：橄榄石、石榴石、矽线石、红柱石、榍石、十字石、绿帘石、黄玉、蓝晶石、绿柱石、电气石。
2. 岛状硅酸盐矿物的鉴定特征要着重注意它们的形态、颜色和解理等。
3. 对形态和物理性质相似的矿物，要反复观察、测试和比较，以达到区别它们的目的，如黄玉与绿柱石、橄榄石与石榴石等。

四、实习报告的内容与格式
实习报告的格式与描述矿物的内容同上。

实习十 链状和层状硅酸盐亚类

一、目的要求

1. 熟习链状和层状硅酸盐亚类的配离子构造特点、阳离子成分,与形态、物理性质之间的联系。
2. 掌握链状和层状硅酸盐亚类矿物的主要鉴定特征。
3. 掌握区别相似矿物的特征。

二、实习准备

复习第五章第六节含氧盐大类硅酸盐类的有关内容。

三、实习内容与方法

1. 观察链状和层状硅酸盐的11种矿物标本:普通辉石、透辉石、普通角闪石、闪长石、滑石、叶蜡石、蛇纹石、高岭石、黑云母、白云母、绿泥石。
2. 链状硅酸盐矿物的鉴定特征要着重注意形态、横断面形状、解理等特征。实习中应反复比较辉石族与角闪石族矿物的主要区别(表1)。
3. 层状硅酸盐矿物的物理性质比较相似,实习时应反复观察和比较。

表 1

矿物	形态	横断面形态	解理及解理角	产状
辉石族	短柱状 柱状	假正方形 假八边形	柱状解理中等到完全, 夹角为87°和93°	主要产于基性和超基性岩中, 以及深变质岩中
角闪石族	长柱状 针状 放射状 纤维状	菱形 假六边形	柱状解理完全, 夹角为56°和124°	主要产于中酸性岩浆岩中, 以及中级变质岩中

四、实习报告的内容与格式

实习报告的格式和描述矿物的内容同上。

实习十一 架状硅酸盐亚类和磷酸盐、硫酸盐类

一、目的要求

1. 掌握长石族矿物的化学成分和矿物组成。
2. 熟习长石族矿物的分类、主要物理性质、双晶类型及其特征。
3. 熟习磷酸盐、硫酸盐的化学组成、主要物理性质和成因产状。
4. 掌握磷酸盐、硫酸盐类重要矿物的鉴定特征。
5. 掌握区别相似矿物的特点。

二、实习准备

复习第五章第六节含氧盐大类硅酸盐类的有关内容及磷酸盐、硫酸盐类。

三、实习内容与方法

1. 观察架状硅酸盐亚类的3种矿物标本:钾长石、斜长石、霞石。

2. 观察磷酸盐和硫酸盐类的3种矿物标本：磷灰石、石膏、硬石膏、重晶石。

3. 实习时对钾长石(包括正长石、透长石和微斜长石等)和斜长石要反复地观察和比较它们的差异性(见表2)。但在区别时不能单凭颜色，最可靠的是根据它们的双晶类型。为此，应通过模型和幻灯的观察，结合标本，熟悉钠长石双晶、卡氏双晶和格子双晶。

表 2

	斜 长 石 (100 – n) Na [AlSi$_3$O$_8$] ~ nCa [Al$_2$Si$_2$O$_8$]	钾 长 石 K [AlSi$_3$O$_8$]
双 晶	具聚片双晶	常见卡氏双晶
形 态	长条状、宽板状	厚板状、短柱状
颜 色	以白色、灰白色为主，也有浅绿色	以肉红色、浅黄色为主，也有灰白色
次生变化	易风化成绿帘石、绢云母等	易风化成高岭土、绢云母等

4. 简易化学试验：钼酸铵试磷。即将少许钼酸铵粉末置标本上，再滴1~2滴硝酸，如粉末由白色变为浓黄色，表示有磷存在，为磷酸盐矿物。

四、实习报告的内容与格式

实习报告的格式和描述矿物的内容同上。

实习十二 钨酸盐、碳酸盐类

一、目的要求

1. 熟习钨酸盐、碳酸盐类矿物的化学组成、主要物理性质和成因产状。
2. 掌握钨酸盐和碳酸盐类重要矿物的主要鉴定特征。
3. 掌握区别相似矿物的特征

二、实习准备

复习第五章第六节含氧盐大类钨酸盐和碳酸盐类。

三、实习内容与方法

1. 观察钨酸盐、碳酸盐类的8种矿物标本：黑钨矿、白钨矿、方解石、白云石、菱镁矿、菱铁矿、孔雀石、蓝铜矿。

2. 简易化学试验：区别方解石、菱镁矿和白云石。将三种矿物的碎块分别与盐酸作用，观察其结果：方解石加冷盐酸剧烈起泡；白云石加冷盐酸起泡微弱，但粉末加冷盐酸剧烈起泡；菱镁矿加冷盐酸不起泡，加热盐酸起泡。

四、实习报告的内容与格式

实习报告的格式和描述矿物的内容同上。

实习十三 岩浆岩的结构、构造与岩浆岩标本的观察与描述

一、实习目的

1. 认识岩浆岩的结构、构造类型；掌握结构、构造的观察方法和描述方法。

2．学会岩浆岩的观察描述方法。

二、实习准备

复习第六章第一、二节有关内容。

三、实习内容与方法

（一）岩浆岩的结构、构造

1．结构　包括岩石中矿物的结晶程度、颗粒大小（按绝对大小、相对大小划分）自形程度。

2．构造　块状构造、条带状构造、斑杂构造、流纹构造、气孔构造、杏仁构造。

3．观察方法

（1）结构的观察

1）首先观察岩石中矿物的结晶程度，如具全晶质结构时，则应进一步区分是显晶质还是隐晶质的；如具半晶质结构时，则应进一步弄清是由斑晶（结晶质）与基质（玻璃质）组成的；还是由微晶与玻璃质组成的；如具玻璃结构时，则应注意与隐晶质的区别。

2）对具全晶质结构的岩石，应注意观察是等粒还是不等粒结构。如为显晶质等粒结构时，则应测量其主要矿物的粒径（以量其长径为准，对含长石的岩石要以长石的粒径为准）。取其所量粒径的平均值，然后按矿物粒度绝对大小划分标准写出相应的结构。进而再观察矿物的自形程度。确定其相应的结构名称。

3）如具不等粒结构时，若岩石中矿物的粒度依次降低，则为连续不等粒结构；如矿物颗粒可分为大小截然不同的两群，则为斑状或似斑状结构。当基质为隐晶质至玻璃质时，则称斑状结构；基质为显晶质者，称为似斑状结构。但也常把由细粒至玻璃质组成基质的结构称为斑状结构；把由中粒至粗粒组成基质的结构，称为似斑状结构。

（2）构造的观察

1）观察岩浆岩的构造时，应着眼于矿物集合体或不同物质组分间的关系，以及矿物与矿物，矿物与隐晶质、玻璃质之间的排列或充填方式等。

2）根据教材中有关岩浆岩构造的论述，结合标本观察，认识各种构造特征。

3）应注意相似构造的区别，如条带状构造和流纹构造、气孔构造与杏仁构造、块状构造与斑杂构造。

4．实习报告格式

岩石编号	岩石名称	结构、构造描述

（二）岩浆岩标本的观察描述

1．颜色　岩浆岩的颜色大致可分为浅色、中色和暗色几种。实习时，应分出新鲜面的颜色及风化面的颜色。

（1）深成岩的颜色深浅，是暗色矿物含量和浅色矿物含量比率的反映。

（2）浅成岩的颜色深浅，主要由岩石成分、次生变化、结晶程度等方面所决定。

（3）喷出岩的颜色，是由于强烈氧化燃烧作用的影响。通常玄武岩类多呈黑色、蚀变后呈绿黑—绿灰色；安山岩类呈深灰、暗紫—紫红色；流纹岩类呈浅灰—粉红色。

2. **结构** 显晶质岩石，其主要造岩矿物粒度大致相等时，应写出粒度与习惯用结构名称，如粗粒半自形结构等；每块岩石标本都要写出其结构名称或特征。

3. **构造** 最常见的岩浆岩构造的种类不多，只须准确描述即可。侵入岩多具块状、斑杂状、条带状构造；喷出岩则多具气孔、杏仁、流纹构造等。

4. **矿物成分** 对矿物成分的观察和描述应包括以下内容：矿物名称、物性特点、粒度大小、百分含量等。

对显晶质等粒结构的岩石，应描述主要矿物、次要矿物、副矿物、次生矿物。描述时应按含量多的先描述，含量少的后描述，即"先多后少"的顺序。

对矿物特征的描述应包括以下几方面：颜色、形态及鉴定特征（包括可反映岩石的结构、构造等特征）、粒度、目估百分含量等。

岩石具斑状或似斑状结构时，应首先指明斑晶矿物在整个岩石中的目估百分含量，然后以斑晶矿物含量"先多后少"的顺序描述其特征。接着描述基质中矿物的特征，如矿物粒度呈细粒时，其描述顺序与要求同前述。当基质粒度小于细粒时，只要求指明主、次要矿物，不要求作详细描述。

5. 岩浆岩手标本基本描述实例

（1）深成岩—橄榄辉长岩

新鲜面暗灰色，风化面暗褐色。中粒半自形等粒结构，颗粒均匀，颗粒直径在2～5mm。块状构造。岩石比较新鲜。暗色矿物主要为黑色的辉石，呈近于短轴状的颗粒，有时可见解理。其次，可见少量黄绿色（或暗绿色），油脂光泽的橄榄石和具珍珠光泽的黑云母。暗色矿物含量约50%。浅色矿物为斜长石，呈长板状，白色至灰色，玻璃光泽，含量约50%。

岩石定名：橄榄辉长岩

（2）浅成岩—闪长玢岩

浅灰色，斑状结构，块状构造。斑晶成分为灰白色板状斜长石和绿色柱状角闪石，斑晶直径1～6mm，斑晶占岩石体积30%左右。基质为隐晶质结构。

岩石定名：闪长玢岩

（3）喷出岩—流纹岩

浅紫色，斑状结构，流纹构造，气孔构造，斑晶成分为石英和透长石。石英为不规则粒状，无色，油脂光泽，贝壳状断口。透长石为柱状，无色透明，玻璃光泽，完全解理。斑晶直径1～2mm，约占岩石体积15%。基质为隐晶质，浅紫色为主，夹杂有粉红和白色，稍有拉长的气孔和柱状透长石在基质中成定向排列。

岩石定名：流纹岩

四、实习报告

描述实习标本的结构、构造。

实习十四 橄榄岩—苦橄岩类

一、实习目的

掌握本岩类主要岩石类型的鉴定特征；学会观察和描述此类岩石的内容和方法。

二、实习准备

复习第七章第一节内容。

三、实习内容

观察和描述以下岩石标本：纯橄榄岩、橄榄岩、蛇纹石化橄榄岩、苦橄岩、金伯利岩。

岩石突出特征：

纯橄榄岩：几乎全由橄榄石组成。橄榄石为浅绿色，粒状、玻璃光泽，没有解理。

橄榄岩：主要由橄榄石组成，其次为辉石。

辉石岩：几乎全由辉石组成。

蛇纹石化橄榄岩：蛇纹石为橄榄石蚀变产物。

苦橄岩：以橄榄石为主，可出现少量的角闪石，成分相当于橄榄岩。隐晶质结构。

金伯利岩：主要由橄榄石、铬透辉石、金云母组成，具角砾构造，斑状结构。

四、观察和描述内容

1. 颜色：新鲜面颜色和风化面颜色。
2. 结构构造特征（深成侵入岩自形～半自形粒状结构特征明显）。
3. 主要矿物、次要矿物和副矿物的含量及鉴定特征。
4. 其他，如次生变化、含矿性等。
5. 岩石命名。

五、实习报告

描述橄榄岩、辉石岩、蛇纹石化橄榄岩。

实习十五　辉长岩—玄武岩类

一、实习目的

1. 掌握辉长岩—玄武岩类主要岩石的鉴定特征。
2. 学会观察和描述此类岩石的内容和方法。

二、实习准备

复习第七章第二节内容。

三、实习内容

观察以下标本：辉长岩、辉绿岩、橄榄玄武岩、杏仁状玄武岩、细晶辉长岩、斜长岩。

岩石突出特征：

辉长岩：主要由辉石和斜长石组成。细粒结构时为细晶辉长岩。

斜长岩：几乎全由斜长石组成。

辉绿岩：成分与辉长岩相当，辉绿结构（灰白色半自形的斜长石搭成的三角架空隙中充填它形粒状辉石）。

橄榄玄武岩：能见到橄榄石斑晶，常见橄榄石的蚀变产物——伊丁石。基质为隐晶质。

杏仁状玄武岩：隐晶质结构，杏仁状构造，颜色深。

四、观察和描述内容

1. 颜色　包括新鲜面颜色和风化面颜色。
2. 结构构造特征（注意气孔是否光滑，杏仁的成分是什么）

3. 主要矿物、次要矿物和副矿物的含量和鉴定特征。
4. 次生变化等。
5. 岩石命名。
五、实习报告
描述辉长岩、辉绿岩、玄武岩、斜长岩。

实习十六　闪长岩—安山岩类

一、实习目的要求
1. 掌握此类岩石的主要岩石类型特征。
2. 与橄榄岩—苦橄岩类、辉长岩—玄武岩类相区别。
二、实习准备
复习第七章第三节内容。
三、实习内容
观察以下标本：闪长岩、石英闪长岩、闪长玢岩、安山岩、英安岩。
岩石突出特征：
闪长岩：主要由斜长石和角闪石（或黑云母）组成，斜长石含量大于角闪石含量。当石英含量大于5％则为石英闪长岩。
闪长玢岩：斑状结构。基质为隐晶质结构或细粒结构。
安山岩：斑状结构。宽板状斜长石斑晶，基质为隐晶质，岩石中石英含量大于5％时为英安岩。
四、观察和描述内容
1. 颜色：新鲜面颜色和风化面颜色，注意色率变化。
2. 结构构造（浅成侵入岩、喷出岩一般都具斑状结构，斑晶为斜长石、角闪石、黑云母）。
3. 主要矿物、次要矿物、副矿物。
4. 次生变化。
5. 岩石命名。
五、实习报告
描述闪长岩、闪长玢岩、石英闪长岩、安山岩等标本。

实习十七　花岗岩—流纹岩类和花岗闪长岩—流纹英安岩类

一、实习目的要求
1. 掌握此类岩石的矿物成分特点，认识该类岩石并掌握其岩性特征。
2. 与前述各类岩石对比，从中掌握本类岩石的基本特点。
二、实习准备
复习第七章第四节内容。

三、实习内容

观察以下岩石标本：花岗岩、花岗闪长岩、花岗斑岩、花岗闪长斑岩、流纹英安岩、流纹岩、松脂岩、珍珠岩、黑曜岩。

岩石突出特征：

花岗岩：石英占30%左右，长石占60%左右，暗色矿物（黑云母）＜10%。钾长石＞斜长石。

花岗闪长岩：为花岗岩向闪长岩的过渡岩石，与花岗岩的区别：1.斜长石＞钾长石；2.石英较少，含量在20%左右；3.暗色矿物增多，10%～15%，并常有角闪石出现。

花岗斑岩：与花岗岩成分相同，斑状结构，斑晶以正长石和石英为主，黑云母次之，基质多为隐晶质，致密状。

花岗闪长斑岩：成分与花岗闪长岩相同，具斑状结构，斑晶为斜长石、石英、正长石、黑云母、角闪石。

流纹岩：具流纹构造。

流纹英安岩：成分与花岗闪长岩相同，斑晶为斜长石、角闪石、黑云母，可有少量石英和钾长石，基质为隐晶质或玻璃质。

黑曜岩：黑色、灰黑色、玻璃质结构。玻璃光泽，贝壳状断口，有时含少量透长石斑晶。

珍珠岩：具珍珠裂缝的玻璃质岩石（珍珠构造），有时含有各色的珍珠球。

松脂岩：树脂光泽或油脂光泽，玻璃质结构。

四、观察和描述内容

颜色、结构、构造，主要矿物，次要矿物，副矿物。注意描述长石的种类和数量，次生变化，岩石命名。

五、实习报告

详细描述花岗岩、花岗闪长岩、花岗斑岩、流纹岩等。

实习十八　正长岩—粗面岩类、霞石正长岩—响岩类、脉岩类

一、实习目的要求

1. 认识三类岩石，掌握各岩石的特征。
2. 掌握脉岩与其他岩浆岩的区别。

二、实习准备

复习第七章第五、六、八节内容。

三、实习内容

观察以下标本：正长岩、正长斑岩、粗面岩、霞石正长岩、白榴石响岩、云煌岩、花岗细晶岩、花岗伟晶岩。

岩石突出特征：

正长岩：肉红色或浅土黄色的板状正长石为主，还有少量的斜长石和黑云母、角闪石。

正长斑岩：斑状结构，成分与正长岩相同。斑晶主为正长石。

粗面岩：断口粗糙，斑状结构。透长石和斜长石组成斑晶，基质为隐晶质。

霞石正长岩：由长板状的正长石组成，次为霞石（深肉红色或灰白色，粒状，油脂光泽，没有解理）和碱性暗色矿物（碱性辉石和碱性角闪石）。

响岩：白榴石、透长石为斑晶，基质与斑晶成分相同，微晶结构。白榴石不稳定，可被正长石、霞石、方沸石代替，此种岩石称为假白榴石响岩。

云煌岩：主要成分为黑云母，其次为正长石。斑状结构，斑晶为黑云母，基质正长石、黑云母。

花岗细晶岩：细晶结构，主要由石英、钾长石、斜长石组成。

花岗伟晶岩：伟晶结构，晶体颗粒粗大，有时呈文象结构。主要由钾长石、石英、斜长石组成。

四、观察和描述内容

颜色、结构、构造，矿物成分（主要矿物、次要矿物、副矿物，特别注意霞石和白榴石的特征），次生变化，岩石命名。

五、实习报告

详细描述正长岩、正长斑岩、霞石正长岩、云煌岩、细晶岩、伟晶岩。

实习十九　陆源碎屑岩类

一、实习目的要求

1．观察和熟悉陆源碎屑岩的物质成分（碎屑物、填隙物—杂基、胶结物）、结构特征（碎屑颗粒的粒度、形态、胶结类型）。

2．掌握陆源碎屑岩的分类命名原则。

3．通过实习初步掌握肉眼观察和描述陆源碎屑岩的方法及其代表岩石的鉴定特征。

二、实习准备

复习第十二章第一节的有关内容。

三、实习内容

观察和描述以下岩石标本：砾岩、角砾岩、石英砂岩、长石砂岩、岩屑杂砂岩、铁质砂岩、海绿石砂岩、粉砂岩。

四、实习方法和步骤

1．方法和步骤

(1) 鉴别确定岩石中的碎屑成分并估计其含量。

(2) 估测碎屑颗粒的粒径（最大、最小和一般的），也可以利用粒度管或粒度盘以及较标准的标本进行对比，并确定岩石的分选程度。

(3) 鉴别碎屑颗粒的磨圆度。

(4) 鉴别填隙物的成分

硅质胶结物：白色、致密状，硬度大于小刀、加 Hcl 不起泡。

铁质胶结物：岩石往往呈紫红色。

碳酸盐质胶结物：浅灰—浅绿色，加 Hcl 起泡。

海绿石胶结物：暗绿色，风化后使岩石带绿色斑痕。

泥质杂基：灰色、褐色、硬度小、岩石易破碎松散、加 HCl 不起泡。

（5）区分岩石的支撑性质并尽可能地区分出基底式、孔隙式、接触式等胶结类型。

2. 描述实例

（1）灰色复成分砾岩（河北宣化）

灰色、砾状结构、块状构造。其中砾石占 70%，填隙物占 30%。砾石大小不一，粒径一般在 2~20mm，以 2~10mm 为主。砾石呈圆状及次圆状，少数次棱角状，断面多呈椭圆及长条形。砾石以石灰岩和白云岩为主，还有少量喷出岩和硅质岩。填隙物为砂、粉砂、钙质、泥质等，基底式胶结类型，胶结紧密。

（2）紫褐色中粒铁质石英砂岩

暗紫褐色，颜色分布不均匀，中粒砂状结构，块状构造。碎屑含量占整个岩石 85% 左右，胶结物约占 15%。砂粒几乎都是石英，粒径 0.15~0.5mm 左右，分选性好。胶结物主要为氧化铁，分布不均匀，局部聚集成团块。岩石颗粒支撑，呈孔隙式胶结。

五、实习报告

观察描述：角砾岩、长石砂岩、岩屑杂砂岩、海绿石砂岩、粉砂岩。

实习二十　火山碎屑岩类

一、实习目的要求

1. 观察和熟悉火山碎屑物质的物态种类。掌握火山碎屑岩的结构特征和分类命名的原则。

2. 学会观察和描述火山碎屑岩的方法；初步掌握常见火山碎屑岩的鉴定特征。

二、实习准备

复习第十二章第二节有关内容，掌握对火山碎屑岩的观察要点和描述内容。

三、实习内容

1. 通过显微投影仪（或者放映幻灯），观察各种岩屑（包括塑性岩屑、火山弹）、晶屑和玻屑（包括塑性玻屑）的特点。

2. 观察和描述以下岩石标本。

角砾熔岩、熔结凝灰岩（或熔结角砾岩）、集块岩、火山角砾岩、晶屑凝灰岩、玻屑凝灰岩、凝灰质砂岩。

四、实习方法和步骤

1. 方法与步骤

（1）观察岩石时要注意区分沉积角砾和火山角砾。火山角砾多为火山岩岩屑、呈棱角状，颜色常为紫红色、灰绿色等，常具斑状结构。

（2）凝灰岩的外貌很像细砂岩、粉砂岩，区别在于颜色较特殊。常为紫红、灰绿色等，有时颜色分布很不均匀。凝灰岩中晶屑多呈棱角状，破碎及熔蚀现象明显，晶面常有较多的裂纹。

2. 描述实例

（1）火山角砾岩（山西临县）

褐红—紫红色。火山角砾结构、块状构造。岩石中火山碎屑占 90% 以上，其中以粒径在 10~2mm 的熔岩角砾为主（约占 75%），此外含少量长石和石英晶屑和玻屑。火山角砾外形不规则，呈尖棱角状。火山角砾为褐红色细小的凝灰所胶结。

（2）流纹质晶屑玻屑凝灰岩（河北）

白至灰白色。凝灰结构，块状构造。主要成分为极细小的火山凝灰，石英及长石晶屑约占 20% 左右。岩石具粗糙感，有粘舌现象。

五、实习报告

描述下列岩石：角砾熔岩、熔结凝灰岩（或熔结角砾岩）火山角砾岩、凝灰岩、凝灰质砂岩。

实习二十一 黏土岩类与沉积岩的构造

一、实习目的

1. 认识黏土、泥岩和页岩，掌握不同成分页岩的鉴别方法。
2. 认识沉积岩的常见构造

二、实习准备

复习第十一章第四节与第十二章第三节有关内容。

三、实习内容（本次实习重点为泥质岩，沉积岩构造只作一般认识观察）

1. 黏土、泥岩、含粉砂泥岩、砂质页岩、铁质页岩、钙质页岩、黑色页岩、炭质页岩、油页岩、硅质页岩。
2. 层理（水平层理、波状层理、斜层理）、波痕、泥裂、缝合线、结核。

四、实习方法与步骤

（一）泥质岩

1. 方法与步骤

（1）泥质岩因矿物颗粒非常细小，肉眼无法鉴定，因而要注意其颜色及各种物理性质的观察。

（2）要注意观察泥质岩的断口和以手触摸时的感觉，据此来判断其结构类型以及与粉砂岩区别。

（3）正确区分层理和页理；利用颜色、硬度以及加酸起泡与否等区别各种不同类型的页岩。

2. 描述实例

（1）含粉砂泥岩

浅灰色，含粉砂泥质结构，块状构造。断口不太平滑，手摸之略有粗糙感。在水中不易泡软，加盐酸不起泡。由此推断主要由黏土矿物组成，含少量粉砂。

（2）红色页岩

砖红色，泥质结构，页理构造。岩石主要由铁质及黏土矿物组成。岩石致密，断口呈贝壳状。

（二）沉积岩的构造

只要求认识各种构造类型，不要求描述。

五、实习报告

描述下列岩石：泥岩、砂质页岩、钙质页岩、炭质页岩、油页岩。

实习二十二　碳酸盐岩类、硅质岩类

一、实习目的要求
1. 学会观察和描述碳酸盐岩、硅质岩，掌握各种岩石特征。
2. 掌握石灰岩的分类和命名原则。

二、实习准备
复习第十二章第四、五节的有关内容。

三、实习内容
砾屑（竹叶状）灰岩、砂屑灰岩、鲕粒灰岩、生物屑灰岩、泥晶灰岩、结晶灰岩、白云岩、泥灰岩、硅质岩（燧石岩、碧玉岩）。

四、实习方法和步骤
1. 石灰岩、白云岩、硅质岩、泥灰岩的区分
（1）石灰岩、白云岩、泥灰岩三者间的区分方法是加盐酸。
（2）石灰岩、白云岩、泥灰岩与硅质岩的区分是根据硬度和加盐酸。
（3）各种石灰岩的区分是观察其结构特征。
2. 描述实例
（1）砾屑灰岩（竹叶状灰岩）　岩石为灰绿色略带灰红色、颜色分布不均匀。几乎全由方解石组成，含微量的铁质。砾屑结构、砾石圆度好，断面呈长椭圆形，似竹叶状，大小不一，表面被氧化铁包围。砾石成分为泥晶灰岩。还有少量砂屑，其成分也是泥晶灰岩，充填于砾屑之间。填隙物主要为泥晶基质，均已不同程度地重结晶。岩石为颗粒支撑，孔隙式胶结。

岩石名称：泥晶砾屑灰岩。

（2）鲕粒灰岩（山东箔山）

岩石为暗紫红色，岩石成分全为方解石。鲕粒结构，鲕粒一般呈球形，少数椭圆形，大小为1～2mm，有同心层圈，含有铁质，因而成暗红色。鲕粒约占岩石60%。填隙物主要为灰白色但较浑浊的泥晶方解石，与颗粒界限不清晰，约占岩石的40%；岩石为基质支撑，为基底式胶结，颗粒互相不接触。

五、实习报告
描述以下岩石：砂屑灰岩、鲕粒灰岩、结晶灰岩、白云岩、硅质岩。

实习二十三　接触变质岩类

一、实习目的
1. 学习并掌握热变质岩及接触交代变质岩的观察及描述方法。
2. 掌握主要岩石类型的岩性特征及分类命名原则。

二、实习准备
复习第十四章第一节有关内容。

三、实习内容

岩石标本：斑点板岩、堇青石云母角岩、红柱石云母角岩、大理岩、石英岩、矽卡岩。

四、实习方法

1. 要注意热变质岩与矽卡岩在结构构造与矿物组合上的区别。热变质岩的矿物组合，明显地受原岩成分及变质条件的制约，一般多为粒状变晶结构。而矽卡岩结构构造变化较大，矿物组合比较复杂，但有其特征的矿物且经常伴有各种金属矿物，如磁铁矿、黄铜矿、闪锌矿等。

2. 在热变质岩实习中，除了要求学生对标本进行观察描述外，还应引导学生对一些典型岩石进行原岩的恢复。

3. 实习矽卡岩时，要注意从矿物组合特征认识矽卡岩和区别钙矽卡岩及镁矽卡岩。

4. 描述实例

（1）空晶石堇青石角岩

灰黑色，斑状变晶结构、基质为变余泥质结构（有的为角岩结构）块状构造。变斑晶为空晶石、堇青石。含量占岩石的25%左右。其中堇青石粒状，深蓝灰色；空晶石柱状，浅灰色，基质颗粒极细，呈暗灰色。该岩石由泥质岩变质形成。

（2）石榴子石矽卡岩

岩石为浅褐灰色，粒状变晶结构，块状构造。矿物成分为浅褐色不规则粒状呈油脂光泽的石榴子石及浅黄绿色绿帘石。石榴石含量75%，大小不等。粒径5～0.3mm；绿帘石柱状，分布不均匀，粒径2mm，含量占25%，还可见微量的黄铜矿。岩石坚硬，密度大。

五、实习报告

描述：斑点板岩、红柱石云母角岩、大理岩、矽卡岩、石英岩。

实习二十四　气成热液变质岩类、动力变质岩类

一、实习目的要求

1. 掌握气成热液变质岩及动力变质岩的分类命名原则及观察描述方法。
2. 掌握气成热液变质岩及动力变质岩主要岩石类型的岩性特征。

二、实习准备

复习第十四章第二、三节有关内容。

三、实习内容

岩石标本：云英岩、蛇纹岩、青磐岩、次生石英岩、碎裂花岗岩、糜棱岩。

四、实习方法

1. 在观察描述气成热液变质岩时，蚀变矿物的种类及蚀变强度是观察的重点，因为这两方面是该类岩石分类命名的主要依据。蚀变轻微的岩石，以原岩石名称作为基本名称，以蚀变矿物作为形容词，如云英岩化花岗岩等；当蚀变强烈不能恢复原岩时，直接用蚀变矿物命名，如云英岩、蛇纹岩等。

2. 在观察描述动力变质岩时，首先根据岩石的结构构造特征，区分出碎裂岩或糜棱岩，然后再根据它们各自的分类命名原则，确定岩石的基本名称。如碎裂岩主要依据其碎

裂的程度（碎基百分含量）及碎屑的粒径。

3．描述实例

（1）蛇纹岩　灰绿色—暗黄绿色。鳞片变晶结构，块状构造。矿物成分主要为蛇纹石，还有一定量的磁铁矿小颗粒零星散布其中。蛇纹石呈细小鳞片状、颜色不均匀。岩石稍具滑感。

（2）碎裂花岗岩　灰黄—黄绿色，碎裂结构，块状构造。碎斑大小不一，主要由岩石碎块、钾长石和石英组成，含量约占 60%～70%，碎基除钾长石及石英外，还有少量黑云母，含量约 30%～40%。碎基物质中有的已重结晶形成绢云母和绿泥石，因而使岩石呈浅绿色。

五、实习报告

描述：云英岩、糜棱岩、次生石英岩、青磐岩。

实习二十五　区域变质岩类

一、实习目的要求

1．学会区域变质岩的观察描述方法，掌握主要岩石类型的岩性特征及分类命名原则。
2．初步学会对区域变质岩进行变质程度的分析。

二、实习准备

复习第十四章第四节。

三、实习内容

岩石标本：板岩、千枚岩、片岩（云母片岩、绿泥片岩、角闪石片岩）片麻岩（钾长片麻岩、斜长片麻岩）、变粒岩、斜长角闪岩、麻粒岩、榴辉岩。

四、实习方法

1．首先按结构构造和矿物组合相结合的原则，确定出岩石的基本名称，如板岩、千枚岩、片岩等。在此基础上，再根据岩石中主要矿物、次要矿物、特征变质矿物等进行详细命名。

2．要注意下列相近岩石的区别：（1）板岩、千枚岩；（2）片岩、片麻岩；（3）斜长片麻岩、斜长角闪岩；（4）片麻岩、麻粒岩；（5）麻粒岩、榴辉岩。

3．引导学生对板岩、千枚岩、片岩、片麻岩、变粒岩、麻粒岩、榴辉岩从岩石结构、构造、重结晶程度、矿物组合上分析变质程度从浅（低级）到深（高级）的变化。

4．描述实例

（1）绢云母千枚岩　土黄色，显微鳞片变晶结构，千枚状构造。矿物成分主要为绢云母，绢云母颗粒细小，肉眼难辨，但岩石丝绢光泽明显。

（2）石榴石云母片岩　岩石银灰色，斑状变晶结构、基质为鳞片变晶结构。块状构造。斑晶为石榴石，石榴石呈粒状，棕黑色，粒径 1.5mm，含量占 20%，分布均匀。基质主要由白云母组成，含量 80%，白云母片状，平行排列构成片理。

五、实习报告

描述：板岩、片麻岩、变粒岩、斜长角闪岩、榴辉岩。

实习二十六 混 合 岩 类

一、实习目的要求

1. 学会观察混合岩的主要结构构造和掌握混合岩的分类命名原则。
2. 掌握各类混合岩的主要岩性特征及观察描述方法。

二、实习准备

复习第十四章第五节。

三、实习方法

岩石标本：条带状混合岩（条带状构造）、角砾状混合岩（角砾状构造）、肠状混合岩（肠状构造）、片麻状混合岩（片麻状构造）、阴影状混合岩（阴影构造）混合花岗岩（块状构造）。

四、实习内容

1. 观察描述混合岩时，首先鉴别基体和脉体（基体多为颜色较深的片岩、片麻岩、斜长角闪岩等；脉体为颜色浅的长英质、伟晶质）。
2. 观察脉体与基体的交生关系，从而确定出混合岩的基本构造类型。在此基础上，再进一步描述基体和脉体本身的结构构造。
3. 根据岩石构造和基体脉体成分确定出混合岩的具体名称。
4. 描述实例

条带状混合岩：灰白色，具条带状构造。脉体呈条带状沿基体的片理大致平行分布，含量占岩石的35%，其成分为灰白色的长英质矿物，以长石为主，石英次之，粒径3～6mm基体为黑云母片岩，含量占65%，具粒状鳞片变晶结构，矿物成分主要为石英、长石及黑云母。脉体以注入方式进入基体，二者界线清楚，条带均匀相间分布。

五、实习报告

描述：眼球状混合岩、角砾状混合岩、片麻状混合岩、混合花岗岩。

实习二十七 古 生 物 化 石

一、目的与要求

1. 初步了解形成化石的石化类型。
2. 初步了解䗴、珊瑚、腕足类、软体动物、三叶虫、笔石动物及高等植物的主要构造。
3. 初步认识上述类别生物中各1～2个重要化石属例。

二、实习内容

观察下列化石属例

1. 小纺锤䗴（附图27-1）

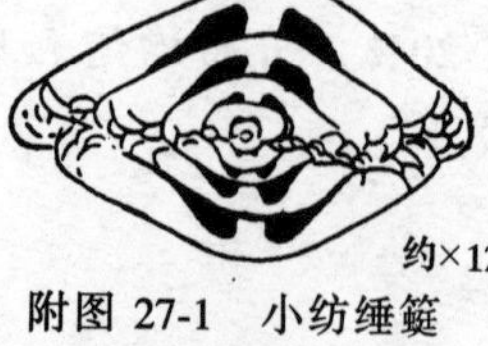

壳小到中等，粗纺锤形至长纺锤形。壳圈6～9个。旋壁由致密层、透明层及内外疏松层四层组成。隔壁褶皱仅限于两极，中部平直。旋脊特别大，每圈都有。初房圆而小。中石炭世。

附图27-1 小纺锤䗴
（轴切面×12） 约×12

2. 新希瓦格䗴（附图 27-2）

壳中等到大，粗纺锤形。壳圈 11～20 个。旋壁由致密层及蜂巢层组成。蜂巢层极细，下延聚集成副隔壁。初房圆而小。早二迭世晚期。

3. 拖鞋珊瑚（附图 27-3）

单体，拖鞋状、萼穴深。体内全为泡沫小板，隔壁短脊状，对隔壁位于个体平的一面的中央。早、中泥盆世。

4. 贵州珊瑚（附图 27-4）

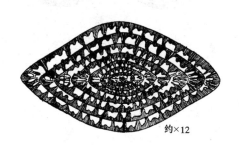
附图 27-2 新希瓦格䗴
轴切面 ×12

附图 27-3 拖鞋珊瑚
×1

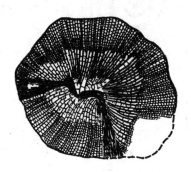
附图 27-4 贵州珊瑚
横切面 ×1

单体、大型，圆锥或弯锥状。一级隔壁多而长，少数在中心扭曲，二级隔壁长为一级隔壁长度之半，主部隔壁内端加厚。主内沟明显，鳞板带宽度相当二级隔壁之长，床板小而上凸。早石炭世晚期。

5. 弓石燕（附图 27-5）

壳中等大小，近菱形，双凸型。铰合线直，等于壳宽。中槽中隆显著，其上的放射线细密并分叉，而其两侧壳线较粗且不分叉。铰合面微凹曲，具三角孔。晚泥盆世至早石炭世。

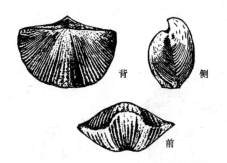

附图 27-5 弓石燕 ×1
上左—背视；上右—侧视；
下—前视。

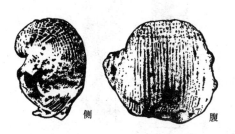

附图 27-6 网格长身贝 ×1
左—侧视；右—腹视。

6. 网格长身贝（附图 27-6）

壳方形或椭圆，凹凸型，腹壳高凸。腹壳前方作急剧的膝折，具中槽。铰合线直，铰合面不发育。放射线密，在后部与同心线相交成网格状，有壳针。石炭纪至二迭纪。

7. 松旋螺（附图 27-7）

螺环松旋，上侧具旋棱，下侧圆。壳口圆形或角状。奥陶纪至志留纪。

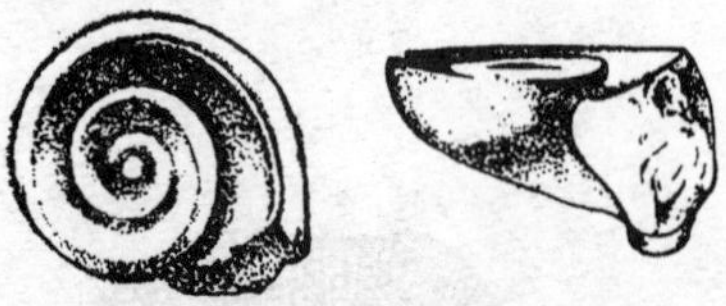

附图 27-7　松旋螺×1
左—顶视，右—腹视

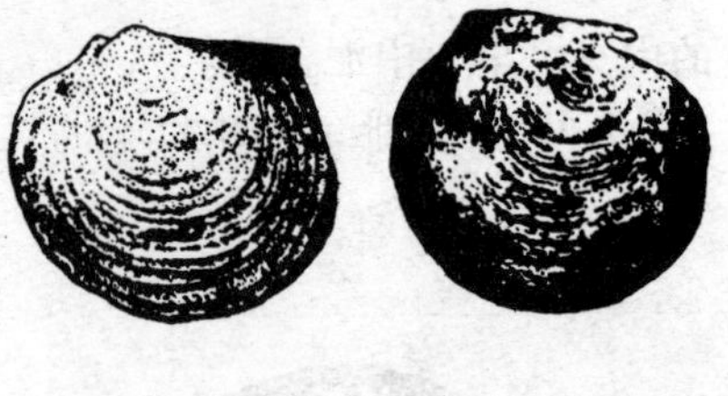

附图 27-8　克氏蛤×1
左—左壳；右—右壳

8. 克氏蛤（附图 27-8）

壳近圆形，前斜或近于不斜，左壳凸右壳平，铰合线直。前耳小，具足丝凹口，后耳大。壳面具同心线。早三迭世。

9. 中村蚌（附图 27-9）

壳中等凸，横长近于卵形，前端宽圆，后端斜切明显。壳咀略前转，前边缘轮廓凹曲显著，具同心线。晚侏罗世至早白垩世。

左内膜

附图 27-9　中村蚌　×1

10. 震旦角石（附图 27-10）

圆锥形至圆柱形，壳面具波状横纹。隔壁颈长为气室高度之半，体管小靠近中央。中奥陶世。

11. 假海乐菊石（附图 27-11）

壳厚饼状，包旋，脐小。腹缺宽，具横脊，横脊在腹部不中断，在脐边处 2~3 条合并成瘤状。旋环横切面呈半圆形。菊面石式缝合线。早三迭世。

 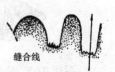

侧面　　缝合线

附图 27-10　震旦角石　×½

附图 27-11　假海乐菊石　×1

12. 莱德利基虫（附图27-12）

背甲椭圆。头部半圆形，头鞍锥形，三至四对鞍沟，互不相连。眼叶大，新月形且靠近头鞍。面线前支与中轴交角45°～90°不等。固定颊窄，活动颊宽且具有较大颊刺。胸节多，尾小。早寒武世。

13. 德氏虫（附图27-13）

头部宽，头鞍长近柱状，向前渐缩，具三对短的鞍沟。颈沟深。眼叶中等，外边缘凸，无内边缘。尾刺常为6对，第一对最长。壳表面具瘤点。中寒武世。

14. 王冠虫（附图27-14）

头鞍前宽后狭，前节球形，具三对相连的鞍沟。头部具粗瘤。胸11节。尾近等边三角形，尾轴尖锥形，轴节多于肋节。中晚志留世。

附图27-12 莱德利基虫
×0.5

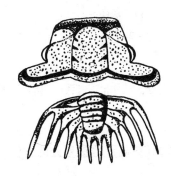
附图27-13 德氏虫
×1

附图27-14 王冠虫
×1.5

15. 树笔石（附图27-15）

笔石体呈树形，丛状或扇状。分枝不规则，枝间无横耙，胎管常具有类根状构造。胞管排列成锯齿状。中寒武世至早石炭世。

16. 对笔石（附图27-16）

笔石体两侧对称，具有两个笔石枝。胞管直管状或微曲。早奥陶世至中奥陶世。

17. 枝脉蕨（附图27-17）

属真蕨纲。羽状复叶。小羽片一般较大，镰刀形，全缘或锯齿状，基部全部着生于羽轴上，有时略收缩或下延，顶端尖锐或圆凸。羽状脉明显，侧脉常分叉。二迭纪至白垩纪。

18. 苏铁杉（附图27-18）

属松柏纲。枝细，叶为披针形或卵形，基部收缩，螺旋状排列于枝上；叶脉细而且与边缘平行，有时分叉，常在尖端收敛。晚三迭世至早白垩世。

附图27-15 树笔石
×1

三、实习作业

1. 写出本次实习的各生物类别的主要构造。

2. 从实习的各生物类别中各选一个化石属例进行观察和属例特征的描述。

附图 27-16 对笔石　　　　　附图 27-17 枝脉蕨　　　　　附图 27-18 苏铁杉
　　×1　　　　　　　　　　　×2　　　　　　　　　　×1

实习二十八　地层划分

一、目的与要求
巩固地层划分的概念，学习根据资料进行地层划分的方法。

二、实习内容

（一）详细阅读以下剖面资料

野外测制的某一石炭系剖面资料如下：

18. 灰白色粗粒砂岩及页岩，砂岩具斜层理，产植物化石：三角织羊齿。　　8m
--------平行不整合--------
17. 灰色灰岩。产：假希瓦格䗴等。　　4m
16. 黑色页岩夹煤层。产：植物化石假蛋形脉羊齿。　　4m
15. 灰白色粗粒砂岩，具斜层理。　　4m
--------平行不整合--------
14. 灰色灰岩。产：网格长身贝，小麦粒䗴。　　24m
13. 灰黄色泥灰岩。产：网格长身贝。　　8m
12. 灰色灰岩。产：小麦粒䗴。　　3.5m
11. 黑色页岩。产：假蛋形脉羊齿。　　5.5m
10. 灰白色粗粒石英砂岩，具斜层理。　　3.5m
--------平行不整合--------
9. 黑色页岩。产：假蛋形脉羊齿。　　7m
8. 灰色灰岩。产：小麦粒䗴化石。　　3m
7. 灰绿色页岩夹灰岩。产：小麦粒䗴化石。　　5m
6. 灰白色粗粒石英砂岩，具斜层理。　　5m
--------平行不整合--------
5. 黄灰色泥灰岩。产：小纺锤䗴化石。　　3m

4．黑色灰岩。 2.5m
3．黄灰色泥灰岩。产：小纺缍䗴 8m
2．灰白色粗粒石英砂岩，具斜层理。 2m
--------平行不整合--------
1．灰色灰岩。产：阿门角石。 >10m

提示：剖面中各化石属种的地质时代为：

1．植物：三角织羊齿 P_1；假蛋形脉羊齿 C_3 至 P_1
2．䗴：假希瓦格䗴 C_3；小麦粒䗴 C_3；小纺锤䗴 C_2
3．头足类：阿门角石 O_2

（二）按 1:1000 的比例和有关岩性符号，将上剖面画成柱状剖面图，并将各层化石标在柱状剖面右侧其相应位置上。

（三）根据剖面中的岩性、古生物化石、接触关系等对剖面进行划分，确定各岩层的地质时代，并将划分的结果标在柱状剖面的左侧上（划分到统）。

（四）确定该剖面的地层系统。根据以上资料绘制××剖面（地区）石炭系柱状剖面图，其格式为：

地 层 系 统				厚度 (m)	柱状图 1:1000	层号	岩性描述及化石
年代地层单位		岩石地层单位					
系	统	群	组				

三、实习作业

1．在阅读剖面资料过程中应注意收集哪些资料信息？
2．地层划分的步骤如何？

实习二十九　地　层　对　比

一、目的与要求

巩固地层对比的概念，学习根据资料进行地层对比的方法。

二、实习内容

对一个地区的地层剖面作了划分后，为了建立这些地层单位在空间上变化的概念（横向变化），可以把它们与不同地区已划分的地层剖面上的各个地层单位，按岩石特征和所含生物化石的特征进行比较，以建立这些地层单位之间的特征和地层位置的相对关系，这个过程就是地层对比工作。地层对比是在区域性地层划分基础上进行的，同时地层对比又能促进地层的划分，两者不宜截然分割开来。

进行地层对比时，所使用的方法与地层划分的方法是一致的。在作年代地层单位之间或生物地层单位之间的对比时，首先考虑的依据是生物，而沉积旋廻岩性、接触关系等则放在次要地位上。即在不同地层系统中，含有相同的标准化石或化石组合的地层单位，不管其岩性等情况有无差别,它们就必定属于同一地质时代,习惯上也称为"相当的"。在不含化石的地层——"哑"地层中,作划分和对比时,沉积旋廻、岩性、接触关系等等就成为主要的依据了。但后者通常只应用在小范围内的岩石地层单位之间的对比之上。

(一)详细阅读以下剖面资料

剖面 A:

24. 灰色灰岩。产:古纺缍筵化石。	8m
23. 页岩。产:大羽羊齿化石。	5m
22. 灰白色砂岩。	3m

--------假整合接触--------

21. 深灰色灰岩。产:新希瓦格筵化石。	12m
20. 浅黄色页岩。	3m
19. 灰白色砂岩。	3m
18. 灰色灰岩。产:麦粒筵化石。	6m
17. 深灰色页岩。	4m
16. 浅灰色灰岩。产:小纺锤筵化石。	16m
15. 灰色页岩。	3m
14. 灰色灰岩。产:袁氏珊瑚。	5m
13. 黄灰色页岩。	2m
12. 灰色灰岩,产:始分喙石燕。	6m
11. 灰白色砂岩。	2m

--------假整合接触--------

10. 黄灰色页岩。产:瑞卡顿单笔石。	5m
9. 灰白色砂岩。	3m
8. 灰黑色页岩。产:长刺耙笔石。	4m
7. 灰白色砂岩。	2m

--------假整合接触--------

6. 灰岩。产:大洪山虫化石。	6m
5. 页岩。	2m
4. 灰白色砂岩。	2m

--------假整合接触--------

3. 浅灰色灰岩。产:莱德利基虫化石。	4m
2. 灰色页岩。产:古油栉虫化石。	5m
1. 灰白色砂岩。	3m

剖面 B:

18. 灰色灰岩。产:假希瓦格筵、麦粒筵。	8m
17. 灰色页岩。	2m
16. 灰色灰岩。产:纺锤筵。	6m

--------假整合接触--------

15. 泥质灰岩。产:云南贝。	4m

14. 灰色页岩。产：斜方薄皮木。 3m

13. 灰色灰岩。产：鹗头贝。 6m

12. 砂质页岩。 4m

~~~~~~角度不整合~~~~~~

11. 灰色页岩。产：四川叉笔石。 5m

10. 灰白色砂岩。 3m

9. 灰色页岩。产：丝笔石。 8m

8. 灰白色砂岩。 4m

7. 灰色页岩。产：燕形对笔石。 5m

6. 灰白色砂岩。 3m

--------假整合--------

5. 灰色页岩。 7m

4. 浅灰色薄层灰岩。产：蝙蝠虫化石。 4m

3. 灰色厚层状灰岩。产：德氏虫化石。 5m

2. 灰色页岩。产：湖北盘虫化石。 6m

1. 灰色砂岩。 3m

剖面 C：

7. 灰黑色泥岩。产：三角织羊齿。 10m

--------假整合--------

6. 灰色厚层状灰岩。产：纺锤䗴化石。 5m

5. 灰色页岩。 4m

--------假整合--------

4. 灰色泥质灰岩。产：鹗头贝化石。 8m

3. 灰色页岩。产：新单笔石。 6m

2. 灰色灰岩。产：拖鞋珊瑚。 3m

1. 灰白色砂岩。 2m

提示：A、B、C 三剖面中化石属种的地质时代为

植物：斜方薄皮木 D_3；大羽羊齿 P_2 常见。

䗴：小纺锤䗴 C_2；假希瓦格䗴 C_3；麦粒䗴 C_3；纺缍䗴 C_2；新希瓦格䗴 P_1；古纺缍䗴 P_2。

珊瑚：袁氏珊瑚 C_1；拖鞋珊瑚 D_1 至 D_2。

腕足：鹗头贝 D_2；云南贝 D_3；始分喙石燕 C_1。

三叶虫：湖北盘虫 ϵ_1；古油栉虫 ϵ_1；莱德利基虫 ϵ_1；德氏虫 ϵ_2；蝙蝠虫 ϵ_3；大洪山虫 O_1。

笔石：长刺耙笔石 S_1；瑞卡顿单笔石 S_2；燕形对笔石 O_1；丝笔石 O_2；四川叉笔石 O_3；新单笔石 D_1。

（二）按一定比例和岩性花纹符号将上述三个剖面的文字资料分别绘制成柱状剖面图，并将化石内容置于剖面的右侧。

（三）分别对三个剖面进行地层划分工作，并将划分的结果标注在剖面的左侧。

（四）进行地层对比工作。

1. 先对 A、B 剖面中"相当"的岩层，用对比线将他们的顶底界面连接起来。
2. 对 B、C 剖面中"相当"的岩层，用对比线将他们的顶底界面连接起来。
3. 根据岩层的时代关系，完成所有对比线的连接。

这样，地层对比工作就完成了。

三、实习作业

1. 什么是地层对比？地层对比与地层划分的关系如何？
2. 地层对比的方法和步骤如何？

实习三十 前古生代地史

一、目的与要求

1. 了解前古生代生物界的主要特征。
2. 了解前寒武系的标准分层情况。

二、实习内容

（一）观察元古宙的叠层石化石

太古庙生物包括两类，一类是氨基酸、脂肪酸等生命物质，另一类是可鉴别的生物化石即菌藻类生物化石。

元古宙的生物界主要由微古植物和叠层石两大类组成。震旦纪是生物飞跃发展的前夜，表现出从前震旦纪到古生代的过渡性质。此时，高级藻类中的褐藻大量出现，如文德带藻；动物方面不仅有软体后生动物，且有少量具外壳的后生动物类别出现，如在长江三峡等地震旦系中产出有小壳动物。常见的化石描述如下：

1. 喀什叠层石（附图 30-1）中元古代

体呈柱状或次柱状，为不连续的假分叉，一般在分叉后，新叠层体的直径较细，其轴平行地向上生长，体侧部为参差不齐的檐，有时有连接桥。

2. 锥叠层石（附图 30-2）中元古代

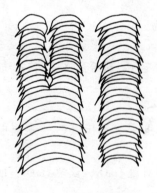
附图 30-1 喀什叠层石

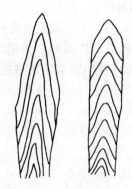
附图 30-2 锥叠层石

体呈锥状、锥柱状等，不分叉。基本层为锥形，一层套一层生长。一般多具轴积，无侧壁。

3. 裸枝叠层石（附图 30-3）中、晚元古代体呈柱状,为灌木丛状分叉。一般在分叉处膨胀,随后分出两个以上和原来叠层体粗细差不多的新叠层体,其轴平行地向上生长。体侧部叠合成壁。体表面光滑。

4. 贝加尔叠层石(附图 30-4)中、晚元古代

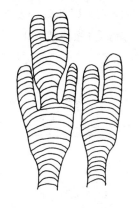

附图 30-3　裸枝叠层石　　　附图 30-4　贝加尔叠层石

体呈膨胀收缩的土豆状柱体,一般为两分叉。在分叉时叠层体膨胀,随后收缩分成两个新的叠层体,粗细和原叠层体差不多,其轴向两侧散开生长。体侧部偶尔叠合成壁,有时为参差不齐的檐。

以上附图均为各叠层石的纵断面特征示意图

(二)我国太古宙和元古宙重要剖面

1. 五台山区的太古界和下元古界剖面

阅读该剖面的文字资料,并参观下列地层标本:龙泉关群及阜平群,片麻岩、角闪岩和变粒岩;五台群:绿色片岩、磁铁石英岩和大理岩;滹沱群、砾岩、石英岩、板岩、大理岩及火山岩。

2. 蓟县地区中及上元古界剖面

阅读该剖面资料,并参观该剖面的成套地层标本。

3. 长江三峡地区震旦系剖面

阅读三峡震旦系剖面资料,并参观下列地层标本,了解其形成时的环境:莲沱群的砂岩;南沱组的冰碛砾岩;陡山沱组的页岩及薄层灰岩;灯影组的白云岩及白云质灰岩。

三、实习作业

在老师的指导下对长江三峡地区震旦系剖面作简要的剖面分析。

实习三十一　古 生 代 地 史

一、目的与要求

1. 认识古生代各纪部分重要标准化石(每纪 2~3 个)。
2. 了解我国古生界发育情况,学习对海相地层再造沉积史。

二、实习内容

(一)观察古生代重要化石

现将古生代的重要化石列举如下，实习时可根据实际情况选择。

1. 莱德利基虫（附图27-12）：早寒武世，描述见实习二十七。
2. 毕雷氏虫（附图31-1）：中寒武世。

无眼。头鞍呈锥形，前缘浑圆不伸达外边缘。具三对向后倾斜的鞍沟及明显的颈沟。固定颊极宽大，活动颊极窄；有颊刺。尾甲小，分三节。尾部边缘清楚。

3. 德氏虫（附图27-13）：中寒武世，描述见实习二十七。
4. 蝙蝠虫（附图31-2）：晚寒武世。

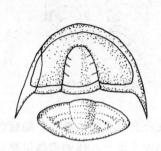
附图31-1 毕雷氏虫
上—头甲×3；下—尾甲×1.2

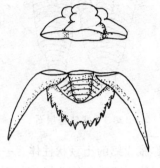
附图31-2 蝙蝠虫
上—头甲，下—尾甲。×1

头鞍前窄后宽，三对鞍沟，第3对向后湾。眼叶小，呈肾状，位于头鞍前侧。固定颊极窄。尾大，尾轴短锥形，边缘宽，第1对肋节向后延伸成特长的尾刺，中间为六对齿状小刺。

5. 树笔石（附图27-15）：中寒武世至早石炭世，描述见实习二十七。
6. 对笔石（附图27-16）：早、中奥陶世、描述见实习二十七。
7. 丝笔石（附图31-3）：中奥陶世。

笔石体具两个主枝，从胎管中部伸出，与胎管构成十字形；主枝常弯曲，若干次生枝生于主枝外侧。各次生枝间距大致相等。胞管为纤笔石式。

8. 震旦角石（附图27-10）：中奥陶世，描述见实习二十七。
9. 南京三瘤虫（附图31-4）：晚奥陶世。

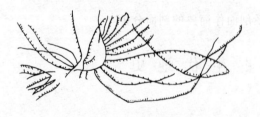
附图31-3 丝笔石 ×2/3

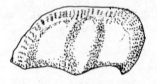
附图31-4 南京三瘤虫
头甲×1.5

头鞍具假前叶，三对鞍沟，后两对较显著。饰边分为凹陷的内边缘和凸起的颊边缘，内边缘有二至三行小陷坑，侧区小陷坑排列不规则。

10. 杨子贝（附图31-5）：早奥陶世。

壳横方形。铰合线直，主端钝圆。双凸型，背壳强凸。腹、背三角孔洞开。中槽、中隆显著。中槽作舌状延伸。壳面平滑，仅具同心线。

11. 五房贝（附图31-6）：志留纪。

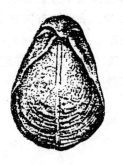

附图 31-5　杨子贝　×1
左—背视；右—侧视。

附图 31-6　五房贝
左—背视；右—侧视
×$\frac{1}{2}$

壳长卵形或五边形。铰合线微弯，主端圆。近等双凸型。腹喙弯曲，超越背喙。中槽、中隆不显。壳面光滑或仅在前部具微弱同心线。

12. 瑞卡顿单笔石（附图31-7）：中志留世。

笔石体直或微弯，长数十毫米，宽度均匀（约1.5mm）。胞管呈钩形，口部窄小，掩盖2/3～1/2。10mm内有8～10个胞管。

13. 王冠虫（附图27-14）：中、晚志留世，描述见实习二十七。

14. 鹗头贝（附图31-8）：中泥盆世。

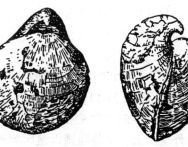

附图 31-7　瑞卡顿单笔石 ×2

附图 31-8　鹗头贝
左—背视；右—侧视
×$\frac{1}{3}$

附图 31-9　新单笔石 ×1

壳大，双凸型，腹壳凸度稍高。铰合线短。腹喙长似枭喙。肉茎孔呈卵圆形，具三角双板。壳面光滑或具同心纹。

15. 弓石燕（附图27-5）：描述见实习二十七。

16. 拖鞋珊瑚（附图27-3）：描述见实习二十七。

17. 新单笔石（附图31-9）：早泥盆世。

单列上攀，胎管宽锥形，口呈喇叭形。胞管口部向后退缩，形成明显的口穴。胞管间缝合线是斜的。

18. 沟鳞鱼（附图31-10）：中、晚泥盆世。

头部及身体前部有甲片。体后部及尾部裸露。胸鳍向后伸长，具有两个背鳍，歪形尾。化石多为甲片，表面饰有网状小突起。

19. 网格长身贝：（附图27-6）描述见实习二十七。

20. 贵州珊瑚（附图27-4）描述见实习二十七。

21. 袁氏珊瑚：（附图30-11）早石炭世。

附图 31-10　沟鳞鱼（复原图）

附图 31-11　袁氏珊瑚 ×1

单体，弯锥柱状。成年期一级隔壁伸达中心，老年期后缩，末缩旋曲，常在横板带内加厚，尤以主部更显著。对隔壁伸到中心加厚，形成中轴。次级隔壁甚短。主内沟随珊瑚体生长而逐渐明显。鳞板带宽，约为个体半径之半，鳞板呈角状或人字形排列。横板呈泡沫状，向中轴上升。

22. 小纺锤蜓（附图27-1）：描述见实习二十七。

23. 脉羊齿（附图31-12）：早石炭世晚期至早二迭世。

至少三次羽状复叶；小羽片舌形、长椭圆形、卵形、宽线形等，顶端尖或钝圆，基部心形。叶脉羽状，中脉延伸到小羽片全长的 $1/2$ 或 $2/3$ 处就分散。侧脉分叉一至数次。

附图 31-12
脉羊齿
×1

24. 新希瓦格蜓（附图27-2）：描述见实习二十七。

25. 多壁珊瑚（附图31-13）：早二迭世。

复体，块状，复体的外壁常有许多突起，个体形状大部分为不规则的多角状，部分外壁消失，个体间则以泡沫板相连。边缘泡沫板凸度大，较规则。复中柱明显，具中板。横板向中心下倾。

26. 假海乐菊石（附图27-11）：描述见实习二十七。

（二）阅读观察我国古生界重要剖面和标本，了解我国古生界发育情况，学习对海相地层再造沉积史。

1. 阅读山东张夏寒武系、湖北宜昌奥陶系、志留系、广西象州泥盆系、贵州南部石炭系、黔中二迭系剖面资料。

附图 31-13　多壁珊瑚 ×2

2. 观察下列地层标本，了解其代表的环境：华北下寒武统含石盐假晶紫红色页岩和上寒武统竹叶状灰岩；湖北宜昌上奥陶统含南京三瘤虫瘤状灰岩及下志留统含笔石黑色页岩。

三、作业

1. 在老师的指导下对山东张夏寒武系剖面进行剖面分析。
2. 课外作业：对广西象州泥盆系进行简要的剖面分析。

实习三十二　中生代、新生代地史

一、目的与要求

1. 认识中新生代各纪重要标准化石。
2. 了解我国中、新生界发育概况，进一步学习对重要剖面进行分析。

二、实习内容

（一）观察中、新生代的重要化石

现将中、新生代的重要化石列举如下，实习时根据实际情况选择。

1. 提罗菊石（附图 32-1）：早三迭世。

壳近外卷。脐很宽。腹部呈宽圆形，侧面具肋及瘤状物。缝合线为棱角石式或弱菊面石式。

2. 克氏蛤（附图 27-8）：描述见实习二十七。

3. 正海扇（附图 32-2）：三迭纪，早三迭世最多。

壳扇形，微前斜。左壳凸，右壳平。耳发达，后耳较大。右前耳下足丝凹口发育。铰边长直。壳面放射纹饰简单至复杂。

4. 新芦木（附图 32-3）：晚三迭世至中侏罗世。

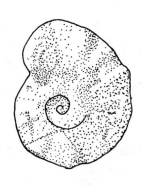 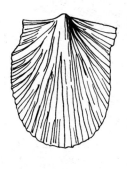 

附图 32-1　提罗菊石　　　　附图 32-2　正海扇　　　　附图 32-3　新芦木
　　　×0.9　　　　　　　　　　×1　　　　　　　　　　×0.4

节间上的纵肋和纵沟较细，在节的上下错开或直通过去。叶轮生于节上，数量多，窄长，长短相近，基部分离，单脉。节上具圆形或椭圆形的叶迹。

5．那托斯特网叶蕨（附图 32-4）：晚三迭世。

蕨叶大，具一长柄。每一弧枝上约有羽片 20～25 枚。羽片线形至披针形，长 30～40cm，基部相互毗连约 4～5cm。小羽片全缘，三角形，长 8～35mm，宽 6～16mm，基部大部相连。具一明显的中脉直达顶端，侧脉以 60°角自中脉伸出，互相结成网状。网脉内又有细网脉。

6．新月形格子蕨（附图 32-5）：晚三迭世。

附图 32-4　那托斯特网叶蕨
×1

附图 32-5　新月形格子蕨
×1

蕨叶大，自柄端先分成两个分枝，每一分枝上着生 5～15 枚线形至披针形的羽片，羽片长 20～30cm，宽 3～14cm，基部相互连合，边缘浅裂成钝的裂片。主脉明显，侧脉以宽角自主脉伸出；第三次脉以直角自侧脉伸出，与左右侧脉联结成长方形或多边形脉网。网内再分出细脉，再连成细网。

7．中脐鱼（附图 32-6）：晚朱罗世。

头大，略呈三角形，体长约为头长的 3.4 倍。上颚短，口裂达眼后缘。背鳍小，位于身体后部，有 11～12 个鳍条。臀鳍长达尾柄区，有 30 个以上的小鳍条。圆鳞。

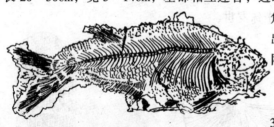

附图 32-6　中脐鱼　×1

8．狼鳍鱼（附图 32-7）：晚侏罗世

体细长，骨骼骨化不够完好，具小齿，正形尾。胸鳍大于腹鳍，背鳍约与臀鳍相对。鳞片小，为圆鳞。

9．中村蚌（附图 27-9）：描述见实习二十七。

10．纤细拜拉（附图 32-8）：侏罗纪

叶扇形，柄细长，叶片深裂至柄端，成左右略约对称的两部分，每一部分常或

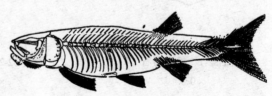

附图 32-7　狼鳍鱼　×1

深或浅地再分裂2~3次。以至成为各具4~8或多个的细裂片。裂片最宽处多在其中上部，顶端尖突或钝圆。叶脉很细，但不紧挤，每一裂片含脉2~4条。

11．枝脉蕨（附图27-17）：描述见实习二十七。

12．锥叶蕨（附图32-9）：早白垩世。

双羽状复叶，轴细。小羽片菱形或蛹形，顶尖、基部收缩几成一点，强烈下延，全缘。羽片基部或叶下部的小羽片常裂为3~5个裂片。中脉与侧脉等粗，侧脉以锐角伸出，多次分叉。

13．木兰（附图32-10）：白垩纪至第四纪。

附图 32-8　纤细拜拉
×1

附图 32-9　锥叶蕨
×2/3

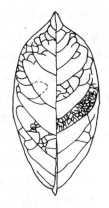
附图 32-10　木兰
×$\frac{1}{2}$

叶卵圆形，基部宽楔形或钝圆形，顶端钝圆或钝尖。全缘，叶柄粗短，中脉粗强。第一次侧脉羽状，与中脉夹角大，末端向上弯。第二、三次侧脉成网状。

（二）阅读分析

阅读我国中、新生界重要剖面资料，学习对陆相岩层进行分析，进一步了解我国中、新生代地质发展的基本特征。

1．阅读下列剖面资料：

黔西南三迭系；陕甘宁盆地三迭系、侏罗系；松辽盆地白垩系等剖面资料。

2．选择一个海相、一个陆相剖面进行剖面分析。

3．阅读我国第三系、第四系地层及有关地壳运动资料，分析新生代我国的古地理特征。

三、实习作业

简要总结我国中、新生代地质历史发展的基本特征。

实习三十三　根据原始资料编制水平岩层地质图，并在地质图上切制地质剖面图

一、目的要求

1．认识水平岩层地质图的基本特点，学会利用原始资料在地形底图上编制水平岩层地质图；

2. 学会根据水平岩层地质图切制地质剖面图。

二、实习用具、用图及资料

1. 用具　米厘纸、三角板、直尺、2H 铅笔、彩色铅笔及上墨用具；
2. 用图　芹峪地区地形图（附图 33-1）、李公集地形地质图（附图 33-2）；
3. 有关的钻孔资料　在芹峪地区设置三个铅直钻孔钻进，情况是，ZK1 孔开始遇到上白垩统（K_2）的灰白色细粒砂岩，并经实地观察得知，该处标高 750m 以上地面均出露上白垩统的灰白色细粒砂岩。当钻进到 200m 深时，遇下白垩统（K_1）的黑色炭质页岩，此页岩厚度 75m，其下为上侏罗统（J_3）的煤层（J_3^2），煤层厚 50m；当钻孔通过煤层后见灰黑色页岩夹砂岩（J_3^1）；当钻进到标高为 375m 时，遇到中侏罗统的煤层（J_2^2），煤层厚度亦为 50m，其下为浅灰色砂岩夹页岩（J_2^1）；当钻进到 475m 深时遇下侏罗统（J_1）灰白色石灰岩，其厚度超过 200m。

ZK2 和 ZK3 两孔钻进资料表明，孔中所遇各时代岩层的分界面标高都与 ZK1 孔所测标高相同，各时代岩层的岩性也与 ZK1 孔所见无异。

三、实习方法说明

（一）编制水平岩层地质图

1. 分析地形底图，了解该区地势特点。
2. 根据有关资料计算出区内各时代岩层顶面或底面标高。
3. 在地形图上，根据水平岩层分界面标高与某一等高线标高相同时，顺此等高线勾绘分界线；当分界面标高与等高线标高不同时，则用插入法平行等高线勾绘分界线。在陡崖处，因岩层露头水平投影宽度为零，一条或几条分界线可相互重合成一条线。
4. 在地层界线间标注地层时代代号和着色，并标绘图名、比例尺、图例、责任表。

地质图绘成后，要检查界线、代号等有无漏错。如相邻山头相同标高处，应出露相同地层，相同地层在图内各处所读得的层面标高和真厚度（顶、底面的高差）是相同的。

（二）图切地质剖面

剖面图一般选择在地层出露齐全长度最短的位置上进行切制。

1. 绘制地形剖面图　选定剖面位置后，在厘米纸上画出一水平基线（基线标高要低于剖面线通过的最低标高），其长度与剖面水平长度相等。在基线两端各竖起两条垂直线并在其上按等高距等比例划分间隔，并标出高程，然后将地质图内剖面线与等高线的交点逐一投影在与其高程相适应的水平线上，再以圆滑的曲线从始点向终点逐一连接即成为地形剖面线。连接时要注意参照地形等高线分布情况以反映出微地貌，而且高度相同的相邻两点不能直线相连，要判定是隆起还是凹下后画出地形起伏。
2. 绘制地质界线　在完成地形剖面图过程中，将地质图上剖面线与地质界线交点依次投影在地形剖面上，将同一地层层面在地形剖面上的出露点连成直线即为水平岩层分界线，或过地层分界点作一水平线亦为水平岩层分界线。
3. 填绘岩性花纹和整饰图面　地层界线间标注地层时代代号，绘出岩性花纹并着色；在剖面两端标出剖面方位和代号；剖面相应位置标注出主要地名；最后标绘图名、比例尺、图例和责任表。

四、实习内容

1. 在芹峪地区地形图上，根据钻孔资料编制地质图；

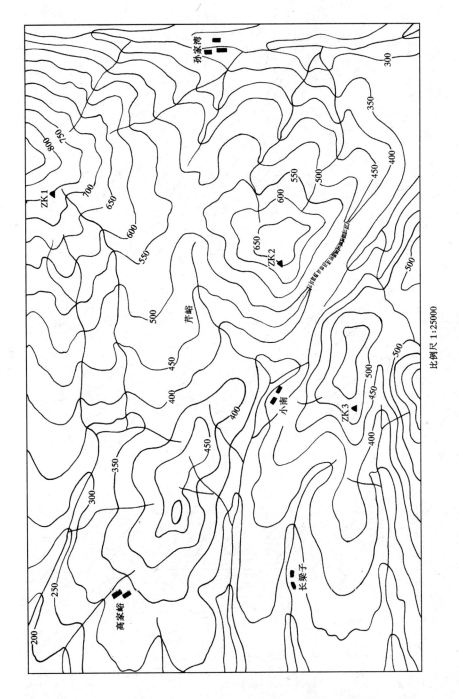

比例尺 1:25000

附图 33-1 芹峪地区地形图

比例尺 1:5000

附图 33-2 李公集地形地质图

2. 在李公集地形地质图上切制 A—A′ 地质剖面图；
3. 阅读李公集地形地质图并回答下列问题（选作）：
（1）计算上侏罗统（J_3）岩层厚度。
（2）在图内 468m 制高点设置一直孔，问钻进多深能达到下侏罗统（J_1）的顶面？
（3）若老第三系（E）底部有一厚度为 5m 的煤层，试绘出其分界线。

李公集地区地形地质图图例说明（此说明和图例符号一起附在原图幅的右侧，因附图的版面限制附记于实习说明中，其他实习用图亦相同）。

N—新第三系，黄色砂质黏土；E—老第三系，红色含砾黏土；K_2—上白垩统，黄色亚黏土；K_1—下白垩统，浅灰色细砂岩；J_3—上侏罗统，灰白色中粒砂岩；J_2—中侏罗统，浅灰色粗砂岩；J_1—下侏罗统，砾岩。

实习三十四　在倾斜岩层地形地质图上求岩层产状要素和岩层厚度，并切制地质剖面图

一、目的要求
1. 认识单斜岩层露头形态特征。
2. 学会在地形地质图上确定岩层产状要素和岩层厚度并切制地质剖面图。

二、实习用图
鲁家峪地区地形地质图（附图 34-4）。

三、实习方法说明

（一）单斜岩层露头形态特征

鲁家峪地区受流向北西的水系侵蚀切割，地势总体东高西低，区内分布一套向西倾斜的单斜岩层，岩层斜向与坡向大体一致，岩层倾角多数地方大于坡度角，只有局部地方岩层倾角小于坡度角，这两种情况从"V"字形的尖端指向已反映出来。

（二）在地形地质图上求岩层产状要素

此法仅在大比例尺地形地质图上和岩层产状稳定时适用。其原理如附图 34-1 所示，具体求法如下：

1. 在地质图中找到某一岩层层面（顶或底面）界线与某一等高线相交的两个点连线即为该岩层的走向线。如附图 34-1（b）中Ⅰ—Ⅰ为砂岩顶面上 100m 高的走向线。

2. 按上述方法在同一岩层界线上作出另一条不同标高的走向线，如附图 34-1（b）中Ⅱ—Ⅱ是砂岩顶面上 150m 高的走向线。然后从较高的走向线向较低的走向线引垂线，如图中 CA 即为倾向线，C 至 A 的方向为岩层倾向。

3. 在其中一条走向线（一般在较高的走向线）上，按该图比例尺截取一线段使其长度等于两走向线的高差，如附图 34-1（b）中 CB，并与倾向线连成直角三角形，此线段所对的 α 角即为岩层倾角。

4. 用量角器分别量度走向、倾向和倾角数值，以文字记录方式写在图框外。

（三）在地形地质图上求岩层厚度

在图上求厚度，也是当岩层产状稳定不变时才可进行。是分别利用在岩层顶底面上的走向线平行或重合关系求得。方法有两种：一是同高走向线法；另一是重合走向线法，原

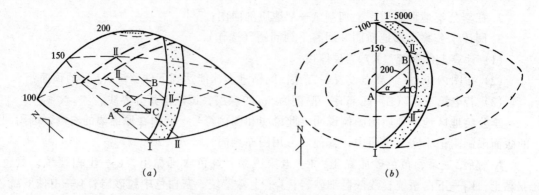

附图 34-1 在地质图上求产状要素
(据武汉地质学院、成都地质学院、南京大学、河北地质学院合编的《构造地质学》，1979)
(a) 透视图; (b) 地形地质图

理如附图 34-2 所示。

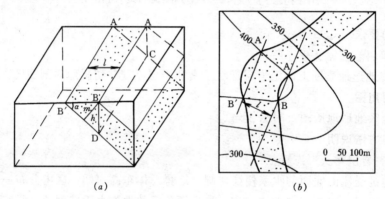

附图 34-2 走向线法求岩层厚度
(a) 立体图解; (b) 地形地质图上求解

同高走向线法是通过找出分别在岩层顶底面上的、标高相同的两条走向线 AB、A′B′ (附图 34-2)，然后量度此两走向线的间距 l，并将 l 按图比例尺换算成实际距离后代入公式求厚度：

$$m = l \cdot \sin\alpha$$

$$h = l \cdot \mathrm{tg}\alpha \quad (\alpha \text{ 为岩层倾角})$$

重合走向线法是找出分别在岩层顶底面上的、水平投影重合的两条走向线 AB、CD (图附 34-2)，此走向线的高差即为岩层的铅直厚度 h。在图上读得铅直厚度 h 后，按公式求厚度：

$$m = h \cdot \cos\alpha$$

如附图 34-2 (b) 中 AB 为岩层顶面 400m 高的走向线，延长此线与底界相交，此交点高程为 300m，则说明底面上 300m 高的走向线和顶面上 400m 高的走向线已重合，则 $h = 400 - 300 = 100\mathrm{m}$，将 h 值代入上式即可求得岩层厚度。

(四) 切制地质剖面图

1. 选择剖面线 通常选取地层出露齐全，能反映区内主要构造，且与岩层走向大体垂直的位置。选定后将剖面端点标记在地形地质图上，如附图 34-3 中 A、B 所示。

2. 作地形剖面图　方法同实习三十三。注意基线所取标高应低于剖面线通过的最低点标高一至二根等高线高差；剖面图垂直、水平比例尺需与地质图比例尺一致，在特殊情况下，经技术负责人认可，垂直比例尺才可放大，但必须采用经换算校正后的岩层倾角绘制岩层界线，换算公式为：

$$\mathrm{tg}x = n\,\mathrm{tg}\alpha$$

式中　n—垂直比例尺放大倍数；α—岩层倾角；x—校正后岩层倾角（亦可用查表法在地质记录簿上查得）。

3. 绘制地质剖面图　将剖面线与地质界线各交点投影到地形剖面图上（附图 34-3），按岩层倾向和倾角（不垂直岩层走向用视倾角）作出地层界线，在地层界线间标注地层时代代号和绘上岩性花纹，如附图 34-3 中 T_1^1 的时代和岩性花纹。然后按地质剖面图格式进行着色、上墨和整饰。

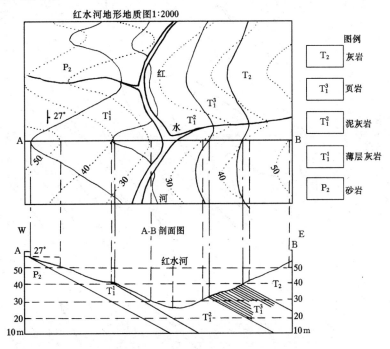

附图 34-3　倾斜岩层剖面图的绘制示意图
（据武汉地质学院、成都地质学院、南京大学、河北地质学
院合编的《构造地质学》，1979）

四、实习内容

在鲁家峪地区地形地质图上

1. 求 C_3 底面产状要素。

2. 用走向线法求 C_2 厚度。

3. 过苹果园垂直岩层走向切制剖面图一幅或斜交岩层走向（取地质图北东—南西对角线）切制剖面图一幅。

鲁家峪地区地形地质图图例说明：

附图 34-4 鲁家峪地区地形地质图

比例尺 1:10000

T$_2$—中三迭统，绿色砂岩页岩夹煤层，底部有砾岩；P$_2$—上二迭统，灰色粗长石石英砂岩；P$_1$—下二迭统，石灰岩夹页岩；C$_3$—上石炭统，砂岩；C$_2$—中石炭统，浅灰色薄层状石灰岩；D$_3$—上泥盆统，深灰色厚层状石灰岩夹泥灰岩；D$_2$—中泥盆统，黄灰色砂岩及页岩。

实习三十五 判读褶皱区地质图并切制剖面图

一、目的要求
1．初步掌握分析褶皱地区地质图的方法。
2．学会在地质图上认识、分析褶皱要素、形态、组合特征并确定形成时期。
3．学会在褶皱区地质图上切绘地质剖面图的方法。
4．初步掌握褶皱描述的内容和方法。

二、实习用图
唐柳峪地区地形地质图（附图35-3）、迷莺谷地区地形地质图（附图35-4）。

三、实习方法说明
1．读图步骤应首先从图廓外的图例、比例尺等了解区内有哪些时代的地层、岩性特征、接触关系等。随后再对照图廓内各地层都出露在什么地方，它们的延伸情况如何。再根据地形等高线和河流分布了解该地区地形起伏情况以及地形对地层露头出露形态、出露宽度的影响。

2．褶皱构造的分析（分析方法见第十九章第一节）。

3．切绘地质剖面图：（1）做图之前应首先分析图幅内的地形和地质构造特征，搞清地层时代、产状，背斜、向斜的位置、形态类型及接触关系等。（2）按给出剖面线的位置绘制地形剖面。（3）在剖面线上检查剖面线通过的背斜，并将其剖面线上通过的轴迹的位置用符号表示在剖面线上（见附图35-1），同时也检查在剖面线附近有无次级的背、向斜，如果有，也应将其轴迹延伸到剖面上，相应地标以背、向斜的符号。（4）绘地质剖面图。将剖面线切过的地质界线的点，以及标有轴迹的背、向斜符号都一一投到地形剖面线上。按图幅中剖面线上或剖面线附近的地层产状，绘出地质界线。再将同一地层构成的背、向斜以圆滑的曲线连接起来，向斜用实线表示，背斜已被剥蚀去的部分以虚线表示。

在绘制地质剖面时应注意以下几点：（1）如剖面线通过有角度不整合的接触界线时，应首先将不整合界线以上的地层按其产状或构造形态画出（不整合面以上的地层可能是水平或倾斜产状，也可能有褶皱），其下伏地层的界线和产状可参照剖面线附近地层的延伸方向和产状估测其在不整合面下通过的位置（如附图35-1中的 f 点）和产状投在剖面上并划出其界面线。（2）在用圆滑的曲线连接构成背、向斜的同一地层时，应首先从背、向斜核部地层的界面线连起，然后再画两翼的地层。在画背斜构造时，还要注意地质图中画同一褶皱翼部的地层界面线时，可能会遇到相邻地层间的倾角有很大的差异。造成差异的原因主要是翼部的地层沿倾斜可能有倾角的变化。当地形切割的深度不同时，出露的倾角可能不同（附图35-2）。如按实际出露点的倾角在剖面图上划地层的界面线时，会造成地层厚度变化较大，以致歪曲了实际情况。这时应根据两翼同一地层厚度在一定范围内不会有很大变化的前提下，按大致相等的地层厚度将地层界面线予以校正（附图35-2（b）），使

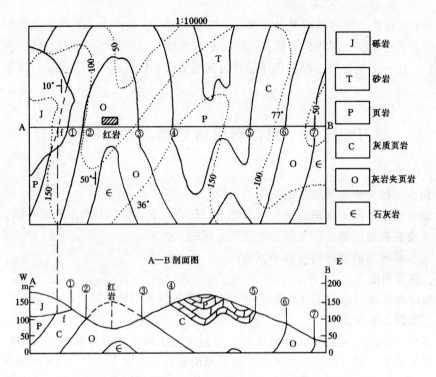

附图 35-1 褶皱构造剖面图绘制方法的示例
(据徐开礼、朱志澄主编的,《构造地质学》,1989,略加添改)

其逐渐地与上、下地层主要产状相一致。(3)在做中、大比例尺的地质剖面时,如剖面线方向与地层走向线斜交,剖面图的地层倾角应换算成假倾角,按假倾角划出地层的界面线。

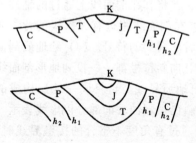

附图 35-2 地层沿倾斜其倾角有变化时,地形切割深度不同,出露的倾角不同时,应按同一地层具有大致相同厚度予以校正
(据朱志澄、宋鸿林主编《构造地质学》,1990)
地层沿倾斜其倾角有变化;校正前(上图);校正后(下图)

4.褶皱的描述 单个褶皱的描述应包括褶皱名称(一般用该褶皱所在地名加褶皱形态来命名)、位置、轴迹延伸方向、规模(指褶皱出露的长、宽,是以组成褶皱的最外侧地层界线为横宽和延伸的长来计算)。组成褶皱核部和翼部地层(包括时代、岩性特征)、两翼地层的产状、轴面及枢纽的产状(或估测的产状)、内、外倾伏端的形态特征、次级褶皱特点、褶皱被断层、岩浆岩体的破坏情况、褶皱的被覆盖情况等。

5.确定褶皱形成的相对时期 可以根据地层间角度不整合关系来判别褶皱形成的相对时期。褶皱形成于不整合面下最新地层时代之后,不整合面上最老地层时代之前。

四、实习内容

1.分析附图 35-3,找出背、向斜的位置,确定褶皱类型和组合形态,形成的相对时期。

2.沿 A—B 方向作地质剖面图。

比例尺 1:10000

附图 35-3 唐柳峪地区地形地质图

比例尺 1:25000

附图 35-4 迷鸳谷地区地形地质图

3. 对附图 35-4 中迷莺谷村至于九成山向斜构造进行文字描述（选作）。

唐柳峪地区地形地质图（附图 35-3）图中符号说明：

N_2—上第三系上新统；N_1—上第三系中新统；K—白垩系；J—侏罗系；P—二迭系；C—石炭系；O—奥陶系；Є—寒武系。

迷莺谷地区地形地质图（附图 35-5）图中符号说明：

J_2—中侏罗统；J_1—下侏罗统；C_3^1—上石炭统下部；C_2^3—中石炭统上部；C_2^2—中石炭统中部；C_2^1—中石炭统下部；C_1^2—下石炭统上部；O—奥陶系；Є—寒武系。虚线表示层内标志层。

实习三十六　分析褶皱区地质图并探讨褶皱构造发展史

一、目的要求

1. 初步学会分析较复杂褶皱区地质图的基本方法。
2. 基本掌握较复杂褶皱区地质剖面图编绘方法。
3. 初步掌握编写褶皱区褶皱构造发展史。

二、实习用图

洪泉镇地质图（附图 36-3）。

三、实习方法说明

1. 分析中、小比例尺较复杂褶皱区地质图时，由于图幅包括的面积较大，地形起伏情况相对地对地质界线出露形态影响较小。图幅中可能没有地形等高线，只能根据河流分布和制高点的位置来了解地势的起伏。较复杂褶皱区的褶皱有可能是经历过两次或两次以上的地壳运动形成的，地层间可能存在不同类型的不整合。在对地质图的分析中，首先应根据不整合将各时代的地层划分成几个组合，即几个构造层。对每个构造层构成的褶皱类型、延伸方向等进行分别的分析和描述。在描述该地区的褶皱发展史时，应先确定各构造层褶皱的形成时期。

2. 绘制中、小比例尺较复杂褶皱区的地质剖面图时地形剖面应以较平缓的曲线来显示水系或制高点的位置。作图时应注意以下几点：(1) 剖面线上的构造情况不能只限于剖面线本身通过的局部地段，而应考虑较大范围内的褶皱情况在剖面线上得到正确的反映。如附图 36-1（a），如只限于剖面线上地层的出露情况，可能划成附图 36-1（b）的情况。如做较大范围的全面观察，该区褶皱较为复杂，在剖线上应将其次级的背、向斜一并反映出来（如附图 36-1 之（c））。(2) 正确地识别褶皱的类型也很重要。如附图 36-2（a），若将图中的褶皱看做是圆弧状对称褶皱，画成的剖面如附图 36-2 之（b）。如看成是隔档式褶皱，则可画成附图 36-2（c）的形式。从平面图上的分析，后者画法正确，前者则将 K 层的厚度明显地增大。(3) 在做中、小比例尺地质剖面图时，在剖面线通过的位置上可以依据的地层产状符号很少时，可用圆弧法来确定地层的倾角。如附图 36-4 的 A—B 剖面线上未标有地层的产状，在做剖面图时，先依次地将地层界线点投到剖面上，以向斜核部地层的上层面和地形剖面的交点为圆心（如图中的 C 地层上层面和地形剖面线的 4、7 两交点），以该地层厚度为半径画一圆弧（地层厚度可以在地质图找到该地层出露最窄的露头

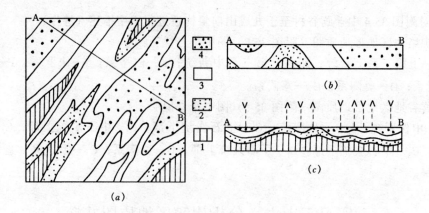

附图 36-1 绘制褶皱区地质剖面图时应注意褶皱枢纽的起伏
并应正确地反映在剖面图上
(a) 平面图及剖面线位置;(b) 不正确的画法;(c) 正确的画法

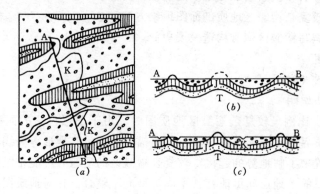

附图 36-2 在同一剖面上可以编绘出两种不同的地质剖面
(a) 平面图;(b) 按圆弧状褶皱做的剖面图;
(c) 按隔档式褶皱做的剖面

宽度作为圆弧的半径,这是假定地层露头宽度最窄的地方,地层产状趋于直立,露头宽度就是它的厚度),再从该地层下层面的地形剖面上的点(如附图 36-4 (c) 中的 3、8 两点)做此圆弧的切线,即可得出该地层下层面在该两点处的倾角,然后再用圆滑的曲线将该地层的褶皱形态连接起来。其他各层亦按此地层的褶皱形态画出地层的分界。(4) 在一套连续沉积或有平行不整合接触的地层中,可按上述方法做图。如有角度不整合面存在时,应以不整合面为界划分出构造层,不同构造层的产状要用各自的地层产状来控制。剖面图上要把变形的强度表现出来,即不整合面以下的褶皱要相对强烈。

四、实习内容

1. 分析洪泉镇地质图,并用文字简单描述全区褶皱构造的特征和褶皱构造发展史。
2. 沿 A—A′做地质剖面图。

洪泉镇地质图(附图 36-3)图中符号说明:

P_1^2—二迭系上统,紫色粉砂岩;P_1^1—二迭系下统,紫色砂质页岩;D_3—泥盆系上统,灰色灰岩夹页岩;D_2—泥盆系中统,灰色砂岩及砾岩;O_3—奥陶系上统,灰色灰岩夹泥板

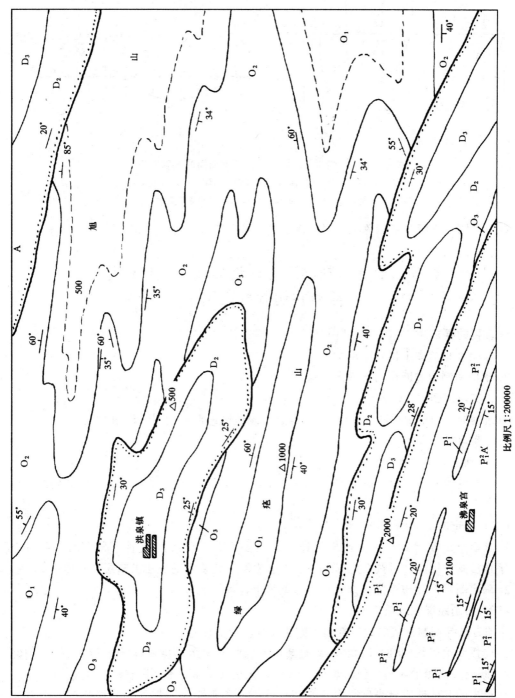

比例尺 1:200000

附图 36-3 洪泉镇地质图

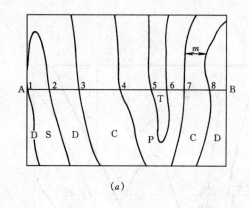
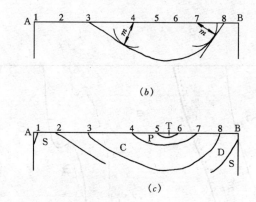

附图 36-4　无地形等高线时，地质剖面图的编制方法
（据李永良，李北平编《构造地质学及地质制图学》，1985）
(a) 平面图；(b)、(c) 剖面图；m—最小露头宽度

岩；O_2—奥陶系中统，灰绿色粗砂岩；O_1—奥陶系下统，灰色细砂岩。

实习三十七　判读断层区地质图，确定断层类型并切制剖面图

一、目的要求
1. 学会在地质图上确定断层类型。
2. 掌握切制通过断层的剖面图方法。

二、实习用图
石道涧地区地形地质图（附图 37-1），赵墅园地区地形地质图（附图 37-2）。

三、实习方法说明

（一）判定断层是否存在

主要根据构造不连续、地层重复和缺失、褶皱核部宽窄突变等标志，确定断层线的位置。

（二）确定断层类型

1. 求断层产状要素。在大比例尺地形地质图上，断层线与地形等高线的关系符合"V"字形法则，因此，可按在地形地质图上求岩层产状要素的方法求断层产状要素。
2. 确定断层两盘相对位移方向（可参见第十九章第三节）。

（三）切制断层区地质剖面

作图方法与切制一般的地质剖面图方法一样。但需注意：

1. 先按断层产状(倾向、倾角,不垂直断层走向的剖面用其视倾角)作出断层线,并用红线表示,断层旁侧用单箭头标明断盘相对上移下滑方向,之后,才绘其他地质界线。
2. 绘出的其他地质界线只能中止于断层线上，不得穿越断层线，断层旁侧未出露地面的地层岩石，应根据附近出露情况合理推断绘出。
3. 第四系覆盖层之下的地层、构造，也应根据其在地面延伸情况推断绘出。

四、实习内容

附图 37-1 石道洞地区地形地质图

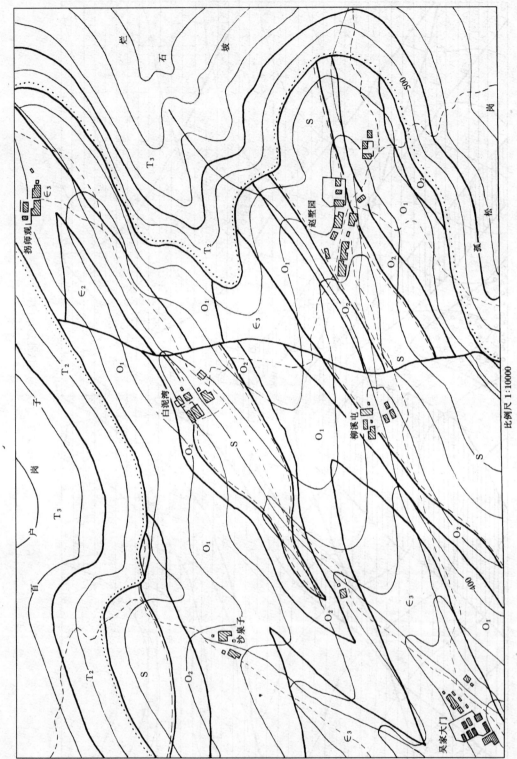

附图 37-2 赵墅园地区地形地质图

比例尺 1:10000

(一) 在石道涧地区地形地质图上

1. 求断层产状并求断层上盘 P_1 底面、下盘 C_2 底面岩层产状。
2. 过石道涧作南北向剖面图一幅。
3. 写出断层类型。

石道涧地质图图例说明：

T_2—中下三迭统，粉砂岩；T_1—下三迭统，灰色石灰岩；P_2—上二迭统，褐色页岩和砂岩；P_1—下二迭统，砂质及钙质页岩；C_3—上石炭统，黑色页岩；C_2—中石炭统，泥灰岩；C_1—下石炭统，砂岩夹页岩。

(二) 读赵墅园地区地形地质图后写出（选作）：

1. 各时代岩层间接触关系。
2. 区内褶皱类型。
3. 断层类型。

赵墅园地质图图例说明：

T_3—上三迭统，砂页岩夹薄层煤层；T_2—中三迭统，红色铁质页岩；S—志留系，青灰色石英岩；O_2—中奥陶统，灰白色结晶灰岩；O_1—下奥陶统，绢云母石英片岩及千枚岩；ϵ_3—上寒武统，黑云母片岩；ϵ_2—中寒武统，灰白色厚层结晶灰岩及石英岩。

实习三十八　在断层区地质图上求断距，并确定断层形成时期

一、目的要求

1. 初步学会在地质图上求断距的方法。
2. 初步掌握在地质图上分析断层形成时期的方法。

二、实习用图

红旗镇地区地形地质图（附图38-1）。

三、实习方法说明

(一) 求断距

当断层两盘岩层的产状基本相同时，可以在地形地质图上求断层的铅直地层断距、水平地层断距和地层断距。

1. 求铅直地层断距　附图38-2中，若在断层两盘同一岩层面（或其延伸面）上的h、g各作一条走向线，这两条走向线的水平投影重合时，它们的高差即为铅直地层断距hg。因此，在地质平面图上求铅直地层断距，只要找到分别在断层两盘同一岩层面上相重合的两条走向线，它们的高差即为铅直地层断距。如附图38-3，在断层东盘奥陶系顶面作900m高的走向线AB，使之延长与西盘同一岩层面相交于C点，读出C点高程为600m，则铅直地层断距 hg = 900 − 600 = 300（m）。

2. 求水平地层断距　附图38-2中，hgof面为垂直岩层走向的剖面，若在断层两盘同一岩层面上同高的h、f各作一条走向线，这两条走向线之间的水平距离hf即为水平地层断距。因此，在地质平面图上求水平地层断距，只要找到分别在断层两盘同一岩层面上同高的两条走向线，其间距即为水平地层断距。如附图38-3，西盘奥陶系顶面600m高的走向

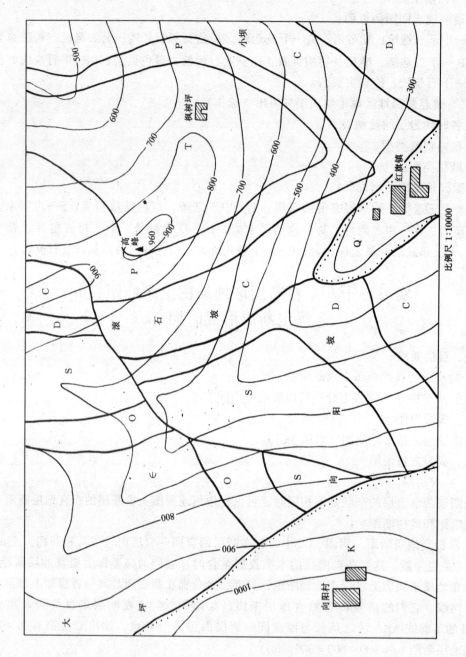

附图 38-1 红旗镇地区地形地质图

线 CA，与东盘奥陶系顶面 600m 高的走向线之间距 hf，量其长度按图比例尺换算成实际距离即为水平地层断距。

3．求地层断距 如附图 38-2，地层断距 ho = hg·cosα 或 ho = hf·sinα，求得 hg 或 hf 后，可按此公式求得地层断距。

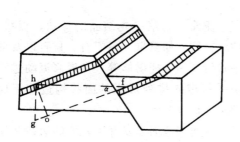

附图 38-2 断层立体图

hg—铅直地层断距；hf—水平地层断距

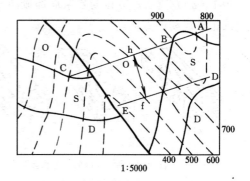

附图 38-3 地质平面图上求断距

（二）断层形成时期的确定

1．根据角度不整合 断层一般发生在被切错的最新地层之后，不整合面上的上覆地层中最老地层之前。

2．根据岩体或其他构造的相互切割关系，被切割者的时代相对较老。

3．根据地质构造的组合规律 同一构造运动形成的褶皱、断层、岩体具有一定的共生组合规律，因此具有一定共生组合规律的地质构造一般认为是同期形成的。

四、实习内容

在红旗镇地形地质图上

1．确定断层类型及断距。

2．分析后写出断层形成时期。

红旗镇地区地形地质图图例说明：

Q—第四系，泥砂及砾石层；K—白垩系，红色砂岩；T—三迭系，石灰岩及页岩；P—二迭系，下部石灰岩上部页岩夹煤层；C—石炭系，白云岩；D—泥盆系，砂岩；S—志留系，页岩；O—奥陶系，石灰岩；Є—寒武系，砂页岩。

实习三十九 分析岩浆岩区地质图并切制地质剖面图

一、目的要求

1．初步掌握在地质图上分析岩浆岩岩体形态、构造特征及形成时期的基本方法。

2．初步学会切制岩浆岩区剖面图方法。

二、实习用图

彩云岭地区地质图（附图 39-4）。

三、实习方法说明

（一）岩浆岩构造基础知识

1. 岩体的构造

(1) 原生流动构造

流线 岩浆中先结晶的针状、柱状、板状矿物，如角闪石、辉石、长石以及纺锤状、长条状的析离体、捕虏体等，在岩浆流动过程中定向排列而形成的线状构造称流线（图39-1（a））流线的方位与岩浆局部流动方向基本一致。因此，可以利用流线的方位确定岩浆相对流动的方向。

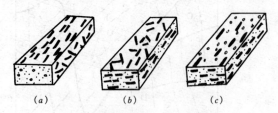

图 39-1 原生流动构造示意图
（据 M·P·毕令斯，1956）
（a）流线；（b）流面；（c）流线和流面

流面 岩浆中先结晶的片状、板状、柱状矿物，如云母、角闪石、长石以及扁平状析离体、捕虏体等，在岩浆流动过程中平行定向排列形成的面状构造称流面（图39-1（b））。

流线和流面多发育于岩体的边缘和顶部，一般在基性、超基性或碱性岩体中发育较好。通常情况下，流线和流面多分别单独发育，但两者也可同时发育。当流线、流面同时发育时，流线多被包含于流面之中（图39-1（c））。

(2) 原生节理

岩浆冷凝固结成岩过程中，总是由边部逐渐向内部冷却，先冷凝的部位由于体积收缩和内部液态岩浆压力的影响会产生裂隙，此裂隙即为原生节理。原生节理一般只在岩体边部发育。根据原生节理与流动构造的关系，可将它们分为四种类型（图39-2）。

横节理 又称 Q 节理，它既垂直于流线又垂直于流面。节理面粗糙，常呈张开状，延伸较远，多为岩（矿）脉充填，属张节理性质。

纵节理 又称 S 节理，它平行于流线，垂直于流面。节理面粗糙，也有岩（矿）脉充填。常发育于岩体顶部平缓的部位，倾斜较陡，亦属张节理性质。

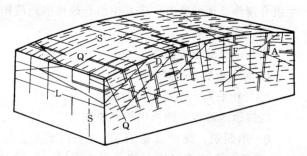

图 39-2 侵入岩体顶部原生节理示意图
（引自徐开礼、朱志澄主编的《构造地质学》1989）
Q—横节理；S—纵节理；L—层节理；D—斜节理；
A—岩脉；F—流线

层节理 又称 L 节理，它既平行于流线，又平行于流面。节理面比较平整，一般发育在岩体顶部，平行于岩体边界分布，常见岩（矿）脉充填，亦属张节理性质。

斜节理 又称 D 节理，为斜交流线、流面的节理。节理平直光滑，常被岩（矿）脉充填，属剪节理性质。

2. 岩体与围岩的接触关系

岩体与围岩的接触关系，按其成因不同，可分为三种类型（图39-3）。

(1) 侵入接触 是指岩浆侵入于围岩而形成的一种接触关系。这种接触关系表明岩体形成晚于围岩。其主要标志有：岩体及其分支穿插切割围岩；岩体边部出现冷凝边或边缘相带，带内可以有同化混染现象、捕房体或有与接触面大体平行的原生流动构造；环绕岩体围岩中可以有接触变质、矿化现象。

（2）沉积接触　岩体形成之后，因风化剥蚀暴露地面，其上又被新的沉积物所覆盖，这种接触关系即为沉积接触。它表明岩体形成早于上覆地层。其主要标志是：岩体的岩相带和岩体的分枝被接触面所切割；接触面为一古风化剥蚀面，面上有底砾岩，底砾岩中常可找到由岩体碎块形成的砾石；围岩中无接触变质现象，围岩的层面与接触面平行。

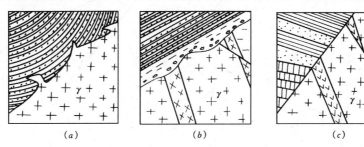

图 39-3　侵入岩体与围岩的三种接触关系示意图
(a) 侵入接触；(b) 沉积接触；(c) 断层接触

（3）断层接触　岩体与围岩之间呈断层接触，这种接触关系仅反映岩体、围岩形成早于断层，可见有明显的断层标志。

（二）分析岩浆岩区地质图

岩浆的侵入和喷出活动，与区域地质构造的形成发展密切相关。在图上应首先分析区域构造特征，进而分析岩体，才能正确判定岩体产状、构造特征和形成时期。

1. 分析侵入岩体　内容包括：（1）岩体形态及其所处构造部位即岩体平面形态、大小、延伸方向，处在背斜核部还是在断层带中，其周围构造有何特征。（2）岩体内部构造，流动构造和原生节理的发育程度、分布规律，内部相带分布情况及晚期岩脉穿插情况。（3）岩体与围岩接触关系和产状，根据接触带与岩层分界线关系；有无接触变质现象；原生构造发育特征等判定岩体与围岩是侵入接触，还是沉积接触，或是断层接触？再结合岩体形态进而判定其产状（参见第六章第三节）。（4）岩体形成时期，根据岩体与地质构造关系，岩体与围岩接触关系等确定岩体形成的相对时期和形成先后次序。

2. 分析喷出岩体　喷出岩体多具层状构造，分析方法与沉积岩区分析方法相类似。但需注意多次喷发，后期喷发的岩体界线可以切割早期喷发的岩体界线。对原生构造的分析与侵入岩体相同，注意其原生流动构造的产状和分布，它有助于查明火山喷发时熔岩的流动方向以及追索火山口位置。

（三）在岩浆岩区地质图上切制剖面图

作图方法与沉积岩区相类似，需注意：

1. 岩体边界线要根据流面或层节理产状绘出，亦可据平面上接触带的宽窄推断边界面倾斜陡缓绘出。

2. 岩相带界线与岩体边界线大体平行绘出，但要反映边缘相、过渡相两相带上宽下窄深部逐渐消失的特点。

3. 残留顶盖底界及岩体在地表被剥蚀部分的顶界要根据岩体边界延伸情况绘出（被剥蚀部分顶界用虚线勾绘）。

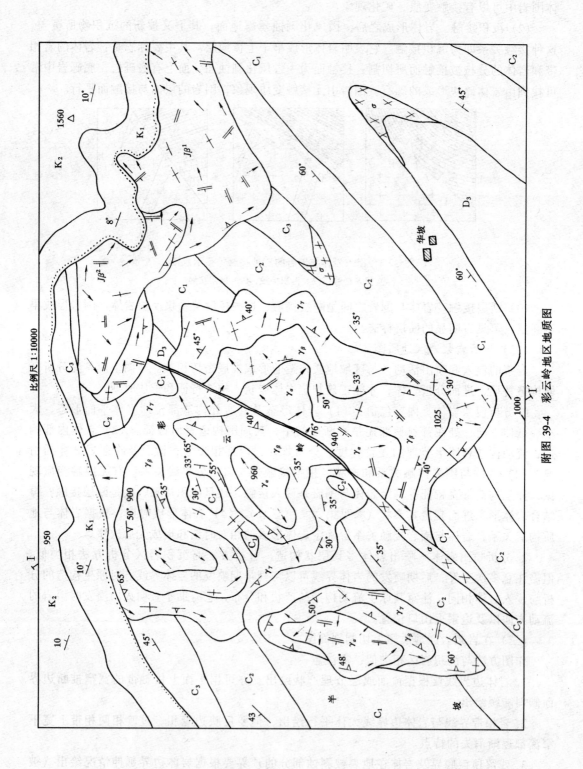

附图 39-4 彩云岭地区地质图

4. 断层切过岩体时，岩体边界线、相带界线被错断亦需有所反映。

四、实习内容

分析彩云岭地质图

1. 叙述岩浆岩体（侵入岩、喷出岩）的产状及岩体与褶皱、断层等形成先后顺序。
2. 沿图上 I—I′ 切制剖面图一幅。

彩云岭地质图图例说明：

K_2—上白垩统，红色砂岩夹石膏层；K_1—下白垩统，砂岩，底部砾岩；$J\beta^2$，$J\beta^1$—侏罗系，中性喷出岩；C_3—上石炭统，页岩；C_2—中石炭统，薄层灰岩；C_1—下石炭统，页岩夹薄层灰岩；D_3—上泥盆统，砂岩；σ—基性侵入岩体；γ—花岗岩（γ_α 为内部相；γ_β 为过渡相，γ_γ 为边缘相）；↘—岩体流动构造；∥—岩体横节理；⊘—岩体纵节理；⫽—岩体层节理及流面；/35—岩层产状；⤬—断层。

参 考 文 献

1 徐邦梁主编．普通地质学．北京：地质出版社，1994
2 叶俊林，黄定华等编．地质学概论．北京：地质出版社，1996
3 张贵义主编．综合地质基础．北京：地质出版社，1992
4 夏邦栋主编．普通地质学．北京：地质出版社，1995
5 张宝政，陈琦主编．地质学原理．北京：地质出版社，1983
6 李叔达主编．动力地质学原理．北京：地质出版社，1983
7 高福裕主编．矿物学．北京：地质出版社，1985
8 徐志远主编．矿物岩石学．北京：地质出版社，1982
9 潘兆橹主编．结晶学及矿物学．北京：地质出版社，1994
10 戈定夷主编．矿物学简明教程．北京：地质出版社，1989
11 徐永柏主编．岩石学．北京：地质出版社，1985
12 李方正，蔡瑞凤主编．岩石学．地质出版社，1993
13 高秉璋，洪大卫等著．花岗岩类区1:50000区域地质填图方法指南．武汉：中国地质大学出版社，1991
14 刘贤儒，高福裕主编．岩石学．北京：地质出版社，1980
15 曾允孚，夏文杰主编．沉积岩石学．北京：地质出版社，1986
16 刘宝珺主编．沉积岩石学．北京：地质出版社，1980
17 金洪钦编．古生物地史学基础．北京：地质出版社，1995
18 韦新育，徐泉清等编．古生物地史学基础．北京：地质出版社，1982
19 昆明地质学校主编．古生物学．北京：地质出版社，1979
20 周瑞，严恩增编．古生物学．北京：地质出版社，1984
21 谭光弼主编．古生物学简明教程．北京：地质出版社，1984
22 杜蔚章主编．地史学．北京：地质出版社，1985
23 昆明地质学校主编．地层学．北京：地质出版社，1980
24 魏家庸，卢重有等著．沉积岩区1:50000区域地质填图方法指南．武汉：中国地质大学出版社，1991
25 徐开礼，朱志澄主编．构造地质学．北京：地质出版社，1984
26 孙超主编．构造地质学．北京：地质出版社，1993
27 武汉地质学院，成都地质学院，南京大学地质系，河北地质学院合编．构造地质学．北京：地质出版社，1979
28 宋春青，张振春编著．地质学基础．北京：人民教育出版社，1978
29 西安地质学校，昆明地质学校编．地质学基础．北京：地质出版社，1978